国际植物新品种保护联盟植物品种特异性、一致性和稳定性测试指南

（观赏园艺卷一）

农业农村部科技发展中心 编译

中国农业科学技术出版社

图书在版编目（CIP）数据

国际植物新品种保护联盟植物品种特异性、一致性和稳定性测试指南.观赏园艺卷.一/农业农村部科技发展中心编译.--北京：中国农业科学技术出版社，2022.12
ISBN 978-7-5116-6109-8

Ⅰ.①国… Ⅱ.①农… Ⅲ.①植物－品种－测试－指南②观赏园艺－品种－测试－指南 Ⅳ.① Q94-62 ② S602.3-62

中国版本图书馆CIP数据核字（2022）第244871号

责任编辑　刁　毓　任玉晶
责任校对　马广洋
责任印制　姜义伟　王思文

出 版 者　中国农业科学技术出版社
　　　　　北京市中关村南大街12号　邮编：100081
电　　话　（010）82106638（编辑室）（010）82109702（发行部）
　　　　　（010）82109709（读者服务部）
网　　址　https://castp.caas.cn
经 销 者　各地新华书店
印 刷 者　北京建宏印刷有限公司
开　　本　210 mm×297 mm　1/16
印　　张　31
字　　数　954千字
版　　次　2022年12月第1版　2022年12月第1次印刷
定　　价　108.00元

—— 版权所有·侵权必究 ——

编译委员会

主　任：李　岩

副主任：陈　红　　张秀杰

委　员：堵苑苑　　孙卓婧　　李汝玉　　陈海荣

编 译 组

主　编：邓　超　　徐振江

副主编：王显生　　杨旭红　　堵苑苑

翻　译：刘艳芳　　黄清梅　　钟海丰　　高　玲
　　　　王红娟　　邓　超　　李冬梅

审　校：刘小龙　　王显生　　周传猛

目 录

TG/10/7 红羽大戟 1
TG/11/8 Rev. 蔷薇属 5
TG/17/5 Corr. 非洲紫罗兰 24
TG/18/5 丽格秋海棠 33
TG/21/7 杨属 41
TG/24/6 一品红 59
TG/25/9 石竹属 75
TG/26/5 Corr. 2 Rev. 菊属 102
TG/27/7 香雪兰属 125
TG/28/9 Corr. 带状天竺葵，常春藤叶天竺葵 144
TG/29/8 六出花属 160
TG/42/6 杜鹃花属 180
TG/47/5 海豚花 188
TG/59/7 百合属 194
TG/68/3 小檗属 207
TG/69/3 连翘属 213
TG/72/6 柳属 219
TG/77/9 非洲菊 227
TG/78/4 Rev. 长寿花 237
TG/79/3 北美香柏 248
TG/86/5 Corr. 花烛属 255
TG/87/2 水仙属 263
TG/91/3 铁海棠 279
TG/94/6 帚石南 283
TG/95/3 紫薇 289
TG/96/4 欧洲云杉 293
TG/101/3 仙人指属（包括蟹爪兰）.................. 299
TG/102/4 非洲凤仙花 307
TG/103/3 刺柏属 315
TG/107/3 球根秋海棠杂交种 323
TG/108/4 Rev. 唐菖蒲属 334
TG/109/4 帝王天竺葵 352
TG/113/2 假昙花属 364
TG/114/3 藻百年属 371
TG/115/4 郁金香属 376
TG/126/4 立金花属 385
TG/127/3 银叶树属 395
TG/128/3 针垫花属 409
TG/129/3 海神花属 422
TG/131/3 虎眼万年青属 438
TG/132/4 花叶万年青属 445
TG/133/5 绣球属 455
TG/135/3 白鹤芋属 476
TG/140/4 Corr. 杜鹃 482

TG/10/7
原文：英文
日期：1988-10-21

国际植物新品种保护联盟
植物品种特异性、一致性和稳定性
测试指南

红羽大戟

(*Euphorbia fulgens* Karw. ex Klotzsch)

1　指南适用范围

本指南适用于红羽大戟（*Euphorbia fulgens* Karw. ex Klotzsch）的所有品种。

2　繁殖材料要求

2.1　待测品种繁殖材料的数量和质量要求以及提交的时间和地点由主管机构决定。申请人从测试所在国境外提交繁殖材料时，还应符合海关规定并满足相关植物检疫的要求。申请人提交繁殖材料的最小数量为 10 个生根插条。

提供的繁殖材料应外观健康有活力，未受到任何严重病虫害的影响。

2.2　提交的繁殖材料不得进行任何可能影响品种性状表达的处理，除非主管机构允许或要求进行这种处理。如果材料已经处理，必须提供相关处理的详细说明。

3　测试方法

3.1　测试应该在 1 个生长周期内进行。如果在 1 个生长周期不能充分测试其特异性和/或一致性，则测试应延长到第二个生长周期。

3.2　测试应该在同一地点进行，测试的条件应能满足品种正常生长的需要，以确保品种相关性状正常表达和测试的顺利开展。如果在该地点不能观测到品种的任何重要性状，则应选择其他地点进行测试。

3.3　测试应在确保正常生长的条件下进行。

繁殖：15 周（北半球）。

土壤：多孔介质、透气良好。

施肥：含 Superba 的硝酸钾液态肥（氮磷钾的配比为 13∶4∶19）和硫酸铵。

株距：20 株 /m^2。

灌溉：少量、适当浇水。

日照时长：到 26 周为正常日照时长，由 26 周到开花期为短日照（8 h）。

温度：21 ℃ /18 ℃。

测试应在保证待测品种正常生长的条件下进行，测试小区应保证当整株或部分植株被移走以便测量和计算时，不影响在生长时期结束前的观测。每个测试应最少包括 10 个植株。独立的观测和测量必须在相同环境条件下进行。

3.4　为测试有关性状，可以进行附加测试。

4　田间试验和性状观测

4.1　在测试一致性和稳定性时，经验表明，对于无性繁殖的红羽大戟，足以依据观测性状的表达状态判定供试的繁殖材料是否一致并且是否存在变异或混杂。

4.2　除非另有说明，所有的观测均应在腋生聚伞花序开放第三个杯状聚伞花序的 10 个植株或 10 个植株部位进行。

4.3　为避免日光变化的影响，颜色性状应在有人工光源的空间内，或于中午在北向的房间内进行观测。人工光源光谱分布应符合 CIE "理想日光 D6500 标准"，且在《英国标准 950：第 1 部分》规定的允许范围之内。这些性状应该将观测部位放在白色背景上进行观测。

5 分组性状

5.1 将测试材料分成若干组,以便对特异性进行评估。适于分组的性状是凭经验可知,在申请品种中无变化或有略微变化,其不同的状态在测试材料中均匀分布。

5.2 建议测试部门采用杯状花序苞叶颜色(性状13)进行分组。

6 性状和代码

6.1 为判定特异性、一致性和稳定性,应使用性状表中国际植物新品种保护联盟(UPOV)以3种工作语言列出的性状。

6.2 为便于电子数据处理,每个性状的表达状态都赋予了相应的代码(1~9)。

6.3 说明

(*)表示性状都应将其用于特异性、一致性、稳定性(DUS)测试并包含在品种描述中,除非该性状的表达状态不可能发生。

(+)表示性状可以通过注释或图示来说明。

7 性状表

性状编号	英文	中文	标准品种	代码
1. (*)	**Stem:length of flowering part of shoot (from lowest axillary cyme to tip)**	茎:枝条的开花部分长度(从最低的腋生聚伞花序着生处到尖端)		
	short	短	Marisda	3
	medium	中	Quicksilver	5
	long	长	Carmina	7
2. (*)	**Leaf blade:length(upper third of flowering part of shoot)**	叶片:长度(枝条开花部分的上部1/3处)		
	short	短	Marisda	3
	medium	中	Quicksilver	5
	long	长	Sunstream	7
3. (*)	**Leaf blade:width(as for 2)**	叶片:宽度(同性状2)		
	narrow	窄	Marisda	3
	medium	中	Judith	5
	broad	宽	Sunstream	7
4. (*)	**Leaf blade:color of upper side on upper third of flowering part of shoot**	叶片:枝条的开花部分上部1/3处上表面颜色		
	green	绿色	Quicksilver	1
	reddish	泛红色	Astrid	2
5. (*)	**Leaf blade:intensity of red color of upper side on upper third of flowering part of shoot**	叶片:枝条的开花部分上部1/3处上表面红色程度		
	light	浅	Mariëlle	3
	medium	中	Carmina	5
	dark	深	Astrid	7

续表

性状编号	英文	中文	标准品种	代码
6. (*)	Leaf blade: color of upper side on lower third of flowering part of shoot	叶片：枝条的开花部分下部 1/3 处上表面颜色		
	green	绿色	Quicksilver	1
	reddish	泛红色	Astrid	2
7. (*)	Leaf blade: intensity of red color of upper side on lower third of flowering part of shoot	叶片：枝条的开花部分下部 1/3 处上表面红色程度		
	light	浅	Carmina	3
	medium	中		5
	dark	深	Astrid	7
8. (*)	Petiole: length	叶柄：长度		
	short	短	Marisda	3
	medium	中	Quicksilver	5
	long	长	Carmina	7
9. (*)	Axillary cymes: number	腋生聚伞花序：数目		
	few	少	Judith	3
	medium	中	Sunstream	5
	many	多	Mariëlle	7
10. (*)	Axillary cymes: length of longest cyme	腋生聚伞花序：最长聚伞花序长度		
	short	短	Marisda	3
	medium	中	Sunstream	5
	long	长	Comet	7
11. (*)	Cyathia: number per axillary cyme	杯状聚伞花序：在每个腋生聚伞花序的数目		
	few	少	Judith	3
	medium	中	Sunstream	5
	many	多	Red Surprise	7
12. (*)	Cyathium: diameter	杯状聚伞花序：直径		
	small	小	Mariëlle	3
	medium	中	Sunstream	5
	large	大	Marisda	7
13. (*) (+)	Cyathophyll: color	杯状花序苞叶：颜色		
	RHS Colour Chart (indicate reference number)	RHS 比色卡（注明相应数值）		

8 性状表解释

性状 13：杯状花序苞叶颜色

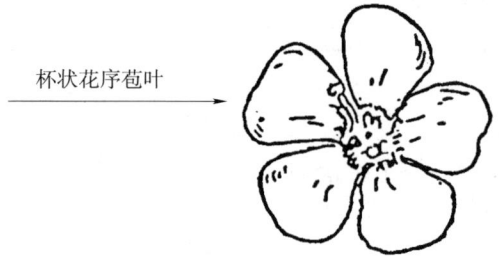

扫码下载原文

如扫描二维码无法下载指南原文，可能是指南版本有更新，可扫描本书封底二维码查看与本文对应的指南版本

TG/11/8 Rev.
原文：英文
日期：2006-04-05，2010-03-24

国际植物新品种保护联盟
植物品种特异性、一致性和稳定性
测试指南

蔷薇属

UPOV 代码：ROSAA

(*Rosa* L.)

互用名称 *

植物学名称	英文	法文	德文	西班牙文
Rosa L.	Rose	Rosier	Rose	Rosal

---

* 这些名称在指南开始使用时是正确的，但随后可能会修改更新。读者可登录 UPOV 网站（www.upov.int），获取最新资料。

1　指南适用范围

本指南适用于蔷薇科蔷薇属（*Rosa* L.）的所有品种。

2　繁殖材料要求

2.1　待测品种繁殖材料的数量和质量要求以及提交的时间和地点由主管机构决定。申请人从测试所在国境外提交繁殖材料时，还应符合海关规定并满足相关植物检疫的要求。

2.2　切花试验：繁殖材料以幼苗的形式提交，提交的幼苗应符合商用标准。幼苗具有自己的生长根，除非这个品种不能以自己的根生长，这种情况应提供该品种的嫁接植株和/或接穗。

园艺和盆栽试验：繁殖材料以幼苗的形式提交，提交的幼苗应具有自己的生长根，或嫁接在砧木上。

2.3　申请人提交繁殖材料的最小数量要求为 9 个（切花试验）或 6 个（园艺和盆栽试验）植株。

2.4　在提供嫁接材料的情况下，申请人应说明所使用的砧木。

2.5　提供的繁殖材料不得进行任何可能影响品种性状表达的处理，除非主管机构允许或者要求这种处理，必须提供相关处理的详细说明。

3　测试方法

3.1　生长周期

测试的最少周期数量通常为 1 个生长周期。

3.2　测试地点

测试通常在同一个地点进行。在 1 个以上的地点进行测试时，TGP/9《特异性测试》提供了有关指导。

3.3　测试条件

3.3.1　测试的条件应能满足品种正常生长的需要，以确保品种相关性状正常表达和测试的顺利开展。对于切花试验、园艺试验和盆栽试验需要进行单独的种植试验，以确保这些品种的生长满足测试要求（详见 8.3）。本测试指南信息涵盖上述情况。

3.3.2　除非另有说明，所有的观测应在充分开花时进行。对于切花类型，不应在植株第一次开花时观测。

3.3.3　为避免日光变化的影响，对颜色性状的测定应在提供人造光源的空间中，或者在没有阳光直射的房间里进行。人工光源的光谱分布应该符合 CIE "理想日光标准 D6500"，且在《英国标准 950：第 1 部分》规定的偏差范围内。这些性状应该将观测部位放在白色背景上进行观测。

3.4　试验设计

3.4.1　试验设计应保证因测量或计数等需要，从小区取走部分植株或植株部位后，不影响生长周期结束前的所有观测。

3.4.2　切花试验：每个试验应保证至少有 9 个植株。

3.4.3　园艺和盆栽试验：每个试验应保证至少有 6 个植株。

3.5　测试植株或植株部位的数量

3.5.1　切花试验：除非另有说明，所有的观测应对 9 个植株或取自 9 个植株的部位进行。

3.5.2　园艺和盆栽试验：除非另有说明，所有的观测应对 6 个植株或取自 6 个植株的部位进行。

3.6　附加测试

为测试有关性状，可以进行附加测试。

4 特异性、一致性和稳定性评价

4.1 特异性

4.1.1 一般建议
对于本指南的使用者而言,在判定特异性前参照总则中关于特异性判定的一般原则十分重要。但为进一步说明和强调特异性判定,本指南特列出特异性判定的要点。

4.1.2 一致的差异
当观测到的品种之间的差异非常明显时,则没有必要种植 1 个以上生长周期。此外,在某些情况下,环境的影响并不意味着需要 1 个以上的生长周期来保证品种间观察到的差异是足够一致的。为确保在种植试验中所观测到的性状差异是足够一致的,可以对性状进行至少 2 个独立生长周期的测试。

4.1.3 明显的差异
两个品种间的差异是否明显取决于很多因素,特别应考虑所测性状的表达类型,即该性状是质量性状、数量性状还是假质量性状。因此,在作出关于特异性的判定前,本测试指南的使用者应熟悉总则中的建议。

4.2 一致性
4.2.1 对于本指南的使用者而言,在判定一致性前参照总则中关于一致性判定的一般原则十分重要。但为进一步说明和强调一致性判定,本指南特列出一致性判定的要点。

4.2.2 评价一致性时,应采用 1% 的群体标准和至少 95% 的接受概率。当样本量为 6 个和 9 个时,允许有 1 个异型株。

4.3 稳定性
4.3.1 在实际操作中,通常不像测试特异性和一致性那样对稳定性进行测试以得到明确结果。经验表明,对许多类型的品种来说,当一个品种表现一致时,可认为其是稳定的。

4.3.2 适当情况下或者有疑问时,稳定性可以采用如下方法测试:种植该品种的下一代或者测试一批新植株,看其性状表现是否与之前提交的植株表现相同。

5 品种分组和试验组织

5.1 使用分组性状可以帮助选择与申请品种一起进行田间种植试验的已知品种,以及对这些品种进行合适分组以便进行特异性评价。

5.2 分组性状表达状态的数据即使来自不同地点,也可以单独或者与其他此类性状联合使用。
(a) 用于特异性测试中筛选排除那些不需要安排在种植试验中的已知品种。
(b) 用于组织安排种植试验,使近似品种种植在一起。

5.3 以下性状已被确认为有用的分组性状。
(a) 植株:生长类型(性状 1)[G] 和 [P]。
(b) 花:类型(性状 21)。
(c) 花:颜色组别(性状 23)。
(d) 花:直径(性状 26)。
(e) 花瓣:内侧颜色数量(基部色斑除外)(性状 40)。
(f) 花瓣:外侧主色(仅适用于明显与内侧不同时)(性状 50),分组如下。

第一组:绿色。
第二组:浅黄色。
第三组:中等黄色。
第四组:橙色。

第五组：粉色。

第六组：红色。

第七组：紫红色。

第八组：棕红色。

5.4 总则中提供了在特异性审查过程中使用分组性状的指导。

5.5 独立生长试验中用于切花型（C）、园艺型（G）和盆栽玫瑰型（P）（3.3.1）的品种，应保证特异性测试的有效进行，特别是需要同时进行园艺试验和切花试验的品种以及同时进行园艺试验和盆栽试验的品种。

6 性状表介绍

6.1 性状类型

6.1.1 标准指南性状

标准指南性状是 UPOV 已同意用于 DUS 审查的性状，UPOV 成员可以从中选择与其特定环境相适应的性状。

6.1.2 星号性状

星号性状（用"*"标记）是测试指南中对于形成国际统一的品种描述十分重要的性状，所有 UPOV 成员都应将其用于 DUS 测试并包含在品种描述中，除非前序性状的表达或区域环境条件所限使其无法测试。

6.2 表达状态及相应代码

为定义性状和统一描述，将每个性状划分为一系列表达状态。每个表达状态赋予一个相应的数字代码，以便于数据记录，以及品种性状描述的建立和交流。

6.3 表达类型

总则中对性状表达类型（质量性状、数量性状和假质量性状）进行了解释。

6.4 标准品种

适当时，测试指南中提供了标准品种用于校正性状的表达状态。标准品种后括弧中的类型说明如下。

（C）切花型。

（G）园艺型。

（P）盆栽型。

6.5 注释

（*）星号性状（6.1.2）。

QL：质量性状（6.3）。

QN：数量性状（6.3）。

PQ：假质量性状（6.3）。

（a）～（c）性状表解释（8.1）。

（+）性状表解释（8.2）。

[C] 按切花试验进行测试。

[G] 按园艺试验进行测试。

[P] 按盆栽试验进行测试。

（C）切花型。

（G）园艺型。

（P）盆栽型。

7 性状表

性状编号	观测方法	英文	中文	标准品种	代码
1. （*） PQ	[G] [P]	**Plant：growth type**	植株：生长类型		
		miniature	微型		1
		dwarf	矮生型	Korverlandus（G）	2
		bed	矮丛型	Taneidol（G）	3
		shrub	灌丛型	Kolmag（G）	4
		climber	藤本型	Noasafa（G）	5
		ground cover	蔓生型	Meifafio（G）	6
2. （*） （+） QN	[G] [P]	**Excluding varieties with growth type climber：Plant：growth habit**	植株：生长习性（不含藤本品种）		
		upright	直立	Poulhi008（P）	1
		semi upright	半直立	Tantasch（G）；Korkallet（P）	3
		intermediate	中间	Poulkrid（G）；Evera107（P）	5
		moderately spreading	半匍匐	Meibonrib（G）	7
		strongly spreading	匍匐	Korkilgwen（G）	9
3. QN	[C] [G]	**Plant：height（during second flush）**	植株：高度（第二次开花期间）		
		very short	极矮	Lenwiga（G）	1
		short	矮	Noason（G）	3
		medium	中	Macrexy（G）；Ruiy5451（C）	5
		tall	高	Seliron（C）；Tanakinom（G）	7
		very tall	极高	Macyefre（G）	9
4. （+） QL		**Young shoot：anthocyanin coloration**	幼枝：花青苷显色		
		absent	无	Poulans（G）；Poulra019（P）	1
		present	有	Ruirovingt（C）；Taneidol（G）；Ruiy1549（P）	9
5. （+） QN		**Young shoot：intensity of anthocyanin coloration**	幼枝：花青苷显色强度		
		very weak	极弱	Presur（C）；Poulen003（G）；Poulpollo（P）	1
		weak	弱	Ruirovingt（C）；Baipeace（G）；Ruitrot（P）	3
		medium	中	Schetroje（C）；Noala（G）；Delpajor（P）	5
		strong	强	Selaurum（C）；Korozon（G）；Korbigman（P）	7
		very strong	极强	Pekcoujenny（C）；TAN96051（G）	9
6. QN		**Stem：number of prickles（excluding very small and hair-like prickles）**	茎：刺的数量（极小的和毛发状的刺除外）		
		absent or very few	无或极少	Ruiorg（G）；Meibegil（P）	1
		few	少	Schremna（C）；Kortionza（G）；Poulcolop（P）	3
		medium	中	Selaurum（C）；Bokramar（G）；Kormisso（P）	5
		many	多	Meineble（G）；Evera105（P）	7
		very many	极多	Deljam（G）	9

续表

性状编号	观测方法	英文	中文	标准品种	代码
7. PQ	（a）	Prickles：predominant color（as for 6）	刺：主色（同性状6）		
		greenish	泛绿色	Presur（C）；Kolmag（G）；Poulcar（P）	1
		yellowish	泛黄色	Ruiy0775（P）	2
		reddish	泛红色	Bokrarug（G）；Delpajor（P）	3
		purplish	泛紫色	Kornairol（G）；Evera102（P）	4
8. QN	（a）	Leaf：size	叶：大小		
		small	小	Predesplen（C）；Kordenzen（G）；Ruibrei（P）	3
		medium	中	Pekcoujenny（C）；Tantasch（G）；Korrecalam（P）	5
		large	大	Poultime（G）；Poulhi018（P）	7
9. QN	（a）	Leaf：intensity of green color（upper side）	叶：绿色程度（上表面）		
		light	浅	Interlis（C）；Tanjuwe（G）；Evergreen（P）	3
		medium	中	Korplapei（C）；Poulrus（G）；Korrecalam（P）	5
		dark	深	Korparesni（G）；Poulflag（P）	7
10. QL	[G][P]（a）	Leaf：anthocyanin coloration	叶：花青苷显色		
		absent	无	Poulac005（G）；Meikilaylo（P）	1
		present	有	Kornairol（G）；Evera102（P）	9
11.（*）QN	（a）	Leaf：glossiness of upper side	叶：上表面光泽度		
		absent or very weak	无或极弱	Somnip（G）；Evera105（P）	1
		weak	弱	Korcilmo（C）；Meilauron（G）；Korscherki（P）	3
		medium	中	Interlis（C）；Dicmoust（G）；Ruiy0775（P）	5
		strong	强	Pekcoujenny（C）；Wekpaltlez（G）；Poulhi008（P）	7
		very strong	极强		9
12.（*）QN	（a）	Leaflet：undulation of margin	小叶：边缘波状		
		absent or very weak	无或极弱	Poulaksel（G）；Poulyn（P）	1
		weak	弱	Korcilmo（C）；Meihecluz（G）；Delpajor（P）	3
		medium	中	Ruirovingt（C）；Korkilgwen（G）；Korbigman（P）	5
		strong	强	Predepass（C）；Noatraum（G）；Ruiz0123（P）	7
		very strong	极强		9
13.（*）PQ	（a）	Terminal leaflet：shape of blade	顶生小叶：叶片形状		
		narrow elliptic	窄椭圆形	Korverlandus（G）；Ruiz29924（P）	1
		medium elliptic	中等椭圆形	Korflapei（C）；Meihuterb（G）；Ruiz14914（P）	2
		ovate	卵形	Interlis（C）；Noahan（G）；Evera102（P）	3
		circular	圆形	Poulna（G）	4

续表

性状编号	观测方法	英文	中文	标准品种	代码
14. （+） PQ	[C] （a）	Terminal leaflet: shape of base of blade	顶生小叶：叶片基部形状		
		acute	锐尖	Tanotika（C）	1
		obtuse	钝尖	Schetroje（C）	2
		rounded	圆形	Korcilmo（C）	3
		cordate	心形		4
15. （+） PQ	（a）	Terminal leaflet: shape of apex of blade	顶生小叶：叶片先端形状		
		acuminate	渐尖	Meihuterb（G）；Poulberty（P）	1
		acute	锐尖	Interlis（C）；Heleva（G）；Kormutric（P）	2
		obtuse	钝尖	Pekcourofondu（G）	3
		rounded	圆形	Ruirovingt（C）；Tantumleh（G）	4
16. （+） QL	[G] [P]	Flowering shoot: flowering laterals	花枝：侧花枝		
		absent	无		1
		present	有		9
17. （+） QN	[G] [P]	Flowering shoot: number of flowering laterals	花枝：侧花枝数量		
		very few	极少		1
		few	少	Tanidrak（G）；Poulra022（P）	3
		medium	中	Dicentice（G）；Poulhi019（P）	5
		many	多	Korgazell（G）；Ruiy0775（P）	7
		very many	极多	Korglolev（P）	9
18. （+）	[G] [P]	Only varieties with no flowering laterals: Flowering shoot: number of flowers	花枝：花数量（仅适用于无侧花枝的品种）		
		very few	极少		1
		few	少		3
		medium	中		5
		many	多		7
		very many	极多		9
19. （+） QN	[G] [P]	Only varieties with flowering laterals: Flowering shoot: number of flowers per lateral	花枝：每个侧花枝花的数量（仅适用于有侧花枝的品种）		
		very few	极少	Somnip（G）；Ruiklinko（P）	1
		few	少	Noaley（G）；Korselug（P）	3
		medium	中	Poulanlis（G）；Poulbao（P）	5
		many	多	TAN97274（G）；Ruitween（P）	7
		very many	极多	Noamet（G）；Poulra017（P）	9
20. （+） PQ	[G] [P]	Flower bud: shape in longitudinal section	花蕾：纵切面形状		
		elliptic	椭圆形	Ruivierneg（G）；Poulra021（P）	1
		medium ovate	中等卵圆形	Noasafa（G）；Evergreen（P）	2
		broad ovate	阔卵圆形	Meisardan（G）；Korstrunek（P）	3

续表

性状编号	观测方法	英文	中文	标准品种	代码
21. （*） （+） QN	[G] [P] （b）	**Flower：type**	花：类型		
		single	单瓣	Noastrauss（G）	1
		semi-double	半重瓣	Poulfiry（G）；Poulnil（P）	2
		double	重瓣	TAN97103（G）；Korlobea（P）	3
22. （*） QN	（b）	**Flower：number of petals**	花：花瓣数量		
		very few	极少	Noala（G）；Delmitaf（P）	1
		few	少	Predesplen（C）；Tananilov（G）；Korbersoma（P）	3
		medium	中	Ruiy5451（C）；Poulscots（G）；Ruiklinko（P）	5
		many	多	Lexani（C）；Ruiharl（G）；Meiraktas（P）	7
		very many	极多	Meiroupis（G）；Poulwen（P）	9
23. （*） （+） PQ	（b）	**Flower：color group**	花：颜色组别		
		white or near white	白色或近白色	Korcilmo（C）；Meilontig（G）；Poulra022（P）	1
		white blend	白混色	Speclown（C）；TAN98505（C）；TAN97123（G）；Rush（G）	2
		green	绿色	Nirpgreenl（C）；Korewala（P）	3
		yellow	黄色	Korflapei（C）；Poulyc004（G）；Delmitaf（P）	4
		yellow blend	黄混色	TAN00125（C）；Rumba（G）；Ruiabri（P）	5
		orange	橙色	Alsever（P）；Tanoranbon（G）	6
		orange blend	橙混色	Presur（C）；Meishulo（P）	7
		pink	粉色	Schremeen3001（C）；Noasia（G）；Korfonsova（P）	8
		pink blend	粉混色	Schremna（C）；Korfeining（G）；Poulmeno（P）	9
		red	红色	Predepass（C）；Noafeuer（G）；Ruikenre（P）	10
		red blend	红混色	Meilambra（C）；Interuspa（G）；Delmigre（P）	11
		red purple	红紫色	Nirpillpro（C）；Poulac016（P）	12
		purple	紫色	Olyung（C）；Stebigpu（G）	13
		violet blend	紫罗兰混色	Scholtec（C）；Korflieder（P）	14
		brown blend	棕混色	Simcho（G）	15
		multicolored	复色	Delmitaf（P）	16
24. （+） PQ	[G] （b）	**Only varieties with flower type：double：Flower：color of center**	花：中心颜色（仅适用于重瓣花品种）		
		green	绿色		1
		yellow	黄色		2
		orange	橙色		3
		pink	粉色		4
		red	红色		5
		purple	紫色		6

续表

性状编号	观测方法	英文	中文	标准品种	代码
25. QN	[G] [P] (b)	Only varieties with flower type: double: Flower: density of petals	花：花瓣密度（仅适用于重瓣花品种）		
		very loose	极疏		1
		loose	疏	Interladru（G）	3
		medium	中	Meitrainaz（G）	5
		dense	密	Ausencart（G）；Poulhi017（P）	7
26. (*) QN	(b)	Flower: diameter	花：直径		
		very small	极小	Noastrauss（G）；Poulset（P）	1
		small	小	Interlis（C）；Clb.canibo 82（G）；Meiraktas（P）	3
		medium	中	Schremna（C）；Poulberg（G）；Ruiz1491（P）	5
		large	大	Selaurum（C）；Adesmanod（G）；Korewala（P）	7
		very large	极大	Koranderer（G）；Evera116（P）	9
27. (*) (+) PQ	(b)	Flower: shape	花：形状		
		round	圆形	Ruirovingt（C）；Meiouscki（G）；Evera101（P）	1
		irregularly rounded	不规则圆形	Ruyi5451（C）；Kormarec（G）；Korkallet（P）	2
		star-shaped	星形	Predesplen（C）；Anakissi（G）；Poulra023（P）	3
28. (+) PQ	[C] [G] (b)	Flower: profile of upper part	花：上部轮廓		
		flat	平	Ausmol（G）；Interlis（C）	1
		flattened convex	微凸	Pekcoujenny（G）；Ruyi5451（C）	2
		convex	凸	Jacakor（G）	3
29. (*) (+) PQ	[C] [G] (b)	Flower: profile of lower part	花：下部轮廓		
		concave	凹	Aushunter（G）；Selaurum（C）	1
		flat	平	Meitonje（G）；Predesplen（C）	2
		flattened convex	微凸	Korflapei（C）；Meironsse（G）	3
		convex	凸	Jacare（G）	4
30. QN	(b)	Flower: fragrance	花：香味		
		absent or weak	无或弱	Predesplen（C）；Ruimats（G）；Evera107（P）	1
		medium	中	Poulsolo（G）；Korduftoro（P）	2
		strong	强	Tananilov（G）	3
31. (*) (+) QN	(b)	Sepal: extensions	萼片：边缘延伸		
		absent or very weak	无或极弱	Pouldron（G）；Ruirowho（P）	1
		weak	弱	Interlis（C）；Ruiharl（G）；Everos（P）	3
		medium	中	Predesplen（C）；Tankissi（G）；Ruiklinko（P）	5
		strong	强	Spekes，Pekcoujenny（C）；Meipeluj（G）；Koranalafi（P）	7
		very strong	极强		9

续表

性状编号	观测方法	英文	中文	标准品种	代码
32.(+)QL	(b)(c)	Petals：reflexing of petals one-by-one	花瓣：花瓣逐一外翻		
		absent	无	Meidonets（G）；Poulberty（P）	1
		present	有	Baipeace（G）；Korpidanz（P）	9
33.(*)PQ	(b)(c)	Petal：shape	花瓣：形状		
		elliptic	椭圆形		1
		transverse elliptic	扁椭圆形	Selaurum（C）	2
		obovate	倒卵圆形	Korcilmo（C）	3
		obcordate	倒心形		4
		rounded	圆形	Schremna（C）；Meihecluz（G）；Poulac002（P）	5
34.QN	(b)(c)	Petal：incisions	花瓣：裂刻		
		absent or very weak	无或极弱	TAN98130（G）	1
		weak	弱	Selaurum（C）；Poulac008（G）；Poulneto（P）	3
		medium	中	Ruirovingt（C）；Reubis（G）	5
		strong	强	Interladru（G）	7
		very strong	极强		9
35.QN	(b)(c)	Petal：reflexing of margin	花瓣：边缘外翻		
		absent or very weak	无或极弱	Ausjame（C）；Noaheim（G）；Asia（P）	1
		weak	弱	Koretyal（C）；Kortwente（G）；Delpajor（P）	3
		medium	中	Schremna（C）；Poulduce（G）；Ruiklinko（P）	5
		strong	强	Predesplen（C）；Ruivierneg（G）；Poulra023（P）	7
		very strong	极强	Selaurum（C）；Tanziewsim（G）；Korduftoro（P）	9
36.QN	(b)(c)	Petal：undulation	花瓣：波状		
		absent or very weak	无或极弱	Ausjame（C）；Ruisjkol（G）；Poulbao（P）	1
		weak	弱	Ruiy5451（C）；Meilauron（G）；Ruirowho（P）	3
		medium	中	Schremna（C）；Poulgelb（G）；Evera101（P）	5
		strong	强	Koretyal（C）；Delpabra（G）；Poulra023（P）	7
		very strong	极强	Korbraufo（G）	9
37.(*)QN	[G][P](b)(c)	Petal：size	花瓣：大小		
		very small	极小	Poulemb（G）	1
		small	小	Ruibleu（G）；Meishulo（P）	3
		medium	中	Tanweisa（G）；Korbigman（P）	5
		large	大	Meimucas（G）；Evera116（P）	7
		very large	极大	Pekcoufeudor（G）	9
38.(*)QN	[C](b)(c)	Petal：length	花瓣：长度		
		very short	极短		1
		short	短	Interlis（C）	3
		medium	中	Predesplen（C）	5
		long	长	Selaurum（C）	7
		very long	极长		9

续表

性状编号	观测方法	英文	中文	标准品种	代码
39. (*) QN	[C] (b) (c)	Petal: width	花瓣：宽度		
		very narrow	极窄		1
		narrow	窄	Interlis（C）	3
		medium	中	Predesplen（C）	5
		broad	宽	Selaurum（C）	7
		very broad	极宽		9
40. (*) QL	(b) (c)	Petal: number of colors on inner side (basal spot excluded)	花瓣：内侧颜色数量（基部色斑除外）		
		one	1种	Selaurum（C）；TAN98130（G）；Ruibrei（P）	1
		two	2种	Baipeace（G）；Delki（P）	2
		more than two	2种以上	Delstrisang（G）	3
41. (*) QN	(b) (c)	Only varieties with one color on inner side of petal: Petal: intensity of color (basal spot excluded)	花瓣：颜色强度（基部色斑除外，仅适用于花瓣内侧为单色的品种）		
		lighter towards the base	顶部向基部变浅	Interlis（C）；Poulen012（G）；Ruiz29924（P）	1
		even	均匀一致	Selaurum（C）；Tan98130（G）；Poulra017（P）	2
		lighter towards the top	顶部向基部渐深	Predesplen（C）；Orasoglo（G）；Poulhi002（P）	3
42. (*) PQ	(b) (c)	Petal: main color on the inner side (main color is that with largest surface area)	花瓣：内侧主色（具有最大表面积的颜色）		
		RHS Colour Chart (indicate reference number)	RHS比色卡（注明相应数值）		
43. (*) PQ	(b) (c)	Only varieties with two or more colors on inner side of petal: Petal: secondary color (basal spot excluded)	花瓣：第二颜色（基部色斑除外，仅适用于花瓣内侧为双色或多色的品种）		
		RHS Colour Chart (indicate reference number)	RHS比色卡（注明相应数值）		
44. PQ	(b) (c)	Only varieties with more than two colors on inner side of petal: Petal: tertiary color (basal spot excluded)	花瓣：第三颜色（基部色斑除外，仅适用于花瓣内侧为多色的品种）		
		white	白色		1
		green	绿色		2
		light yellow	浅黄		3
		medium yellow	中等黄色	Delstrisang（G）	4
		orange	橙色		5
		pink	粉色		6
		red	红色		7
		purple red	紫红色		8
		brown red	棕红色		9
		purple	紫色		10

续表

性状编号	观测方法	英文	中文	标准品种	代码
45. （*） （+） PQ	（b） （c）	Only varieties with two or more colors on inner side of petal: Petal: distribution of secondary color on inner side (basal spot excluded)	花瓣：内侧第二颜色分布（基部色斑除外，仅适用于花瓣内侧为双色或多色的品种）		
		at base	基部		1
		at apex	先端		2
		at marginal zone	边缘	Panhurem（G）; Korbuntea（P）	3
		as a flush	晕状	Wekquaneze（G）	4
		as segments or stripes	片状或条纹状	Delstrisang（G）: Delmigre（P）	5
		as speckles	斑纹		6
46. （+） PQ	（b） （c）	Only varieties with more than two colors on inner side of petal: Petal: distribution of tertiary color on inner side (basal spot excluded)	花瓣：内侧第三颜色的分布（基部色斑除外，仅适用于花瓣内侧为多色的品种）		
		at base	基部		1
		at apex	先端		2
		at marginal zone	边缘		3
		as a flush	晕状		4
		as segments or stripes	片状或条纹状	Delstrisang（G）	5
		as speckles	斑纹		6
47. （*） QL	（b） （c）	Petal: basal spot on the inner side	花瓣：内侧基部色斑		
		absent	无	Korflapei（C）; Pouldom（G）; Korewala（P）	1
		present	有	Ruirovingt（C）; Meipeluj（G）; Poulper029（P）	9
48. （*） （+） QN	（b） （c）	Petal: size of basal spot on inner side	花瓣：内侧基部色斑大小		
		very small	极小	Seliron（C）; Evera104（P）	1
		small	小	Ruiy5451（C）; Noawel（G）; Korrovino（P）	3
		medium	中	Presur（C）; Kordenzen（G）; Poulhi008（P）	5
		large	大	Poulmanti（G）; Koranalafii（P）	7
		very large	极大	Tanispil（G）	9
49. （*） PQ	（b） （c）	Petal: color of basal spot on inner side	花瓣：内侧基部色斑颜色		
		white	白色	Seliron（C）; Speruge（G）; Ruiz0206（P）	1
		greenish	泛绿色	Interlis（C）; Korkopap（G）; Poulra002（P）	2
		light yellow	泛黄色	Schremna（C）; Poulerry（G）; Korpidanz（P）	3
		medium yellow	中等黄色	Ruiy5451（C）; Stebigpu（G）; Korbever（P）	4
		orange yellow	橙黄色	Selaurum（C）; Korsetag（G）; Poulnil（P）	5
		orange	橙色	Tanziewsim（G）; Poulfio（P）	6

续表

性状编号	观测方法	英文	中文	标准品种	代码
50.(*)PQ	(b)(c)	Petal: main color on the outer side (only if clearly different from inner side)	花瓣：外侧主色（仅适用于明显与内侧不同时）		
		RHS Colour Chart (indicate reference number)	RHS比色卡（注明相应数值）		
51.PQ	(b)	Outer stamen: predominant color of filament	外部雄蕊：花丝主色		
		white	白色	Helklewi（G）；Koralbavan（P）	1
		green	绿色	Interlis（C）；Kornemuta（G）；Kornemut（P）	2
		light yellow	泛黄色	Pouljill（G）	3
		medium yellow	中等黄色	Korplapei（C）；Meikrotal（G）；Meirosfon（P）	4
		orange	橙色	Ruiy5451（C）；Ruiskopoul（G）；Everrom（P）	5
		pink	粉色	Korfasso（G）；Ruiowko（P）	6
		red	红色	Predesplen（C）；Pekoucan（G）；Espever（P）	7
		brown red	棕红色	Schweizer Woche（G）	8
		purple	紫色	Heltscher（G）；Ruiovat（P）	9
52.QN	[G]	Seed vessel: size (at petal fall)	果皮：大小（花瓣脱落后）		
		very small	极小		1
		small	小	Poulemb（G）	3
		medium	中	Kolmag（G）	5
		large	大	Super Dagmar（G）	7
		very large	极大		9
53.(+)PQ	[G]	Hip: shape in longitudinal section	果实：纵切面形状		
		funnel-shaped	"V"形	Meidrason（G）	1
		pitcher-shaped	"U"形	Korparesni（G）	2
		pear-shaped	梨形	Tanzahde（G）	3
54.(+)PQ	[G]	Hip: color (at mature stage)	果实：颜色（成熟期）		
		yellow	黄色		1
		orange	橙色		2
		red	红色		3
		brown	棕色		4
		black	黑色		5

8 性状表解释

8.1 对多个性状的解释

性状表第二列包含以下标注的性状应按照下述要求观测。

（a）应对茎的中部1/3处的叶片和嫩叶进行观测。

（b）应对完全发育的花进行观测（花药开裂时期）。

（c）花瓣的观测。

重瓣花：外侧第三轮的花瓣。

半重瓣花：中间轮的花瓣。

8.2 对单个性状的解释

性状2：植株生长习性（不含藤本品种）

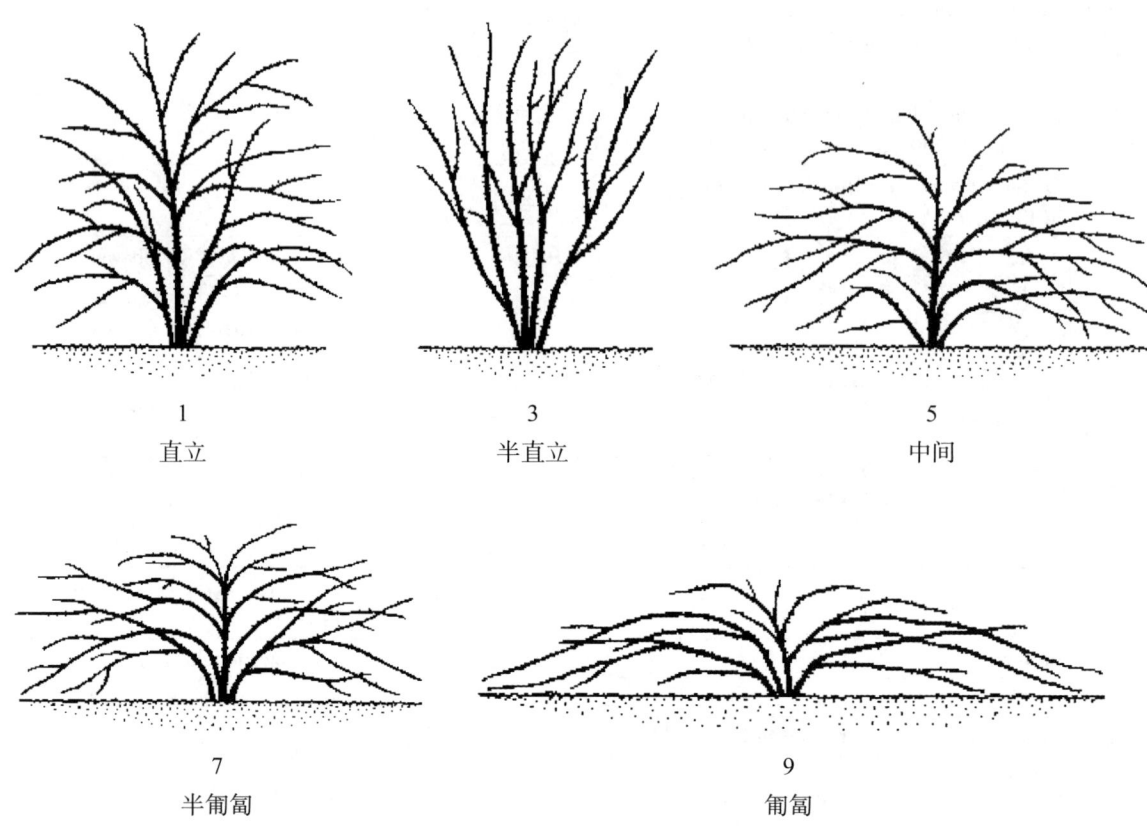

1	3	5
直立	半直立	中间

7	9
半匍匐	匍匐

性状4：幼枝花青苷显色

性状5：幼枝花青苷显色强度

应对长度为20 cm左右枝条的远端1/3处进行观测，观测应该包含对叶片的观测。

性状14：顶生小叶叶片基部形状

1	2	3	4
锐尖	钝尖	圆形	心形

性状15：顶生小叶叶片先端形状

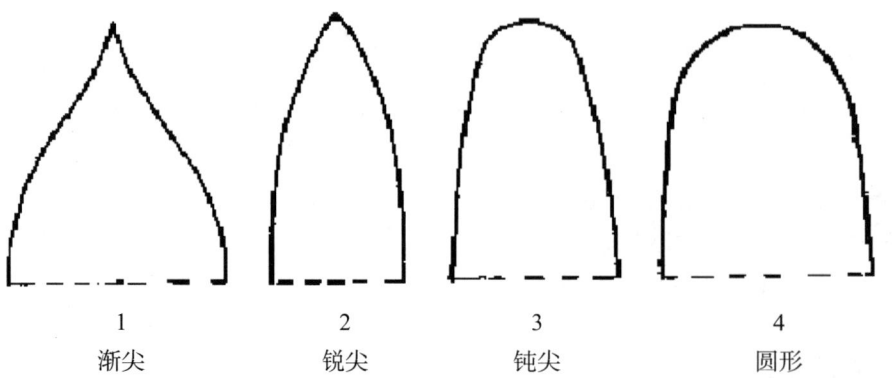

1	2	3	4
渐尖	锐尖	钝尖	圆形

性状 16：花枝侧花枝

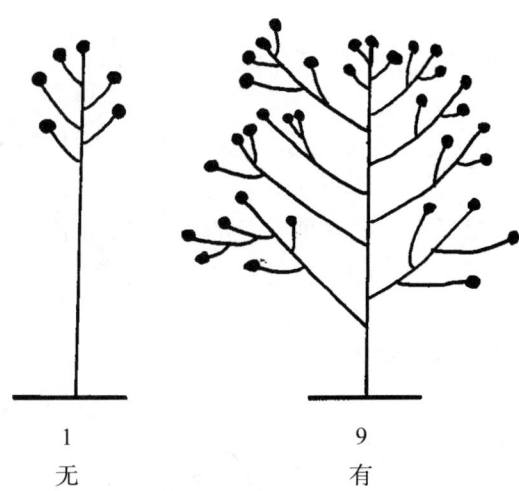

　　　　1　　　　　　　9
　　　　无　　　　　　　有

性状 17：花枝侧花枝数量
性状 18：花枝花数量（仅适用于无侧花枝的品种）
性状 19：花枝每个侧花枝花的数量（仅适用于有侧花枝的品种）

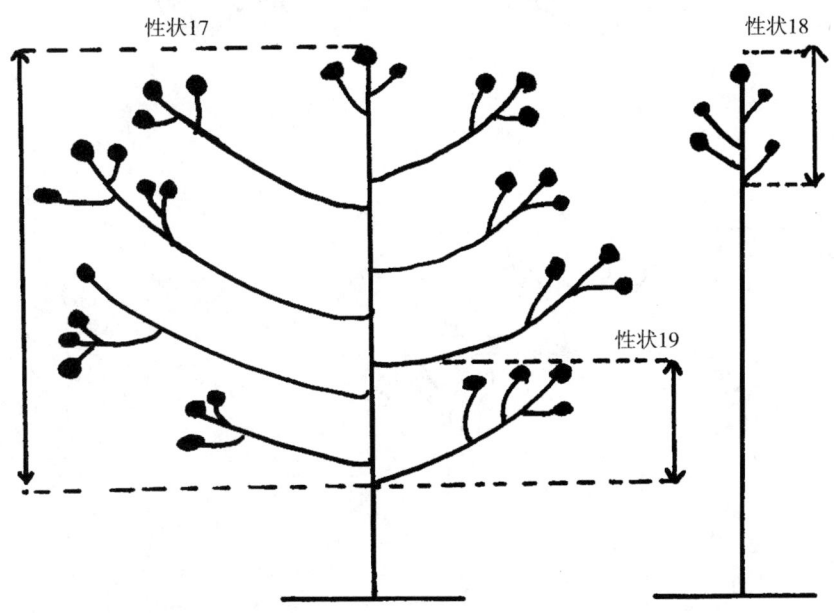

性状 20：花蕾纵切面形状
应在萼片分离前进行观测。

性状 21：花类型
单瓣为最多 7 个花瓣，半重瓣为 8～20 个花瓣，重瓣为 20 个以上花瓣。

性状 23：花颜色组别
混色表明颜色之间的平滑过渡。对于多色品种，有明显的对比区。
白混色组（代码 2）：包含的品种为花主色为白色，但是显示一些其他颜色的色调（比如粉色、红色、粉红色和紫色）。
黄混色组（代码 5）：包含的品种为花主色为黄色，但是显示一些其他颜色的色调（比如粉色、红色和粉红色）。
橙混色组（代码 7）：包含的品种为花主色为橙色，但是显示一些其他颜色的色调（比如黄色和紫色）。

粉混色组（代码9）：包含的品种为花主色为粉色，但是显示一些其他颜色的色调（比如橙色、黄色和紫色）。

红混色组（代码11）：包含的品种为花主色为粉色，但是显示一些其他颜色的色调（比如橙色、黄色和紫色）。

紫罗兰混色组（代码14）：包含的品种为花主色为紫罗兰色，但是显示一些其他颜色的色调（比如淡紫色）。

棕混色组（代码15）：包含的品种为花主色为棕色，但是显示一些其他颜色的色调（比如红色）。

复色组（代码16）：包含的品种为花在明显的对比区中有多于一种颜色的品种（非混色）。

性状24：花中心颜色（仅适用于重瓣花品种）

从上面看，只有在花的中心和花的外部有明显的颜色差异的品种。

性状27：花形状

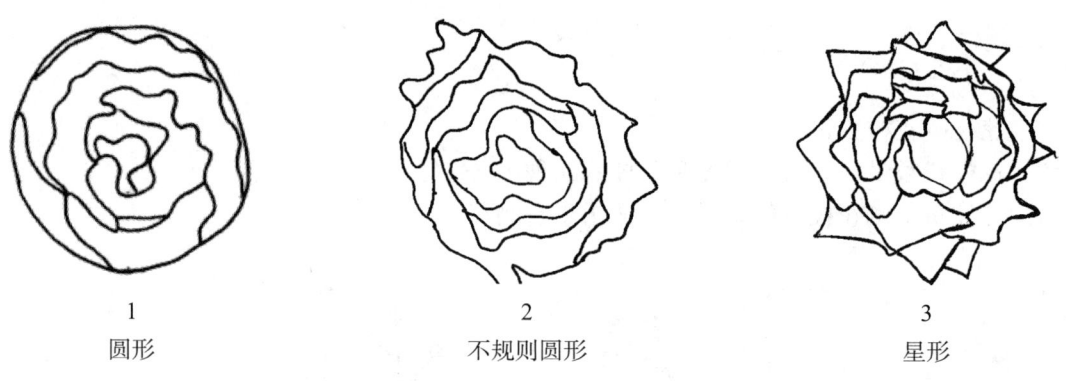

1　圆形　　2　不规则圆形　　3　星形

性状28：花上部轮廓

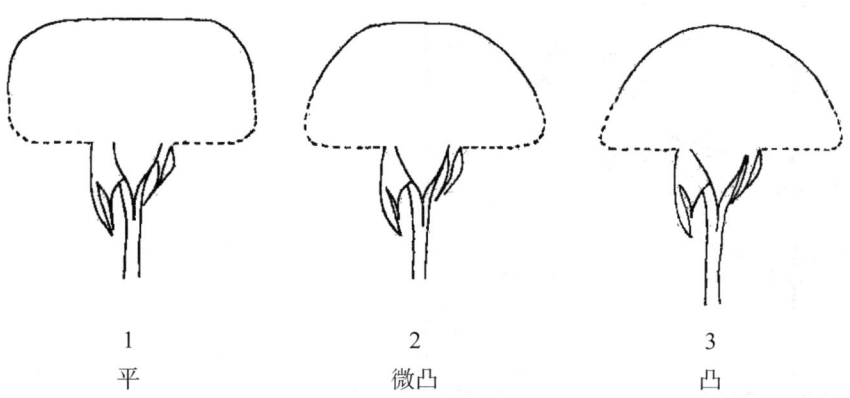

1　平　　2　微凸　　3　凸

性状29：花下部轮廓

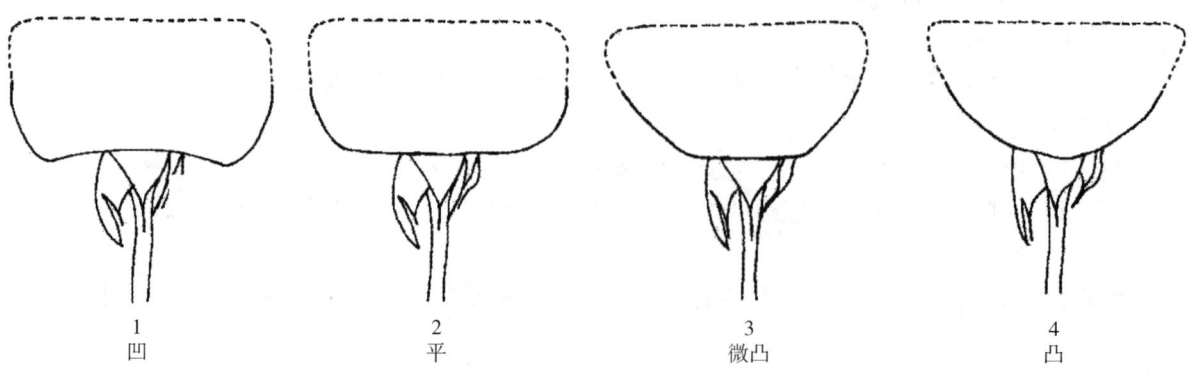

1　凹　　2　平　　3　微凸　　4　凸

性状 31：萼片边缘延伸

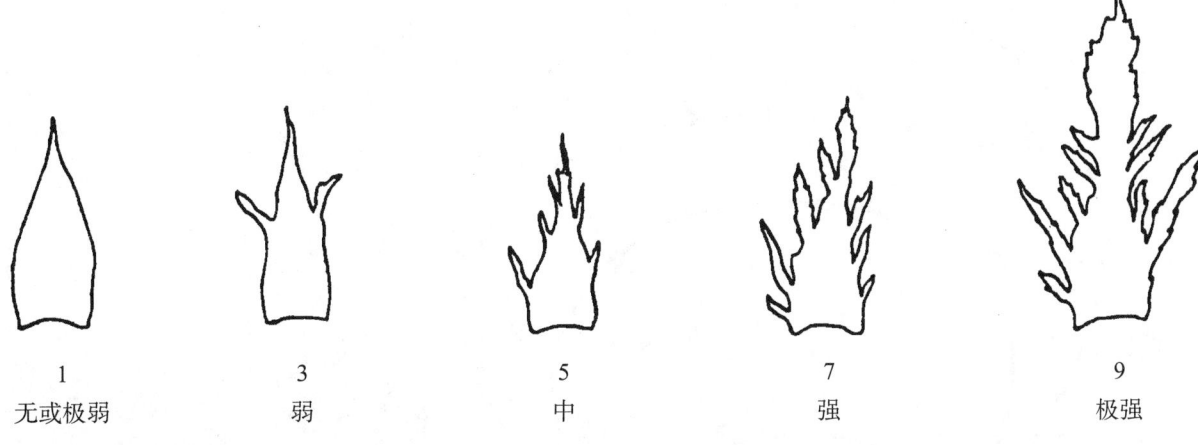

1	3	5	7	9
无或极弱	弱	中	强	极强

性状 32：花瓣逐一外翻

在花开放的时期内，不存在花瓣逐一外翻的品种。

→ 时期

1
无

在花开放的时期内，花瓣逐一外翻的品种。

→ 时期

9
有

性状 45：花瓣内侧第二颜色的分布（基部色斑除外，仅适用于花瓣内侧为双色或多色的品种）

性状 46：花瓣内侧第三颜色的分布（基部色斑除外，仅适用于花瓣内侧为多色的品种）

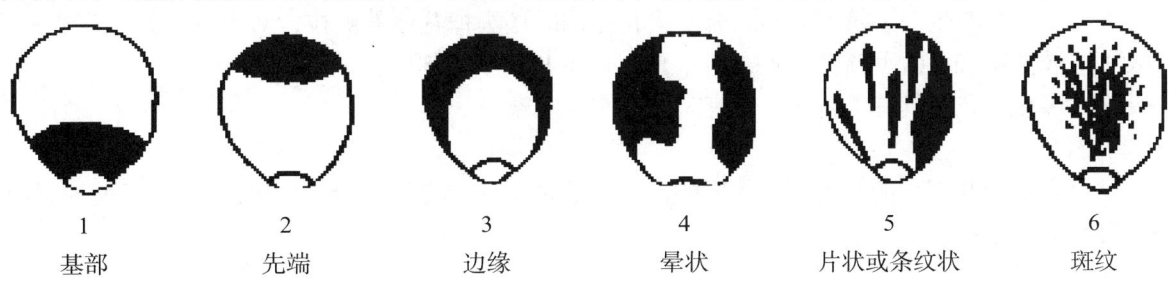

1	2	3	4	5	6
基部	先端	边缘	晕状	片状或条纹状	斑纹

性状 48：花瓣内侧基部色斑大小

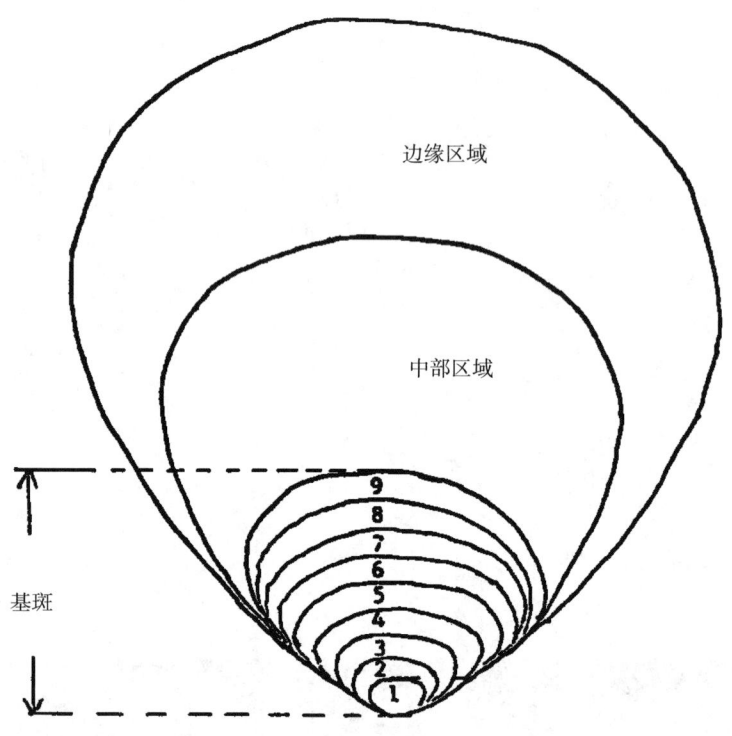

性状 53：果实纵切面形状

1	2	3
"V"形	"U"形	梨形

性状 54：果实颜色（成熟期）

仅为果实而种植的品种

8.3 生长类型

如 3.3.1 部分的解释，对于切花试验、园艺试验和盆栽试验需要进行单独的种植试验，以确保这些品种的生长满足测试要求。以下是关于不同类型品种生长条件的信息，这些信息可有助于决定适合一个品种的试验类型。

（1）切花型

育种是在有限的基因库中完成的。一般来说，此类品种属于杂交杂香玫瑰，具有以下特征。

（a）不耐低温，温带地区保证良好的作物生长需要加热温室。

（b）在温暖的气候条件下，需要防晒和防雨。

（c）为了每茎产生一个较大的花，需要去花芽同时还去掉花序的侧枝，对于簇状品种需要去顶花。

（d）与园艺型和盆栽型蔷薇相比，通常具有较少和较小的刺。

（e）大多数切花型具有重瓣花，但有时候具有半重瓣花。

（2）园艺型

育种是在一个相当大的基因库中完成的。大多数情况下，它比其他类型更广泛和不同。一般来说，此类品种具有以下特征。

（a）一般耐低温。

（b）与切花型和盆栽型相比，较少或不重视刺的形状和大小（育种有时关注有对比色的大刺）。

（c）园艺型具有所有的花型（单瓣、半重瓣和重瓣）。

（d）生长习性从灌木到攀爬变化。

（e）包括容器型和庭院型。

（3）盆栽型

育种是在一个明显不用于切花型和园艺型的基因库中完成的。一般来说，此类品种具有以下特征。

（a）仅涉及用于室内盆栽以及在温室或其他庇护条件下种植的品种类型。

（b）植株一般具有较低的高度和较小的直径。

（c）一般具有半重瓣或重瓣花。

（d）不包含容器型和庭院型蔷薇，这两类应划分为园艺型。

扫码下载原文

如扫描二维码无法下载指南原文，可能是指南版本有更新，可扫描本书封底二维码查看与本文对应的指南版本

TG/17/5 Corr.
原文：英文
日期：1994-11-4，1996-10-18

国际植物新品种保护联盟
植物品种特异性、一致性和稳定性
测试指南

非洲紫罗兰

SAINTPAULIA USAMBARAVEILCHEN

(*Saintpaulia* H. Wendl.)

1　适用范围

本测试指南适用于苦苣苔科（Gesneriaceae）所有非洲紫罗兰（*Saintpaulia* H. Wendl.）无性繁殖品种。

2　材料要求

2.1　待测品种测试所需繁殖材料的数量和质量要求以及繁殖材料提交的时间和地点由主管机构决定。申请人从测试所在国境外提交繁殖材料时，必须确保符合所有海关规定。提交的繁殖材料的数量应不少于20个含花蕾植株，用于做母本植物。

提供的繁殖材料应外观健康有活力，未受到任何严重病虫害的影响。

2.2　未经主管机构允许或要求，提交的植物材料不应进行任何处理。如果材料已经处理，必须提供处理的详细说明。

2.3　植物材料应该来自叶插条，如果采用了不同的繁殖方式，需要提供详细说明。

3　测试实施

3.1　测试试验通常在1个生长周期内进行。如果特异性或一致性不能在1个周期内充分评判，可以延长至第二生长周期。

3.2　测试试验通常在1个地点进行。如果测试品种的任何性状不能在该地区充分表达和观测，该品种可以在其他地方进行测试。

3.3　测试试验应该确保植株正常生长下进行（北半球生长条件）。

植物材料递交时间：8月中旬。

繁殖时间（叶扦插条）：9月开始（非迷你型品种）。

迷你型品种：10月开始。

盆栽种植时间：1月中旬。

繁殖生长条件如下。

土壤：使用水气通透良好基质，如泥炭土，pH值6～6.5。

灌溉：温水（22℃左右）。

温度：空气温度22℃，土壤温度24℃，用箔片包裹叶扦插条。

光：从11月开始，每天10 h光照，3 000 lux。

植物材料生长条件如下。

盆钵大小：直径5.5 cm或9 cm。

土壤：使用水气通透良好基质，如泥炭土，pH值6～6.5。

肥料：根据土壤分析。

灌溉：温水（22℃）从花蕾发育开始进行灌溉。

温度：20℃，用箔片包裹花蕾。

光：每天10 h 3 000 lux光照，超过10 000 lux，需要遮阴处理（70%～80%）。

试验小区大小应当满足因测量或计数等需要，从小区取走一部分植株或植株部位后，不影响生长周期结束前的所有观测。每次测试的最小数量不应低于20个植株。仅在相似的环境条件下，才能在不同的小区分别进行观测和测量。

3.4　特殊情况可以附加测试。

4 方法和观测

4.1 对于一致性测试，采用1%的群体标准和至少95%的可接受概率。如20个植株，最多允许1个异型株。

4.2 性状表中性状2、性状3、性状7、性状8、性状17、性状19、性状20和性状23通过测量或计算进行观测，同时其他性状进行目测。

4.3 除非另有说明，所有观测应该基于开花期20个植株或20个典型植株部位进行。测量性状的结果应该是10个植株的平均测量值。

4.4 由于日光变化的原因，在利用比色卡确定颜色时，应在一个合适的有人工光源的或中午无阳光直射的房间内进行。人工光源光谱分布应该符合CIE"理想日光标准D6500"，同时满足《英国标准950：第1部分》规定的允许范围。这些测试应该使用白色背景。

5 品种分组

5.1 待测品种应分组种植以便进行特异性评价。适用于分组的性状是已知不会出现变异或者仅在品种内发生轻微变异的性状。这些性状的不同表达状态应十分均匀地分布于品种库中。

5.2 建议主管机构使用以下品种分组性状。

（a）植株：类型（性状1）。

（b）花：形状（性状24）。

（c）花瓣：颜色数量（性状27）。

（d）花瓣：上侧边缘颜色（仅适用于单色花）（性状29），花瓣：主色（仅适用于双色花）（性状31）。

第一组：白色。

第二组：粉色。

第三组：浅红色。

第四组：深红色。

第五组：紫罗兰色。

第六组：浅蓝色。

第七组：深蓝色。

6 性状和符号

6.1 为了评价特异性，一致性和稳定性，性状和表达状态使用UPOV的3种工作语言罗列在性状表中。

6.2 为便于电子数据处理，每个性状的表达状态都赋予了相应的代码（数字）。

6.3 注释

（*）除非前序性状的表达或区域环境条件所限使其无法测试，在测试的每一生长时期，对所有品种都要进行测试的、总要包含在品种描述中的性状。

（+）见第8部分性状表解释。

7. 性状表

性状编号	英文	中文	标准品种	代码
1. （*）	**Plant：type**	植株：类型		
	Non-miniature	非迷你型		1
	miniature	迷你型		2
2.1 （*）	**For non-miniature varieties only：Plant：diameter**	植株：直径（仅适用于非迷你型品种）		
	small	小		3
	medium	中	Ramofi	5
	large	大	Rumiko	7
2.2 （*）	**For non-miniature varieties only：Plant：diameter**	植株：直径（仅适用于迷你型品种）		
	small	小		3
	medium	中	Rapunzel	5
	large	大	Pinoblau	7
3. （*）	**For non-miniature varieties only：Plant：number of inflorescences（including shoots with only buds）**	植株：花序数量（包括只有花蕾的枝，仅适用于非迷你型品种）		
	few	少	Lemara	3
	medium	中	Ramofi	5
	many	多	Rumiko	7
4. （*）	**Young leaf：intervenal anthocyanin coloration on lower side**	幼叶：下表面花青苷显色		
	absent	无	Tamara	1
	present	有	Heidrun	9
5. （*）	**Young leaf：intensity of intervenal anthocyanin coloration on lower side**	幼叶：下表面花青苷显色程度		
	weak	弱	Annegret	3
	medium	中	Tomi	5
	strong	强	Heidrun	7
6. （*）	**Young leaf：anthocyanin coloration on veins on lower side**	幼叶：下表面叶脉花青苷显色		
	absent	无	Tamara	1
	present	有	Vivian	9
7.1 （*）	**For non-miniature varieties only：Mature leaf：length of blade**	成熟叶：叶片长度（仅适用于非迷你型品种）		
	short	短		3
	medium	中	Sabrina	5
	long	长	Tomi	7

续表

性状编号	英文	中文	标准品种	代码
7.2 (*)	For miniature varieties only: Mature leaf: length of blade	成熟叶：叶片长度（仅适用于迷你型品种）		
	short	短		3
	medium	中	Rapunzel	5
	long	长	Pinoblau	7
8.1 (*)	For non-miniature varieties only: Mature leaf: width	成熟叶：宽度（仅适用于非迷你型品种）		
	narrow	窄	Lemara	3
	medium	中	Rumiko	5
	broad	宽	Vivian	7
8.2 (*)	For miniature varieties only: Mature leaf: width	成熟叶：叶片长度（仅适用于迷你型品种）		
	narrow	窄		3
	medium	中	Rapunzel	5
	broad	宽	Debby	7
9. (+)	Mature leaf: type	成熟叶：类型		
	type 1	类型1	Rumiko	1
	type 2	类型2	Anna Rokoko	2
10. (*)	Mature leaf: green color of upper side	成熟叶：上表面绿色程度		
	light	浅		3
	medium	中	Queen	5
	dark	深	Emi	7
11. (*)	Mature leaf: intervenal anthocyanin coloration on lower side	成熟叶：下表面花青苷显色		
	absent	无	Tamara	1
	present	有	Emi	9
12. (*)	Mature leaf: intensity of intervenal anthocyanin coloration on lower side	成熟叶：下表面花青苷显色程度		
	weak	弱	Saku	3
	medium	中	Heidrun	5
	strong	强	Emi	7
13. (*)	Mature leaf: anthocyanin coloration on veins on lower side	成熟叶：下表面叶脉花青苷显色		
	absent	无	Emi	1
	present	有	Dulsita	9
14. (*)	Mature leaf: apex	成熟叶：先端		
	pointed	尖	Rapunzel	1
	obtuse	钝	Kristel	2
	rounded	圆	Rumiko	3
15.	Mature leaf: undulation of margin	成熟叶：边缘波状		
	absent or very weak	无或极弱	Heidrun	1
	weak	弱		3
	medium	中	Miki	5
	strong	强	Gerda	7
	very strong	极强		9

续表

性状编号	英文	中文	标准品种	代码
16.	Mature leaf：rugosity	成熟叶：褶皱程度		
	weak	弱	Richarda	3
	medium	中	Bertina，Silberdollar	5
	strong	强	Evelyn	7
17.(*)	For non-miniature varieties only：Petiole：length	叶柄：长度（仅适用于非迷你型品种）		
	short	短	Claudia	3
	medium	中	Heidi	5
	long	长	Kewena	7
18.	Petiole：anthocyanin coloration on upper side	叶柄：上部花青苷显色		
	absent	无	Tamara	1
	present	有	Emi	9
19.1(*)	For non-miniature varieties only：Inflorescence：number of flowers（including buds）	花序：花数量（包括花蕾，仅适用于非迷你型品种）		
	few	少	Violetta	3
	medium	中	Tamara	5
	many	多	Tomi	7
19.2(*)	For miniature varieties only：Inflorescence：number of flowers（including buds）	花序：花数量（包括花蕾，仅适用于迷你型品种）		
	few	少	Debby	3
	medium	中	Traumblau	5
	many	多		7
20.1(*)	For non-miniature varieties only：Inflorescence：length of peduncle	花序：花梗长度（仅适用于非迷你型品种）		
	short	短		3
	medium	中	Lord	5
	long	长	Lexana	7
20.2(*)	For miniature varieties only：Inflorescence：length of peduncle	花序：花梗长度（仅适用于迷你型品种）		
	short	短		3
	medium	中	Debby	5
	long	长	Pinoblau	7
21.	Inflorescence：anthocyanin coloration on peduncle	花序：花梗花青苷显色		
	absent	无	Tamara	1
	present	有	Heidrun	9
22.	Inflorescence：intensity of anthocyanin coloration on peduncle	花序：花梗花青苷显色强度		
	weak	弱		3
	medium	中	Vivian	5
	strong	强	Heidrun	7
23.1(*)	For non-miniature varieties only：Flower：diameter	花：直径（仅适用于非迷你型品种）		
	very small	极小		1
	small	小	Minnie	3
	medium	中	Lexana	5
	large	大	Tamiko	7
	very large	极大	Rumiko，Vivian	9

续表

性状编号	英文	中文	标准品种	代码
23.2 (*)	For miniature varieties only: Flower: diameter	花: 直径（仅适用于迷你型品种）		
	small	小		3
	medium	中	Pünktchen	5
	large	大	Rapunzel	7
24. (*)	Flower: shape	花: 形状		
	Zygomorphic (violet-like)	两侧对称（类似紫罗兰）	Queen	1
	actinomorphic (star-shaped)	放射对称（类似星星）	Saturn	2
25. (*)	Flower: type	花: 类型		
	single	单瓣	Queen, Rapunzel	1
	double	重瓣	Dulsita, Pünktchen	2
26. (*)	Double varieties only: Flower: number of petals	花: 花瓣数量（仅适用于重瓣品种）		
	few	少	Belafi	3
	medium	中	Dulsita	5
	many	多	Pünktchen	7
27. (*)	Petal: number of colors	花瓣: 颜色数量		
	self-colored	单色		1
	bi-colored	双色		2
28. (*)	Only varieties with self-colored flowers: Petal: color of margin of upper side	花瓣: 上侧边缘颜色（仅适用于单色花）		
	RHS-Colour Chart (indicate reference number)	RHS 比色卡（注明参考色号）		
29. (*)	Only varieties with self-colored flowers: Petal: color of middle of upper side	花瓣: 上侧中部颜色（仅适用于单色花）		
	RHS-Colour Chart (indicate reference number)	RHS 比色卡（注明参考色号）		
30. (*)	Only varieties with self-colored flowers: Petal: color of base of upper side	花瓣: 上侧基部颜色（仅适用于单色花）		
	RHS-Colour Chart (indicate reference number)	RHS 比色卡（注明参考色号）		
31. (*)	Only varieties with bi-colored flowers: Petal: main color (larger colored part)	花瓣: 主色（较大颜色，仅适用于双色花）		
	RHS-Colour Chart (indicate reference number)	RHS 比色卡（注明参考色号）		
32. (*)	Only varieties with bi-colored flowers: Petal: secondary color (smaller colored part)	花瓣: 次色（较小颜色，仅适用于双色花）		
	RHS-Colour Chart (indicate reference number)	RHS 比色卡（注明参考色号）		
33.	Only varieties with bi-colored flowers: Flower: distribution of secondary color (smaller colored part)	花瓣: 次色分布（较小颜色，仅适用于双色花）		
	on upper two petals only	仅上侧的两个花瓣		1
	on upper and lower petals	上侧和下侧花瓣	Emi	2
34. (*) (+)	Only for varieties with bi-colored flowers: Flower: occurrence of secondary color	花瓣: 次色出现位置（仅适用于双色花）		
	at distal parts only	仅在远基端		1
	at distal parts and at base	在远基端和基部		2
	at base only	仅在基部		3
	at base and margins only	仅在基部和边缘		4
	at margins only	仅在边缘		5
	in stripes	条状		6
	on whole surface of upper petals only	仅在上侧花瓣整个表面		7

续表

性状编号	英文	中文	标准品种	代码
35.(*)	Petal: undulation of margin	花瓣：边缘波状		
	absent or very weak	无或极弱	Violetta	1
	weak	弱	Emi	3
	medium	中	Belafi	5
	strong	强	Miyako	7
	very strong	极强		9
36.1	For non-miniature varieties only: Time of beginning of flowering	始花期（仅适用于非迷你型品种）		
	early	早	Vivian	3
	medium	中	Queen	5
	late	晚	Kristel	7
36.2	For miniature varieties only: Time of beginning of flowering	始花期（仅适用于迷你型品种）		
	early	早	Rapunzel	3
	medium	中		5
	late	晚	Pinoblau	7

8　性状表解释

性状9：成熟叶类型

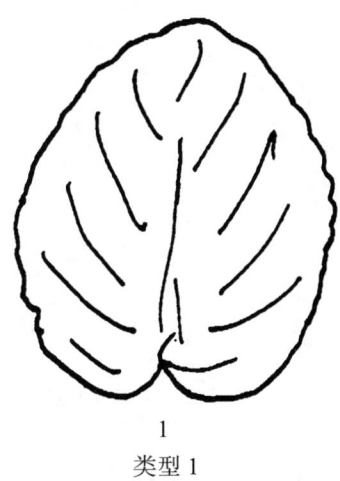
1
类型1

2
类型2

性状 34：花瓣次色出现位置（仅适用于双色花）

1	2	3
仅在远基端	在远基端和基部	仅在基部

4	5	6
仅在基部和边缘	仅在边缘	条状

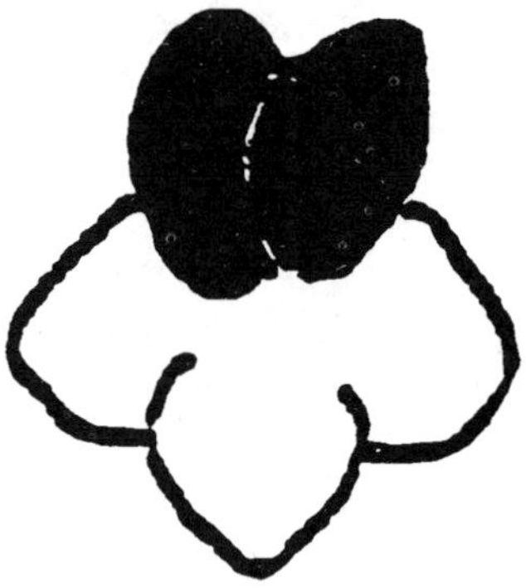

7
仅在上侧花瓣整个表面

扫码下载原文

如扫描二维码无法下载指南原文，可能是指南版本有更新，可扫描本书封底二维码查看与本文对应的指南版本

TG/18/5
原文：英文
日期：2007-03-28

国际植物新品种保护联盟
植物品种特异性、一致性和稳定性
测试指南

丽格秋海棠

UPOV 代码：BEGON_HIE

(*Begonia* × *hiemalis* Fotsch)

互用名称 *

植物学名称	英文	法文	德文	西班牙文
Begonia×*hiemalis* Fotsch, *Begonia*×*elatior* hort.	Elatior Begonia, Winter flowering begonia	Bégonia élatior	Elatior-Begonie	Begonia elatior

---

* 这些名称在指南开始使用时是正确的，但随后可能会修改更新。读者可登录 UPOV 网站（www.upov.int），获取最新资料。

1 指南适用范围

本指南适用于海棠科（Begoniaceae）丽格秋海棠（*Begonia* × *hiemalis* Fotsch）的所有品种。

2 繁殖材料要求

2.1 测试主管机构规定测试品种的繁殖材料质量和数量要求以及邮寄的时间和地点。申请人从非测试地区所在国提交的繁殖材料，应符合海关规定并满足相关植物检疫的要求。

2.2 繁殖材料应以非诱导茎末梢扦插幼苗的形式提供。

2.3 申请者提交的植物材料最小数量应为 20 株非诱导茎末梢扦插幼苗。

2.4 提供的植物材料应该外观健康有活力，未受到任何严重病虫害的影响。

2.5 未经主管机构允许或要求，提交的繁殖材料不得进行任何可能影响品种性状表达的处理。如果繁殖材料已经经过处理，必须提供相关处理的详细说明。

3 测试方法

3.1 测试周期

测试的最少周期通常为 1 个独立生长周期。

3.2 测试地点

测试通常在 1 个地点进行。在 1 个以上地点进行测试时，TGP/9《特异性测试》提供了有关指导。

3.3 测试条件

3.3.1 测试的条件应能满足品种正常生长的需要，以确保品种相关性状充分表达和测试的顺利开展。盆栽 3 周后，植株应该经过两周短日照处理。短日照白天长度应该为 9 h。

3.3.2 评价性状的最适宜生长阶段是开花时期。

3.3.3 由于日光变化的原因，在利用比色卡确定颜色时，应在一个合适的有人工光源的或中午无阳光直射的房间内进行。人工光源光谱分布应该符合 CIE "理想日光标准 D6500"，同时满足《英国标准 950：第 1 部分》规定的允许范围。这些测试应该使用白色背景。

3.4 试验设计

3.4.1 每个测试试验应当保证至少 20 个植株。

3.4.2 试验设计应保证因测量或计数等需要，从小区取走部分植株或植株部位后，不影响生长周期结束前的所有观测。

3.5 测试植株或植株部位数量

除非另有说明，观察个体性状应该基于 10 个植株或来自 10 个植株部位进行。其他所有观测结果应基于所有植株。

3.6 附加测试

为测试有关性状，可以进行附加测试。

4 特异性、一致性和稳定性评价

4.1 特异性

4.1.1 一般建议

对于本指南的使用者而言，在判定特异性前参照总则特异性判定的一般原则十分重要。本指南将列出着重强调的要点。

4.1.2 一致的差异

当观测到的品种之间的差异非常明显时，没有必要种植1个以上生长周期。此外，在某些情况下，环境的影响并不意味着需要1个以上的生长周期来保证品种间观察到的差异是足够一致的。为确保在种植试验中所观测到的性状差异是足够一致的，可以对性状进行至少2个独立生长周期的测试。

4.1.3 明显的差异

两个品种间的差异是否明显取决于很多因素，特别应考虑所测性状的表达类型，即该性状是质量性状、数量性状还是假质量性状。因此，本测试指南的使用者在判定特异性前应熟悉总则中的建议。

4.2 一致性

4.2.1 对于本指南的使用者而言，在判定一致性前参照总则一致性判定的一般原则十分重要。本指南将列出着重强调的要点。

4.2.2 一致性评价时，采用2%的群体标准和至少95%以上的接受概率。20个测试样本，最多允许2个异型株。

4.3 稳定性

4.3.1 在实际操作中，通常不像测试特异性和一致性那样对稳定性进行测试以得到明确结果。经验表明，对许多类型的品种来说，当一个品种表现一致时，可认为其是稳定的。

4.3.2 适当情况下或者有疑问时，种植该品种的下一代或者测试一批能够保证与之前提交的材料性状一致的新材料，评价稳定性。

5 品种分组和试验组织

5.1 使用分组性状可以帮助选择与申请品种一起进行田间种植试验的已知品种，以及对这些品种进行合适分组以便进行特异性评价。

5.2 分组性状表达状态的数据即使来自不同地点，也可以单独或者与其他此类性状联合使用。

（a）用于特异性测试中筛选排除那些不需要安排在种植试验中的已知品种。

（b）用于组织安排种植试验，使近似品种种植在一起。

5.3 以下性状已被确认为有用的分组性状。

（a）花：类型（性状14）。

（b）花：颜色数量（性状18）。

（c）外侧花瓣：上表面中部颜色（性状20）。

第一组：白色。

第二组：黄色。

第三组：橙色。

第四组：红色。

第五组：粉红色。

第六组：蓝粉红色。

（d）外侧花瓣：边缘缺刻（性状21）。

（e）内侧花瓣：上表面中部颜色（性状23）。

第一组：白色。

第二组：黄色。

第三组：橙色。

第四组：红色。

第五组：红粉色。

第六组：蓝粉色。

5.4 总则提供在特异性审查过程中使用分组性状的指导。

6 性状表介绍

6.1 性状类型

6.1.1 标准指南性状

标准指南性状是 UPOV 已同意用于 DUS 审查的性状，UPOV 成员可以从中选择与其特定环境相适应的性状。

6.1.2 星号性状

星号性状（用"*"标记）是测试指南中对于形成国际统一的品种描述十分重要的性状，所有 UPOV 成员都应将其用于 DUS 测试并包含在品种描述中，除非前序性状的表达或区域环境条件所限使其无法测试。

6.2 表达状态及相应代码

为定义性状和统一描述，将每个性状划分为一系列表达状态。每个表达状态赋予一个相应的数字代码，以便于数据记录，以及品种性状描述的建立和交流。

6.3 表达类型

总则中对性状表达类型（质量性状、数量性状和假质量性状）进行了解释。

6.4 标准品种

适当时，测试指南中提供了标准品种用于校正性状的表达状态。

6.5 注释

（*）星号性状（6.1.2）。

QL：质量性状（6.3）。

QN：数量性状（6.3）。

PQ：假质量性状（6.3）。

（a）～（c）性状表解释（8.1）。

（+）性状表解释（8.2）。

7 性状表

性状编号	观测方法	英文	中文	标准品种	代码
1.(*) QN		**Plant：height（including flowers）**	**植株：高度（包括花）**		
		short	矮		3
		medium	中	Berseko	5
		tall	高	Dark Britt	7
2.(*) QN		**Plant：width（including flowers）**	**植株：株幅（包括花）**		
		narrow	窄		3
		medium	中	Julie	5
		broad	宽	Nadine	7
3. QN	（a）	**Petiole：anthocyanin coloration on upper side**	**叶柄：上表面花青苷显色**		
		absent or very weak	无或极弱	Beman Soft Pink	1
		weak	弱	BBTosca	3
		medium	中		5
		strong	强	Binos Pink	7
		very strong	极强		9

续表

性状编号	观测方法	英文	中文	标准品种	代码
4. (*) (+) QN	(a)	**Leaf blade: length of midrib**	叶片：中脉长度		
		short	短		3
		medium	中	Beman Rose	5
		long	长	Barkos	7
5. (*) (+) QN	(a)	**Leaf blade: width**	叶片：宽度		
		narrow	窄		3
		medium	中	Julie	5
		broad	宽	Barkos	7
6. (*) PQ	(a)	**Leaf blade: color of upper side**	叶片：上表面颜色		
		light green	泛绿色		1
		medium green	中等绿色	Azotus	2
		dark green	深绿色	Barkos	3
		reddish green	泛红绿色	Debbie	4
7. PQ	(a)	**Leaf blade: color of lower side**	叶片：下表面颜色		
		light green	泛绿色	Azotus	1
		medium green	中等绿色		2
		dark green	深绿色		3
		red and green	红色和绿色	Fuga	4
		reddish brown	泛红棕色		5
8. (+) QN	(a)	**Leaf blade: base**	叶片：基部		
		wide open	极分开		1
		moderately open	中度分开		3
		closed	邻接		5
		slightly overlapping	轻度重叠		7
		strongly overlapping	高度重叠		9
9. (+) QN	(a)	**Leaf blade: angle of apex**	叶片：先端角度		
		moderately acute	中等锐角		3
		right angled	直角		5
		moderately obtuse	中等钝角		7
10. (+) QN	(a)	**Leaf blade: incisions of margin**	叶片：边缘缺刻		
		absent or very shallow	无或极浅	Azotus	1
		shallow	浅	Kristy Franje	3
		medium	中	Cindy Franje Dark	5
		deep	深		7
11. QN	(a)	**Leaf blade: undulation of margin**	叶片：边缘波状程度		
		absent or very weak	无或极弱		1
		weak	弱	Nadine	3
		medium	中	Azotus	5
		strong	强		7
		very strong	极强		9
12. QN	(b)	**Bract: size**	苞片：大小		
		small	小	Nadine	3
		medium	中		5
		large	大	Azotus	7

续表

性状编号	观测方法	英文	中文	标准品种	代码
13. QL	（b）	**Bract：color**	苞片：颜色		
		green	绿色		1
		red and green	红色和绿色		2
		red	红色		3
14. (*) (+) QL		**Flower：type**	花：类型		
		single	单瓣		1
		double	重瓣		2
15. (*) QN		**Only varieties with double flowers：Flower：number of petals**	花：花瓣数量（仅适用于重瓣品种）		
		few	少	Peggy	3
		medium	中		5
		many	多	BBTosca	7
16. (*) (+) QN		**Flower：length**	花：长度		
		short	短		3
		medium	中		5
		long	长		7
17. (*) (+) QN		**Flower：width**	花：宽度		
		narrow	窄		3
		medium	中		5
		broad	宽		7
18. (*) (+) QL		**Flower：number of colors**	花：颜色数量		
		one	1种		1
		two	2种		2
		more than two	2种以上		3
19. (*) PQ		**Outer petal：color of margin of upper side**	外侧花瓣：上表面边缘颜色		
		RHS Colour Chart（indicate reference number）	RHS比色卡（注明参考色号）		
20. (*) PQ		**Outer petal：color of middle of upper side**	外侧花瓣：上表面中部颜色		
		RHS Colour Chart（indicate reference number）	RHS比色卡（注明参考色号）		
21. (*) (+) QN		**Outer petal：incisions of margin**	外侧花瓣：边缘缺刻		
		absent or very shallow	无或极浅	BBTosca	1
		shallow	浅	Bela	3
		medium	中	Cindy Franje Dark	5
		deep	深	Daisy Franje	7
22. (*) PQ	（c）	**Inner petal：color of margin of upper side**	内侧花瓣：上表面边缘颜色		
		RHS Colour Chart（indicate reference number）	RHS比色卡（注明参考色号）		
23. (*) PQ	（c）	**Inner petal：color of middle of upper side**	内侧花瓣：上表面中部颜色		
		RHS Colour Chart（indicate reference number）	RHS比色卡（注明参考色号）		
24. PQ	（c）	**Inner petal：color of margin of lower side**	内侧花瓣：下表面边缘颜色		
		RHS Colour Chart（indicate reference number）	RHS比色卡（注明参考色号）		
25. PQ	（c）	**Inner petal：color of middle of lower side**	内侧花瓣：下表面中部颜色		
		RHS Colour Chart（indicate reference number）	RHS比色卡（注明参考色号）		

续表

性状编号	观测方法	英文	中文	标准品种	代码
26. (+) QN	(c)	**Inner petal: incisions of margin**	内侧花瓣：边缘缺刻		
		absent or very shallow	无或极浅		1
		shallow	浅		3
		medium	中		5
		deep	深		7
27. QN	(c)	**Inner petal: undulation of margin**	内侧花瓣：边缘波状		
		absent or very weak	无或极弱	Rita	1
		weak	弱	Dark Britt	3
		medium	中	Boraskio	5
		strong	强		7
		very strong	极强		9

8 性状表解释

8.1 对多个性状的解释

性状表第二列包含以下标注的性状应按照下述要求观测。

（a）叶和叶柄：应当在植株中部发育完全叶观察叶和叶柄性状。

（b）苞片：应当在发育完全花中选择发育完全苞片观察苞片性状。

（c）内侧花瓣：应当在外部第二轮的内侧花瓣中选择发育完全的花瓣观察内侧花瓣性状。

8.2 对单个性状解释

性状 4：叶片中脉长度

性状 5：叶片宽度

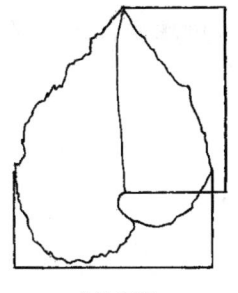

叶片中脉长度

叶片宽度

性状 8：叶片基部

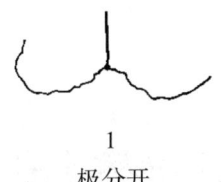 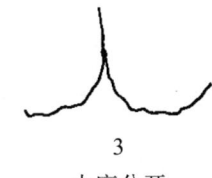 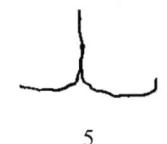 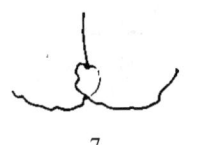 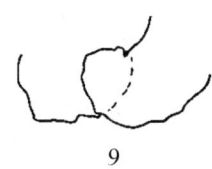

1	3	5	7	9
极分开	中度分开	邻接	轻度重叠	高度重叠

性状 9：叶片先端角度

3	5	7
中等锐角	直角	中等钝角

性状 10：叶片边缘缺刻

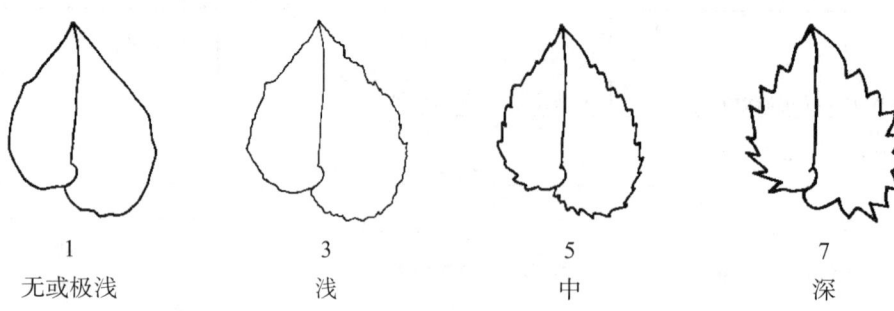

1	3	5	7
无或极浅	浅	中	深

性状 14：花类型

单瓣花仅有两个外花瓣和两个内花瓣。重瓣花有两个外花瓣和两个以上内花瓣。

性状 16：花长度

性状 17：花宽度

性状 18：花颜色数量

1 种（代码 1）：上侧花瓣仅有 1 种颜色。虽然只有 1 种颜色，花序其他部分可能会有一些或浅或深的颜色。

2 种（代码 2）：上侧花瓣有 2 种不同颜色，如红色和绿色。

2 种以上（代码 3）：上侧花瓣存在多种不同颜色，如红色、白色、黄色。

性状 21：外侧花瓣边缘缺刻

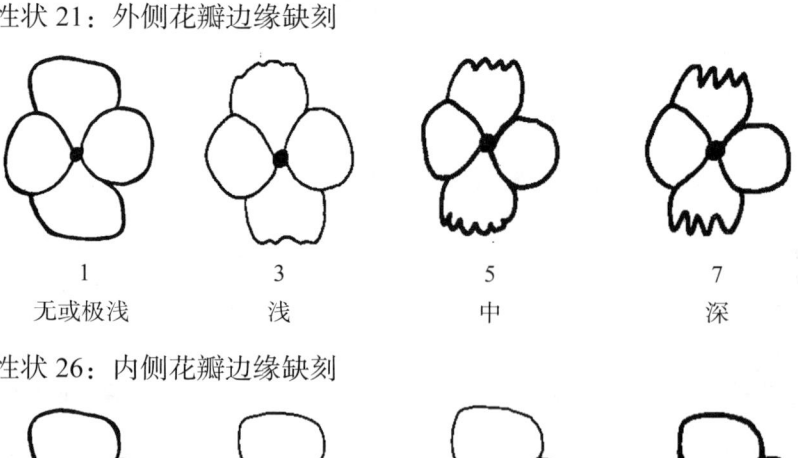

1	3	5	7
无或极浅	浅	中	深

性状 26：内侧花瓣边缘缺刻

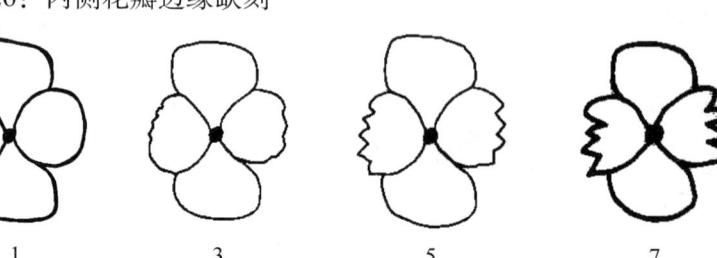

1	3	5	7
无或极浅	浅	中	深

扫码下载原文

如扫描二维码无法下载指南原文，可能是指南版本有更新，可扫描本书封底二维码查看与本文对应的指南版本

TG/21/7
原文：德文
日期：1988-10-26

国际植物新品种保护联盟
植物品种特异性、一致性和稳定性
测试指南

杨属

(*Populus* L.)

1 测试技术说明

1.1 待测品种测试所需繁殖材料的数量和质量要求以及繁殖材料提交的时间和地点由主管机构决定。申请人从测试所在国境外提交繁殖材料的，必须确保符合所有海关规定。提交的繁殖材料的数量应不少于15个植株（一年生）。但是对黑杨派和青杨派截条（部分）和种间杂交品种的截条（部分）为25根扦插条。

提供的繁殖材料应没有病毒且外观健康有活力，未受到任何严重病虫害的影响。植株材料应该带根并且根系充分。茎长50 cm且直径不低于1 cm。扦插条取枝条的一年生主枝条。扦插条直径至少1 cm粗，20 cm长。如果申请者提交的特异性性状只能在成年树上观测，申请者应能向测试机构证明至少可以在该品种的一株成年树上观测到该特异性性状。然而，如果申请者没有提交这些性状，为有助于审查并缩短测试周期，仍建议申请者让测试机构对成年树进行观测。

1.2 测试的试验条件应能确保品种的正常生长，通常在同一地点进行。当因测量或计数等需要，从小区取走部分植株或植株部位后，不影响生长周期结束前的所有观测。

1.3 下面部分依据植物类别分组。

第一组：胡杨派组。
第二组：白杨派组。
第三组：黑杨派组。
第四组：青杨派组。
第四组：大叶杨派组。
第六组：组间杂交种。

1.4 待测品种应分组种植以便进行特异性评价。适用于分组的性状是已知不会出现变异，或者仅在品种内发生轻微变异的性状。建议主管机构用上述植物类别分组作于一般分组，下面的性状是对品种进一步分组如下。

（a）叶片：萌芽时叶上表面颜色（4个或5个萌芽期，时间为第二年春季）（性状22）。
（b）叶片：叶基形状（性状37）。
（c）顶芽：嫩叶出现的时间（性状57）。

1.5 测试周期最少应为2年。

1.6 为判定特异性、一致性和稳定性，应使用性状表中以UPOV的3种工作语言列出的性状。星号（*）性状，除非前序性状的表达或区域环境条件所限使其无法测试，在测试的每一生长时期，对所有品种都要进行测试的、总要包含在品种描述中的性状。符号（+）表示该性状有解释或图示说明。在附录中成年树的性状仅适用于申请者提供能够在成年树上观测到的特异性性状。对于这些性状的草案已被国际杨树委员会采用。

1.7 为便于电子数据处理，每个性状的表达状态都赋予了相应的代码（1~9）。

1.8 所有观测应在典型植株部位上进行，应当选10个不同的植株且每一个进行2次测量。

1.9 所有树干的性状应在木化前进行记录，树干的颜色应当在第一年的夏天进行记录。

1.10 除非特殊说明，所有枝条的性状应在第二生长季节，定植后长出的第一枝条上部1/3处木质化之前观测记录。

1.11 所有的叶芽性状应当在第一年生长季节末期，在树干中部1/3处进行观测。

1.12 除非特殊说明，所有小树苗叶片性状应当在第二季度对树的顶部叶片进行观测获得，且树从未进行修剪；当提交的是扦插枝时应在种植后第一个生长季节进行观测，当提交的是植株时，观测应当在种植后的第二年生长季进行。

2 性状表

性状编号	英文	中文	标准品种	代码
1.	Plant: general appearance (time: autumn of 2nd year)	植株：一般外观（时间为第二年秋季）		
	delicate	纤弱		3
	medium	中等		5
	coarse	粗壮		7
2.(*)	Stem: shape	主干：形状		
	straight	直立		1
	slightly curved	微弯		2
	curved	弯		3
	very curved	极弯		4
	sinuous	波状弯曲		5
3.(*)	Stem: cross-section at 3/4 of height (at the center of an internode)	主干：3/4高处的横截面（在节间中心）		
	circular	圆形		1
	slightly angular	稍有角		2
	angular	有角		3
	winged	有翼		4
4.	Stem: grooves between the angles	主干：角之间凹槽		
	Absent or very slight	无或极浅		1
	slight	浅		3
	medium	中		5
	strong	深		7
	very strong	极深		9
5.	Stem: color of the sun side at 3/4 of the height	主干：3/4高度处向阳面的颜色		
	yellow	黄色		1
	light green	泛绿色		2
	grey-green	灰绿色		3
	grey	灰色		4
	red	红色		5
	red-violet	红紫罗兰色		6
	brown	棕色		7
6.	Stem: color of the shadow side at 3/4 of the height	主干：3/4高度处向阴面的颜色		
	yellow	黄色		1
	light green	泛绿色		2
	grey-green	灰绿色		3
	grey	灰色		4
	red	红色		5
	red-voilet	红紫罗兰色		6
	brown	棕色		7
7.	Stem: cross-section at 1/2 of the height	主干：1/2高度处的横截面		
	circular	圆形		1
	slightly angular	稍有角		2
	angluar	有角		3
	winged	有翼		4

续表

性状编号	英文	中文	标准品种	代码
8.	**Stem: color of the sun side at 1/2 of the height**	主干：1/2 高度处阳面颜色		
	yellow	黄色		1
	light green	泛绿色		2
	grey-green	灰绿色		3
	grey	灰色		4
	red	红色		5
	red-violet	红紫罗兰色		6
	brown	棕色		7
9.	**Stem: color of the shadow side at 1/2 of the height**	主干：1/2 高度处阴面颜色		
	yellow	黄色		1
	light green	泛绿色		2
	grey-green	灰绿色		3
	grey	灰色		4
	red	红色		5
	red-violet	红紫罗兰色		6
	brown	棕色		7
10.	**Stem: felt at 3/4 of the height**	主干：3/4 高度处毡毛		
	absent	无		1
	present	有		9
11.	**Stem: hairiness at 3/4 of the height**	主干：3/4 高度处茸毛		
	absent or very weak	无或极弱		1
	weak	弱		3
	medium	中		5
	strong	强		7
	very strong	极强		9
12.	**Lenticells: shape**	皮孔：形状		
	round	圆形		1
	elliptical	椭圆形		2
	short linear	短线形		3
	long linear	长线形		4
13.(*)	**Lenticells: distribution**	皮孔：分布		
	regular	规则		1
	in regular distributed clusters	有规则地成簇		2
	in clusters just under leaf base	仅叶基处成簇		3
	irregular	不规则		4
14.(*)	**Twigs: total number of twigs longer than 5 cm (time: autumn of 1st year)**	细枝：超过 5 cm 长的细枝总数（时间为第一年秋季）		
	absent or very few	无或极少	Gelrica, Selys, I488, Rochester, Oxford	1
	few	少	Brabantica, Vereecken, Blanc du Poito, Geneva, Strathglass	3
	medium	中	Leipzig, I214, Heidemij, Androscoggin, Rumford	5
	many	多	Flachslanden, Charkowiensis, Blanquillo de Bucos, Tardif de Champagne, Andover, Maine	7
	very many	极多		9

性状编号	英文	中文	标准品种	代码
15. (*)	**Branch**：angle between first 5 cm of branch and stem	分枝：第一个 5 cm 分枝与主干的角度		
	very acute	极尖		1
	acute	锐尖		2
	weakly acute to right angle	微尖到直角		3
	obtuse	钝尖		4
16. (*)	**Branch**：attitude	分枝：姿态		
	curved up	向上弯		1
	straight	直立		2
	curved down	下垂		3
17. (*)	**Leaf bud**：length	叶芽：长度		
	very short	极短		1
	short	短		3
	medium	中		5
	long	长		7
	very long	极长		9
18. (*)	**Leaf bud**：shape	叶芽：形状		
	narrow ovate	窄椭圆形		1
	ovate	椭圆形		2
	broad ovate	阔椭圆形		3
19.	**Leaf bud**：color	叶芽：颜色		
	green	绿色		1
	red	红色		2
	violet	紫色	Dorskamp	3
	brown	棕色		4
	reddish brown	泛红棕色		5
20. (*)	**Leaf bud**：shape of the tip	叶芽：尖端形状		
	obtuse	钝尖		1
	acute	锐尖		2
	narrow acute	窄锐尖		3
	acuminate	渐尖		4
21. (*)	**Leaf bud**：position in relation to the stem	叶芽：着生方式		
	applied	贴生		1
	adpressed with divergent tip	半贴生		2
	divergent	离生		3
22. (*) (+)	**Leaf bud**：color of upper side during bud burst（stage 4 to 5 of bud burst；time：spring of the second year）	叶芽：萌芽期上表面颜色（萌芽第四至第五期，时间为第二年春季）		
	white	白色		1
	grey	灰色		2
	yellow	黄色		3
	green	绿色		4
	red	红色		5
	violet	紫色		6
	brown	棕色		7

续表

性状编号	英文	中文	标准品种	代码
23.	**Leaf blade：intensity of color of upper side during bud burst（time：as for 22）**	叶片：萌芽期上部叶颜色强度（同性状 22）		
	light	浅		3
	medium	中		5
	dark	深		7
24.	**Leaf blade：attitude**	叶片：姿态		
	upward	斜上		1
	horrizontal	平展		2
	downward	斜下		3
25.(*)	**Leaf blade：length**	叶片：长度		
	very short	极短		1
	short	短		3
	medium	中		5
	long	长		7
	very long	极长		9
26.	**Leaf blade：maximum width**	叶片：最大宽度		
	very narrow	极窄		1
	narrow	窄	Italica	3
	medium	中	Robusta	5
	broad	宽	I 45/51	7
	very broad	极宽		9
27.(*)	**Leaf blade：ratio length of midrib/ maximum width of leaf**	叶片：中脉长与叶片最大宽度的比值		
	very small	极小		1
	small	小		3
	medium	中		5
	large	大		7
	very large	极大		9
28.	**Leaf blade：anthocyanin coloration of the midrib（upper side）**	叶片：中脉的花青苷显色（上部）		
	absent	无		1
	present	有		9
29.	**Leaf blade：distribution of anthocyanin coloration of the midrib（as for 28）**	叶片：中脉花青苷显色分布（同性状 28）		
	only on the base	仅基部		1
	from base up to middle	从基部到中部		2
	on whole midrib	整个叶脉		3
30.	**Leaf blade：intensity of anthocyanin coloration of thd midrib（as for 28）**	叶片：中脉花青苷显色强度（同性状 28）		
	very weak	极弱		1
	weak	弱		3
	medium	中		5
	strong	强		7
	very strong	极强		9

性状编号	英文	中文	标准品种	代码
31. （*）	Leaf blade：angle between the midrib and the second lower lateral vein	叶片：中脉与下端第二条一级侧脉之间的夹角		
	very small	极小		1
	small	中		3
	medium	中		5
	large	大		7
	very large	极大		9
32.	Leaf blade：hairiness of the upper side	叶片：上表面茸毛		
	absent or very weak	无或极弱		1
	on the veins only	仅在叶脉		2
	on the whole leaf blade	整个叶片		3
33. （*）	Leaf blade：hairiness of the lower side	叶片：下背面茸毛		
	absent or very weak	无或极弱		1
	on the veins only	仅叶脉		2
	on the whole leaf blade	整个叶片		3
34. （*）	Leaf blade：intensity of hairiness on the lower side	叶片：下背面茸毛密度		
	weak	弱		3
	medium	中		5
	strong	强		7
35. （*）	Leaf blade：surface profile	叶片：表面轮廓		
	flat	平展		1
	sunk to the leaf tip	叶尖端凹陷		2
	bowl-shaped	碗形		3
	roof-shaped	屋脊形		4
	warped	翘曲形		5
36.	Leaf blade：doming between veins	叶片：叶脉间的凹凸程度		
	absent or very weak	无或极弱		1
	weak	弱		3
	medium	中		5
	strong	强		7
	very strong	极强		9
37. （*） （+）	Leaf blade：general shape of base	叶片：叶基形状		
	wedge-shaped，convex	楔形，凸		1
	wedge-shaped，straight	楔形，直		2
	wedge-shaped，concave	楔形，凹		3
	broadly wedge-shaped，convex	阔楔形，凸		4
	rounded	圆形		5
	broadly wedge-shaped，straight	阔楔形，直		6
	broadly wedge-shaped，concave	阔楔形，凹		7
	straight	平直		8
	weakly cordate	微心形		9
	medium cordate	中等心形		10
	distinctly cordate	深心形		11

续表

性状编号	英文	中文	标准品种	代码
38. (*) (+)	**Leaf blade: shape of junction with petiole**	叶片：与叶柄连接处的形状		
	straight	直线形		1
	shallow	微凹形		2
	widely wedge shaped	凹形		3
	steep	深凹形		4
	parallel	两侧平行下陷		5
	leaf base overlapping	叶基重叠		6
	pleated	褶状		7
	descending	下延		8
39. (*) (+)	**Leaf blade: shape of tip**	叶片：尖端形状		
	narrow acute	窄尖		1
	acute	锐尖		2
	broad acute	阔尖		3
	narrow long acuminate	窄长渐尖		4
	broad long acuminate	宽长渐尖		5
	narrow short acuminate	窄渐尖		6
	broad short acuminate	宽渐尖		7
	mucronate	短尖		8
	obtuse	钝尖		9
40. (*) (+)	**Leaf blade: lobe pairs**	叶片：对称裂片		
	absent	无		1
	present	有		9
41. (*) (+)	**Leaf blade: distinctness of the upper lobe pair**	叶片：上部对称裂片有差异		
	absent or very weak	无或极弱		1
	weak	弱		3
	medium	中		5
	strong	强		7
	very strong	极强		9
42. (*) (+)	**Leaf blade: distinctness of the medium lobe pair**	叶片：中部对称裂片有差异		
	absent of very weak	无或极弱		1
	weak	弱		3
	medium	中		5
	strong	强		7
	very strong	极强		9
43. (*) (+)	**Leaf blade: distinctness of the lower lobe pair**	叶片：下部对称裂片有差异		
	absent of very weak	无或极弱		1
	weak	弱		3
	medium	中		5
	strong	强		7
	very strong	极强		9

续表

性状编号	英文	中文	标准品种	代码
44.	Leaf blade：shape of lobe tips	叶片：裂片尖端的形状		
	rounded	圆形		1
	blunt	钝尖		3
	medium	中等		5
	pointed	尖		7
	sharp-pointed	锐尖		9
45 (*)	Leaf blade：undulation of margin	叶片：边缘波状		
	absent	无		1
	present	有		9
46.	Leaf blade：size of undulation of margin	叶片：边缘波状大小		
	small	小		3
	medium	中		5
	large	大		7
47.	Leaf blade：periodicity of undulation of margin	叶片：边缘波状幅度		
	short	短		3
	medium	中		5
	long	长		7
48. (*)	Leaf blade：glands at the base of the leaf	叶片：叶基部的腺		
	absent	无		1
	predominantly one	有1个明显的		2
	predominantly two	有2个明显的		3
	predominantly more than two	超过2个明显的		4
	variable	无规律		5
49. (*)	Petiole：length	叶柄：长度		
	very short	极短		1
	short	短	Rochester	3
	medium	中	Robusta	5
	long	长	I 45/51	7
	very long	极长		9
50. (*)	Petiole：ratio length of petiole/length of midrib	叶柄：叶柄长度与中脉长度的比率		
	very small	极小		1
	small	小		3
	medium	中		5
	large	大		7
	very large	极大		9
51.	Petiole：shape of cross section（at middle of length）	叶柄：横截面的形状（中部）		
	circular	圆形		1
	elliptic	椭圆形		2
	oblong	长椭圆形		3

续表

性状编号	英文	中文	标准品种	代码
52.(*)	**Petiole：hairiness**	叶柄：茸毛		
	absent or very weak	无或极弱		1
	weak	弱		3
	medium	中		5
	strong	强		7
	very strong	极强		9
53.	**Petiole：distribution of hairiness**	叶柄：茸毛的分布		
	on base only	仅基部		1
	on upper third only	仅上部1/3		2
	on whole petiole	整个叶柄		3
54.	**Petiole：color of sun side**	叶柄：阳面的颜色		
	grey-green	灰绿色		1
	light green	泛绿色		2
	green	绿色		3
	light red	泛红色		4
	red	红色		5
	violet	紫罗兰色		6
55.(*)	**Stipules：duration of adherence to stem**	托叶：宿存时间		
	short	短	Grandis，Marilandica，Marilandica，	3
	medium	中	Brabantica，Harff，Heidemij	5
	long	长	Gelrica，Robusta，Drömling	7
56.(*)	**Stipules：attitude**	托叶：姿态		
	adpressed	紧贴		1
	divergent	散开		2
57.(*)(+)	**Teminal bud：time of appearance of green tips（stage 2 of bud burst；time：as for 22）**	顶芽：嫩叶出现的时间（萌芽第二期，时间同性状22）		
	very early	极早		1
	very early to early	极早到早		2
	early	早		3
	early to medium	早到中		4
	medium	中		5
	medium to late	中到晚		6
	late	晚		7
	late to very late	晚到极晚		8
	very late	极晚		9
58.(*)	**Plant：time of termination of growth of main shoot（time：as for 14）**	植株：封顶期（时间同性状14）		
	very early	极早		1
	early	早		3
	medium	中		5
	late	晚		7
	very late	极晚		9

（*）除非前序性状的表达或区域环境条件所限使其无法测试，在测试的每一生长时期，对所有品种都要进行测试的、总要包含在品种描述中的性状。

（+）见性状表解释部分。

3 性状表解释

性状22和性状57：叶芽萌芽期上表面颜色（萌芽第四至第五期，时间为第二年春季）和顶芽绿尖出现的时间（萌芽第二期，时间同性状22）

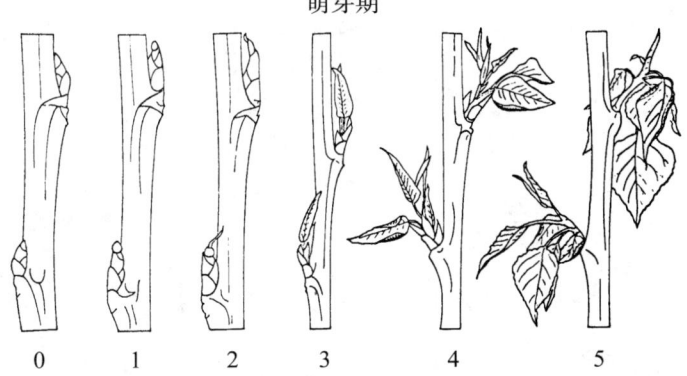

萌芽期

0 为休眠芽完全由鳞片包裹。
1 为芽开始膨大与鳞片微分开，露出黄色窄边；出现一滴或更多的树胶液滴。
2 为芽伸出，小叶的尖端从鳞片里伸出。
3 为芽完全伸出，叶片聚在一起，仍有鳞片。
4 为叶片散开但仍卷着，鳞片可能有或者无。
5 为叶片完全展开（但是尺寸比成熟叶小），发芽主茎伸长明显，无鳞片。

性状37：叶片叶基形状

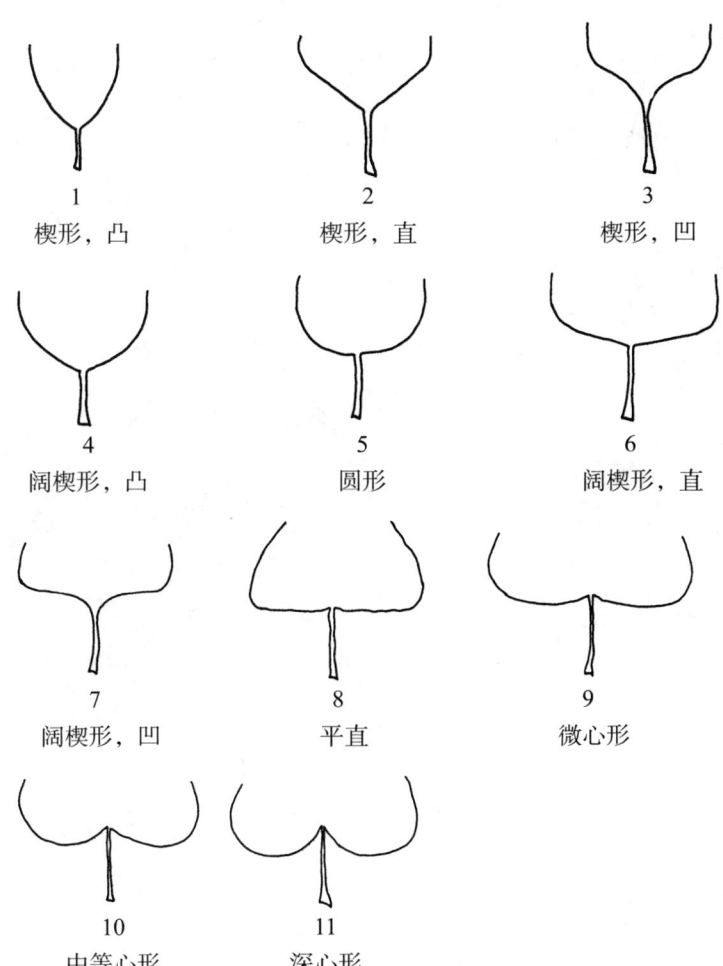

1 楔形，凸
2 楔形，直
3 楔形，凹
4 阔楔形，凸
5 圆形
6 阔楔形，直
7 阔楔形，凹
8 平直
9 微心形
10 中等心形
11 深心形

性状 38：叶片与叶柄链接处的形状

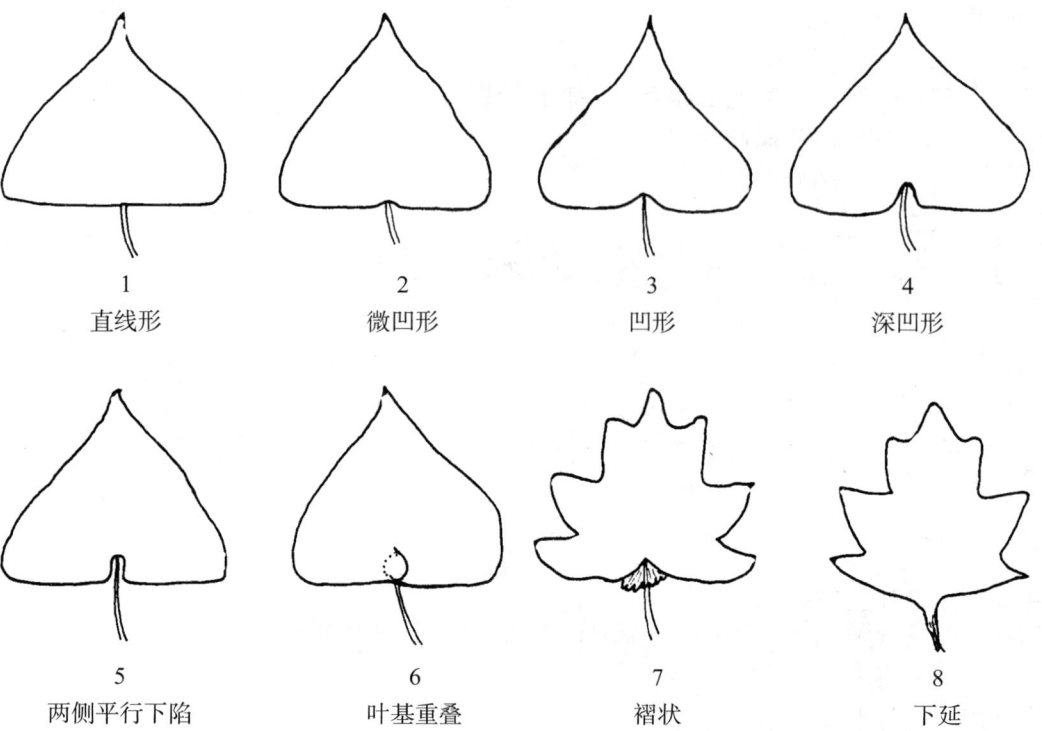

1	2	3	4
直线形	微凹形	凹形	深凹形

5	6	7	8
两侧平行下陷	叶基重叠	褶状	下延

性状 39：叶片尖端形状

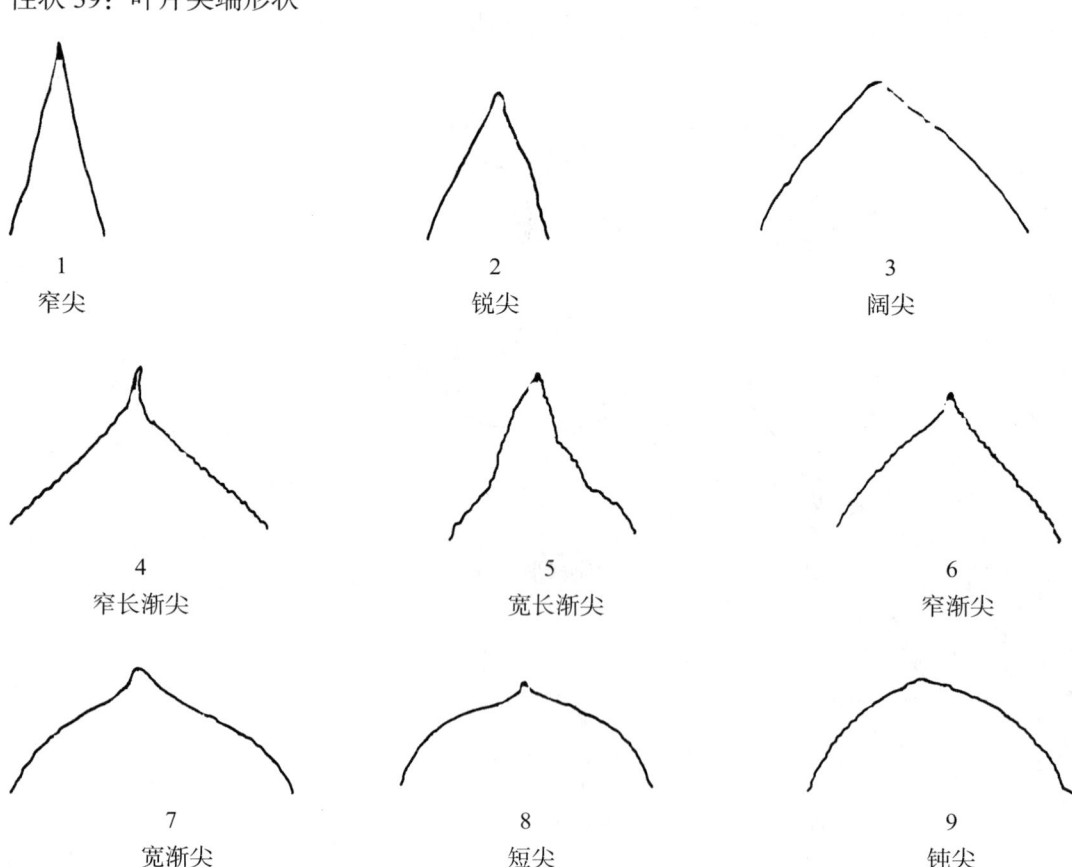

1	2	3
窄尖	锐尖	阔尖

4	5	6
窄长渐尖	宽长渐尖	窄渐尖

7	8	9
宽渐尖	短尖	钝尖

性状40、性状41、性状42和性状43：叶片对称裂片、上部对称裂片有差异、中部对称裂片有差异、下部对称裂片有差异

上部裂片对称（性状41）

中部裂片对称（性状42）

下部裂片对称（性状43）

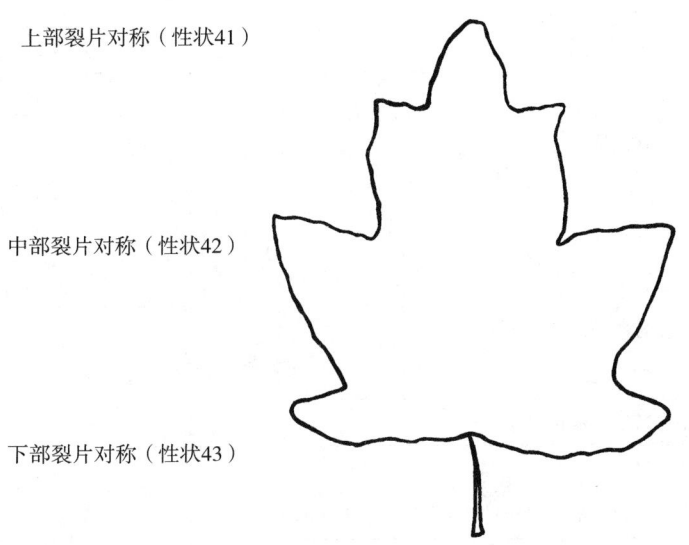

性状41至性状43为叶片裂片的差异
上部对称裂片（性状41）

中部对称裂片（性状42）

下部对称裂片（性状43）

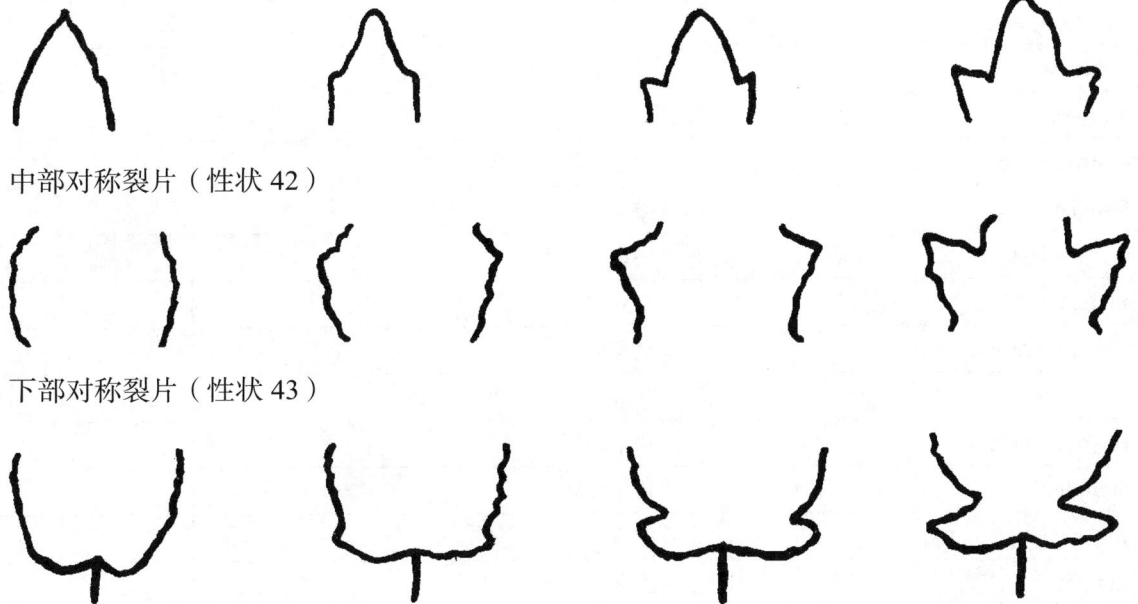

4　附录

4.1　附加性状表

性状编号	英文		中文	标准品种	代码
201.（7）	**Sex**		**植株雌雄**		
	male		雄性株		1
	female		雌性株		2

续表

性状编号	英文	中文	标准品种	代码
202. （8）	**Number of stamens**	雄蕊数量		
	15 and less	≤15个		1
	from 16 to 25	16~25个		2
	from 26 to 35	26~35个		3
	from 36 to 40	36~40个		4
	41 and more	≥41个		5
203. （9）	**Length of ripe racemes**	总状花序的长度		
	10 cm and less	≤10 cm		1
	from 11 to 15 cm	11~15 cm		2
	from 16 to 25 cm	16~25 cm		3
	26 cm and more	≥26 cm		4
204. （10）	**Number of capsular valves**	蒴果的荚片数量		
	2 valves	2个荚片		1
	2 and 3 vales	2个和3个荚片		2
	2 to 4 valves	2~4个荚片		3
	3 valves	3个荚片		4
	4 valves	4个荚片		5
205. （43） （+）	**Crown width**	树冠宽度		
	fastigiate	锥形		1
	very straight	绷直		2
	straight	直立		3
	slightly spreading	稍开展		4
	spreading	开展		5
	very spreading	非常蔓延		6
206. （45）	**Stem form**	树干形状		
	very straight	绷直		1
	straight	直立		2
	more or less curved	有些弯		3
	curved（rather curved）	弯曲（相当弯）		4
	very curved（forking or branching near the ground）	很弯曲（分叉或分枝接近地面）		5
207. （44）	**Phototropic sensitivity**	向光程度		
	slight	轻微		1
	below average	低于平均		2
	average	等于平均		3
	above average	高于平均		4
	strong	很强		5

性状编号	英文	中文	标准品种	代码
208. (12)	Leaves of short, well-illuminated branches: ratio of the total length of the limb L to its greatest width 1, 100 L/1 (average of measurements taken on a minimum of 20 leaves)	短而明亮的小叶：分枝总长度L与其最宽I的比率100*L/I（至少20片叶的测量平均值）		
	89 and less	≤89		1
	from 90 to 99	90～99		2
	from 100 to 109	100～109		3
	from 110 to 119	110～119		4
	from 120 to 129	120～129		5
	from 130 to 139	130～139		6
	from 140 to 149	140～149		7
	from 150 to 159	150～159		8
	from 160 to 169	160～169		9
	from 170 to 179	170～179		10
	from 180 to 189	180～189		11
	from 190 to 199	190～199		12
	from 200 to 209	200～209		13
	from 210 to 219	210～219		14
	220 and more	≥220		15
209. (13) (+)	Leaves of short, well-illuminated braches: angle between the medial vein and the second lower lateral vein (as for 208)	短而明亮的小叶：中脉与第二下侧脉间的角度（同性状208）		
	30 to 39°	30°～39°		1
	40 to 49°	40°～49°		2
	50 to 59°	50°～59°		3
	60 to 69°	60°～69°		4
	70 to 79°	70°～79°		5
	80 to 89°	80°～89°		6
	90° and more	≥90°		7
210. (14) (+)	Leaves of short, well-illuminated branches: shape of base of leaf blade (as for 208)	短而明亮的小叶：叶片基部形状（同性状208）		
	very cuneiform convex	极度楔形凸面		1
	very cuneiform concave	极度楔形凹面		2
	slightly cuneiform	略微楔形		3
	rounded cuneiform	圆形楔形		4
	sinuate cuneiform	弯曲楔形		5
	straight	直立		6
	straight sinuate	略弯曲		7
	slightly cordate	近心形		8
	moderately cordate	中等心形		9
	very cordate	极度心形		10
211. (15) (+)	Leaves of short, well-illuminated branches: shape of tip of leaf blade (as for 208)	短而明亮的小叶：叶片尖端形状		
	blunt	钝头		1
	round pointed	圆尖头		2
	round large pointed	圆大尖		3
	large pointed convex	大尖凸形		4
	large pointed concave	大尖凹形		5
	broadly acuminate	阔尖形		6
	narrow acuminate	窄尖形		7
	long pointed	长尖		8
	very long pointed	极长尖		9

续表

性状编号	英文	中文	标准品种	代码
212.(20)	Leaves of short, well-illuminated branches: ratio of the petiole length P to the medial vein length N, 100 P/N (as for 208)	短而明亮的小叶：叶柄长 P 与中脉长 N 的百分比 100*P/N（同性状 208）		
	29 and less	≤29		1
	from 30 to 39	30～39		2
	from 40 to 45	40～45		3
	from 46 to 50	46～50		4
	from 51 to 55	51～55		5
	from 56 to 60	56～60		6
	from 61 to 65	61～65		7
	from 66 to 70	66～70		8
	71 and more	≥71		9
213.(19)	Leaves of short, well-illuminated branches: hairiness of petiole (as for 208)	短而明亮的小叶：叶柄茸毛（同性状 208）		
	glabrous	光滑		1
	upper side partly pubescent	上部部分有茸毛		2
	upper side wholly pubescent	上部全都是茸毛		3
	pubescent	有茸毛		4

4.2 附加性状表解释

性状 205：树冠宽度

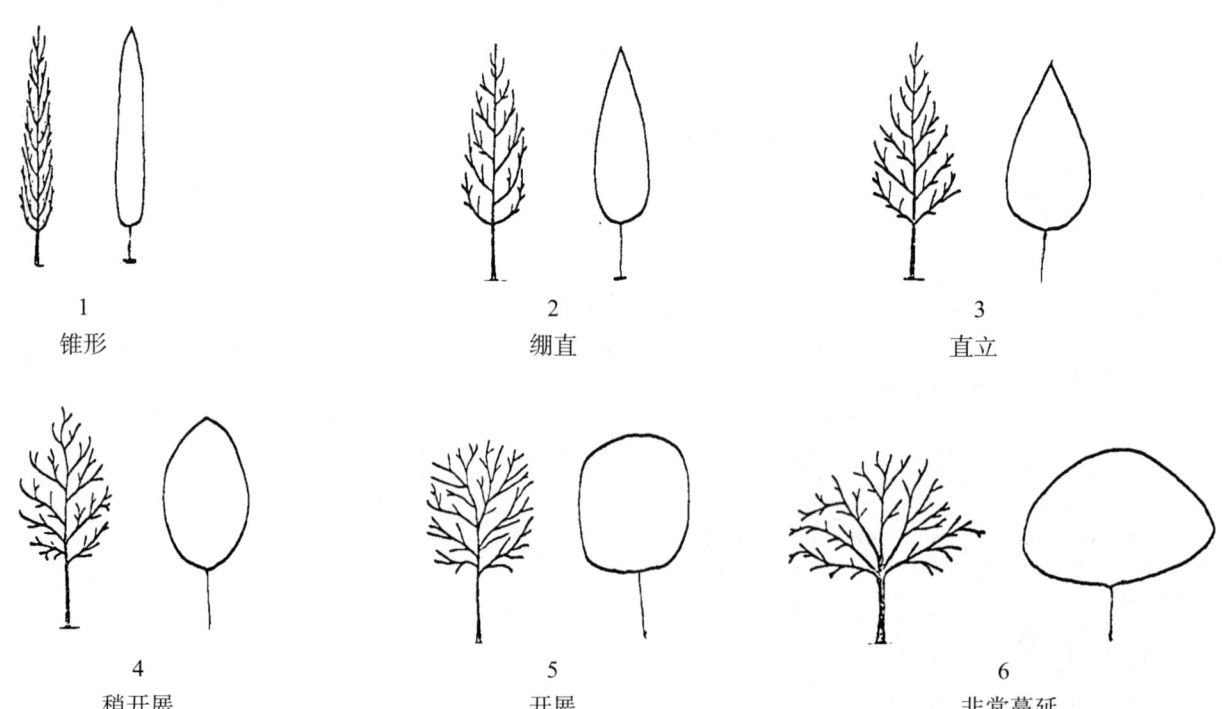

| 1 | 2 | 3 |
| 锥形 | 绷直 | 直立 |

| 4 | 5 | 6 |
| 稍开展 | 开展 | 非常蔓延 |

性状209：短而明亮的小叶中脉与第二下侧脉间的角度（同性状208）

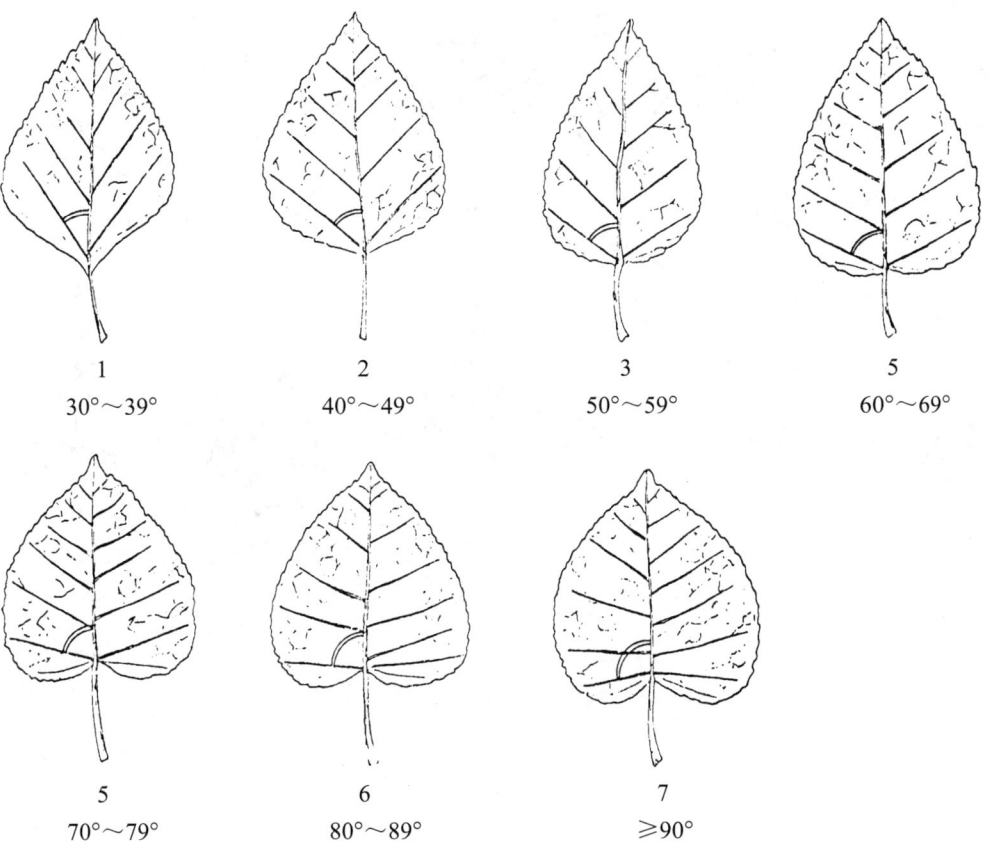

1	2	3	5
30°~39°	40°~49°	50°~59°	60°~69°

5	6	7
70°~79°	80°~89°	≥90°

性状210：短而明亮的小叶叶片基部形状（同性状208）

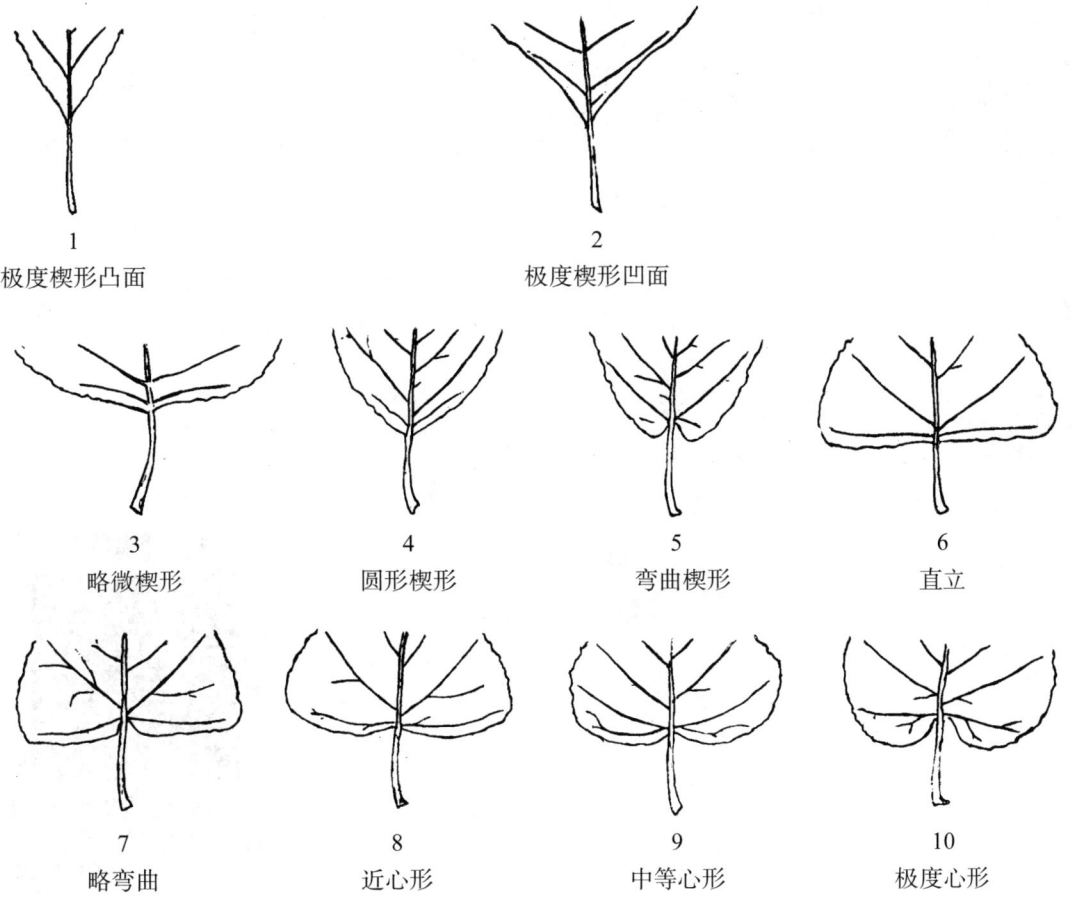

1	2
极度楔形凸面	极度楔形凹面

3	4	5	6
略微楔形	圆形楔形	弯曲楔形	直立

7	8	9	10
略弯曲	近心形	中等心形	极度心形

性状 211：短而明亮的小叶叶片尖端形状

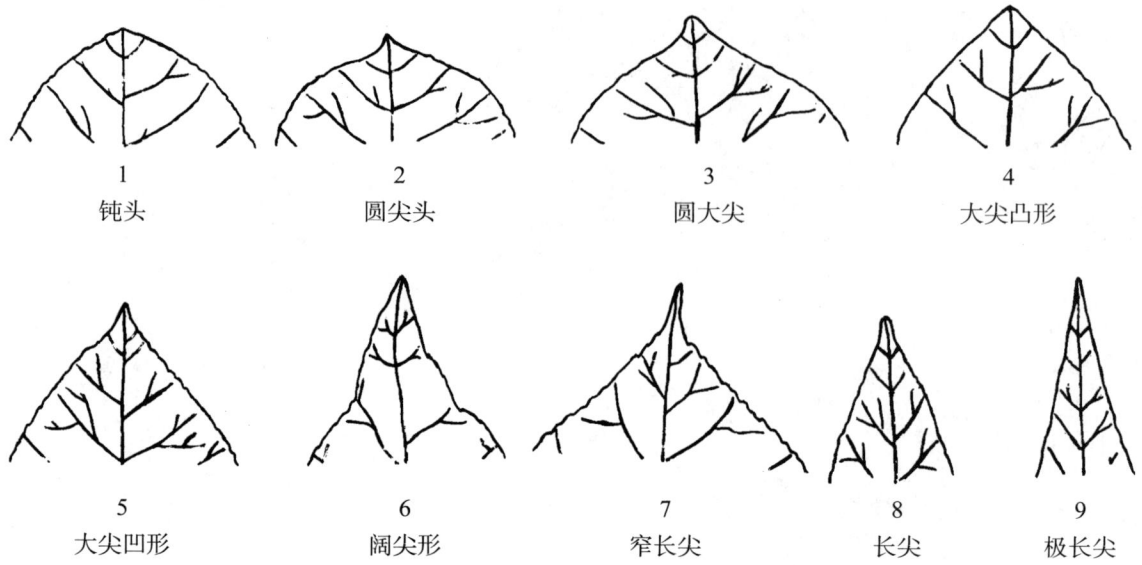

1	2	3	4
钝头	圆尖头	圆大尖	大尖凸形

5	6	7	8	9
大尖凹形	阔尖形	窄长尖	长尖	极长尖

扫码下载原文

如扫描二维码无法下载指南原文，可能是指南版本有更新，可扫描本书封底二维码查看与本文对应的指南版本

TG/24/6
原文：英文
日期：2008-04-09

国际植物新品种保护联盟
植物品种特异性、一致性和稳定性
测试指南

一品红

UPOV 代码：EUPHO_PUL

(*Euphorbia pulcherrima* Willd. Ex Klotzsch 及其杂交种)

互用名称 *

植物学名称	英文	法文	德文	西班牙文
Euphorbia pulcherrima Willd. Ex Klotzsch	Poinsettia	Poinsettia	Poinsettie, Weihnachtsstern	Flor de Pascua, Cuetlaxochitl, Nochebuena

---

* 这些名称在指南开始使用时是正确的，但随后可能会修改更新。读者可登录 UPOV 网站（www.upov.int），获取最新资料。

1 指南适用范围

本指南适用于一品红（*Euphorbia pulcherrima* Willd. Ex Klotzsch）及其杂交的所有品种。

2 繁殖材料要求

2.1 待测品种繁殖材料的数量和质量要求以及提交的时间和地点由主管机构决定。申请人从测试所在国境外提交繁殖材料的，还应符合海关规定并满足相关植物检疫的要求。
2.2 繁殖材料以扦插苗的形式提交。
2.3 申请人提交繁殖材料的最小数量为扦插苗 10 株。
2.4 提供的繁殖材料应外观健康有活力，未受到任何严重病虫害的影响。
2.5 提交的繁殖材料不得进行任何可能影响品种性状表达的处理，除非主管机构允许或要求进行这种处理。

3 测试方法

3.1 生长周期
测试的最少周期数量通常为 1 个生长周期。

3.2 测试地点
测试通常在 1 个地点进行。在 1 个以上地点进行测试时，TGP/9《特异性测试》提供了有关指导。

3.3 测试条件
3.3.1 测试的条件应能满足品种正常生长的需要，以确保品种相关性状充分表达和测试的顺利开展。种植 5 周后，植株应该进行 10 周的短日照处理，每天的处理时间为 10 h。
3.3.2 植株不能受到挤压。
3.3.3 性状观测的最佳生育阶段为聚伞花序上开出第三朵花。

3.4 试验设计
3.4.1 每个试验应保证至少有 10 个植株。
3.4.2 试验设计应保证因测量或计数等需要，从小区取走部分植株或植株部位后，不影响生长周期结束前的所有观测。

3.5 观测数量
除非另有说明，所有性状应观测 10 个植株或分别从 10 个植株取下的植株部位。

3.6 附加测试
为测试有关性状，可以进行附加测试。

4 特异性、一致性和稳定性评价

4.1 特异性
4.1.1 一般建议
对于本指南的使用者而言，在判定特异性前参照总则特异性判定的一般原则十分重要。但为进一步说明和强调特异性判定，本指南特列出特异性判定的要点。
4.1.2 一致的差异
当观测到的品种之间的差异非常明显时，则没有必要种植 1 个以上生长周期。此外，在某些情况下，环境的影响并不意味着需要 1 个以上的生长周期来保证品种间观察到的差异是足够一致的。为确保在种植试验中所观测到的性状差异是足够一致的，可以对性状进行至少 2 个独立生长周期的测试。

4.1.3 明显的差异

两个品种间的差异是否明显取决于很多因素，特别应考虑所测性状的表达类型，即该性状是质量性状、数量性状还是假质量性状。因此，在作出关于特异性的判定前，本测试指南的使用者应熟悉总则中的建议。

4.2 一致性

4.2.1 对于本指南的使用者而言，在判定一致性前参照总则一致性判定的一般原则十分重要。但为进一步说明和强调一致性判定，本指南特列出一致性判定的要点。

4.2.2 评价一致性时，应采用 1% 的群体标准和至少 95% 的接受概率。当样本量为 10 个时，允许有 1 个异型株。

4.3 稳定性

4.3.1 在实际操作中，通常不像测试特异性和一致性那样对稳定性进行测试以得到明确结果。经验表明，对许多类型的品种来说，当一个品种表现一致时，可认为其是稳定的。

4.3.2 适当情况下或者有疑问时，可以种植该品种的下一代或者测试一批新繁殖材料，看其性状表现是否与之前提交的繁殖材料表现相同。

5 品种分组和试验组织

5.1 使用分组性状可以帮助选择与申请品种一起进行田间种植试验的已知品种，以及对这些品种进行合适分组以便进行特异性评价。

5.2 分组性状表达状态的数据即使来自不同地点，也可以单独或者与其他此类性状联合使用。

（a）用于特异性测试中筛选排除那些不需要安排在种植试验中的已知品种。

（b）用于组织安排种植试验，使近似品种种植在一起。

5.3 以下性状已被确认为有用的分组性状。

（a）叶片：上表面颜色数量（性状 12）。

（b）苞片：上表面颜色数量（性状 33）。

（c）苞片：上表面颜色（仅适用于单一苞片颜色的品种）（性状 34），分组如下。

第一组：白色。

第二组：黄色。

第三组：粉色。

第四组：橙红色。

第五组：红色。

第六组：紫色。

（d）苞片：上表面条纹（仅适用于苞片具有 1 个以上颜色的品种）（性状 35）。

（e）苞片：上表面主色（仅适用于苞片具有条纹的品种）（性状 36），分组如下。

第一组：白色。

第二组：粉色。

第三组：红色。

第四组：紫色。

（f）苞片：上表面斑点颜色（性状 40），分组如下。

第一组：白色。

第二组：黄色。

第三组：粉色。

第四组：橙红色。

第五组：红色。

第六组：紫色。

5.4 总则和TGP/9《特异性测试》中提供了在特异性审查过程中使用分组性状的指导。

6 性状表介绍

6.1 性状类型

6.1.1 标准指南性状

标准指南性状是UPOV已同意用于DUS审查的性状，UPOV成员可以从中选择与其特定环境相适应的性状。

6.1.2 星号性状

星号性状（用"*"标记）是测试指南中对于形成国际统一的品种描述十分重要的性状，所有UPOV成员都应将其用于DUS测试并包含在品种描述中，除非前序性状的表达或区域环境条件所限使其无法测试。

6.2 表达状态及相应代码

为定义性状和统一描述，将每个性状划分为一系列表达状态。每个表达状态赋予一个相应的数字代码，以便于数据记录，以及品种性状描述的建立和交流。

6.3 表达类型

总则中对性状表达类型（质量性状、数量性状和假质量性状）进行了解释。

6.4 标准品种

适当时，测试指南中提供了标准品种用于校正性状的表达状态。

6.5 注释

（*）星号性状（6.1.2）。

QL：质量性状（6.3）。

QN：数量性状（6.3）。

PQ：假质量性状（6.3）。

（a）～（b）性状表解释（8.1）。

（+）性状表解释（8.2）。

7 性状表

性状编号	观测方法	英文	中文	标准品种	代码
1. （*） QL		**Plant: branching**	**植株：分枝性**		
		absent	无		1
		present	有		9
2. （*） QN		**Plant: number of branches**	**植株：分枝数**		
		few	少	Lilo	3
		medium	中	Freedom	5
		many	多	Regina	7
3. （*） QN		**Plant: height**	**植株：高度**		
		short	矮	Duepremimapri	3
		medium	中	Fiscor	5
		tall	高	Fismille	7

性状编号	观测方法	英文	中文	标准品种	代码
4. QN		**Plant：width**	植株：株幅		
		narrow	窄	Eckalon	3
		medium	中	Red Angel	5
		broad	宽	Fismille	7
5. (*) QN		**Stem：intensity of green color on middle third**	茎：中部1/3处绿色程度		
		weak	弱	Winpeach	3
		medium	中	Duepremimapri	5
		strong	强	Duearcwi	7
6. (*) QN		**Stem：intensity of anthocyanin coloration of middle third**	茎：中部1/3处花青苷显色程度		
		absent or very weak	无或极弱	White Freedom	1
		weak	弱	Fisson Orange	3
		medium	中	Fisson	5
		strong	强	Freedom	7
7. (*) QN		**Stem：anthocyanin coloration on upper third**	茎：上部1/3处花青苷显色		
		absent or weak	无或弱	Ice Punch	1
		medium	中	Freedom Marble	2
		strong	强		3
8. (*) QN	(a)	**Leaf blade：length**	叶片：长度		
		short	短	Dueavant	3
		medium	中	Fiscor	5
		long	长	Winterfest Red	7
9. (*) QN	(a)	**Leaf blade：width**	叶片：宽度		
		narrow	窄	Fiscor	3
		medium	中	Duecowhite	5
		broad	宽	White Freedom	7
10. (+) PQ	(a)	**Leaf blade：shape**	叶片：形状		
		deltoid	三角形		1
		ovate	卵圆形		2
		lanceolate	披针形	Fiscor	3
		elliptic	椭圆形		4
		circular	圆形		5
11. (+) PQ	(a)	**Leaf blade：shape of base**	叶片：基部形状		
		wedge-shaped	楔形	Dueavant	1
		rounded	圆形	Marblestar	2
		truncate	平截	Dueinfinity	3
		cordate	心形	Early Joy	4
12. (*) (+) QL	(a)	**Leaf blade：number of colors on upper side**	叶片：上表面颜色数量		
		one	1种	Fiscor	1
		two	2种	Dueavant	2
		more than two	2种以上	Fismarble Silver	3

续表

性状编号	观测方法	英文	中文	标准品种	代码
13.(*)QN	（a）	Only varieties with one-colored leaves：Leaf blade：intensity of green color	叶片：绿色程度（仅适用于叶片单一颜色的品种）		
		light	浅		3
		medium	中	Peterstar	5
		strong	深	Fiscor	7
14.(+)PQ	（a）	Only varieties with more than one-colored leaves：Leaf blade：main color	叶片：主色（仅适用于叶片颜色多于1种的品种）		
		yellowish	泛黄色		1
		yellowish green	泛黄绿色		2
		light green	泛绿色	Bright Red Queen	3
		medium green	中等绿色	Dueavant	4
		greyish green	泛灰绿色	Fismarble Silver	5
		dark green	深绿色	Carousel Dark Red	6
		very dark green	极深绿色		7
15.(+)PQ	（a）	Only varieties with more than one-colored leaves：Leaf blade：secondary color	叶片：次色（仅适用于叶片颜色多于1种的品种）		
		white	白色	Fismarble Silver	1
		yellowish	泛黄色	Bright Red Queen	2
		yellowish green	泛黄绿色		3
		light green	泛绿色		4
		medium green	中等绿色		5
		greyish green	泛灰绿色		6
		dark green	深绿色	Dueavant	7
		very dark green	极深绿色	Carousel Dark Red	8
16.(+)PQ	（a）	Only varieties with more than two-colored leaves：Leaf blade：tertiary color	叶片：第三色（仅适用于叶片颜色多于2种的品种）		
		white	白色	Silverleaf	1
		yellowish	泛黄色		2
		yellowish green	泛黄绿色	Bright Red Queen	3
		light green	泛绿色		4
		medium green	中等绿色		5
		greyish green	泛灰绿色		6
		dark green	深绿色		7
		very dark green	极深绿色		8
17.PQ	（a）	Leaf blade：color of main vein on upper side	叶片：上表面主脉颜色		
		only green	仅绿色	Freedom Marble	1
		green and red	绿色与红色	Petoy	2
		only red	仅红色	KLEW01063	3
18.(+)QN	（a）	Leaf blade：number of lobes	叶片：裂片数量		
		none or few	无或少	Regina	1
		medium	中	Fisdra	2
		many	多	Dueavant	3

性状编号	观测方法	英文	中文	标准品种	代码
19. (+) QN	(a)	Leaf blade: depth of deepest sinus	叶片：最深裂缺深度		
		shallow	浅	KLEW01063	3
		medium	中	Dueavant	5
		deep	深	Duemerlot	7
20. (+) QN	(a)	Leaf blade: curvature of main vein	叶片：主脉弯曲		
		absent or weak	无或弱	Fiscor	1
		medium	中	Eckalverta	2
		strong	强	Eckaddis	3
21. (*) QN	(a)	Petiole: length	叶柄：长度		
		short	短	Duepremimhopi	3
		medium	中	Fiscor	5
		long	长	Purple Heart	7
22. QN	(a)	Petiole: intensity of green color on upper side	叶柄：上表面绿色程度		
		weak	弱	White Freedom	3
		medium	中	Blizzard	5
		strong	强		7
23. QN	(a)	Petiole: anthocyanin coloration on upper side	叶柄：上表面花青苷显色		
		absent or very weak	无或极弱		1
		weak	弱	Ice Punch	3
		medium	中	Fisdra	5
		strong	强	Freedom	7
24. (*) QN	(a)	Petiole: anthocyanin coloration on lower side	叶柄：下表面花青苷显色		
		absent or weak	无或弱	Ice Punch	1
		medium	中	Early Red	2
		strong	强	Freedom	3
25. (*) (+) QN	(b)	Transitional leaves: number of partly bractcolored leaf blades	过渡叶：部分着苞片颜色叶片的数量		
		few	少	Fismille	3
		medium	中	Dueacwi	5
		many	多	Renate	7
26. (*) (+) QN	(b)	Transitional leaves: number of fully bractcolored leaf blades	过渡叶：完全着苞片颜色叶片的数量		
		few	少	Renate	3
		medium	中	Duecitric	5
		many	多	Fismille	7
27. (*) (+) QL	(b)	Transitional leaves: lobing	过渡叶：裂片		
		absent or weak	无或弱	Duepre	1
		medium	中	Christmas Angel	2
		strong	强	Lazzporega	3

续表

性状编号	观测方法	英文	中文	标准品种	代码
28.(+)QN	(b)	Transitional leaves: curvature along main vein of fully bractcolored leaf blades	过渡叶：完全着苞片颜色的叶片沿主脉弯曲程度		
		absent or weak	无或弱	Fiscor	1
		medium	中	Eckalverta	2
		strong	强	Winred	3
29.(*)(+)QN		Bract: number	苞片：数量		
		few	少	Duecitric	3
		medium	中	Renate	5
		many	多	Fismille	7
30.(*)QN		Largest bract: length (including petiole)	最大苞片：长度（含叶柄）		
		short	短	Stargazer	3
		medium	中	Ice Punch	5
		long	长	Temptation Red	7
31.(*)QN		Largest bract: width (including petiole)	最大苞片：宽度（含叶柄）		
		narrow	窄	Stargazer	3
		medium	中	Ice Punch	5
		broad	宽	Duepremimhopi	7
32.(*)(+)PQ		Largest bract: shape	最大苞片：形状		
		ovate	卵形	Eckalon	1
		elliptic	椭圆形	Fiscor	2
		oblanceolate	倒披针形	Dueavant	3
		obovate	倒卵形		4
33.(*)(+)QL		Bract: number of colors of upper side	苞片：上表面颜色数量		
		one	1种	Fiscor	1
		two	2种	Ice Punch	2
		more than two	2种以上	Marblestar	3
34.(*)PQ		Only varieties with one colored bracts: Bract: color of upper side	苞片：上表面颜色（仅适用于单一苞片颜色的品种）		
		RHS Colour Chart (indicate reference number)	RHS比色卡（注明参考色号）		
35.(*)(+)QL		Only varieties with more than one colored bracts: Bract: marbling of upper side	苞片：上表面条纹（仅适用于苞片颜色1种以上的品种）		
		absent	无	Monet	1
		present	有	Marblestar	9
36.(*)(+)PQ		Only varieties with marbled bracts: Bract: main color of upper side	苞片：上表面主色（仅适用于苞片具条纹的品种）		
		RHS Colour Chart (indicate reference number)	RHS比色卡（注明参考色号）		
37.(*)(+)PQ		Only varieties with marbled bracts: Bract: secondary color of upper side	苞片：上表面次色（仅适用于苞片具条纹的品种）		
		RHS Colour Chart (indicate reference number)	RHS比色卡（注明参考色号）		

续表

续表

性状编号	观测方法	英文	中文	标准品种	代码
38. (*) (+) PQ		Only varieties with marbled bracts with more than two colors: Bract: tertiary color of upper side	苞片：上表面第三色（仅适用于苞片具2种以上颜色条纹的品种）		
		RHS Colour Chart (indicate reference number)	RHS比色卡（注明参考色号）		
39.		Bract: spotting of upper side	苞片：上表面斑点		
		absent or very weak	无或极弱	Marble Star	1
		medium	中	Pink Peppermint	3
		very strong	极强	Pepmondic	5
40. (*) PQ		Bract: color of spots of upper side	苞片：上表面斑点颜色		
		RHS Colour Chart (indicate reference number)	RHS比色卡（注明参考色号）		
41. (*) PQ		Only varieties with one colored bracts: Bract: color of lower side	苞片：下表面颜色（仅适用于单一颜色苞片的品种）		
		RHS Colour Chart (indicate reference number)	RHS比色卡（注明参考色号）		
42. (*) (+) PQ		Only varieties with marbled bracts: Bract: main color of lower side	苞片：下表面主色（仅适用于苞片具条纹的品种）		
		RHS Colour Chart (indicate reference number)	RHS比色卡（注明参考色号）		
43. (*) (+) PQ		Only varieties with marbled bracts: Bract: secondary color of lower side	苞片：下表面次色（仅适用于苞片具条纹的品种）		
		RHS Colour Chart (indicate reference number)	RHS比色卡（注明参考色号）		
44. (*) (+) PQ		Only varieties with marbled bracts with more than two colors: Bract: tertiary color of lower side	苞片：下表面第三色（仅适用于苞片具2种以上颜色条纹的品种）		
		RHS Colour Chart (indicate reference number)	RHS比色卡（注明参考色号）		
45. (*) PQ		Only varieties with spotted bracts: Bract: color of spots of lower side	苞片：下表面斑点颜色（仅适用于具斑点苞片的品种）		
		RHS Colour Chart (indicate reference number)	RHS比色卡（注明参考色号）		
46. (+) QL		Bract: folding along the main vein	苞片：沿主脉折叠		
		absent	无	Fiscor	1
		present	有	Duetwister	9
47. (+) QL		Bract: twisting	苞片：扭曲		
		absent	无	Fiscor	1
		present	有	Future	9
48. QN		Bract: rugosity between veins	苞片：叶脉间皱褶		
		absent or very weak	无或极弱	Ice Punch	1
		weak	弱	Duearcwi	3
		medium	中	Purple Heart	5
		strong	强	Winwhite	7
		very strong	极强	Winred	9

续表

性状编号	观测方法	英文	中文	标准品种	代码
49. （*） （+） QN		**Cyme: width**	聚伞花序：宽幅		
		narrow	窄	Duecitric	3
		medium	中	Eckabud	5
		broad	宽	Purple Heart	7
50. （*） QN		**Cyathium: size of glands**	聚伞花序：腺体大小		
		small	小	Purple Heart	3
		medium	中	Fismars Marble	5
		large	大	Peterstar	7
51. （*） （+） PQ		**Cyathium: main color of gland**	聚伞花序：腺体主色		
		yellow	黄色	Duepremimapri	1
		orange	橘黄色	Peterstar	2
		red	红色	Temptation red	3
52. （+） QL		**Cyathium: deformation of glands**	聚伞花序：腺体变形		
		absent	无		1
		present	有		9
53. （+） QN		**Time of opening of cyathia**	聚伞花序始花期		
		early	早	Estrella Red	3
		medium	中	Fismars Crème	5
		late	晚	Duearcwi	7

8 性状表解释

8.1 对多个性状的解释

性状表第二列包含以下标注的性状应按照下述要求观测。

（a） 叶片与叶柄：应观测从顶端数第二片发育完全的叶。

（b） 过渡叶指的是具有部分或完全苞片颜色的叶片。

8.2 对单个性状的解释

性状10：叶片形状

1	2	3	4	5
三角形	卵圆形	披针形	椭圆形	圆形

性状 11：叶片基部形状

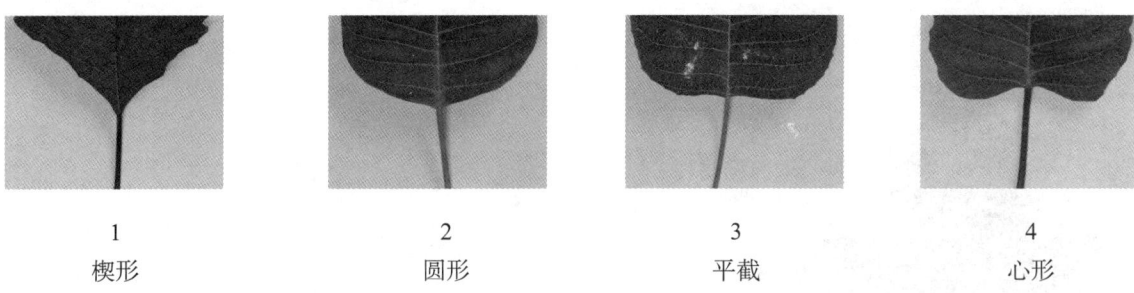

1	2	3	4
楔形	圆形	平截	心形

性状 12：叶片上表面颜色数量

1	2	3
1 种	2 种	2 种以上

性状 14：叶片主色（仅适用于叶片颜色多于 1 种的品种）
性状 15：叶片次色（仅适用于叶片颜色多于 1 种的品种）
性状 16：叶片第三色（仅适用于叶片颜色多于 2 种的品种）

主色是指面积最大的颜色；次色是指面积第二大的颜色，如果颜色面积相当，则颜色深的为主色；第三色是指面积第三大的颜色。

性状 18：叶片裂片数量

1	2	3
无或少	中	多

性状 19：叶片最深裂片深度

3	5	7
浅	中	深

性状 20：叶片主脉弯曲

3
强

性状 25：过渡叶部分着苞片颜色叶片的数量
性状 26：过渡叶完全着苞片颜色叶片的数量
性状 29：苞片数量

部分着苞片颜色的叶片　　　　　完全着苞片颜色的叶片　　　　　苞片

部分着苞片颜色的过渡叶　　　苞片　　　完全着苞片颜色的过渡叶

性状 27：过渡叶裂片

1	2	3
无或弱	中	强

性状 28：过渡叶完全着苞片颜色叶片沿主脉的弯曲程度

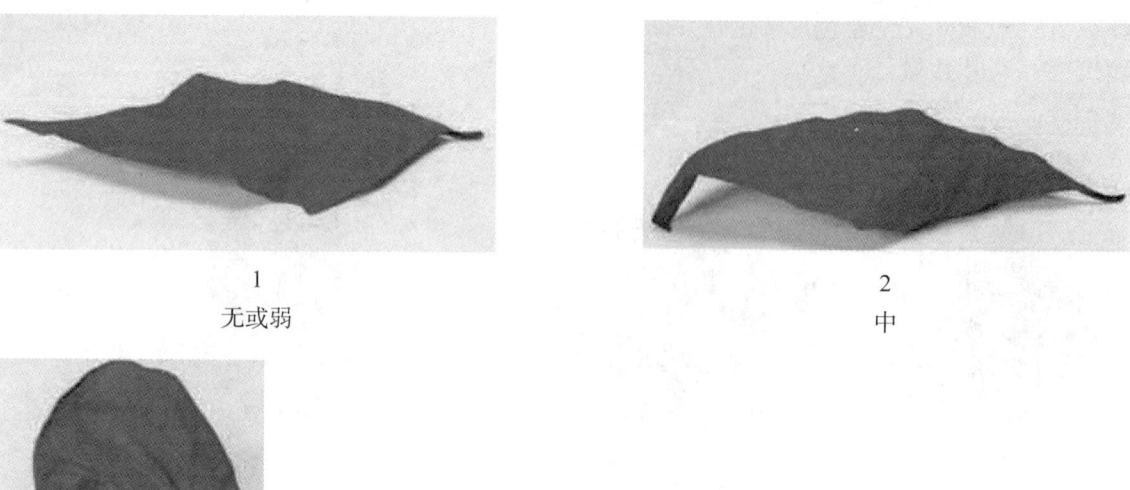

1	2
无或弱	中

3
强

性状 32：最大苞片形状

1	2	3	4
卵形	椭圆形	倒披针形	倒卵形

性状 33：苞片上表面颜色数量

1	2	3
1 种	2 种	2 种以上

性状 35：苞片上表面条纹（仅适用于苞片颜色 1 种以上的品种）

1	9
无	有

条纹是指颜色区域能够明确定义，且边缘规则。

性状 36：苞片上表面主色（仅适用于苞片具条纹的品种）
性状 37：苞片上表面次色（仅适用于苞片具条纹的品种）
性状 38：苞片上表面第三色（仅适用于苞片具 2 种以上颜色条纹的品种）

主色是指面积最大的颜色；次色是指面积第二大的颜色，如果颜色面积相当，则颜色深的为主色；第三色是指面积第三大的颜色。

性状 42：苞片下表面主色（仅适用于苞片具条纹的品种）
性状 43：苞片下表面次色（仅适用于苞片具条纹的品种）
性状 44：苞片下表面第三色（仅适用于苞片具 2 种以上颜色条纹的品种）

主色是指面积最大的颜色；次色是指面积第二大的颜色，如果颜色面积相当，则颜色深的为主色；第三色是指面积第三大的颜色。

性状 46：苞片沿主脉折叠

1	9
无	有

性状 47：苞片扭曲

 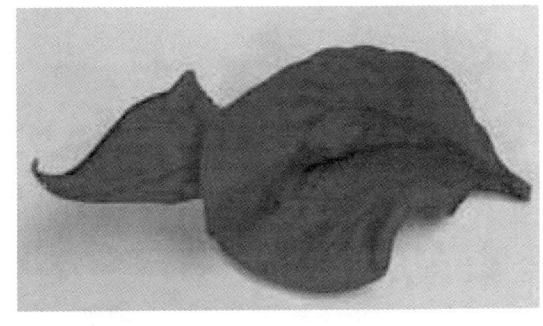

1	9
无	有

性状49：聚伞花序宽幅

聚伞花序宽幅

性状51：聚伞花序腺体主色
腺体主色应从上方往下观测。

性状52：聚伞花序腺体变形

1	9
无	有

性状53：聚伞花序始花期
聚伞花序始花期是指植株已经有 3 朵花序开放的时期。

扫码下载原文

如扫描二维码无法下载指南原文，可能是指南版本有更新，可扫描本书封底二维码查看与本文对应的指南版本

TG/25/9
原文：英文
日期：2015-03-25

国际植物新品种保护联盟
植物品种特异性、一致性和稳定性
测试指南

石竹属

UPOV 代码：DIANT

(*Dianthus* L.)

互用名称 *

植物学名称	英文	法文	德文	西班牙文
Dianthus L.	Carnation, Clove Pink, Pink, Sweet William	Oeillet	Nelke	Clavel

---

* 这些名称在指南开始使用时是正确的，但随后可能会修改更新。读者可登录 UPOV 网站（www.upov.int），获取最新资料。

1 指南适用范围

本指南适用于石竹属（*Dianthus* L.）的所有品种。

2 繁殖材料要求

2.1 待测品种繁殖材料的数量和质量要求以及提交的时间和地点由主管机构决定。申请人从测试所在国境外提交繁殖材料的，还应符合海关规定并满足相关植物检疫的要求。
2.2 繁殖材料以扦插苗的形式提交。
2.3 申请人提交繁殖材料的最小数量为扦插苗 20 株。
2.4 提供的繁殖材料应外观健康有活力，未受到任何严重病虫害的影响。
2.5 提交的繁殖材料不得进行任何可能影响品种性状表达的处理，除非主管机构允许或要求进行这种处理。如果材料已经处理，必须提供相关处理的详细说明。

3 测试方法

3.1 生长周期
测试的最少周期数量通常为 1 个生长周期。

3.2 测试地点
测试通常在 1 个地点进行。在 1 个以上地点进行测试时，TGP/9《特异性测试》提供了有关指导。

3.3 测试条件
3.3.1 测试的条件应能满足品种正常生长的需要，以确保品种相关性状充分表达和测试的顺利开展。
3.3.2 特别指出的是，针对切花类型、园林类型和盆栽类型可能有必要建立单独的种植试验，以确保这些类型的品种生长状态令人满意（8.3）。本指南提供了相关信息。
3.3.3 由于日光变化的原因，在利用比色卡确定颜色时，应在一个合适的有人工光源照明的小室或中午无阳光直射的房间内进行。人工光源的光谱分布应符合 CIE "理想日光标准 D6500"，且在《英国标准 950：第 1 部分》规定的允许范围内。在鉴定颜色时，应将植株部位置于白色背景上。

3.4 试验设计
3.4.1 每个测试试验应当保证至少 20 个植株。
3.4.2 试验设计应保证因测量或计数等需要，从小区取走部分植株或植株部位后，不影响生长周期结束前的所有观测。

3.5 附加测试
为测试有关性状，可以进行附加测试。

4 特异性、一致性和稳定性评价

4.1 特异性

4.1.1 一般建议
对于本指南的使用者而言，在判定特异性前参照总则特异性判定的一般原则十分重要。但为进一步说明和强调特异性判定，本指南特列出特异性判定的要点。

4.1.2 一致的差异
当观测到的品种之间的差异非常明显时，则没有必要种植 1 个以上生长周期。此外，在某些情况下，环境的影响并不意味着需要 1 个以上的生长周期来保证品种间观察到的差异是足够一致的。为确保在种植试验中所观测到的性状差异是足够一致的，可以对性状进行至少 2 个独立生长周期的测试。

4.1.3 明显的差异

两个品种间的差异是否明显取决于很多因素，特别应考虑所测性状的表达类型，即该性状是质量性状、数量性状还是假质量性状。因此，在作出关于特异性的判定前，本测试指南的使用者应熟悉总则中的建议。

4.1.4 植株 / 植株部位的观测数量

除非另有说明，在判定特异性时，对于单株的观测，应观测 10 个植株或分别从 10 个植株取下的植株部位；对于其他观测，应观测试验中的所有植株。观测时应将异型株排除在外。

4.1.5 观测方法

性状表第二列以如下符号（见 TGP/9《特异性测试》第 4 部分"性状观测"）的形式列出了特异性判定时推荐的性状观测方法。

MG：对一批植株或植株部位进行单次测量。

MS：对一定数量的植株或植株部位进行逐一测量。

VG：对一批植株或植株部位进行单次目测。

VS：对一定数量的植株或植株部位进行逐一目测。

观测类型：目测（V）或测量（M）。

目测（V）是一种基于专家判断的观测方法。本文中的目测是指专家的感官观察，因此，也包括闻、尝和触摸。目测也包括专家使用参照物（例如图表，标准品种，并排比较）或非线性的图表（例如比色卡）的观测。测量（M）是一种基于校准的、线性尺度的客观观测，例如使用尺、秤、色度计、日期和计数等进行观测。

记录类型：群体记录（G）或个体记录（S）。

以特异性为目的的观测，可被记录为一批植株或植株部位的单个记录（G），或者记录为一定数量的单个植株或植株部位的个体记录（S）。多数情况下，群体记录为一个品种提供一个单个记录，因此不可能或者不必要通过逐个植株的统计分析来判定特异性。

如果性状表中提供了不止一种观测方法（如 VG/MG），可以参考 TGP/9《特异性测试》4.2 部分选择合适的观测方法。

4.2 一致性

4.2.1 对于本指南的使用者而言，在判定一致性前参照总则一致性判定的一般原则十分重要。但为进一步说明和强调一致性判定，本指南特列出一致性判定的要点。

4.2.2 评价无性繁殖品种的一致性时，应采用 1% 的群体标准和至少 95% 的接受概率。当样本量为 20 个时，允许有 1 个异型株。

4.3 稳定性

4.3.1 在实际操作中，通常不像测试特异性和一致性那样对稳定性进行测试以得到明确结果。经验表明，对许多类型的品种来说，当一个品种表现一致时，可认为其是稳定的。

4.3.2 适当情况下或者有疑问时，可通过一批新的植株进一步判定稳定性，观测其性状表达是否与以前提供的繁殖材料的性状表达一致。

5 品种分组和试验组织

5.1 使用分组性状可以帮助选择与申请品种一起进行田间种植试验的已知品种，以及对这些品种进行合适分组以便进行特异性评价。

5.2 分组性状表达状态的数据即使来自不同地点，也可以单独或者与其他此类性状联合使用。

（a）用于特异性测试中筛选排除那些不需要安排在种植试验中的已知品种。

（b）用于组织安排种植试验，使近似品种种植在一起。

5.3 以下性状已被确认为有用的分组性状。
　　仅适用于盆栽和园林类型。
　　（a）　植株：高度（性状 2）。
　　（b）　植株：花相对于叶簇的位置（性状 4）。
　　适用于所有类型（包括盆栽和园林类型）。
　　（c）　花：类型（性状 37）。
　　（d）　花瓣：主色（性状 50），分组如下。
　　第一组：白色或近白色。
　　第二组：绿色。
　　第三组：黄色。
　　第四组：橙色。
　　第五组：粉色。
　　第六组：中等红色。
　　第七组：深红色。
　　第八组：紫罗兰红色。
　　第九组：紫色。
　　第十组：粉紫色。
　　第十一组：紫紫罗兰色（purple violet）。
　　第十二组：紫罗兰色。
　　第十三组：泛棕色。
　　（e）　花瓣：次色（性状 51），分组如下。
　　第一组：无。
　　第二组：白色或近白色。
　　第三组：绿色。
　　第四组：黄色。
　　第五组：橙色。
　　第六组：粉色。
　　第七组：中等红色。
　　第八组：深红色。
　　第九组：紫罗兰红色。
　　第十组：紫色。
　　第十一组：粉紫色。
　　第十二组：紫紫罗兰色（purple violet）。
　　第十三组：紫罗兰色。
　　第十四组：泛棕色。
　　（f）　花瓣：次色着色方式（性状 52 至性状 56），分组形状如下。
　　第一组：边缘。
　　第二组：具条纹。
　　第三组：有斑点。
　　第四组：晕色。
　　第五组：斑块。

5.4　总则和 TGP/9《特异性测试》中提供了在特异性审查过程中使用分组性状的指导。

5.5　针对切花类型（C）、园林类型（G）和盆栽类型（P）（3.3.2）使用独立的种植试验，可能有必要将单个品种包含在不同种植试验中，以确保特异性得到有效判定。尤其是，可能有必要将一个品种包含在园林类型和盆栽类型的种植试验中。

此外，切花类型（C）可以分为三个亚类，分组如下。

单头（Co）。

多头（Cs）。

伞状（Cu）。

6 性状表介绍

6.1 性状类型

6.1.1 标准指南性状

标准指南性状是UPOV已同意用于DUS审查的性状，UPOV成员可以从中选择与其特定环境相适应的性状。

6.1.2 星号性状

星号性状（用"*"标记）是测试指南中对于形成国际统一的品种描述十分重要的性状，所有UPOV成员都应将其用于DUS测试并包含在品种描述中，除非前序性状的表达或区域环境条件所限使其无法测试。

6.2 表达状态及相应代码

6.2.1 为定义性状和统一描述，将每个性状划分为一系列表达状态。每个表达状态赋予一个相应的数字代码，以便于数据记录，以及品种性状描述的建立和交流。

6.2.2 对于质量性状和假质量性状（6.3），性状表中列出了所有表达状态。但对于有5个或5个以上表达状态的数量性状，可以采用缩略尺度的方法，以缩短性状表格。例如，对于有9个表达状态的数量性状，在测试指南的性状表中可采用以下缩略形式。

表达状态	代码
小	3
中	5
大	7

但是应该指出的是，以下9个表达状态都是存在的，应采用适宜的表达状态用于品种的描述。

表达状态	代码
极小	1
极小到小	2
小	3
小到中	4
中	5
中到大	6
大	7
大到极大	8
极大	9

6.2.3 TGP/7《测试指南的研制》中提供了表达状态和代码的更详尽的介绍。

6.3 表达类型

总则中对性状表达类型（质量性状、数量性状和假质量性状）进行了解释。

6.4 标准品种

适当时，测试指南中提供了标准品种用于校正性状的表达状态。

（C）切花类型，包括以下三个亚类：

（Co）：单头；

（Cs）：多头；

（Cu）：伞状。

（G）园林类型。

（P）盆栽类型。

6.5 注释

（*）星号性状（6.1.2）。

QL：质量性状（6.3）。

QN：数量性状（6.3）。

PQ：假质量性状（6.3）。

MG、MS、VG、VS：观测方法（4.1.5）

（a）～（d）性状表解释（8.1）。

（+）性状表解释（8.2）。

【C】按切花试验进行测试。

【Cs】按多头切花试验进行测试。

【G】按园林试验进行测试。

【P】按盆栽试验进行测试。

（C）切花类型，包括以下三个亚类。

（Co）：单头；

（Cs）：多头；

（Cu）：伞状。

（G）园林类型。

（P）盆栽类型。

7　性状表

性状编号	观测方法	英文		中文	标准品种	代码
1. （*） （+） QN	[C] VG/ MS	Plant：length of stem		植株：茎的长度		
		short		短	Barmalyn（Cs），Hilbrequeen（Cu）	3
		medium		中	Fire Queen（Cs）Hilbacer（Cs）	5
		long		长	Fransesco（Co），White Giant（Co）	7
2. （*） （+） QN	[G] [P] VG/ MS	Plant：height		植株：高度		
		short		矮	Hiljoli（P），Shooting Star（G）	3
		medium		中	Houndspool Cheryl（G）WP08 IAN04（G）	5
		tall		高	Devon Wizard（G）	7
3. （+） QN	[G] [P] VG	Plant：density		植株：密度		
		sparse		疏	Devon Wizard（G），Fontaine Darkred（P）	1
		medium		中	Koviol（P），Waterloo Sunset（G）	2
		dense		密	Coral Reef（G），Hiljoli（P）	3

续表

性状编号	观测方法	英文	中文	标准品种	代码
4. (*) (+) QN	[G] [P] VG	**Plant：position of flowers compared to foliage**	植株：花相对于叶簇的位置		
		same level or slightly above	平齐或略高	Coral Reef（G），Hiljoli（P）	1
		moderately above	中等偏高	Houndspool Cheryl（G），Koviol（P）	2
		far above	极高	Waterloo Sunset（G）	3
5. (+) QL	[Cs] VG	**Plant：laterals without flower buds or flowers**	植株：无蕾或花的侧枝		
		absent	无	Hilboska（Cs）	1
		present	有	Martina（Cs）	9
6. (*) (+) QN	[Cs] VG	**Plant：laterals with flower buds or flowers**	植株：带花蕾或花的侧枝		
		absent or very few	无或极少	Barnita（Cs）	1
		few	少	KLEDM10631（Cs）	3
		medium	中	Barocior（Cs），Weslupe（Cs）	5
		many	多	KLEDM10629（Cs）	7
7. (*) (+) QN	[Cs] VG	**Plant：flower clustering on lateral branches**	植株：侧枝上花的着生方式		
		none	无	Barnita（Cs），Lekprewi（Cs）	1
		in some lateral branches	在部分侧枝上	Beam Cherry（Cs），Martina（Cs）	2
		in all lateral branches	在所有侧枝上	Westcherry（Cs）	3
8. (*) (+) QN	[Cs] VG/ MS	**Stem：number of internodes**	茎：节间数		
		four	4个	KLEDM06005（Cs）	1
		five	5个	Hilboska（Cs）Martina（Cs）	2
		six	6个	Barocior（Cs），Hilqueen（Cs）	3
		More than six	>6个	Hilbacer（Cs）	4
9. (*) QN	VG/ MS (a)	**Stem：length of internode**	茎：节间长度		
		short	短	Devon Wizard（G）	3
		medium	中	Komari（Co），Lonaveiro（Cs）	5
		long	长	KLEDS06013（Co）	7
10. (*) QN	VG/ MS (a)	**Stem：thickness of internode**	茎：节间粗度		
		very thin	极细	Hiljoli（P）	1
		thin	细	Devon Glow（G）	3
		medium	中	Komari（Co），Lekprewi（Cs）	5
		thick	粗	Hilbrequeen（Cu），Tico Tico（Co）	7
		very thick	极粗	Westcrystal（Cs）	9
11. (*) (+) PQ	VG (a)	**Stem：shape in cross section**	茎：横切面形状		
		circular	圆形	Hilbreking（Cu）	1
		slightly angular	轻微棱形	KLEDP07089（P）	2
		strongly angular	强烈棱形	Komari（Co），Martina（Cs）SUNRRB126（P）	3
12. (*) (+) QL	VG (a)	**Stem：hollowness**	茎：空腔		
		absent	无	Komari（Co）Martina（Cs）SUNRRB126（P）	1
		present	有	Hilbreking（Cu）	9

续表

性状编号	观测方法	英文	中文	标准品种	代码
13.（*）（+）PQ	VG（b）	Leaf: shape	叶：形状		
		ovate	卵圆形		1
		elliptic	椭圆形		2
		linear	线形		3
		obovate	倒卵圆形		4
14.（*）QN	VG/MS（b）	Leaf: length	叶：长度		
		short	短	Shooting Star（G）	3
		medium	中	Hilbrebar（Cu）Martina（Cs）	5
		long	长	KLEDS06542（Co），Komari（Co）	7
15.（*）QN	VG/MS（b）	Leaf: width	叶：宽度		
		narrow	窄	Lonaveiro（Cs），SUNRWB135（P）	3
		medium	中	Hyslam（Co）Komari（Co）	5
		broad	宽	Hilbreking（Cu）	7
16.（*）（+）QN	VG（b）	Leaf: curvature	叶：弯曲		
		absent or very weakly recurved	无或极弱外弯	Devon Wizard（G），Komari（Co），SUNRWB135（P）	1
		weakly recurved	弱外弯	Shooting Star（G）	2
		moderately recurved	中等外弯	Hilbrebar（Cu），Martina（Cs）	3
		strongly recurved	强外弯	Prado Pino（Co）	4
		very strongly recurved	极强外弯	Raspberry Ripple（G）	5
17.（*）（+）QN	VG（b）	Leaf: cross section	叶：横切面形状		
		flat or very weakly concave	平或极微凹	Beam Cherry（Cs），KLEDP09102（P）	1
		weakly concave	微凹	Leila（Co）Martina（Cs）Tico Tico（Co）	2
		moderately concave	凹	Hilbreking（Cu），Lonkiro（Co）Gardavan，SUNRRB126（P）	3
		strongly concave	强凹	Barabril（Cs），Wesroman（Cs）	4
18.（*）PQ	VG（b）	Leaf: color	叶：颜色		
		medium green	中等绿	Leila（Co），Hilbreking（Cu），SUNRRB126（P）	1
		dark green	深绿	Hilmose（Co），KLET04064（P），Starburst（G）	2
		grey green	灰绿	Barcoquette（Cs），Devon Winnie（G），White Liberty（Co）	3
19.（*）QN	VG（b）	Leaf: glaucosity	叶：蜡质		
		weak	弱	Hilbreking（Cu），SUNRRB126（P）	1
		medium	中	Hyslam（Co），Tico Tico（Co）	2
		strong	强	Komari（Co），Lekprewi（Cs）	3
20.（*）（+）QL	VG（b）	Leaf: spiny ciliation of margin	叶：边缘毛刺		
		absent	无	Komari（Co），Martina（Cs）	1
		present	有	Hilbreking（Cu），Whatfield Can Can（G）	9

续表

性状编号	观测方法	英文	中文	标准品种	代码
21. (+) QN	[Cs] VG	Inflorescence: form	花序：形状		
		flat or slightly domed	平或略半球形		1
		moderately domed	半球形	Martina（Cs）	2
		strongly domed	拱凸	Hilopta（Cs）	3
22. (*) (+) PQ	VG	Bud: shape	花蕾：形状		
		ovate	卵圆形	KLEDCS05045（Co）	1
		circular	圆形	Baryetar（Co）	2
		elliptic	椭圆形	Fontaine Darkred（P），Hiltespret（Cs）	3
		oblong	长圆形	Lonkiro（Co）	4
		obovate	倒卵圆形	Komari（Co），Leila（Co），Martina（Cs）	5
23. (*) (+) QL	VG	Bud: extrusion of styles	花蕾：柱头外露		
		absent	无	Komari（Co），Leila（Co），Martina（Cs）	1
		present	有	Hilvulca（P），KLEDS07504（Co）	9
24. (+) QN	VG	Epicalyx: position of outer lobes in relation to calyx	副萼：外部裂片与花萼的相对位置		
		adpressed	紧贴	Komari（Co），Martina（Cs），Tico Tico（Co）	1
		adpressed and free	紧贴和分离		2
		free	分离	Leila（Co），KLEDC05008（Cs）	3
25. (+) QN	VG	Epicalyx: apex of outer lobes	副萼：外部裂片先端形状		
		acute	锐尖	Komari（Co）Martina（Cs）Tico Tico（Co）	1
		short acuminate	短渐尖		2
		medium acuminate	中等渐尖	Lonkiro（Co）	3
26. (+) QN	VG/ MS	Epicalyx: length of tip of outer lobes	副萼：外部裂片尖端的长度		
		absent or very short	无或极短		1
		short	短		2
		medium	中		3
		long	长		4
27. (+) QN	VG	Epicalyx: apex of inner lobes	副萼：内部裂片先端形状		
		acute	锐尖	Komari（Co），Martina（Cs），Tico Tico（Co）	1
		short acuminate	短渐尖		2
		medium acuminate	中等渐尖	Lonkiro（Co）	3
28. (+) QN	VG/ MS	Epicalyx: length of tip of inner lobes	副萼：内部裂片尖端长度		
		Absent or very short	无或极短		1
		short	短	Komari（Co），Martina（Cs）	2
		medium	中	SUNRRB126（P）	3
		long	长	Westcrystal（Cs）	4

续表

性状编号	观测方法	英文	中文	标准品种	代码
29. （*） （+） QN	VG/ MS	**Calyx：length**	花萼：长度		
		short	短	Hilbreking（Cu），Whatfield Can Can（G）	3
		medium	中	Komari（Co），Leila（Co），Martina（Cs）	5
		long	长	KLEDS10624（Co），Princess（P）	7
30. （*） （+） QN	VG/ MG	**Calyx：width**	花萼：宽度		
		narrow	窄	SUNRRB126（P）	3
		medium	中	Komari（Co）	5
		broad	宽	KLEDS10624（Co）	7
31. （*） （+） PQ	VG	**Calyx：shape**	花萼：形状		
		funnel-shaped	漏斗状	Lonkiro（Co），Tico Tico（Co）	1
		cylindrical	圆柱状	Hilbreking（Cu），Martina（Cs），SUNRRB126（P）	2
		campanulate	钟状	Gaudina（Co），Komari（Co），Leila（Co）	3
32. （*） （+） PQ	VG	**Calyx；longitudinal axis of lobes**	花萼：裂片纵向姿态		
		straight	直	SUNRRB126（P），Whatfield Can Can（G）	1
		concave	凹	Martina（Cs），Tico Tico（Co）	2
		angled	角	Hilopta（Cs）	3
		convex	凸	Gaudina（Co），Komari（Co），Leila（Co）	4
33. （*） QN	VG	**Calyx：intensity of anthocyanin coloration**	花萼：花青苷显色程度		
		absent or very weak	无或极弱		1
		weak	弱	Lonaveiro（Cs）	2
		medium	中	Shooting Star（G）	3
		strong	强	Simba（P），SUNRE130（P）	4
34. （*） PQ	VG	**Calyx：distribution of anthocyanin coloration**	花萼：花青苷显色分布		
		Margin of lobe	裂片边缘	Lonaveiro（Cs），SUNRRB126（P）	1
		Whole lobe	整个裂片	Hilbrebar（Cu）Houndspool Cheryl（G）	2
		Whole calyx	整个花萼	Calypso Star（G）	3
35. （+） QN	VG	**Calyx：shape of apex of lobe**	花萼：裂片先端形状		
		acute	锐尖	Komari（Co），Lonaveiro（Cs），Lonkiro（Co），SUNRRB126（P）	1
		acute to acuminate	锐尖到渐尖		2
		acuminate	渐尖	Barfenix（Co）	3

性状编号	观测方法	英文	中文	标准品种	代码
36. (*) QN	VG	**Calyx: length of lobe**	花萼：裂片长度		
		short	短	Komari（Co），Lonkiro（Co），Tico Tico（Co）	3
		medium	中	Leila（Co），Lonaveiro（Cs）	5
		long	长	Hilbreking（Cu）	7
37. (*) (+) QL	VG	**Flower: type**	花：类型		
		single	单瓣	Calypso Star（G），Hilbreking（Cu）	1
		double	重瓣	Sam's Pride（Cs），William Sim（Co）	2
38. (*) QN	VG/MS	**Flower: diameter**	花：直径		
		small	小	Hilbrebar（Cu），Shooting Star（G），SUNRWB135（P）	3
		medium	中	Devon Wizard（G）	5
		large	大	Farida（Co），Komari（Co），Leila（Co）	7
39. (*) QN	VG/MS	**Only varieties with flower: type: double: Flower: number of petals**	花：花瓣数量（仅适用于花类型为重瓣的品种）		
		few	少	Lekclaudia（Cs），SUNRRB126（P）	3
		medium	中	Komari（Co），Martina（Cs）	5
		many	多	Hyslam（Co），Tico Tico（Co）	7
40. (*) (+)	VG/MS	**Corolla: height**	花冠：长度		
		short	短	SUNRWB135（P），Whatfield Can Can（G）	3
		medium	中	Farida（Co）	5
		tall	长	KLEDS13A01（Co）	7
41. (*) (+) PQ	VG	**Corolla: profile of upper part in lateral view**	花冠：侧视上部轮廓		
		concave	凹	Night Star（G）	1
		flat	平	Hilbrequeen（Cu），Shooting Star（G）	2
		flat convex	平凸	Komari（Co），Lonkiro（Co），SUNRRB126（P）	3
		convex	凸	Leila（Co），Martina（Cs），Tico Tico（Co）	4
42. (*) (+) PQ	VG	**Corolla: profile of lower part in lateral view**	花冠：侧视下部轮廓		
		concave	凹	Komari（Co），Martina（Cs），SUNRRB126（P）	1
		flat	平	Hilbrequeen（Cu），Whatfield Can Can（G）	2
		flat convex	平凸	Leila（Co），Night Star（G）	3
		convex	凸	Coral Reef（G），Waterloo Sunset（G）	4

续表

性状编号	观测方法	英文	中文	标准品种	代码
43. (+) PQ	VG (c)	Petal: predominant shape	花瓣：主要形状		
		type 1	类型1	Martina（Cs）, Tico Tico（Co）	1
		type 2	类型2	Baltico（Co）	2
		type 3	类型3	Hilbreking（Cu）, SUNRWB135（P）	3
		type 4	类型4	Nobroc（Co）, SUNRRB126（P）	4
		type 5	类型5	Barlgraa（Co）, WP08 IAN04（G）	5
		type 6	类型6	Gaudina（Co）	6
		type 7	类型7	Hilstertes（Cs）, Minitiara Pink（Cs）	7
44. (+) QN	VG (c)	Petal: undulation	花瓣：波状		
		absent or weak	无或弱	Hilbrequeen（Cu）, Hilstertes（Cs）	1
		medium	中	Calypso Star（G）, Komari（Co）	2
		strong	强		3
45. (*) (+) QN	VG (c)	Petal: number of incisions of margin	花瓣：边缘裂刻数量		
		absent or few	无或少	Barmalyn（Cs）, Koyevi（Co）	1
		medium	中	Barlitar（Co）	2
		many	多	Komari（Co）, Martina（Cs）, Wesroman（Cs）	3
46. (+) PQ	VG (c)	Petal: type of incisions of margin	花瓣：边缘裂刻类型		
		sinuate	深波状	Farida（Co）	1
		crenate	圆齿状	Hyslam（Co）	2
		spinose-dentate	锐齿状	Leila（Co）	3
		dentate	锯齿	Hilbrebar（Cu）, SUNRWB135（P）	4
		crenate-dentate	圆齿和锯齿相间	Komari（Co）, Martina（Cs）	5
47. (*) (+) QN	VG (c)	Petal: depth of incisions of margin	花瓣：边缘裂刻深度		
		very shallow	极浅	Fleurette（Cs）, Leila（Co）	1
		shallow	浅	Intermezzo（Cs）	3
		medium	中	Hilbrebar（Cu）	5
		deep	深	Pop Star（G）	7
		very deep	极深	CFPC Unforgettable（P）	9
48. (*) QN	VG/MS (c)	Petal: length	花瓣：长度		
		short	短	Whatfield Can Can（G）	3
		medium	中	Barcandela（Cs）	5
		long	长	Gaudina（Co）,	7
49. (*) QN	VG/MS (c)	Petal: width	花瓣：宽度	Komari（Co）	
		narrow	窄	Hilbrebar（Cu）, Whatfield Can Can（G）	3
		medium	中	Leila（Co）, Lonkiro（Co）, Tico Tico（Co）	5
		broad	宽	Bartorbel（Co）, KLEDS10625（Co）	7

续表

性状编号	观测方法	英文		中文	标准品种	代码
50. (*) PQ	VG (c) (d)	Petal: main color		花瓣：主色		
		RHS Colour Chart (indicate reference number)		RHS 比色卡（注明参考色号）		
51. (*) PQ	VG (c) (d)	Petal: secondary color		花瓣：次色		
		RHS Colour Chart (indicate reference number)		RHS 比色卡（注明参考色号）		
52. (*) (+) QN	VG (c)	Petal: width of differently colored margin		花瓣：边缘有颜色差异区域的宽度		
			absent	无	Fleurette（Cs），Pop Star（G）	1
			narrow	窄	Komari（Co），Rodin（P）	2
			medium	中	Hilbreking（Cu）	3
			broad	宽	Barlaxiaga（Cs），Hilqueen（Cs）	4
53. (*) (+) QN	VG (c)	Petal: number of stripes		花瓣：条纹数量		
			none	无	SUNRE130（P）	1
			few	少	Konali（Co），Martina（Cs）	2
			medium	中	Barmarie（Co），Bartaina（Cs）	3
			many	多	Komonte（Co），Navidad（Co）	4
54. (*) (+) QN	VG (c)	Petal: number of speckles		花瓣：斑点数量		
			none	无	Westcrystal（Cs）	1
			few	少	Barlitar（Co），CFPC Aztec（P）	2
			medium	中	Devon Winnie（G），KLEN03037（P），WS05-402（Cu）	3
			many	多	Whatfield Gem（G）	4
55. (*) (+) QN	VG (c)	Petal: area of flush		花瓣：晕色面积		
			absent	无	KLEDS06013（Co），	1
			small	小	WP07 OPR04（G）	2
			medium	中	Hilnotre（Co），Sidra（Co）	3
			large	大	Antigua（Co），KLEDS06513（Co）	4
56. (*) (+) QN	VG (c)	Petal: size of macule		花瓣：斑块大小		
			absent	无	Lonaveiro（Cs）	1
			small	小	DICZ0003（G），KLEDP11109（P）	2
			medium	中	Hilbreye（P），WP10 HEL01（G）	3
			large	大	Hilmetal（P），WP08 UNI02（G）	4
57. (*) (+) PQ	VG (c) (d)	Petal: color pattern of ertiary color		花瓣：第三色颜色图案		
			absent	无		1
			marginated	边缘		2
			striped	条纹		3
			speckled	斑点		4
			flushed	晕色		5
			maculated	斑块		6

续表

性状编号	观测方法	英文	中文	标准品种	代码
58. （*） PQ	VG （c）	**Petal: tertiary color** RHS Colour Chart（indicate reference number）	花瓣：第三色 RHS 比色卡（注明参考色号）		
59. （*） （+） PQ	VG	**Ovary: shape**	子房：形状		
		ovate	卵圆形	Lekprewi（Cs）	1
		rhombic	纺锤形	Martina（Cs）	2
		elliptic	椭圆形	Hilbreking（Cu）	3
		oblong	长圆形	Shooting Star（G）	4
		obovate	倒卵圆形	Komari（Co），Leila（Co），SUNRWB135（P）	5
60. （+） PQ	VG	**Ovary: color of base**	子房：基部颜色		
		whitish	泛白色	Komari（Co），Lekprewi（Cs）	1
		yellowish	泛黄色	KLEDG10119（G），Koviol（P）	2
		green	绿色	Leila（Co），Shooting Star（G）	3
61. （*） QN	VG	**Ovary: surface**	子房：表面		
		smooth	光滑	Leila（Co），Lekclaudia（Cs）	1
		slightly ribbed	轻微棱形	SUNRRB126（P）	2
		strongly ribbed	强烈棱形	Komari（Co），Martina（Cs）	3
62. （*） PQ	VG/ MG	**Style: number**	花柱：数量		
		only two	2 枚		1
		two and three	2~3 枚		2
		only three	3 枚		3
		three and four	3~4 枚		4
		only four	4 枚		5
		two，three，four and five	2 枚、3 枚、4 枚、5 枚		6
63. （*） QN	VG/ MS	**Style: length**	花柱：长度		
		short	短	Hilbreking（Cu），Shooting Star（G）	1
		medium	中	Lonaveiro（Cs），SUNRWB135（P），Tico Tico（Co）	2
		long	长	Liberty（Co）	3
64. （*） （+） QL	VG	**Style: shoulder**	花柱：肩		
		absent	无	Martina（Cs），SUNRWB135（P）	1
		present	有	Komari（Co），Lonaveiro（Cs），Tico Tico（Co）	9
65. （*） （+） PQ	VG	**Stigma: color**	柱头：颜色		
		white	白色	Komari（Co），Martina（Cs），Tico Tico（Co）	1
		white with red flush	白带红晕	Lonaveiro（Cs）	2
		white with purple flush	白带紫晕	Shooting Star（G）	3
		yellow	黄色	Leila（Co）	4
		pink	粉色	Barhugo（Co）	5
		red	红色	Hilbrebar（Cu），Hyslam（Co）	6
		purple	紫色	Burnob（Co），SUNRRB126（P）	7

8 性状表解释

8.1 对多个性状的解释

除非另有说明，所有性状的观测应在盛花期进行。

性状表第二列包含以下标注的性状应按照下述要求观测。

（a）主茎是从顶花到植株基部最直枝干。在切花品种中，观测应在花下第五节间位置进行。在盆栽和花园品种中，观测应在花下第三节间位置进行。除长度外，观测应在节之间中部进行。

（b）在切花品种中，观测应在花下第五节叶上进行。在盆栽和园林品种中，观测应在花下第三节叶上进行。

（c）对于重瓣花品种，观测应在第三外轮的花瓣上进行。

（d）主色是面积最大的颜色。次色是面积第二大的颜色。如果主要和次色面积大小很接近，无法确定哪个颜色面积最大，较深的颜色为主色。如果次色和第三色面积大小基本一样，较深的颜色为次色。

8.2 对单个性状的解释

性状1：植株茎的长度

茎的长度为从地面到植株顶部，不包含花。

性状2：植株高度

植株的高度为从地面到植株顶部，包含花。

性状3：植株密度

植株密度是综合观测分枝数量和叶片数量而定。

1	2	3
疏	中	密

性状4：植株花相对叶簇的位置

1	2	3
平齐或略高	中等偏高	极高

性状 5：植株无蕾或花的侧枝
性状 8：茎节间数
节间数应观测花冠与最低无花蕾或花的侧枝间的节间数量。

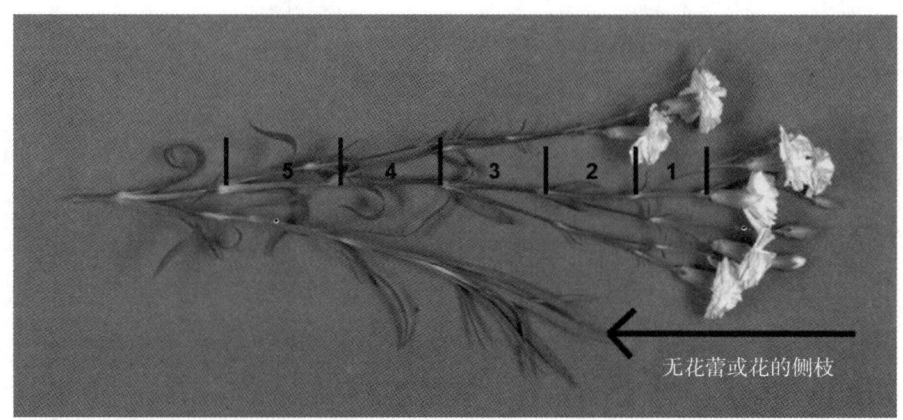

性状 6：植株带花蕾或花的侧枝

性状 7：植株侧枝上花的着生方式

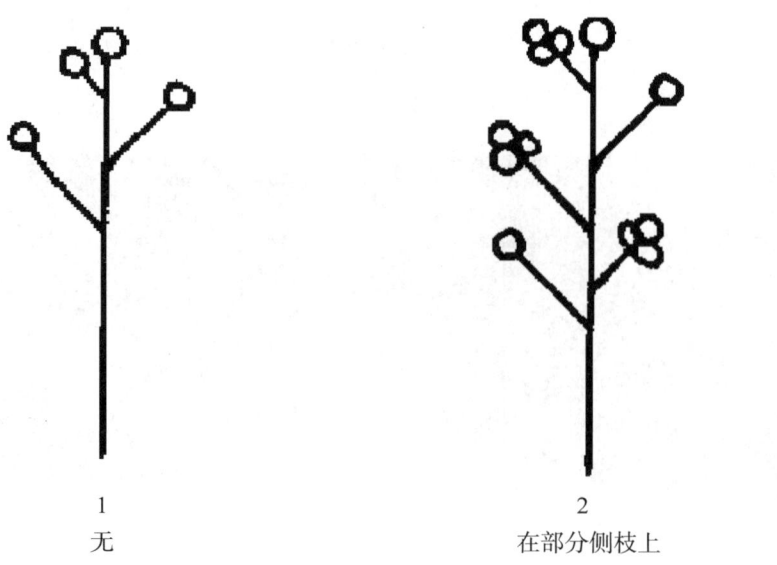
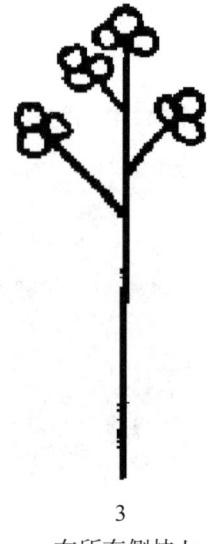

1	2	3
无	在部分侧枝上	在所有侧枝上

性状 11：茎横切面形状

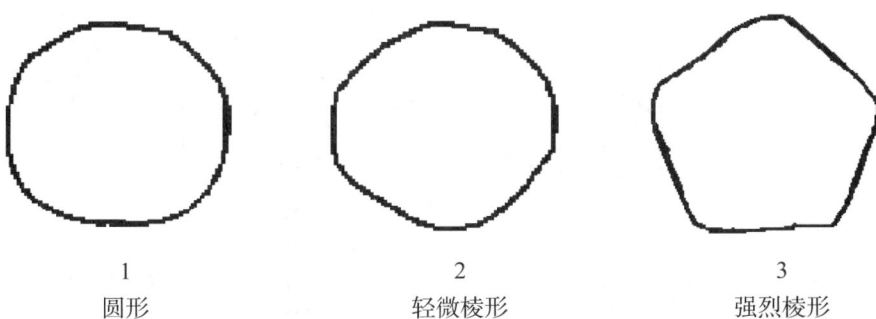

1	2	3
圆形	轻微棱形	强烈棱形

性状 12：茎空腔

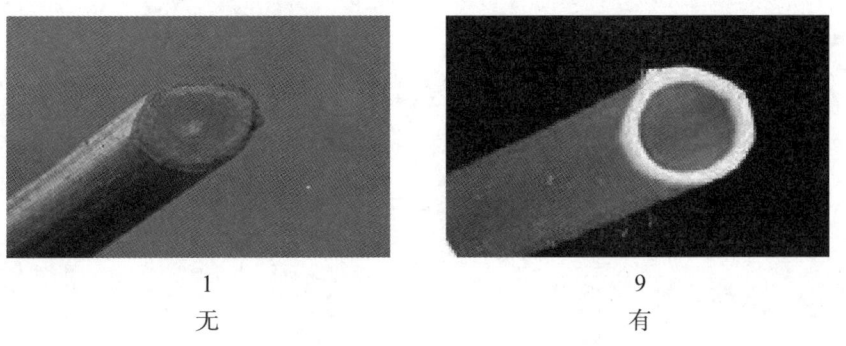

1	9
无	有

性状 13：叶形状

	最宽部位		
	中部以下	中部	中部以上
(高) 窄 ← (长宽比) 宽度 → (低) 宽		3 线条形	
	1 卵圆形	2 椭圆形	4 倒卵圆形

性状 16：叶弯曲

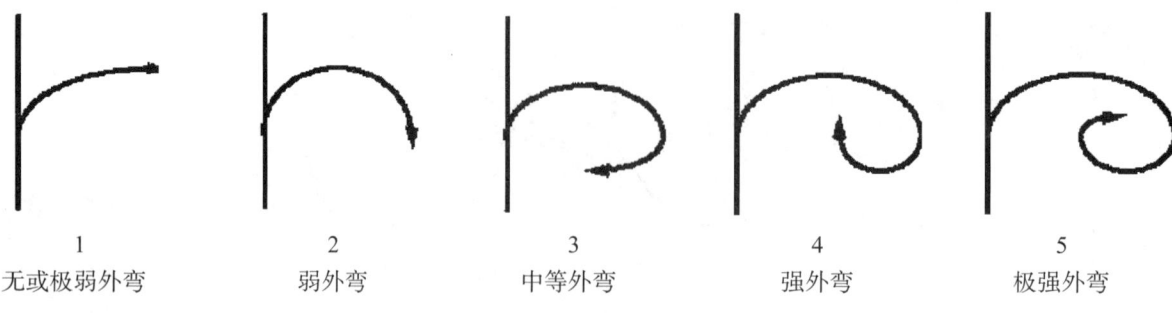

1	2	3	4	5
无或极弱外弯	弱外弯	中等外弯	强外弯	极强外弯

性状 17：叶横切面形状

1	2	3	4
平或极微凹	微凹	凹	强凹

性状 20：叶边缘毛刺

通过用手指来回摩擦叶的边缘来观测。

1	9
无	有

性状 21：花序形状

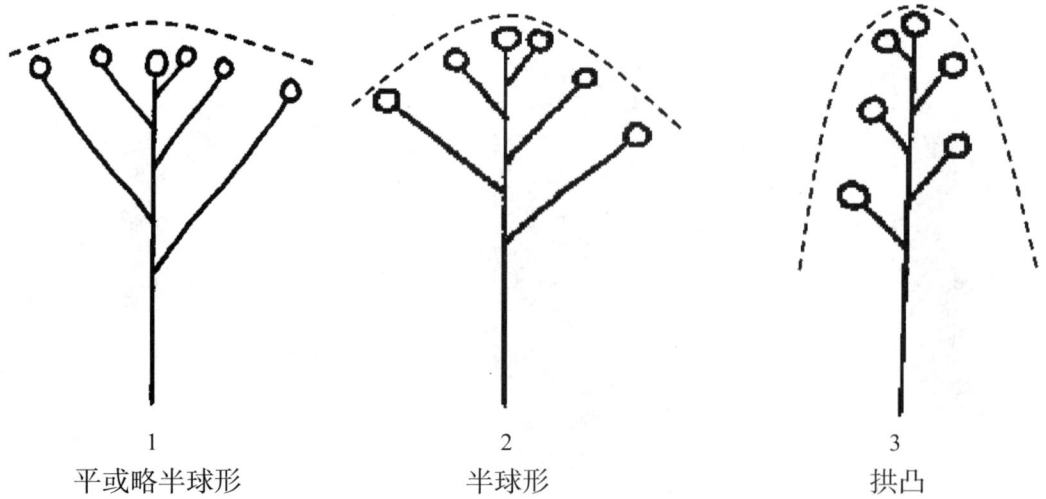

1	2	3
平或略半球形	半球形	拱凸

性状 22：花蕾形状

	←最宽部位→		
	中部以下	中部	中部以上
(高)窄←（长宽比）宽度→(低)宽		4 长圆形	
	1 卵圆形	3 椭圆形	5 倒卵圆形
		2 圆形	

性状 23：花蕾柱头外露

在颜色快要显露之前立即观测。

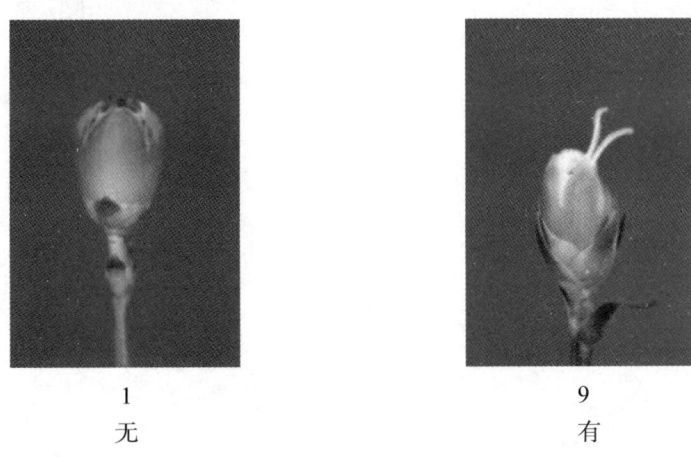

1　　　　　　　　9
无　　　　　　　　有

性状 24：副萼外部裂片与花萼的相对位置

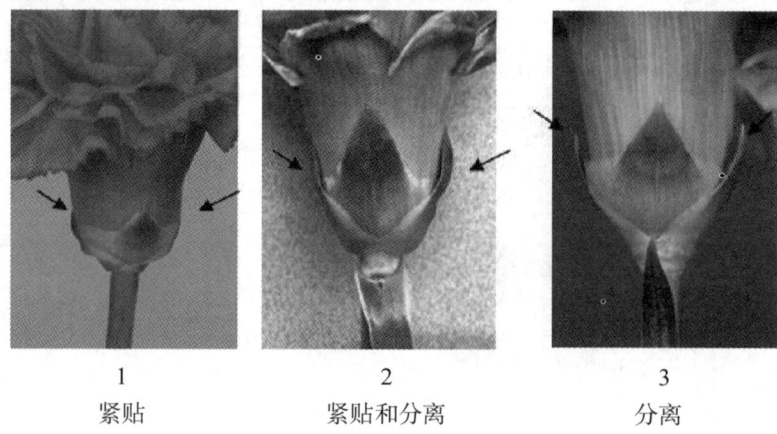

1	2	3
紧贴	紧贴和分离	分离

性状 25：副萼外部裂片先端形状
性状 27：副萼内部裂片先端形状

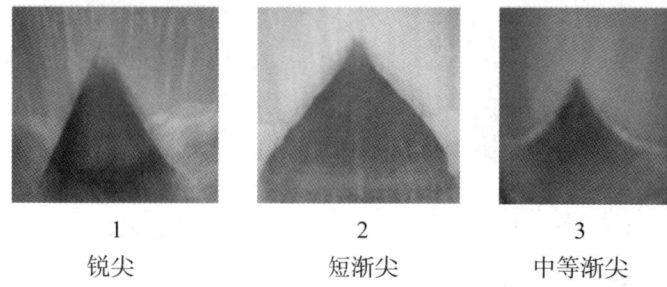

1	2	3
锐尖	短渐尖	中等渐尖

性状 26：副萼外部裂片尖端长度
性状 28：副萼内部裂片尖端长度

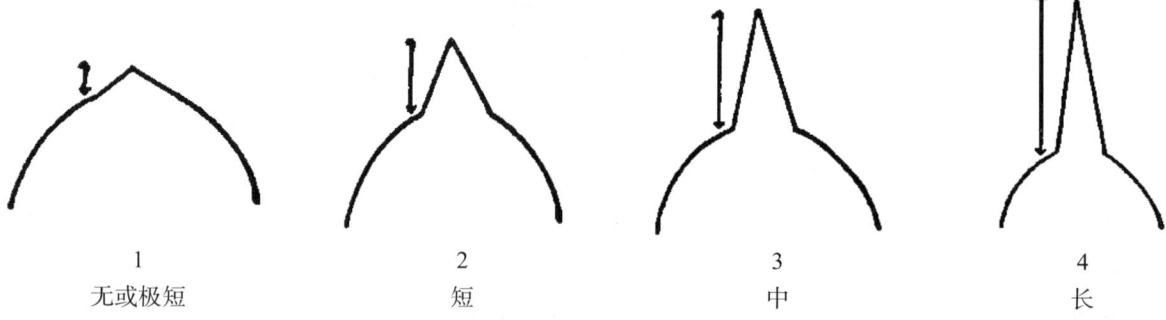

1	2	3	4
无或极短	短	中	长

性状 29：花萼长度
性状 30：花萼宽度

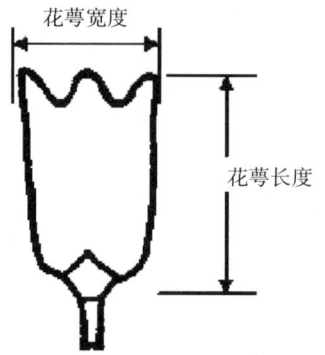

性状31：花萼形状

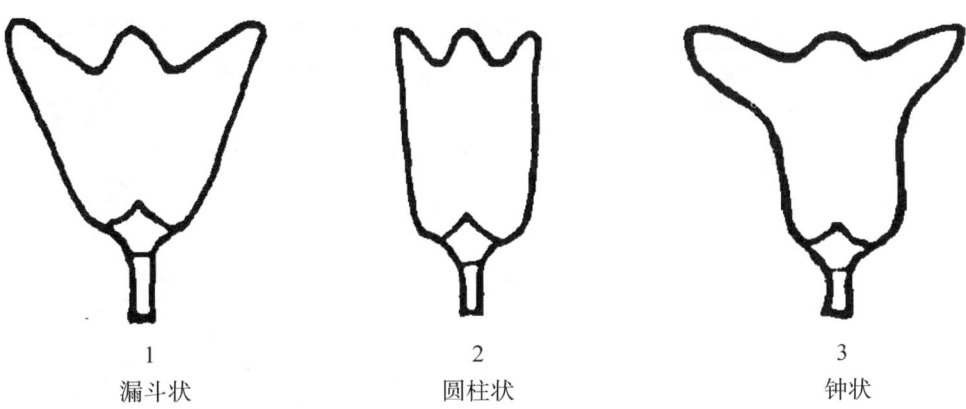

1	2	3
漏斗状	圆柱状	钟状

性状32：花萼裂片纵向姿态

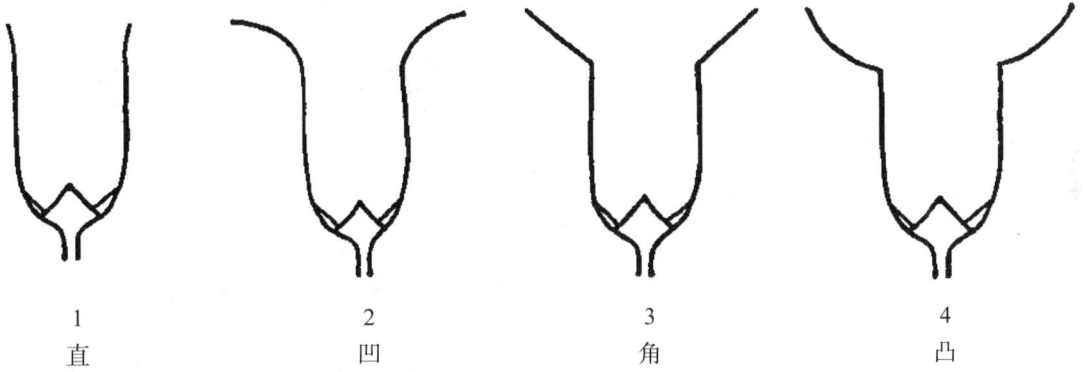

1	2	3	4
直	凹	角	凸

性状35：花萼裂片顶端形状

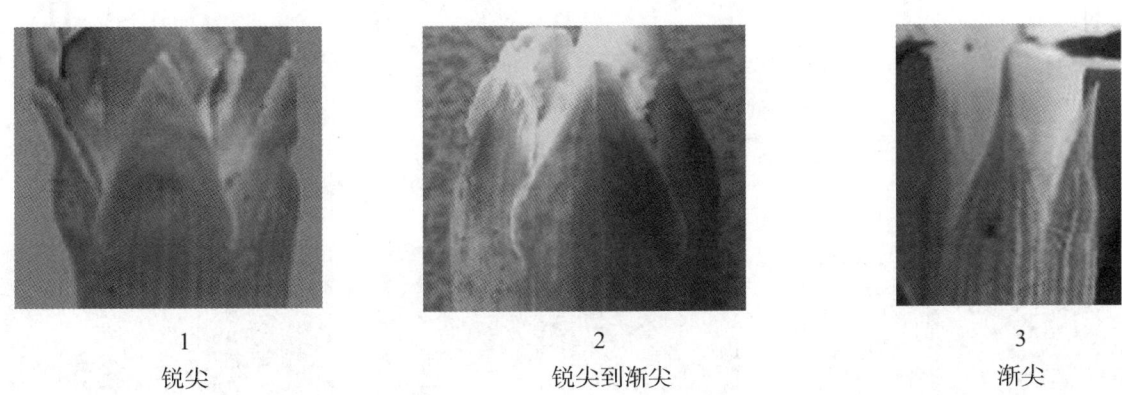

1	2	3
锐尖	锐尖到渐尖	渐尖

性状37：花类型
重瓣花要多于5片花瓣。

性状40：花冠长度

性状 41：花冠侧视上部轮廓

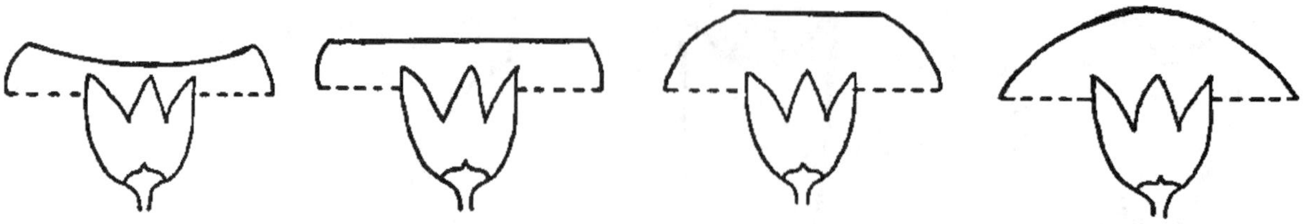

1	2	3	4
凹	平	平凸	凸

性状 42：花冠侧视下部轮廓

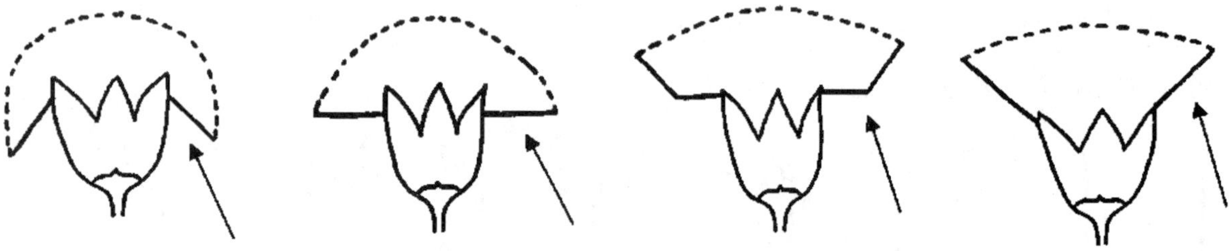

1	2	3	4
凹	平	平凸	凸

性状 43：花瓣主要形状

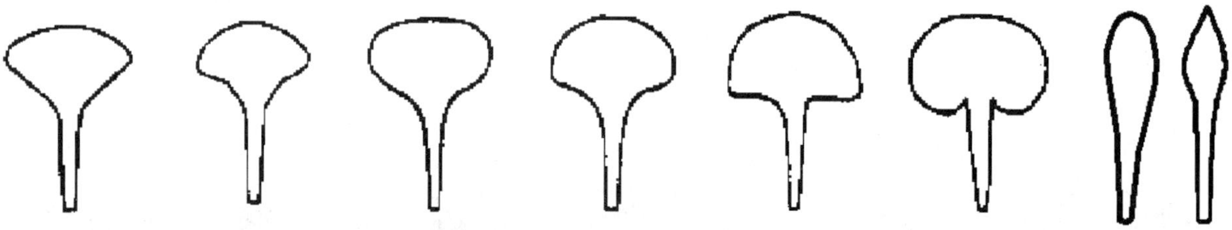

1	2	3	4	5	6	7
类型 1	类型 2	类型 3	类型 4	类型 5	类型 6	类型 7

性状 44：花瓣波状

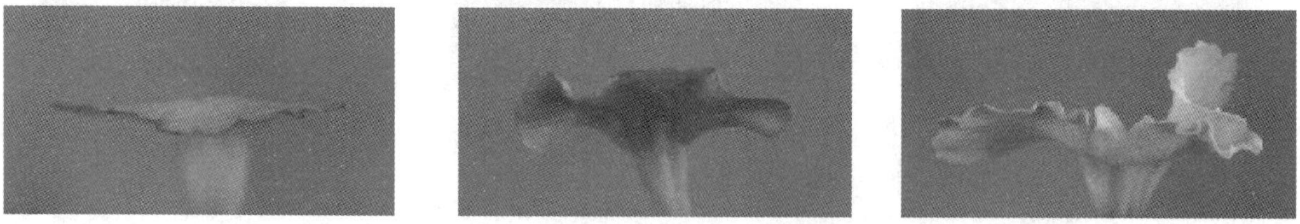

1	2	3
无或弱	中	强

性状 45：花瓣边缘裂刻数量

1	2	3
无或少	中	多

性状 46：花瓣边缘裂刻类型

  1   深波状
  2   圆齿状
  3   锐齿状
  4   锯齿
  5   圆齿和锯齿相间

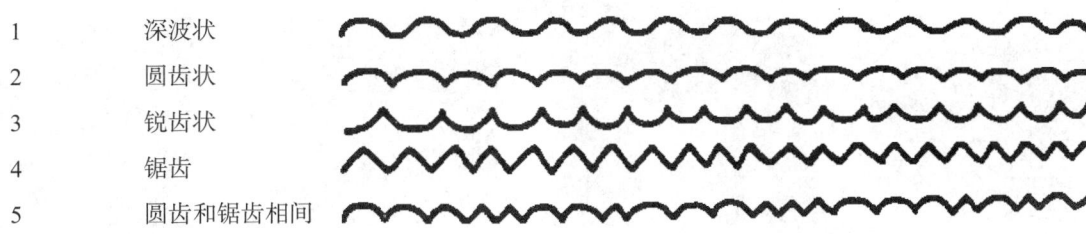

性状 47：花瓣边缘裂刻深度

1	3	5
极浅	浅	中
7	9	
深	极深	

性状 52：花瓣边缘有颜色差异区域的宽度

1	2	3	4
无	窄	中	宽

性状 53：花瓣条纹数量

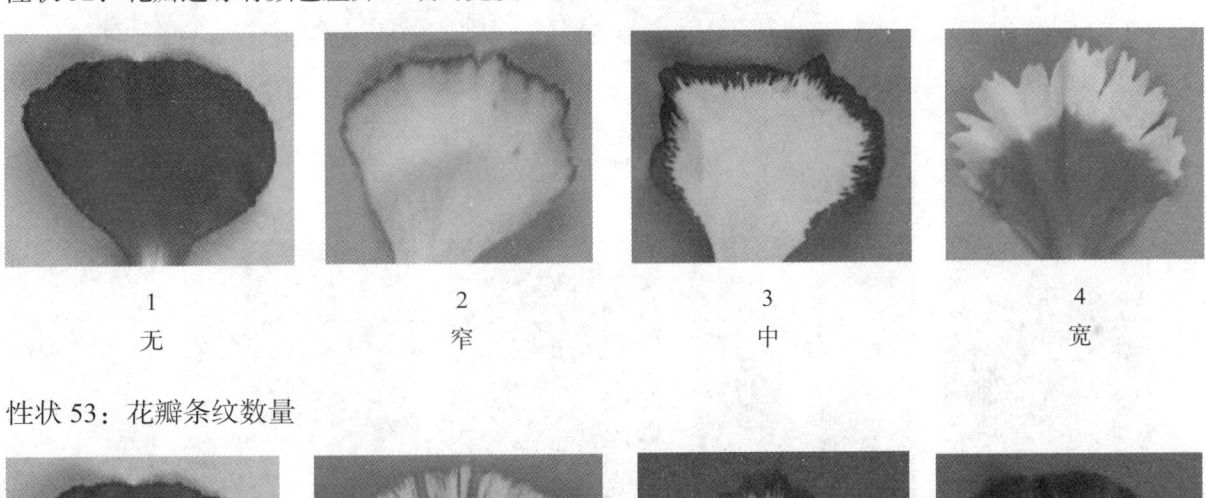

1	2	3	4
无	少	中	多

性状 54：花瓣斑点数量

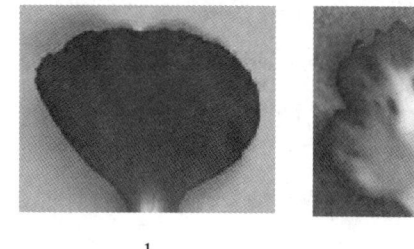   

1	2	3	4
无	少	中	多

性状 55：花瓣晕色面积

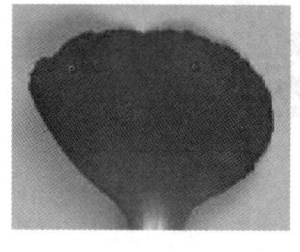 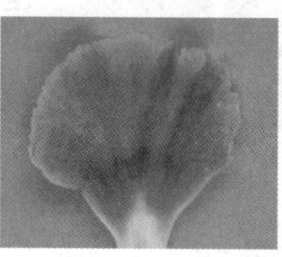  

1	2	3	4
无	小	中	大

性状 56：花瓣斑块大小

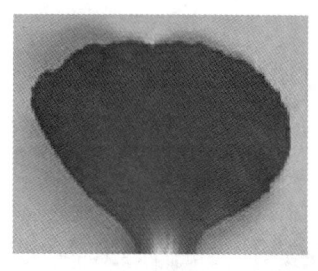   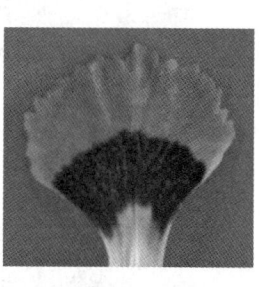

1	2	3	4
无	小	中	大

性状 57：花瓣第三色的颜色图案

  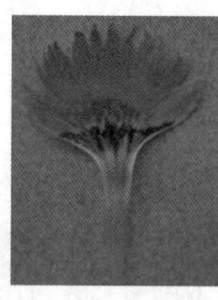  

2	3	4	5	6
边缘	条纹	斑点	晕色	斑块

性状 59：子房形状

	←最宽部位→		
	中部以下	中部	中部以上
（高）窄←（长宽比）宽度→（低）宽		4 长圆形	
	1 卵圆形	3 椭圆形	5 倒卵圆形
		2 纺锤形	

性状 60：子房基部颜色

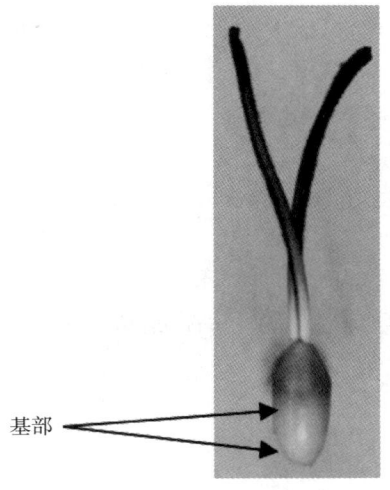

基部

性状 64：花柱肩

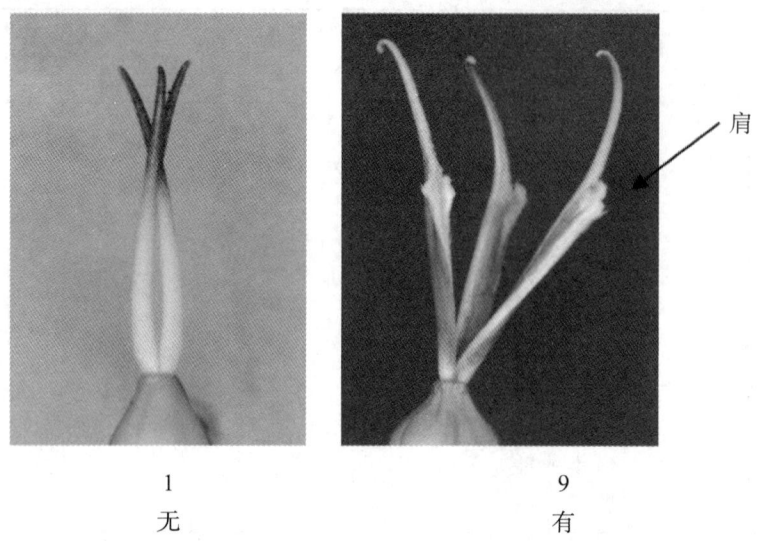

1　　　　　　　　　　　　　9
无　　　　　　　　　　　　有

性状 65：柱头颜色

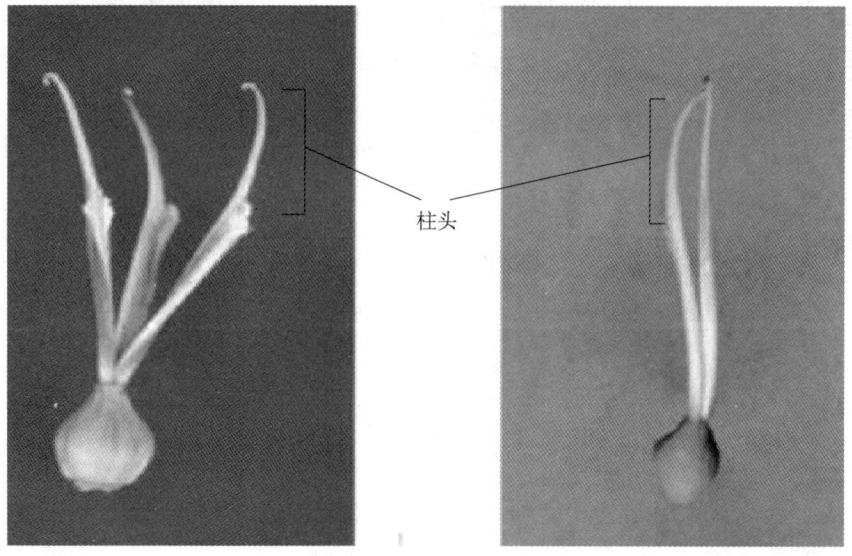

8.3　生长类型

如 3.3.2 部分解释，可能有必要针对切花类型、园林类型和盆栽类型建立单独的种植试验，以确保这些类型的品种生长状态令人满意。下文提供了不同类型品种生长条件的相关信息以及有助于确定适合品种种植类型的信息。

8.3.1　切花类型（C）

一般而言，切花品种具有以下特点。

（1）不耐低温，温带地区需要加热条件的温室以保证植株生长良好。

（2）为正确种植品种，需要提供充足的支撑（水平网）。

（3）多头（Cs）和单头（Co）。

①育种工作是在有限的基因资源基础上开展。一般而言，该类品种属于 *D. caryophyllus*。

②对于单头品种，应在早期去除侧枝上花和芽（若存在），只保留顶花。

③大多数品种为重瓣花。

（4）伞状（*D. barbatus*）（Cu）。

①所有品种类型属于 *D.barbatus*。

②形成花簇。

③大多数品种为单瓣花。

8.3.2 园林类型（G）

育种工作是在相当大的基因资源基础上开展，在大多数情况下，基因资源更广泛，且不同于其他类型。品种主要来源于 D. *plumarius*，D. x *allwoodii* 及相关种。一般而言，该类型品种具有以下特点：

（1）总的来说耐受低温；

（2）植株高度有限；

（3）园林类型中可见所有花类型（单瓣和重瓣）。

8.3.3 盆栽类型（P）

育种工作主要在不同于园林类型的基因资源基础上开展，一般而言，该类品种属于 D. *caryophyllus*，具有以下特征：

（1）不是很耐低温，温带地区需要加热条件的温室以保证植株生长良好；

（2）只涉及温室或其他遮阴条件下生产的类型；

（3）植株高度有限；

（4）几乎总是有重瓣花。

TG/26/5 Corr. 2 Rev.
原文：英文
日期：2006-04-05，2008-08-15，
2010-03-16，2020-12-17

国际植物新品种保护联盟
植物品种特异性、一致性和稳定性测试指南

菊属

UPOV 代码：CHRYS

（*Chrysanthemum* L.）

互用名称 *

植物学名称	英文	法文	德文	西班牙文
Chrysanthemum L.	Chrysanthemum	Chrysanthème	Chrysantheme	Crisantemo

相关联的 UPOV 文件：

TG/222: Argyranthemum ［*Argyranthemum frutescens*（L.）Schultz-Bip.（*Chrysanthemum frutescens* L.）］

---

* 这些名称在指南开始使用时是正确的，但随后可能会修改更新。读者可登录 UPOV 网站（www.upov.int），获取最新资料。

1 指南适用范围

本指南适用于所有菊属（*Chrysanthemum* L.）品种。

2 繁殖材料要求

2.1 待测品种繁殖材料的数量和质量要求以及提交的时间和地点由主管机构决定。申请人从测试所在国境外提交繁殖材料的，还应符合海关规定并满足相关植物检疫的要求。

2.2 繁殖材料以无根扦插条的形式提交。

2.3 申请人提交繁殖材料的最小数量为 20 株无根扦插条。

2.4 提供的繁殖材料应外观健康有活力，未受到任何严重病虫害的影响。

2.5 提交的繁殖材料不得进行任何可能影响品种性状表达的处理，除非主管机构允许或要求进行这种处理。如果材料已经处理，必须提供相关处理的详细说明。

3 测试方法

3.1 生长周期

测试的最少周期数量通常为 1 个生长周期。

3.2 测试地点

测试通常在 1 个地点进行。在 1 个以上地点进行测试时，TGP/9《特异性测试》提供了有关指导。

3.3 测试条件

3.3.1 测试的条件应能满足品种正常生长的需要，以确保品种相关性状充分表达和测试的顺利开展。不能使用生长调节剂。作为单头菊用途的品种应进行抹芽处理，但是必要时，对于单头菊和多头菊两种用途的品种而言，还应对未经抹芽的植株进行特异性判定。

3.3.2 除非另有说明，性状判定的最佳时期为盛花期。

3.3.3 由于日光变化的原因，在利用比色卡确定颜色时，应在一个合适的有人工光源照明的小室或中午无阳光直射的房间内进行。人工光源光谱分布应符合 CIE "理想日光标准 D6500"，且在《英国标准：950 第 1 部分》规定的允许范围之内。观测应在白色背景下进行。

3.4.1 每个测试试验应当保证至少 20 个植株。

3.4.2 试验设计应保证因测量或计数等需要，从小区取走部分植株或植株部位后，不影响生长周期结束前的所有观测。

3.5 植株／植株部位的观测数量

除非另有说明，在判定异性时，对于单株的观测，应观测 10 个植株或分别从 10 个植株取下的植株部位；对于其他观测，应观测试验中的所有植株。

3.6 附加测试

为测试有关性状，可以进行附加测试。

4 特异性、一致性和稳定性评价

4.1 特异性

4.1.1 一般建议

对于本指南的使用者而言，在判定特异性前参照总则特异性判定的一般原则十分重要。但为了进一步说明和强调特异性判定，本指南特列出特异性判定的要点。

4.1.2 一致的差异

当观测到的品种之间的差异非常明显时，则没有必要种植 1 个以上生长周期。此外，在某些情况下，环境的影响并不意味着需要 1 个以上的生长周期来保证品种间观察到的差异是足够一致的。为确保在种植试验中所观测到的性状差异是足够一致的，可以对性状进行至少 2 个独立生长周期的测试。

4.1.3 明显的差异

两个品种间的差异是否明显取决于很多因素，特别应考虑所测性状的表达类型，即该性状是质量性状、数量性状还是假质量性状。因此，在作出关于特异性的判定前，本测试指南的使用者应熟悉总则中的建议。

4.2 一致性

4.2.1 对于本指南的使用者而言，在判定一致性前参照总则一致性判定的一般原则十分重要。但为进一步说明和强调一致性判定，本指南特列出一致性判定的要点。

4.2.2 对无性繁殖材料一致性评价时，应采用 1% 的群体标准和至少 95% 的接受概率。当样本量为 20 个时，允许有 1 个异型株。

4.3 稳定性

4.3.1 在实际操作中，通常不像测试特异性和一致性那样对稳定性进行测试以得到明确结果。经验表明，对许多类型的品种来说，当一个品种表现一致时，可认为其是稳定的。

4.3.2 适当情况下或者有疑问时，稳定性的测试通过测试一批新的种子或砧木，确保其与最初提供的材料表现出一致的性状。

5 品种分组和试验组织

5.1 使用分组性状可以帮助选择与申请品种一起进行田间种植试验的已知品种，以及对这些品种进行合适分组以便进行特异性评价。

5.2 分组性状表达状态的数据即使来自不同地点，也可以单独或者与其他此类性状联合使用。

（a）用于特异性测试中筛选排除那些不需要安排在种植试验中的已知品种。

（b）用于组织安排种植试验，使近似品种种植在一起。

5.3 以下性状已被确认为有用的分组性状。

（a）植株：类型（性状 2）。

（b）头状花序：类型（性状 30）。

（c）花心：类型（不包含重瓣类型的品种）（性状 31）。

（d）舌状小花：内侧颜色数量（性状 62）。

（e）舌状小花：内侧主色（性状 63），有以下 11 组。

第一组：白色。

第二组：米白色。

第三组：黄色。

第四组：青铜色。

第五组：橙色。

第六组：橙粉色。

第七组：粉色。

第八组：红色。

第九组：红紫色。

第十组：紫色。

第十一组：绿色。

(f) 舌状小花：内侧次色（性状 64），有以下 11 组。

第一组：白色。

第二组：米白色。

第三组：黄色。

第四组：青铜色。

第五组：橙色。

第六组：橙粉色。

第七组：粉色。

第八组：红色。

第九组：红紫色。

第十组：紫色。

第十一组：绿色。

5.4 总则中提供了在特异性审查过程中使用分组性状的指导。

6 性状表介绍

6.1 性状类型

6.1.1 标准指南性状

标准指南性状是 UPOV 已同意用于 DUS 审查的性状，UPOV 成员可以从中选择与其特定环境相适应的性状。

6.1.2 星号性状

星号性状（用"*"标记）是测试指南中对于形成国际统一的品种描述十分重要的性状，所有 UPOV 成员都应将其用于 DUS 测试并包含在品种描述中，除非前序性状的表达或区域环境条件所限使其无法测试。

6.2 表达状态及相应代码

6.2.1 为定义性状和统一描述，将每个性状划分为一系列表达状态。每个表达状态赋予一个相应的数字代码，以便于数据记录，以及品种性状描述的建立和交流。

6.3 表达类型

总则中对性状表达类型（质量性状、数量性状和假质量性状）进行了解释。

6.4 标准品种

适当时，测试指南中提供了标准品种用于校正性状的表达状态。

6.5 注释

（*）星号性状（6.1.2）。

QL：质量性状（6.3）。

QN：数量性状（6.3）。

PQ：假质量性状（6.3）。

（a）～（d）性状表解释（8.1）。

（+）性状表解释（8.2）。

7 性状表

性状编号	观测方法	英文	中文	标准品种	代码
1.(*)QN	（a）	**Plant：height**	植株：高度		
		short	矮	Machismo Time	3
		medium	中	Dekyen	5
		tall	高	Figrand	7
2.(*)(+)QL	（a）	**Plant：type**	植株：类型		
		non bushy	非丛生型	Anastasia，Boulou，Casmo，Reagan	1
		bushy	丛生型	Elda White，Golden Mariyo，Guitpolin，Tripoli	2
3.(*)(+)PQ	（a）	**Only bushy varieties：Plant：growth habit**	植株：生长习性（仅适用于丛生型品种）		
		upright	直立	Golden Mariyo	1
		semi upright	半直立	Veria Dark	2
		hemispherical	半球状	Elda White	3
		spreading	平展		4
		trailing	蔓生	Fancy That	5
4.QN	（a）	**Only bushy varieties：Plant：density of branching**	植株：分支密度（仅适用于丛生型品种）		
		sparse	稀	Golden Mariyo	3
		medium	中	Veria Dark	5
		dense	密	EldaWhite	7
5.PQ	（a）（b）	**Stem：color**	茎：颜色		
		green	绿色	Yoko Ono	1
		greentinged with purple or brown	紫绿色或棕绿色	Fancy That	2
		brown	棕色		3
		purple	紫色	Vymini	4
6.QN	（a）（b）	**Stipule：size**	托叶：大小		
		absent or very small	无或极小	Zeemimosa	1
		small	小	Vymini	3
		medium	中	Yoko Ono	5
		large	大	Orinocco	7
7.(+)QN	（a）（c）	**Petiole：attitude**	叶柄：姿态		
		very strongly upwards	强烈向上	Rex	1
		moderately upwards	中等向上	Dekyen	3
		horizontal	水平	Boris Becker	5
		moderately downwards	中等向下	Breeze	7
		drooping	下弯		9
8.QN	（a）（c）	**Petiole：length relative to leaf length**	叶柄：相对于叶片的长度		
		short	短	Vymini	3
		medium	中	Figrand	5
		long	长		7

续表

性状编号	观测方法	英文	中文	标准品种	代码
9. (*) QN	(a) (c)	**Leaf: length including petiole**	叶：长度（包括叶柄）		
		short	短	Molfetta Pink	3
		medium	中	Figrand	5
		long	长	Yellow Wonder	7
10. (*) QN	(a) (c)	**Leaf: width**	叶：宽度		
		narrow	窄	Molfetta Pink	3
		medium	中	Figrand	5
		broad	宽	Buttermere Anne	7
11. (*) QN	(a) (c)	**Leaf: ratio length/width**	叶：长宽比		
		low	小	Buttermere Anne	3
		medium	中	Figrand	5
		high	大	Dekyen	7
12. (*) (+) QN	(a) (c)	**Leaf: length of terminal lobe relative to leaf length**	叶：顶生裂片相对于叶片的长度		
		short	短	Le Mans	3
		medium	中	Figrand	5
		long	长	Vymini	7
13. (*) (+) QN	(a) (c)	**Leaf: depth of lowest lateral sinus**	叶：最低位一级裂刻深度		
		shallow	浅	Bea	3
		medium	中	Scott	5
		deep	深	Figrand	7
14. PQ	(a) (c)	**Leaf: margins of lowest lateral sinus**	叶：最低位一级裂刻边缘		
		diverging	分开	Zeemimosa	1
		parallel	平行	Alma-Ata	2
		converging	聚拢	Arusha Dark Pink	3
		touching	相接	Vymini	4
		overlapping	重叠	Figrand	5
15. (*) (+) PQ	(a) (c)	**Leaf: predominant shape of base**	叶：基部形状		
		acute	锐尖	Zeemimosa	1
		obtuse	钝尖	Machismo Time	2
		rounded	圆形	Repulse	3
		truncate	平截	Alma-Ata	4
		cordate	心形	Scott	5
		asymmetric	不对称		6
16. QN	(a) (c)	**Leaf: glossiness of upper side**	叶：上表面光泽度		
		absent or very weak	无或极弱	Veria Dark	1
		weak	弱	Breeze	2
		strong	强	Repulse	3
17. (*) QN	(a) (c)	**Leaf: green color of upper side**	叶：上表面绿色程度		
		light	浅		3
		medium	中	Ruby Red Reagan	5
		dark	深	Dekyen	7

续表

性状编号	观测方法	英文	中文	标准品种	代码
18. （*） （+） QN	（a） （c）	Excluding varieties of Chrysanthemum × morifolium: Leaf: upper side: prominence of pale margin	叶：上表面：叶缘泛白程度（不包括 Chrysanthemum × morifolium 品种）		
		absent or very weak	无或极弱	BranjaniaLotta	1
		weak	弱		3
		medium	中	Mont Blanc	5
		strong	强	Zeemimosa	7
19. （*） （+） QN	（a） （c）	Excluding varieties of Chrysanthemum × morifolium: Leaf: pubescence of lower side	叶：下表面茸毛（不包括 Chrysanthemum × morifolium 品种）		
		weak	弱		3
		medium	中	Benny	5
		strong	强	Zeemimosa	7
20. （*） （+） PQ	（a） （c）	Excluding varieties of Chrysanthemum × morifolium: Leaf: color of lower side	叶：下表面颜色（不包括 Chrysanthemum × morifolium 品种）		
		RHS Colour Chart（indicate reference number）	RHS 比色卡（注明参考色号）		
21. （+） QN	（a） （c）	Leaf margin: number of indentations	叶缘：边缘锯齿数量		
		few	少	Bea	3
		medium	中	Le Mans	5
		many	多	Vymini	7
22. （+） QN	（a） （c）	Leaf margin: depth of indentations	叶缘：边缘锯齿深浅		
		shallow	浅	Anastasia	3
		medium	中	Le Mans	5
		deep	深	Machismo Time	7
23. （+） PQ	（d）	Only non-bushy varieties (see char. 2): Inflorescence: form	花序：形状（仅适用于非丛生型品种，见性状2）		
		conical	锥形	Breeze	1
		deeply domed	强烈半球形	Yoko Ono	2
		cylindrical	圆柱形	Premium Time	3
		corymbiform	伞房花序状	Machismo Time	4
		flat-corymbiform	扁平状		5
24. QN	（d）	Only non-bushy varieties (see char. 2): Inflorescence: width at widest point	花序：最宽处宽度（仅适用于非丛生型品种，见性状2）		
		narrow	窄	Premium Time	3
		medium	中	Figrand	5
		broad	宽		7
25. （*） （+） QN	（d）	Only non-bushy varieties (see char. 2): Inflorescence: angle between primary lateral shoot and stem	花序：一级侧枝与茎的夹角（仅适用于非丛生型品种，见性状2）		
		small	小	Delianne	3
		medium	中	Dekyen	5
		large	大	Repulse	7

续表

性状编号	观测方法	英文	中文	标准品种	代码
26. (+) QN	(d)	Onlynon-bushy varieties (see char. 2): Inflorescence: attitude of lateral flower heads	花序：侧花头姿态（仅适用于非丛生型品种，见性状2）		
		upright	直立	Scott	1
		semi upright	半直立	Ruby Red Reagan	3
		horizontal	水平	Premium Time	5
		moderately downwards	向下	moderadamente	7
27. (+) QN	(d)	Only non-bushy varieties: (see char. 2): Total number of flower heads per stem	单茎头状花数量（仅适用于非丛生型品种，见性状2）		
		few	少	Delianne	3
		medium	中	Vymini	5
		many	多	Breeze	7
28. (+) QN		Only bushy varieties (see char. 2): Total number of flower heads per plant	单株头状花数量（仅适用于丛生型品种，见性状2）		
		few	少	Golden Mariyo	3
		medium	中	Balios	5
		many	多	Elda White	7
29. PQ	(a) (e)	Flower bud: color of outer side just before opening	花蕾：开口前外侧颜色		
		RHS Colour Chart (indicate reference number)	RHS比色卡（注明参考色号）		
30. (*) (+) PQ	(e)	Flower head: type	头状花序：类型		
		without ray florets	无舌状花	Zeemimosa	1
		single	单瓣	Repulse	2
		semi double	半重瓣	Figrand	3
		daisy-eyed double	重瓣（后期露心）	Veria Dark	4
		double	重瓣（后期不露心）	Delianne	5
31. (*) (+) QL	(e)	Excluding double and daisy-eyed double varieties: Disc: type	花心：类型（不包含重瓣类型的品种）		
		daisy	非托桂型	Figrand	1
		anemone	托桂型	Le Mans	2
32. (*) QN	(d) (e)	Flower head: diameter (non-disbudded plants)	头状花序：直径（仅适用于单头品种）		
		small	小	Yoko Ono	3
		medium	中	Ruby Red Reagan	5
		large	大	Delianne	7
33. (*) QN	(d) (e)	Flower head: diameter (disbudded plants)	头状花序：直径（仅适用于单头品种）		
		small	小	Boris Becker	3
		medium	中		5
		large	大	Anastasia	7
34. QN	(d) (e)	Flower head: heigh (non-disbudded plants)	头状花序：高度（仅适用于单头品种）		
		low	矮	Dekyen	3
		medium	中	Figrand	5
		high	高		7

续表

性状编号	观测方法	英文	中文	标准品种	代码
35. QN	（d）（e）	Flower head: height (disbudded plants)	头状花序：高度（仅适用于单头品种）		
		low	矮	Anastasia	3
		medium	中	Anlymp	5
		high	高		7
36. QN	（e）	Flower head: length of peduncle	头状花序：花序梗长度		
		short	短	Vymini	3
		medium	中	Delianne	5
		long	长	Ruby Red Reagan	7
37. QN	（e）	Only semi double and daisy-eyed double varieties (see char. 30): Flower head: number of rows of ray florets	头状花序：舌状小花数量（后期露心重瓣品种；仅适用于半重瓣，见性状30）		
		few	少	Vymini	3
		medium	中	Fancy That	5
		many	多	Veria Dark	7
38. (*) QN	（e）	Only single and semi double varieties (see char. 30): Flower head: number of ray florets	头状花序：舌状小花数量（仅适用于单瓣、半重瓣品种，见性状30）		
		few	少	Repulse	3
		medium	中	Figrand	5
		many	多	Vymini	7
39. (*) QN	（e）	Only daisy-eyed double and double varieties (see char. 30): Flower head: density of ray florets	头状花序：舌状小花密度（仅适用于重瓣品种，见性状30）		
		sparse	疏	Balios	3
		medium	中	Delianne	5
		dense	密	Anlymp	7
40. (*)(+) PQ	（e）	Flower head: number of types of ray florets	头状花序：舌状小花类型数量		
		one	1个	Figrand	1
		two	2个	Banjax	2
		more than two	>2个	Arusha Dark Pink	3
41. (*)(+) PQ	（e）	Flower head: predominant type of ray floret	头状花序：舌状小花主要类型		
		ligulate	舌状	Figrand	1
		incurved	内弯	Anlymp, Boulou	2
		spatulate	匙状	Banjax	3
		quilled	管状	Anastasia	4
		funnel shaped	漏斗状	Repulse	5
42. (*)(+) PQ	（e）	Flower head: secondary type of ray floret	头状花序：舌状小花次要类型		
		ligulate	舌状		1
		incurved	内弯		2
		spatulate	匙状	Arusha Dark Pink	3
		quilled	管状	Banjax	4
		funnel shaped	漏斗状		5

续表

性状编号	观测方法	英文	中文	标准品种	代码
43. (+) PQ	(e)	Flower head: tertiary type of ray floret	头状花序：第三类舌状小花		
		ligulate	舌状		1
		incurved	内弯		2
		spatulate	匙状		3
		quilled	管状	Arusha Dark Pink	4
		funnel shaped	漏斗状		5
44. (*) (+) QN	(e) (f)	Only single and semi double varieties (see char. 30): Ray floret: attitude of basal part	舌状小花：基部朝向（仅适用于单瓣、半重瓣品种，见性状30）		
		moderately ascending	向上	Dekyen	3
		horizontal	水平	Vymini	5
		moderately descending	向下	Tango	7
45. (+) PQ	(e) (f)	Ray floret: upper surface	舌状小花：上表面质地		
		smooth	光滑	Elda White	1
		ribbed	有棱	Ruby Red Reagan	2
		keeled	有龙骨	Vymini	3
46. (+) PQ	(e) (f)	Ray floret: number of keels	舌状小花：龙骨数量		
		one	1个		1
		two	2个	Vymini	2
		more than two	>2个		3
47. (*) QN	(e) (f)	Ray floret: length of corolla tube	舌状小花：花冠筒长度		
		short	短	Yoko Ono	3
		medium	中		5
		long	长	Repulse	7
48. (*) (+) QN	(e) (f)	Ray floret: profile in cross sectionat widest point (non-quilled florets)	舌状小花：花瓣最宽处横切面形状（非管状小花）		
		strongly concave with margins overlapping	边缘重叠型强凹陷		1
		strongly concave with margins touching	边缘接近型强凹陷		2
		strongly concave	强凹陷	Anlymp	3
		moderately concave	凹陷	Yoko Ono	4
		weakly concav	略凹	Golden Mariyo	5
		flat	平		6
		weakly convex	略凸	Le Mans	7
		moderately convex	凸	Machismo Time	8
		strongly convex	强凸		9
		strongly convex with margins touching	边缘接近型强凸		10
		strongly convex with margins overlapping	边缘重叠型强凸		11
49. (+) QN	(e) (f)	Ray floret: rolling of margin (non-quilled florets)	舌状小花：边缘卷曲（非管状小花）		
		strongly involute	强内卷		1
		moderately involute	中内卷	Boris Becker	2
		weakly involute	弱内卷		3
		flat (notrolled)	不卷	Figrand	4
		weakly revolute	弱外卷	Tango	5
		moderately revolute	中外卷	Machismo Time	6
		strongly revolute	强外卷		7

续表

性状编号	观测方法	英文	中文	标准品种	代码
50. PQ	（e）（f）	**Ray floret：position of part with rolled margin（non-quilled florets）**	舌状小花：边缘卷曲位置（非管状小花）		
		basal quarter	基部1/4		1
		basal half	基部1/2	Boris Becker	2
		basal three quarters	基部3/4		3
		middle half	中部1/2		4
		distal three quarters	远基端3/4		5
		distal half	远基端1/2	Machismo Time	6
		distal quarter	远基端1/4		7
		throughout	全部		8
51. PQ	（e）（f）	**Ray floret：profile of tube（funnel-shaped，spatulate and quilled florets）**	舌状小花：管部形状（漏斗形、匙状和管状小花）		
		circular	圆形	Repulse	1
		oblate	扁圆		2
		flattened	平	Anastasia	3
		triangular	三角形	Chatora	4
52. （*）（+）PQ	（e）（f）	**Ray floret：longitudinal axis**	舌状小花：纵向姿态		
		incurving	内弯	Anlymp	1
		straight	平展	Alma-Ata	2
		reflexing	外翻	Ruby Red Reagan	3
		sinusoidal	"S"形		4
		twisted	扭曲	Lunar Time	5
		broken	折弯	Edokihachijo	6
53. QN	（e）（f）	**Ray floret：longitudinal axis：part not straight（non-straight florets）**	舌状小花：纵向姿态，部分不直（非平展小花）的分布部位		
		distal quarter	远基端1/4	Ruby Red Reagan	3
		distal half	远基端1/2	Anlymp	5
		distal three quarters	远基端3/4		7
54. （+）QN	（e）（f）	**Ray floret：longitudinal axis：strength of curvature（non-straight florets）**	舌状小花：纵向姿态，弯曲程度（非平展小花）		
		weak	弱	Ruby Red Reagan	3
		medium	中	Anlymp	5
		strong	强		7
55. （+）PQ	（e）（f）	**Only semi double, daisy-eyed double and double varieties：Ray floret：longitudinal axis of inner row（s）（if different from outer row）**	舌状小花：内轮小花纵轴（如果与外轮不同，仅适用于半重瓣、重瓣非托桂型品种）		
		incurving	内弯		1
		straight	直伸		2
		reflexing	外翻		3
		sinusoidal	"S"形		4
		twisted	扭曲		5
		broken	折弯		6

性状编号	观测方法	英文	中文	标准品种	代码
56. QN	(e) (f)	Only semi double, daisy-eyed double and double varieties: Ray floret: longitudinal axis of inner row(s) (if different from outer row): part not straight (non-straight florets)	舌状小花：内轮纵向轴（如果不同于外轮）部分不直（非平展小花，仅适用于半重瓣、重瓣非托桂型品种）		
		distal quarter	远基端1/4		3
		distal half	远基端1/2		5
		distal three quarters	远基端3/4		7
57. (+) QN	(e) (f)	Only semi double, daisy-eyed double and double varieties: Ray floret: longitudinal axis of inner row(s) (if different from outer row): strength of curvature (non-straight florets)	舌状小花：内轮纵向轴（如果不同于外轮）弯曲程度（非平展小花，仅适用于半重瓣、重瓣非托桂型品种）		
		weak	弱		3
		medium	中		5
		strong	强		7
58. (*) QN	(e) (f)	Ray floret: length	舌状小花：长度		
		short	短	Dekyen	3
		medium	中	Figrand	5
		long	长	Delianne	7
59. (*) QN	(e) (f)	Ray floret: width	舌状小花：宽度		
		narrow	窄	Dekyen	3
		medium	中	Figrand	5
		broad	宽	Boulou	7
60. (*) QN	(e) (f)	Ray floret: ratio length/width	舌状小花：长宽比		
		low	小	Vymini	3
		medium	中	Figrand	5
		high	大	Delianne	7
61. (+) PQ	(e) (f)	Ray floret: shape of tip	舌状小花：尖端形状		
		pointed	尖	Figrand	1
		rounded	圆	Machismo Time	2
		truncate	平截		3
		emarginate	微缺		4
		dentate	齿状	Dekyen	5
		mamillate	乳突状	North Bay	6
		fringed	流梳状	Molfetta	7
		laciniate	条裂状		8
62. (*) PQ	(e) (f)	Ray floret: number of colors of inner side	舌状小花：内侧颜色数量		
		one	1个	Figrand	1
		two	2个	Machismo Time	2
		more than two	>2个		3
63. (*) PQ	(e) (f) (g)	Ray floret: main color of inner side RHS Colour Chart (indicate reference number)	舌状小花：内侧主色 RHS比色卡（注明参考色号）		

续表

性状编号	观测方法	英文	中文	标准品种	代码
64. (*) PQ	(e) (f) (g)	Ray floret: second color of inner side RHS Colour Chart (indicate reference number)	舌状小花: 内侧次色 RHS 比色卡(注明参考色号)		
65. (*) (+) PQ	(e) (f) (g)	Ray floret: distribution of second color of inner side	舌状小花: 内侧次色分布位置		
		at tip	尖端		1
		distal quarter	远基端 1/4		2
		distal half	远基端 1/2		3
		distal three quarters	远基端 3/4	Breeze	4
		basal three quarters	基部 3/4	Machismo Time	5
		basal half	基部 1/2	Culata	6
		basal quarter	基部 1/4	Lunar Time	7
		at base	基部		8
		on margin	边缘		9
		on marginal zone	边缘带		10
		central bar	中脉带	North Bay	11
		transverse zone [band]	横条带		12
		throughout	全部	Ceartist Pink	13
66. (*) (+) PQ	(e) (f) (g)	Ray floret: distribution of second color of inner side	舌状小花: 内侧次色分布类型		
		solid or nearly solid	连续或近连续	Machismo Time	1
		flushed	晕	Culata	2
		diffuse stripes	模糊条纹		3
		clearly defined stripes	清晰条纹		4
		flecked	斑点		5
		flecked and striped	斑点和条纹	Ceartist Pink	6
		mottled	斑块		7
67. PQ	(e) (f) (g)	Ray floret: third color of inner side RHS Colour Chart (indicate reference number)	舌状小花: 内侧第三颜色 RHS 比色卡(注明参考色号)		
68. (+) PQ	(e) (f) (g)	Ray floret: distribution of third color of inner side	舌状小花: 内侧第三颜色分布位置		
		at tip	尖端		1
		distal quarter	远基端 1/4		2
		distal half	远基端 1/2		3
		distal three quarters	远基端 3/4		4
		basal three quarters	基部 3/4		5
		basal half	基部 1/2		6
		basal quarter	基部 1/4		7
		at base	基部		8
		on margin	边缘		9
		on marginal zone	边缘带		10
		central bar	中脉带		11
		transverse zone [band]	横条带		12
		throughout	全部		13

性状编号	观测方法	英文	中文	标准品种	代码
69. (+) PQ	(e) (f) (g)	Ray floret: pattern of third color of inner side	舌状小花：内侧第三颜色分布类型		
		solid or nearly solid	连续或近连续		1
		flushed	晕		2
		diffuse stripes	模糊条纹		3
		clearly defined stripes	清晰条纹		4
		flecked	斑点		5
		flecked and striped	斑点和条纹		6
		mottled	斑块		7
70. (*) QL	(e) (f)	Ray floret: color of outer side compared to inner side (including tube for funnel-shaped, quilled, and spatulate florets)	舌状小花：外侧与内侧颜色相比较（包括漏斗状、管状和匙形的小花）		
		similar	相似	Figrand	1
		markedly different	不同	Repulse	2
71. (+) PQ	(e) (f)	Ray floret: color of the outer side, where markedly different to inner side	舌状小花：明显不同于内侧的外侧颜色		
		RHS Colour Chart (indicate reference number)	RHS 比色卡（注明参考色号）		
72. PQ	(e) (f)	Only semi double, daisy-eyed double and double varieties (see char. 30): Ray floret: color of inner side of inner row(s) (if different from outer row)	舌状小花：内轮瓣内侧颜色（如果与外轮瓣不同；仅适用于内外轮舌状小花颜色不同的半重瓣、重瓣品种，见性状30）		
		RHS Colour Chart (indicate reference number)	RHS 比色卡（注明参考色号）		
73. PQ	(e) (f)	Only semi double, daisy-eyed double and double varieties: (see char. 30): Ray floret: color of outer side of inner row(s) (if different from outer row)	舌状小花：内轮瓣外侧颜色（如果与外轮瓣不同；仅适用于内外轮舌状小花颜色不同的半重瓣、重瓣品种，见性状30）		
		RHS Colour Chart (indicate reference number)	RHS 比色卡（注明参考色号）		
74. QN	(e)	Only single and semi double varieties (see char. 30) which are daisy type (see char. 31): Disc: diameter	花心：直径（仅适用于单瓣、半重瓣，见性状30；非托桂型品种，见性状31）		
		small	小	Breeze	3
		medium	中	Machismo Time	5
		large	大	Figrand	7
75. QN	(e)	Only single and semi double varieties (see char. 30) which are anemone type (see char. 31): Disc: diameter	花心：直径（仅适用于单瓣、半重瓣，见性状30；托桂型品种，见性状31）		
		small	小	Billion Pink	3
		medium	中	Le Mans	5
		large	大	Banjax	7
76. (*) (+) QN	(e)	Only single and semi double varieties (see char. 30): Disc: diameter relative to head diameter	花心：直径相对于头状花序直径的大小（仅适用于单瓣、半重瓣品种，见性状30）		
		small	小	Scott	3
		medium	中	Figrand	5
		large	大	Vymini	7

续表

性状编号	观测方法	英文	中文	标准品种	代码
77. (+) PQ	(e)	Only daisy type varieties (see char. 31): Disc: profile in cross section	花托：纵切面形状（仅适用于非托桂型品种，见性状31）		
		indented	锯齿状		1
		flat	平	Dekyen	2
		slightly domed	微圆拱	Vymini	3
		slightly conical	微圆锥		4
		strongly domed	强拱圆	Tango	5
		strongly conical	强圆锥	Figrand	6
78. (*) PQ	(e) (h)	Only daisy type varieties (see char. 31): Disc: color group before anther dehiscence	花心：颜色（花药开裂前；仅适用于非托桂型品种，见性状31）		
		whitish	泛白色		1
		green	绿色	Figrand	2
		yellowish green	泛黄绿色	Machismo Time	3
		light yellow	泛黄色		4
		medium yellow	中等黄色		5
		yellow orange	黄橙色		6
		orange	橙色		7
		reddish brown	泛红棕色		8
		brown	棕色	Vymini	9
		brownish black	泛棕黑色	Acapulco	10
		purplish black	泛紫黑色		11
79. (*) QL	(e) (h)	Only daisy type varieties (see char. 31): Disc: presence of dark spot at centre before anther dehiscence	花心：中部深色区（花药开裂前；仅适用于非托桂型品种，见性状31）		
		absent	无	Reagan	1
		present	有	High Way	9
80. QN	(e) (h)	Only daisy type varieties (see char. 31): Disc: size of dark spot at centre before anther dehiscence, relative to disc size	花心：中部深色区在花药开裂前相对于花心大小（仅适用于非托桂型品种，见性状31）		
		small	小	Retaco	3
		medium	中	High Way	5
		large	大	Vyking Orange	7
81. PQ	(e) (h)	Only daisy type varieties (see char. 31): Disc: color of dark central spot before anther dehiscence	花心：中部深色区在花药开裂前相对于花心颜色（仅适用于非托桂型品种，见性状31）		
		RHS Colour Chart (indicate reference number)	RHS 比色卡（注明参考色号）		
82. PQ	(e) (h)	Only anemone type varieties (see char. 31): Disc: color before anther dehiscence	花心：颜色（花药开裂前；仅适用于托桂型品种，见性状31）		
		RHS Colour Chart (indicate reference number)	RHS 比色卡（注明参考色号）		

性状编号	观测方法	英文	中文	标准品种	代码
83. PQ	(e)	**Only daisy type varieties（see char. 31）: Disc：color group at anther dehiscence**	花心：颜色（花药开裂时；仅适用于非托桂型品种，见性状31）		
		whitish	泛白色		1
		green	绿色		2
		yellowish green	泛黄绿色	Figrand	3
		light yellow	泛黄色		4
		medium yellow	中等黄色		5
		yellow orange	黄橙色	Machismo Time	6
		orange	橙色		7
		reddish brown	泛红棕色	Vymini	8
		brown	棕色		9
		brownish black	泛棕黑色		10
		purplish black	泛紫黑色		11
84. (*) PQ	(e)	**Only anemone type varieties（see char. 31）: Disc：color at anther dehiscence**	花心：颜色（花药开裂时；仅适用于托桂型品种，见性状31）		
		RHS Colour Chart（indicate reference number）	RHS比色卡（注明参考色号）		
85. (+) PQ	(e)	**Only anemone type varieties（see char. 31）: Disc floret：type**	花心小花：类型（仅适用于托桂型品种，见性状31）		
		needle shaped	针状	Billion Pink	1
		quilled	管状	Banjax	2
		funnel shaped	漏斗状		3
		enlarged tubular	管状（上端增粗）	Yovisalia	4
		petaloid	花瓣状	Yograceland	5
86. QN	(e)	**Only anemone type varieties（see char. 31）: Disc floret：length**	花心小花：长度（仅适用于托桂型品种，见性状31）		
		short	短	Yovisalia	3
		medium	中		5
		long	长	Banjax	7
87. PQ	(e)	**Only anemone type varieties（see char. 31）: Disc floret：color**	花心小花：颜色（仅适用于托桂型品种，见性状31）		
		RHS Colour Chart（indicate reference number）	RHS比色卡（注明参考色号）		
88. (+) PQ		**Response group（grown with precise day length control）**	光反应（生长在精确的日照控制条件下）		
		less than 6 weeks	<6周		1
		6 weeks	6周	Dekyen	2
		6.5 weeks	6.5周		3
		7 weeks	7周	Figrand	4
		7.5 weeks	7.5周		5
		8 weeks	8周	Scott	6
		8.5 weeks	8.5周		7
		9 weeks	9周	Zeemimosa	8
		10 weeks	10周		9
		11 weeks	11周		10
		12 weeks	12周		11
		More than 12 weeks	>12周		12
89. (+) QN		**Only where grown without precise day length control：Natural flowering period**	自然花期（仅生长在无精确日照控制的地方）		
		early	早		3
		medium	中		5
		late	晚		7

8 性状表解释

8.1 对多个性状的解释

除非另有说明，所有性状应在完全开花前记录。单瓣和半重瓣品种的观测，在外轮2~3行头状小花已开裂时；重瓣品种的观测，应在最先开的花完全打开但没有开始凋谢前进行。

在性状表的第二列中包含以下性状特征的应按以下说明进行测试。

（a）涉及植株、茎、托叶、叶柄、叶和花蕾性状的，应当在花蕾显示出完全的颜色并开始开放之前进行观测。

（b）涉及茎和托叶的性状，应在茎中部1/3处进行观测。

（c）涉及叶性状，应选择茎中部1/3处典型叶片进行观测。

（d）对于多头菊用途的品种，不能去除侧枝上头状花序或侧芽。对于单头菊用途的品种，需要在早期去除侧枝上头状花序或侧芽（若存在），只保留主枝上头状花序。一些品种适用于两种栽培类型。

性状23至性状27、性状32和性状34的观测应在未经抹芽处理的多头菊用途品种上进行。对于两种用途的品种而言，上述性状的观测应在试验中未经抹芽处理的植株上进行。

性状33和性状35的观测应在单头菊用途的品种上进行。对于两种用途的品种而言，上述性状的观测应在试验中经抹芽处理的植株上进行。

（e）涉及头状花序的性状，应观测顶端头状花序。

（f）涉及舌状小花的性状，除非另有说明，应观测最外轮小花。如无舌状小花，这些性状不观测。

（g）主色指分布面积最大的颜色，次色（如果存在）指分布面积第二大的颜色。

（h）涉及管状小花的性状应在花药开裂前观测外轮管状小花。

8.2 对单个性状的解释

性状2：植株类型

（a）非丛生型：顶端优势明显，自然形成单一茎秆的品种。

（b）丛生型：顶端优势弱，无单一茎秆品种。

性状3：植株生长习性（仅适用于丛生型品种）

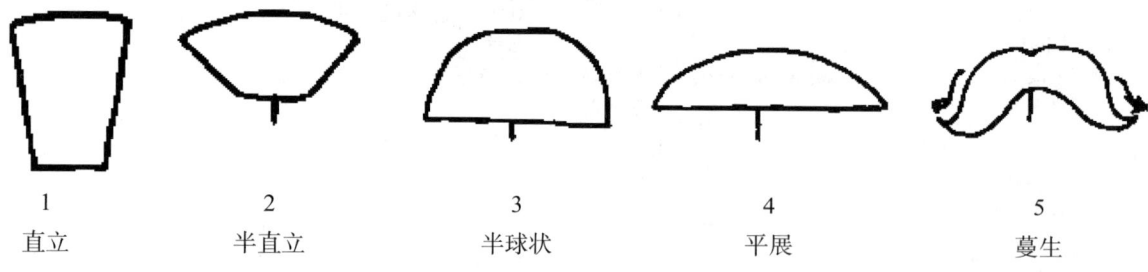

| 1 | 2 | 3 | 4 | 5 |
| 直立 | 半直立 | 半球状 | 平展 | 蔓生 |

性状7：叶柄姿态

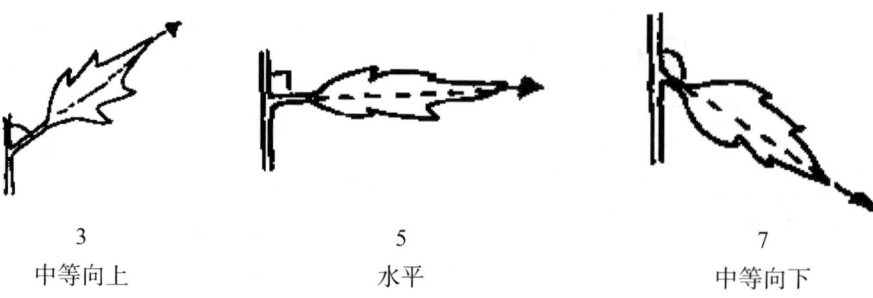

| 3 | 5 | 7 |
| 中等向上 | 水平 | 中等向下 |

性状 12：叶顶生裂片相对于叶片的长度

3	5	7
短	中	长

性状 13：叶最低位一级裂刻深度

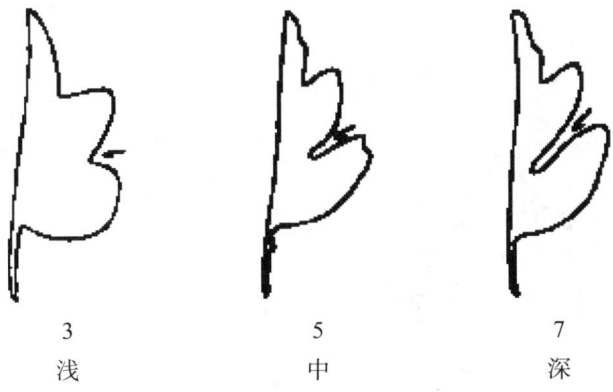

3	5	7
浅	中	深

性状 15：叶基部主要形状

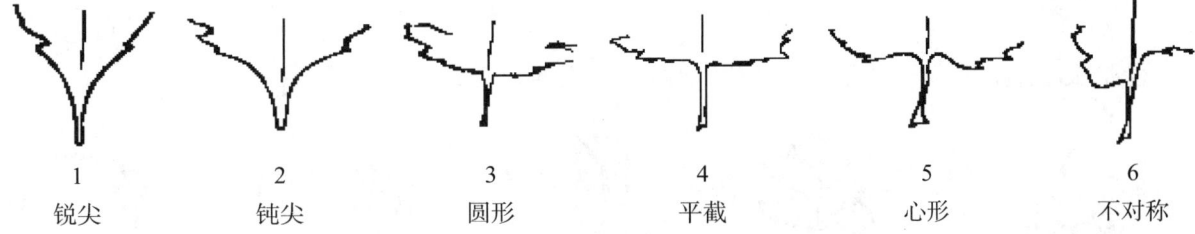

1	2	3	4	5	6
锐尖	钝尖	圆形	平截	心形	不对称

所有基部不对称品种都应按这 6 种表达状态进行观测，尽管不对称品种的基部形状可能不同。

性状 18：叶上表面叶缘泛白程度（不包括 *Chrysanthemum* × *morifolium* 品种）

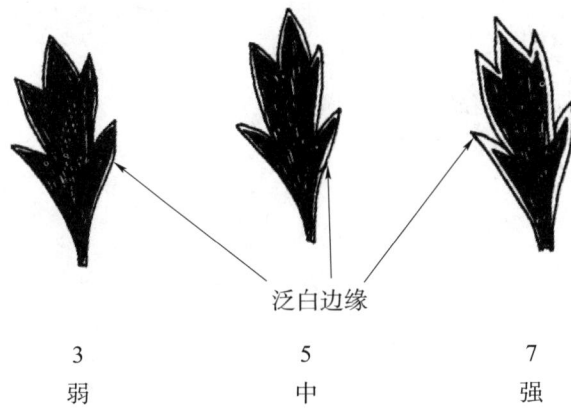

泛白边缘

3	5	7
弱	中	强

性状19：叶下侧的茸毛（不包括 Chrysanthemum × morifolium 品种）

性状20：叶下表面颜色（不包括 Chrysanthemum × morifolium 品种）

所有 Chrysanthemum pacificum（Ajania pacifica）品种和所有 Chrysanthemum pacificum 和 Chrysanthemum × morifolium Ramat.（Chrysanthemum × grandiflorum Ramat.）杂交品种都可测。

性状21：叶缘边缘锯齿数量

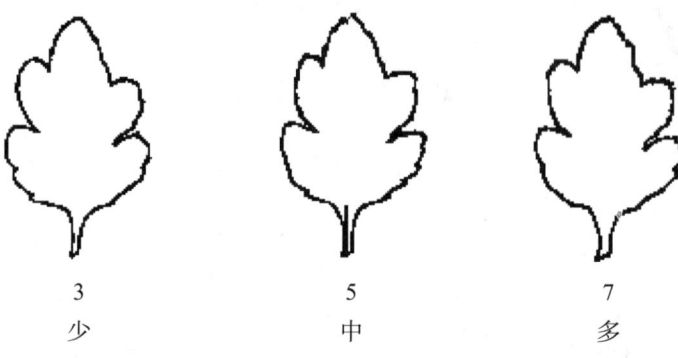

| 3 | 5 | 7 |
| 少 | 中 | 多 |

性状22：叶缘边缘锯齿深浅

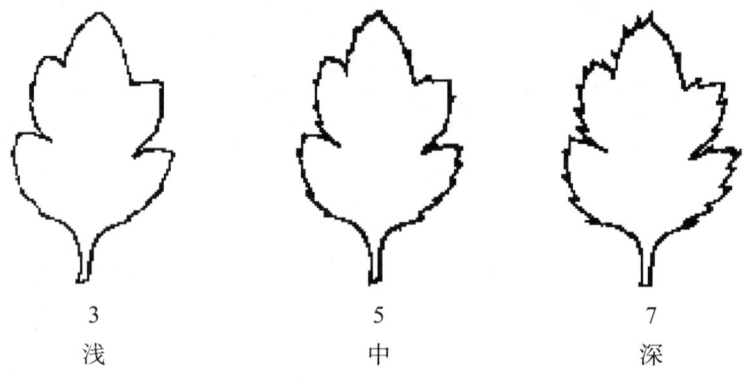

| 3 | 5 | 7 |
| 浅 | 中 | 深 |

性状23：花序形状（仅适用于非丛生型品种，见性状2）

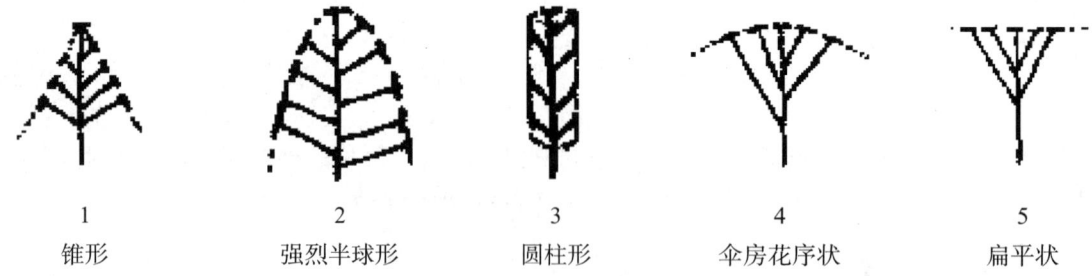

| 1 | 2 | 3 | 4 | 5 |
| 锥形 | 强烈半球形 | 圆柱形 | 伞房花序状 | 扁平状 |

性状25：花序一级侧枝与茎的夹角（仅适用于非丛生型品种，见性状2）

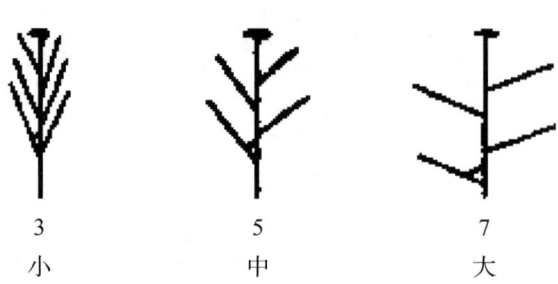

| 3 | 5 | 7 |
| 小 | 中 | 大 |

性状 26：花序侧花头姿态（仅适用于非丛生型品种，见性状 2）

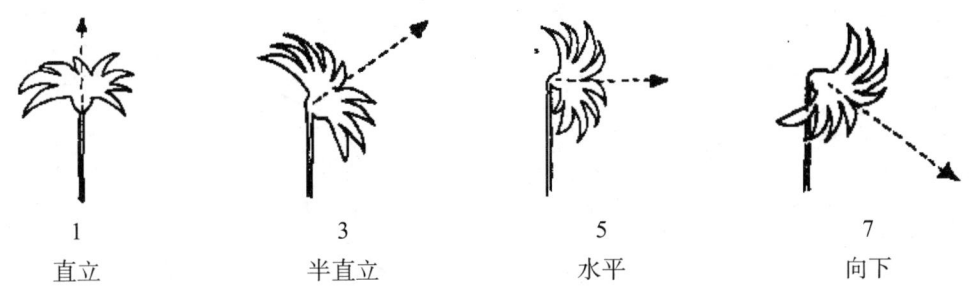

1	3	5	7
直立	半直立	水平	向下

性状 27：单茎头状花数量（仅适用于非丛生型品种，见性状 2）

性状 28：单株头状花总数（仅适用于丛生型品种，见性状 2）

应根据品种的整体水平进行评估。

性状 30：头状花序类型

无舌状小花（代码 1）：头状花序仅由管状小花组成。

单瓣（代码 2）：头状花序舌状小花只有一轮，花心始终可见并且明显。

半重瓣（代码 3）：头状花序舌状小花多轮，盛花时可见管状小花。

重瓣（后期露心）（代码 4）：头状花序重瓣型，仅有极少数管状小花。

重瓣（后期不露心）（代码 5）：头状花序重瓣型，无管状小花。

性状 31：花心类型（除重瓣品种除外）

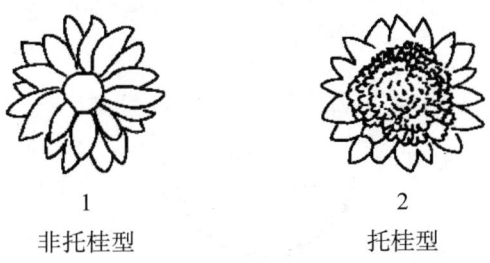

1	2
非托桂型	托桂型

性状 40：头状花序舌状小花类型数量

如果头状花序中只含有一种类型的舌状小花时按性状 40 记录。头状花序中含第二种类型的舌状小花时按性状 41 至性状 43 记录。

性状 41、性状 42 和性状 43：头状花序舌状小花主要类型、头状花序舌状小花次要类型和头状花序第三类舌状小花

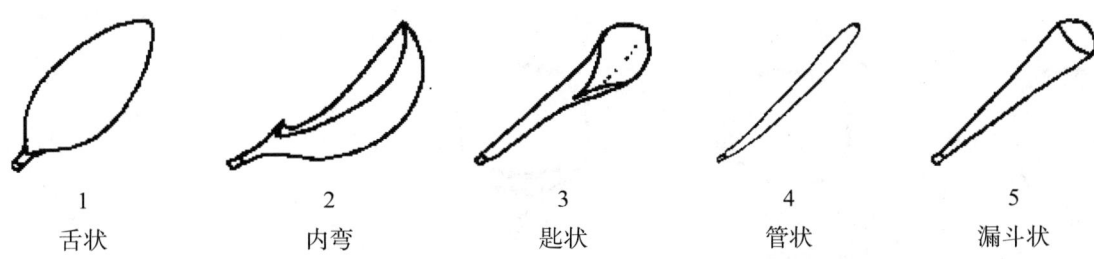

1	2	3	4	5
舌状	内弯	匙状	管状	漏斗状

性状 44：舌状小花基部朝向（仅适用于单瓣、半重瓣品种，见性状 30）

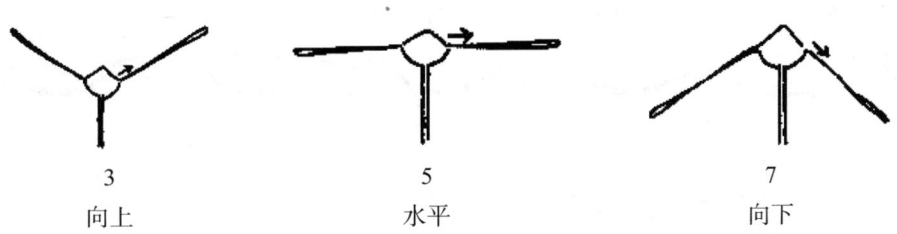

3	5	7
向上	水平	向下

性状45：舌状小花上表面质地
形状（上排），横截面轮廓（下排）。

1	2	3
光滑	有棱	有龙骨

性状46：舌状小花龙骨数量
看轮廓线。

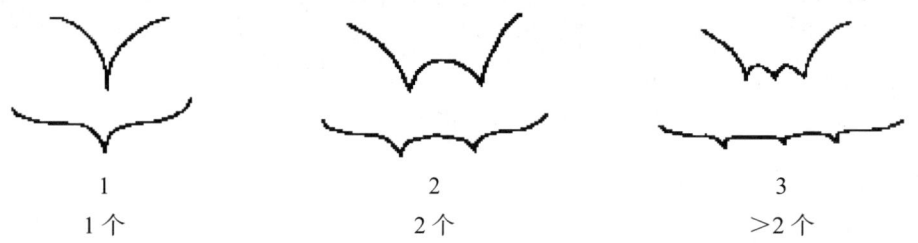

1	2	3
1个	2个	>2个

性状48：舌状小花花瓣最宽处横切面形状（非管状小花）

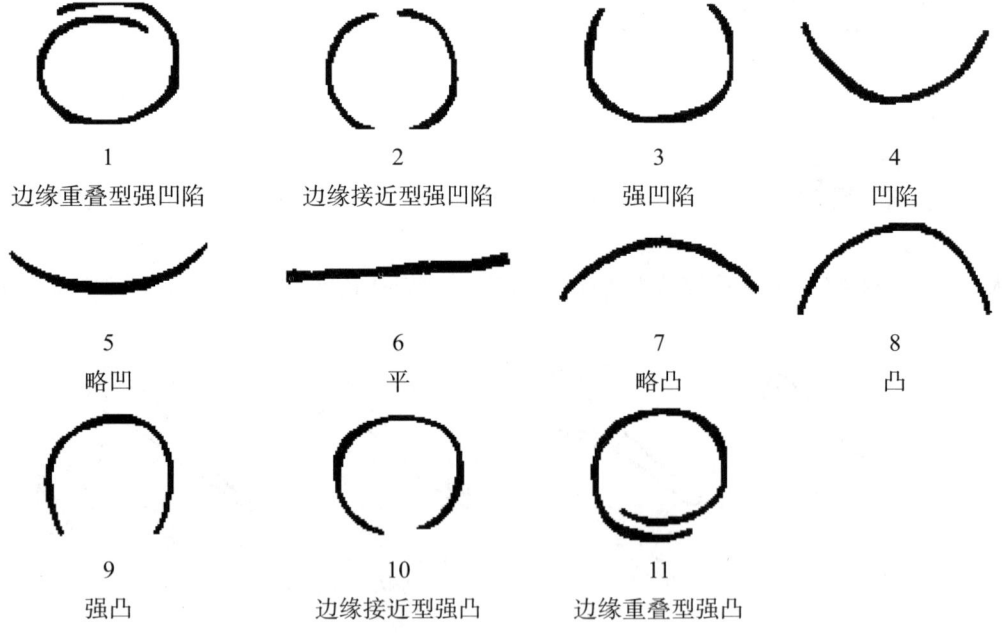

1	2	3	4
边缘重叠型强凹陷	边缘接近型强凹陷	强凹陷	凹陷

5	6	7	8
略凹	平	略凸	凸

9	10	11
强凸	边缘接近型强凸	边缘重叠型强凸

性状49：舌状小花边缘卷曲（非管状的小花）

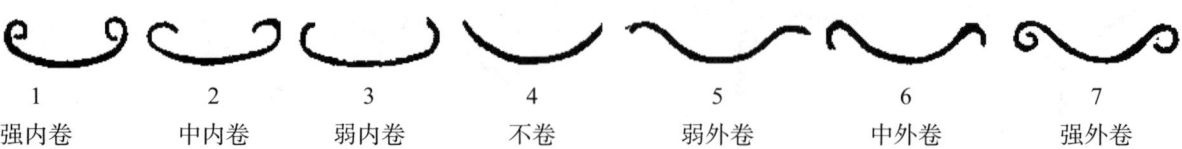

1	2	3	4	5	6	7
强内卷	中内卷	弱内卷	不卷	弱外卷	中外卷	强外卷

性状 52：舌状小花纵向姿态

性状 55：舌状小花内轮小花纵轴（如果与外轮不同，仅适用于半重瓣、重瓣非托桂型品种）

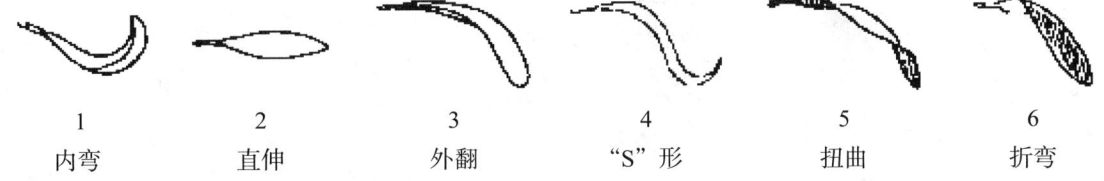

1	2	3	4	5	6
内弯	直伸	外翻	"S"形	扭曲	折弯

性状 54：舌状小花纵向姿态弯曲程度（非平展小花）

性状 57：舌状小花内轮纵向轴（如果不同于外轮）弯曲程度（非平展小花，仅适用于半重瓣、重瓣非托桂型品种）

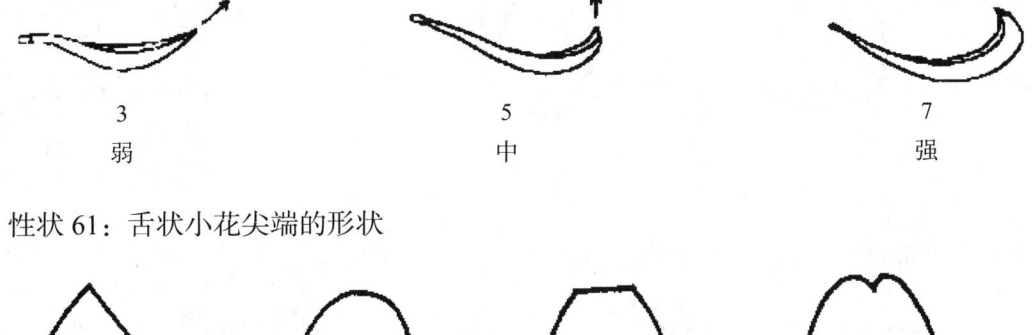

3	5	7
弱	中	强

性状 61：舌状小花尖端的形状

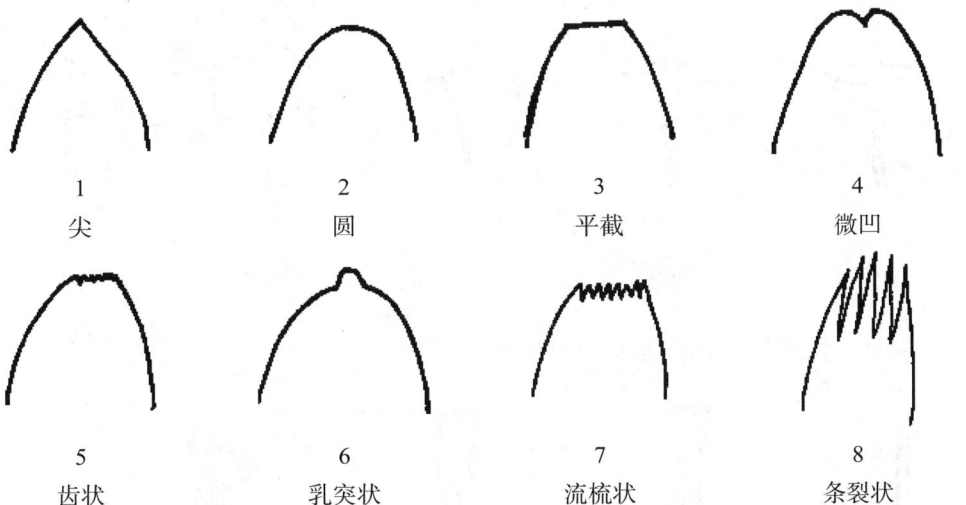

1	2	3	4
尖	圆	平截	微凹

5	6	7	8
齿状	乳突状	流梳状	条裂状

性状 65：舌状小花内侧次色分布位置

性状 68：舌状小花内侧第三颜色的分布位置

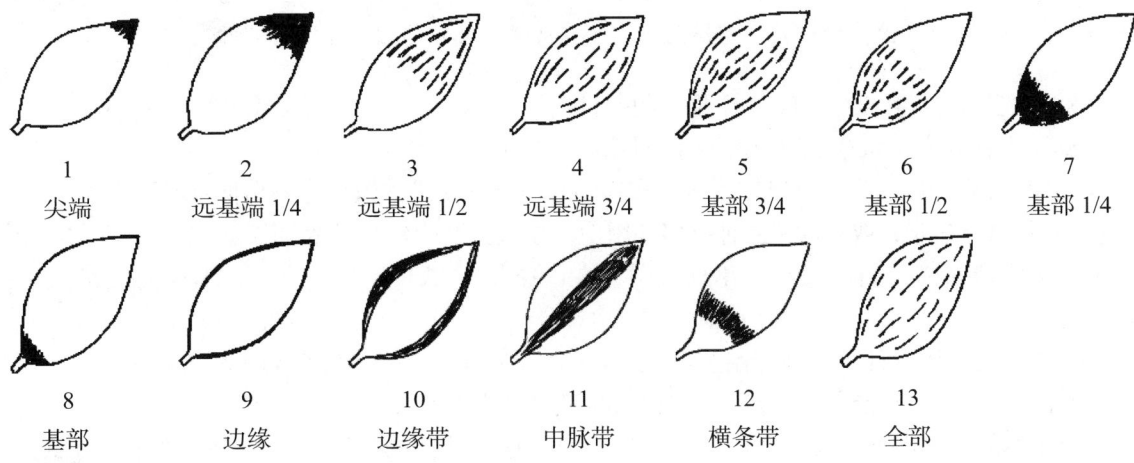

1	2	3	4	5	6	7
尖端	远基端1/4	远基端1/2	远基端3/4	基部3/4	基部1/2	基部1/4

8	9	10	11	12	13
基部	边缘	边缘带	中脉带	横条带	全部

性状 66：舌状小花内侧次色分布类型

性状 69：舌状小花内侧第三颜色分布类型

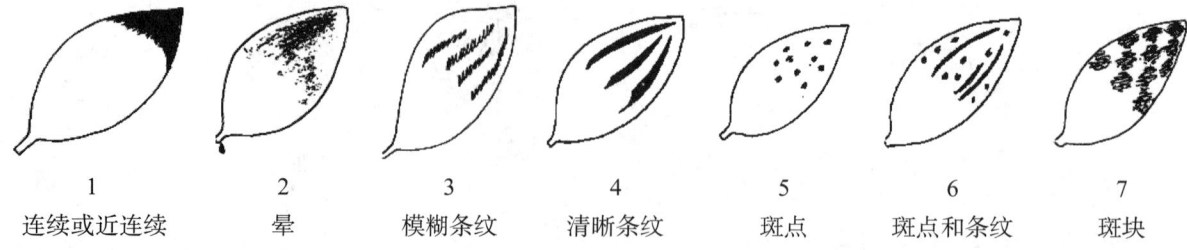

1	2	3	4	5	6	7
连续或近连续	晕	模糊条纹	清晰条纹	斑点	斑点和条纹	斑块

性状 76：花心直径相对于头状花序直径的大小（仅适用于单瓣、半重瓣品种，见性状 30）

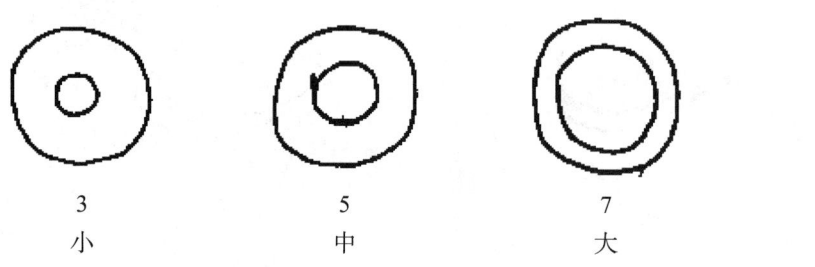

3	5	7
小	中	大

扫码下载原文

如扫描二维码无法下载指南原文，可能是指南版本有更新，可扫描本书封底二维码查看与本文对应的指南版本

性状 77：花托纵切面形状（仅适用于非托桂型品种，见性状 31）

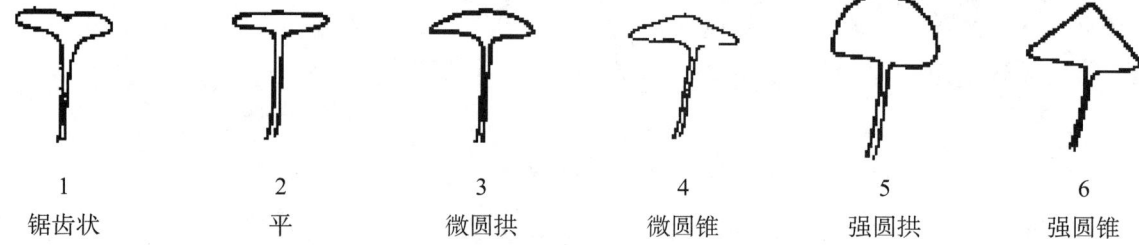

1	2	3	4	5	6
锯齿状	平	微圆拱	微圆锥	强圆拱	强圆锥

性状 85：花心小花类型（仅适用于托桂型品种，见性状 31）

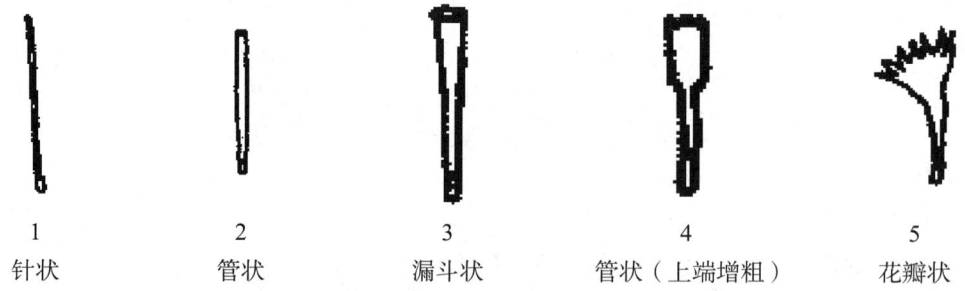

1	2	3	4	5
针状	管状	漏斗状	管状（上端增粗）	花瓣状

性状 88：光反应（生长在精确的日照控制条件下）

性状 89：自然花期（仅生长在无精确日照控制的地方）

根据不同气候和地区类型，可以使用多种多样的栽培管理模式种植菊花。品种可能适合于在一种或另一种特定栽培模式下生长，或者这些品种有多种用途，在试验设计和近似品种筛选时应考虑上述问题。

当通过精确地人工控制生长和开花日长时，在一整年（AYR）型系统下，光反应性状（性状 88）都可以记录。

光反应的定义是从短日照处理开始至 50% 植株中至少有 4 个完全发育的头状花序的时间长度。

对于生长在自然环境控制下的品种，应记录自然开花期（性状 89）。

当品种在相同的条件下生长并在同一地点生长时，这些特征的品种间精确记录才相对有意义。

TG/27/7
原文：英文
日期：2017-04-05

国际植物新品种保护联盟
植物品种特异性、一致性和稳定性
测试指南

香雪兰属

UPOV 代码：FREES

（*Freesia* Eckl. ex Klatt）

互用名称 *

植物学名称	英文	法文	德文	西班牙文
Freesia Eckl. ex Klatt	Freesia	Freesia	Freesie	Freesia

---

* 这些名称在指南开始使用时是正确的，但随后可能会修改更新。读者可登录 UPOV 网站（www.upov.int），获取最新资料。

1　指南适用范围

本指南适用于香雪兰属（*Freesia* Eckl. ex Klatt）的所有品种。

2　繁殖材料要求

2.1　待测品种繁殖材料的数量和质量要求以及提交的时间和地点由主管机构决定。申请人从测试所在国境外提交繁殖材料的，还应符合海关规定并满足相关植物检疫的要求。
2.2　繁殖材料以球茎的形式提交，且能生长出在第一个生长周期能将所有的性状表达的植株。
2.3　申请人提交繁殖材料的最小数量为 30 个球茎。
2.4　提供的繁殖材料应外观健康有活力，未受到任何严重病虫害的影响。
2.5　提交的繁殖材料不得进行任何可能影响品种性状表达的处理，除非主管机构允许或要求进行这种处理。如果材料已经处理，必须提供相关处理的详细说明。

3　测试方法

3.1　生长周期
测试的最少周期数量通常为 1 个生长周期。
3.2　测试地点
测试通常在 1 个地点进行。在 1 个以上地点进行测试时，TGP/9《特异性测试》提供了有关指导。
3.3　测试条件
3.3.1　测试的条件应能满足品种正常生长的需要，以确保品种相关性状充分表达和测试的顺利开展。
3.3.2　由于日光变化的原因，在利用比色卡确定颜色时，应在一个合适的有人工光源照明的小室或中午无阳光直射的房间内进行。人工光源光谱分布应符合 CIE "理想日光标准 D6500"，且在《英国标准 950：第 1 部分》规定的允许范围之内。在鉴定颜色时，应将植株部位置于白色背景上。比色卡及版本应在性状描述中说明。
3.4　试验设计
3.4.1　每个测试试验应当保证至少 20 个植株。
3.4.2　试验设计应保证因测量或计数等需要，从小区取走部分植株或植株部位后，不影响生长周期结束前的所有观测。
3.5　附加测试
为测试有关性状，可以进行附加测试。

4　特异性、一致性和稳定性评价

4.1　特异性
4.1.1　总体原则
对于本指南的使用者而言，在判定特异性前参照总则特异性判定的总体原则十分重要。但为进一步说明和强调特异性判定，本指南特列出特异性判定的要点。
4.1.2　一致的差异
当观测到的品种之间的差异非常明显时，则没有必要种植 1 个以上生长周期。此外，在某些情况下，环境的影响并不意味着需要 1 个以上的生长周期来保证品种间观察到的差异是足够一致的。为确保在种植试验中所观测到的性状差异是足够一致的，可以对性状进行至少 2 个独立生长周期的测试。

4.1.3 明显的差异

两个品种间的差异是否明显取决于很多因素，特别应考虑所测性状的表达类型，即该性状是质量性状、数量性状还是假质量性状。因此，在作出关于特异性的判定前，本测试指南的使用者应熟悉总则中的建议。

4.1.4 测试植株或植株部位的数量

除非另有说明，对于特异性测试，所有的个体观测性状，植株取样数量应不少于10个，在观测植株部位的时候，每个植株取样数量应为1个。群体观测性状应观测除异型株外的所有植株。

4.1.5 观测方法

特异性测试性状的推荐方法在下面的性状表中说明（见文件TGP/9《特异性测试》第4部分"性状观测"）

　　MG：群体测量。
　　MS：个体测量。
　　VG：群体目测。
　　VS：个体目测。

观测类型：目测（V）和测量（M）。

目测（V）是基于专家经验的一种测试类型。在本文件中，"目测"是指专家的感官观察，因此也包括嗅觉、味觉和触觉。目测包括专家使用参照物（如图片、标准品种、肩并肩比较等）或非线性图表（如比色卡等）的观察。测量（M）是对校准线性标尺的客观观察，例如使用尺子、天平、色度计、日期、计数等。

记录类型：群体（G）或个体（S）。

特异性测试中，测试结果可记录成群体（G）或个体（S）。在大部分情况下，群体（G）只记录一个数据，因此不能也没必要应用统计分析的方法对于单个植株进行特异性判定。

如果特性表中规定了一种以上观察特性的方法（如VG/MG），则按照文件TGP/9《特异性测试》4.2部分选择适当方法。

4.2 一致性

4.2.1 对于本指南的使用者而言，在判定一致性前参照总则一致性判定的一般原则十分重要。但为进一步说明和强调一致性判定，本指南特列出一致性判定的要点。

4.2.2 本测试指南是按照无性繁殖材料品种来研制的。对于其他繁殖方式的品种，应遵循总则或文件TGP/13《新类型或新种属的指南》4.5部分"一致性测试"的原则。

4.2.3 评价无性繁殖品种一致性时，应采用1%的群体标准和至少95%的接受概率，当样本量为20个时，最多允许有1个异型株。

4.3 稳定性

4.3.1 在实际操作中，通常不像测试特异性和一致性那样对稳定性进行测试以得到明确结果。经验表明，对许多类型的品种来说，当一个品种表现一致时，可认为其是稳定的。

4.3.2 适当情况下或者有疑问时，稳定性可以采用如下方法测试：种植该品种的下一代或者测试一批新种子，看其性状表现是否与之前提交的种子表现相同。

5 品种分组和试验组织

5.1 使用分组性状可以帮助选择与申请品种一起进行田间种植试验的已知品种，以及对这些品种进行合适分组以便进行特异性评价。

5.2 分组性状表达状态的数据即使来自不同地点，也可以单独或者与其他此类性状联合使用。

（a）用于特异性测试中筛选排除那些不需要安排在种植试验中的已知品种。

（b）用于组织安排种植试验，使近似品种种植在一起。

5.3 以下性状已被确认为有用的分组性状。

（a）植株：高度（性状1）。

（b）花序：长度（性状11）。

（c）花：类型（性状19）。

（d）花被：外花被片内表面主色（性状35），有以下9组。

第一组：白色。

第二组：黄色。

第三组：黄橙色。

第四组：橙色。

第五组：粉色。

第六组：红色。

第七组：紫罗兰色。

第八组：蓝紫罗兰色。

第九组：蓝色。

（e）花被：内花被片内表面主色（性状43），有以下9组。

第一组：白色。

第二组：黄色。

第三组：黄橙色。

第四组：橙色。

第五组：粉色。

第六组：红色。

第七组：紫罗兰色。

第八组：蓝紫罗兰色。

第九组：蓝色。

5.4 总则和TGP/9《特异性测试》中提供了在特异性审查过程中使用分组性状的指导。

6 性状表介绍

6.1 性状类型

6.1.1 标准指南性状

标准指南性状是UPOV已同意用于DUS审查的性状，UPOV成员可以从中选择与其特定环境相适应的性状。

6.1.2 星号性状

星号性状（用"*"标记）是测试指南中对于形成国际统一的品种描述十分重要的性状，所有UPOV成员都应将其用于DUS测试并包含在品种描述中，除非前序性状的表达或区域环境条件所限使其无法测试。

6.2 表达状态及相应代码

6.2.1 为定义性状和统一描述，将每个性状划分为一系列表达状态。每个表达状态赋予一个相应的数字代码，以便于数据记录，以及品种性状描述的建立和交流。

6.2.2 质量性状和假质量性状（6.3），所有的表达状态在性状表中全部列出。但是对于5个或5个以上表达状态的数量性状，可省略部分表达状态。比如一个有9个表达状态的数量性状，表达状态可省略如下。

表达状态	代码
小	3
中	5
大	7

但是，应注意的是，以下 9 种表达状态均存在，可用于描述品种，并应恰当使用。

表达状态	代码
极小	1
极小到小	2
小	3
小到中	4
中	5
中到大	6
大	7
大到极大	8
极大	9

6.2.3 表达状态和注释的进一步解释见文件 TGP/7《测试指南的研制》。

6.3 表达类型

性状表达类型（质量性状、数量性状和假质量性状）的解释见总则。

6.4 标准品种

测试指南中的标准品种是在适当情况下用于校正性状的表达状态。

6.5 注释

性状编号	星号性状		英文		中文	标准品种	代码
1	2	3	4		5	6	
			Name of characteristics in English		性状名称		
			states of expression		表达状态		

表中 1 为性状编号。

表中 2 为（*）星号性状（6.1.2）。

表中 3 为表达类型。

QL：质量性状（6.3）。

QN：数量性状（6.3）。

PQ：假质量性状（6.3）。

表中 4 为观测方法（或图表类型）：MG、MS、VG、VS（4.1.5）。

表中 5 为（+）（性状表解释 8.2）。

表中 6 为（a）～（e）（性状表解释 8.1）。

7 性状表

性状编号	星号性状	英文		中文		标准品种	代码
1	(*)	QN	MG/MS/VG	(+)			
		Plant：height		植株：高度			
		short		矮		Fragrant Sunburst	3
		medium		中		Golden Passion	5
		tall		高		Algarve	7
2	(*)	QN	MG/MS/VG	(a)			
		Leaf：length		叶：长度			
		short		短		Grumpy	3
		medium		中		Anouk	5
		long		长		Pink Devotion	7
3		QN	MG/MS/VG	(a)			
		Leaf：width		叶：宽度			
		narrow		窄		Lovely Lake	3
		medium		中		Golden Passion	5
		broad		宽		Clementine	7
4		QN	VG	(a)			
		Leaf：intensity of green color		叶：绿色程度			
		light		浅			1
		medium		中		Pink Passion	2
		dark		深		White Pearl	3
5	(*)	QN	VG	(a)			
		Leaf：attitude of distal part		叶：远基端姿态			
		erect		直立		Golden Passion	1
		horizontal		水平		Red Passion	2
		drooping		下弯		Hofuni	3
6	(*)	QN	MG/MS/VG	(+)			
		Peduncle：length		花序梗：长度			
		short		短		Vapogom	3
		medium		中		Golden Passion	5
		long		长		Red Mountain	7
7		QN	MG/MS/VG	(+)			
		Peduncle：thickness		花序梗：粗度			
		thin		细		Vapogom	1
		medium		中		Golden Passion	2
		thick		粗		Moon River	3
8	(*)	QN	MG/MS/VG	(+)			
		Peduncle：number of branches		花序梗：分枝数量			
		few		小			1
		medium		中			2
		many		多			3

续表

性状编号	星号性状	英文		中文		标准品种	代码
9		QN	VG				
		Peduncle：rugosity		花序梗：粗糙程度			
		absent or weak		无或极弱		Corvette	1
		medium		中		Zafretweet	2
		strong		强		Lovely Romance	3
10	(*)	QN	VG	(+)			
		Spike：angle with peduncle		花序：与花序梗夹角			
		small		小			3
		medium		中		Yellow Passion	5
		large		大		Corvette	7
11	(*)	QN	MG/MS/VG	(+)			
		Spike：length		花序：长度			
		short		短			3
		medium		中		Yellow Passion	5
		long		长		Clementine	7
12	(*)	QN	MG/MS/VG				
		Spike：number of flowers and buds		花序：花和花蕾数量			
		few		少			3
		medium		中		Golden Passion	5
		many		多		Zantrechat	7
13	(*)	QN	MG/VG	(+)			
		Spike：length of rachis between first and second flower		花序：第一花和第二花之间花序轴长度			
		short		短		Fragrant Sunburst	1
		medium		中		Golden Passion	2
		long		长		Pink Attraction	3
14		QN	MG/VG	(+)			
		Spike：length of rachis between second and third flower		花序：第二花和第三花之间花序轴长度			
		short		短		Fragrant Sunburst	1
		medium		中		Golden Passion	2
		long		长		Clementine	3
15	(*)	QN	VG	(+)			
		Spike：degree of zig-zag		花序："之"字形程度			
		weak		弱		Sunsett River	1
		medium		中		Clementine	2
		strong		强		Zafretweet	3
16	(*)	QN	VG	(+)			
		Spike：curvature of distal part		花序：远基端弯曲程度			
		absent or weak		无或弱		Zafretweet	1
		medium		中		Lovely River	2
		strong		强			3
17		QN	VG	(+)			
		Spike：angle between the rows of flowers		花序：并排生长花之间的夹角			
		absent or small		无或小		Clementine	1
		medium		中		Zafretweet	2
		large		大		White Floret	3

续表

性状编号	星号性状	英文		中文		标准品种	代码
18	（*）	QN	MG/VG	（+）			
		Flower bud: ratio length/width		花蕾：长宽比			
		low		小		Lovely Romance	1
		medium		中		Lovely River	2
		high		大		Purple Velvet	3
19	（*）	QN	VG	（+）	（b）		
		Flower: type		花：类型			
		single		单瓣		Golden Passion	1
		semi-double		半重瓣		Clementine	2
		double		重瓣		Zafrevil	3
20		QN	VG				
		Flower: fragrance		花：香味			
		absent or weak		无或弱		Delta River	1
		medium		中		Gold River	2
		strong		浓		Belleville	3
21		QN	MG/MS/VG		（b）		
		Bract: length		苞片：长度			
		short		短		Moon River	1
		medium		中		Gold River	2
		long		长			3
22		QN	VG		（b）		
		Bract: intensity of green color		苞片：绿色程度			
		light		浅		Lovely River	1
		medium		中		Red River	2
		dark		深		Zafreblos	3
23		QN	VG		（b）		
		Bract: anthocyanin coloration		苞片：花青苷显色强度			
		absent or weak		无或弱		Avalanche	1
		medium		中		Zanmunimba	2
		strong		强		Zafrecost	3
24	（*）	QN	MG/MS/VG		（b）		
		Perianth tube: length		花被管：长度			
		short		短			1
		medium		中		Lovely River	2
		long		长		Golden Passion	3
25	（*）	PQ	VG		（b）		
		Perianth tube: main color		花被管：主色			
		RHS Colour Chart（indicate reference number）		RHS 比色卡（注明参考色号）			
26	（*）	QN	MG/MS/VG		（b）		
		Perianth throat: length		花被喉部：长度			
		short		短		Anouk	1
		medium		中		Zapogrum	2
		long		长		White River	3

续表

性状编号	星号性状	英文		中文		标准品种	代码
27	(*)	QN	MG/VG		（b）		
		Perianth throat: width of distal part		花被喉部：远基端宽度			
		narrow			窄	Zafretweet	1
		medium			中	Corvette	2
		broad			宽	Clementine	3
28		PQ	VG		（b）		
		Perianth throat: main color of outer side		花被喉部：外表面主色			
		RHS Colour Chart（indicate reference number）		RHS 比色卡（注明参考色号）			
29	(*)	PQ	VG		（b）		
		Perianth throat: main color of inner side		花被喉部：内表面主色			
		RHS Colour Chart（indicate reference number）		HS 比色卡（注明参考色号）			
30	(*)	QN	VG	(+)	（b）		
		Perianth throat: number of stripes on inner side		花被喉部：内表面条纹数量			
		few			少	Sunsett River	3
		medium			中	Red Passion	5
		many			多	Clementine	7
31	(*)	QN	MG/VG		（b）（c）		
		Perianth: length of outer segment		花被：外花被片长度			
		short			短	Red Passion	3
		medium			中	Golden Passion	5
		long			长	Hofuni	7
32	(*)	QN	MG/VG		（b）（c）		
		Perianth: width of outer segment		花被：外花被片宽度			
		narrow			窄	Fragrant Sunburst	3
		medium			中	Golden Passion	5
		broad			宽	Zafremijou	7
33		QN	MG/VG	(+)	（b）（c）		
		Perianth: ratio length/width of outer segment		花被：外花被片长宽比			
		low			小		1
		medium			中		2
		high			大		3
34	(*)	QN	VG		（b）（c）		
		Perianth: position of broadest part of outer segment		花被：外花被片最宽处位置			
		towards base			偏基部		1
		at middle			中部	Lovely Lake	2
		towards apex			偏先端	Boulevard	3
35	(*)	PQ	VG		（b）（c）（d）		
		Perianth: main color of inner side of outer segment		花被：外花被片内表面主色			
		RHS colour chart（indicate reference number）		RHS 比色卡（注明参考色号）			

续表

性状编号	星号性状	英文		中文	标准品种	代码
36	(*)	PQ	VG	(b)(c)(d)		
		Perianth: secondary color of inner side of outer segment (if present)		花被：外花被片内表面次色（如存在）		
		RHS Colour Chart (indicate reference number)		RHS 比色卡（注明参考色号）		
37	(*)	PQ	VG	(+)(b)(c)		
		Perianth: distribution of secondary color of inner side of outer segment		花被：外花被片内表面次色分布		
		at base		位于基部	Lovely Lake	1
		flushed		晕状分布	Boulevard	2
		along veins		沿着花脉	Zafremijou	3
38	(*)	QN	MG/VG	(b)(c)		
		Perianth: length of inner segment		花被：内花被片长度		
		short		短	Port Salut	3
		medium		中	Lovely Romance	5
		long		长	Red Mountain	7
39	(*)	QN	MG/VG	(b)(c)		
		Perianth: width of inner segment		花被：内花被片宽度		
		narrow		窄	Festival	3
		medium		中	Zapogrum	5
		broad		宽	Zafrebini	7
40	(*)	QN	MG/VG	(+)(b)(c)		
		Perianth: ratio length/width of inner segment		花被：内花被片长宽比		
		low		小		1
		medium		中		2
		high		大		3
41	(*)	QN	VG	(b)(c)		
		Perianth: position of broadest part of inner segment		花被：内花被片最宽处位置		
		towards base		偏先端	Lovely Lake	1
		at middle		中部	Zafrevil	2
		towards apex		偏顶部		3
42	(*)	QN	VG	(+)(b)(c)		
		Perianth: attitude of inner segment		花被：内花被片姿态		
		semi-erect		半直立	Lovely White	1
		horizontal		水平	Golden Passion	2
		reflexed		外翻		3
43	(*)	PQ	VG	(b)(c)(d)		
		Perianth: main color of inner side of inner segment		花被：内花被片内表面主色		
		RHS Colour Chart (indicate reference number)		RHS 比色卡（注明参考色号）		
44	(*)	PQ	VG	(b)(c)(d)		
		Perianth: secondary color of inner side of inner segment		花被：内花被片内表面次色		
		RHS Colour Chart (indicate reference number)		RHS 比色卡（注明参考色号）		

续表

性状编号	星号性状	英文		中文		标准品种	代码
45	(*)	PQ	VG	(+)	(b)(c)		
		Perianth: distribution of secondary color of inner side of inner segment		花被：内花被片内表面次色分布			
		at base		位于基部		Lovely Lake	1
		flushed		晕状分布		Pink Attraction	2
		along veins		沿着花脉		Zafrepapil	3
46		QN	VG	(+)	(b)(c)		
		Perianth: area of secondary color at base of inner side of inner segment		花被：内花被片内表面基部次色面积			
		small		小			3
		medium		中			5
		large		大			7
47	(*)	PQ	VG		(b)(e)		
		Filament: main color		花丝：主色			
		white		白色		Clementine	1
		yellow		黄色		Yellow Passion	2
		blue		蓝色			3
48	(*)	QL	VG	(+)	(b)(e)		
		Anther: main color		花药：主色			
		white		白色		Golden Passion	1
		violet		紫罗兰色		Red Passion	2
49	(*)	PQ	VG		(b)(d)(e)		
		Style: main color		花柱：主色			
		white		白色		Golden Passion	1
		yellow		黄色		Vancouver	2
		blue		蓝色		Purple Velvet	3
50		QN	VG	(+)	(b)(e)		
		Stigma: position in relation to anthers		柱头：相对于花药位置			
		below		低于		Clementine	1
		same level		同一水平		Golden Passion	2
		above		高于		Red Passion	3
51	(*)	QN	MG/VG	(+)	(b)(e)		
		Stigma: length of lobes		柱头：裂片长度			
		short		短			1
		medium		中		Vancouver	2
		long		长		Clementine	3
52		QN	VG	(+)	(b)(e)		
		Stigma: appearance of lobes		柱头：裂片外观			
		fine		良好		Pink Devotion	1
		medium		中		Clementine	2
		coarse		粗糙			3
53		QN	VG	(+)	(b)(e)		
		Stigma: color in relation to upper part of style		柱头：相对于花柱上部颜色深浅			
		lighter		更浅		Fragrant Sunburst	1
		same		相同		Golden Passion	2
		darker		更深		Red Passion	3

8 性状表解释

8.1 对多个性状的解释

应在花序 50% 的花开放的时候进行观测。

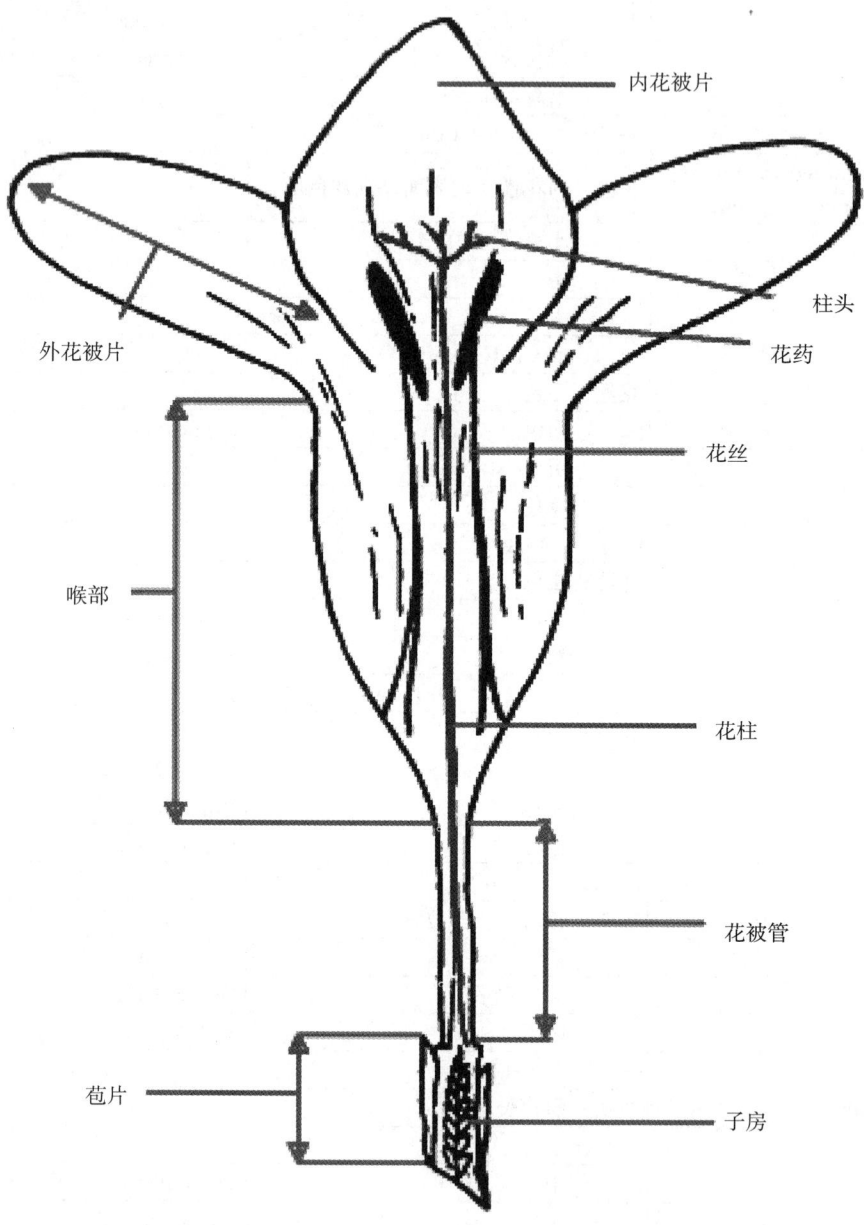

应按照如下说明进行测试。

（a）叶片的观测应在完全展开的最长叶片上进行。

（b）苞片和花的观测应在主花序上完全开放的花上进行。

（c）外花被片和内花被片的观测应在主花序上最大花被片上进行。

（d）主色是指表面积最大的颜色。如果主色和次色面积过于相近，无法区分，则把颜色更深的定为主色。如果次色和第三色面积过于相近，无法区分，则把颜色更深的定为次色。

（e）花丝、花药、花柱和柱头的观测仅在单瓣花和半重瓣花上进行。

8.2 对单个性状的解释

性状1：植株高度

性状6：花序梗长度

花序梗长度应是上部第一个分枝生长点到花序第一朵花的距离。

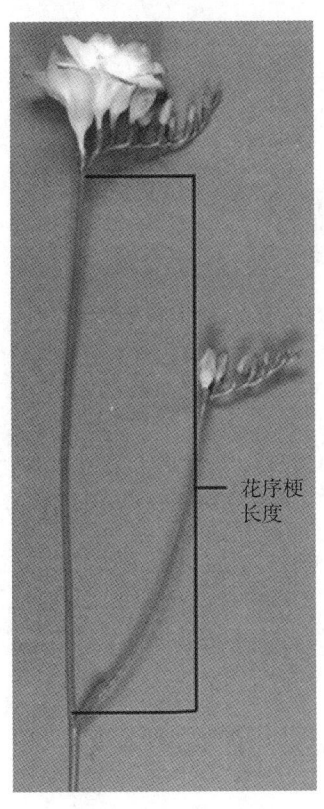

性状7：花序梗粗度

花序梗粗度应在花序梗中部1/3位置测量。

性状8：花序梗分枝数量
应测量花序梗上所有分枝的总数。
少（代码1）：<3个分枝。
中（代码2）：3～5个分枝。
多（代码3）：>5个分枝。

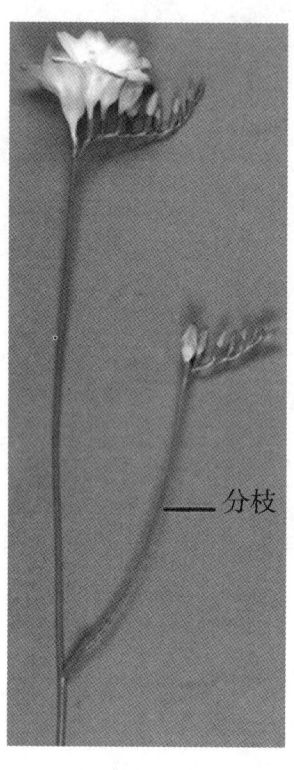

性状10：花序与花序梗的夹角

 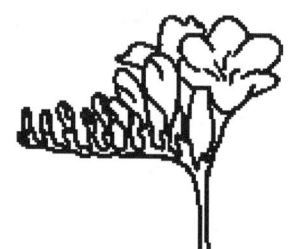 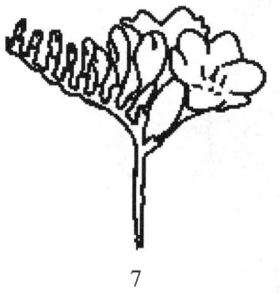

3	5	7
小	中	大

性状11：花序长度

性状 13：第一花和第二花之间花序轴长度

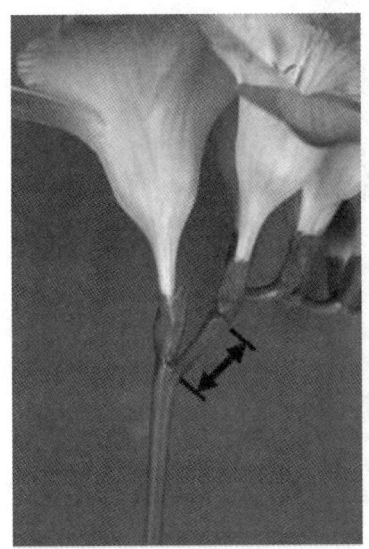

性状 14：第二花和第三花之间花序轴长度

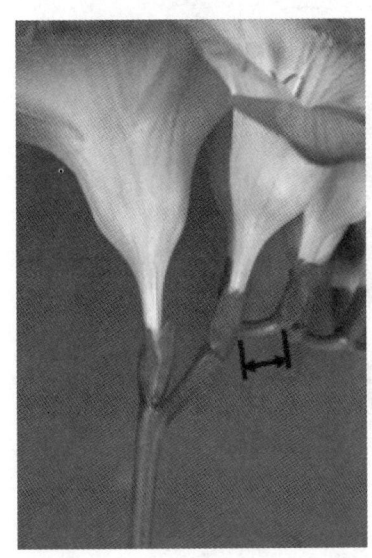

性状 15：花序"之"字形程度

1	2	3
弱	中	强

性状16：花序先端弯曲程度

1	2	3
无或弱	中	强

性状17：花序并排生长花之间的夹角

1	2	3
无或小	中	大

性状18：花蕾长宽比
花蕾的观测应在主花序上第一朵花开放之前进行。

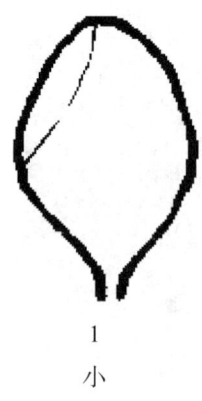

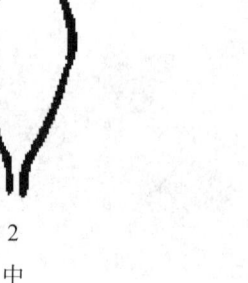

1	2	3
小	中	大

性状 19：花类型

单瓣最多有 6 片花被片。半重瓣有 7～9 片花被片。重瓣有 9 片以上的花被片。

1
单瓣

2
半重瓣

3
重瓣

性状 30：花被喉部内表面条纹数量

性状 33：外花被片长宽比

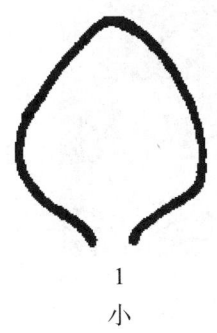
1
小

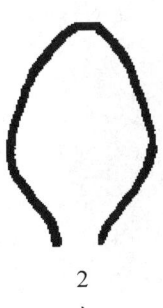
2
中

3
大

性状 37：外花被片内表面次色分布

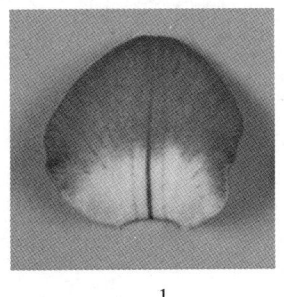
1
位于基部

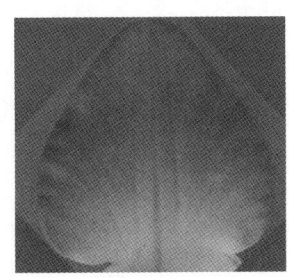
2
晕状分布

3
沿着花脉

性状40：内花被片长宽比

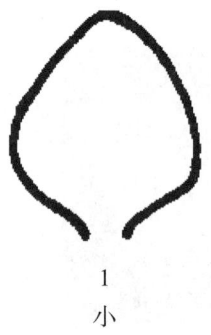

1	2	3
小	中	大

性状42：内花被片姿态

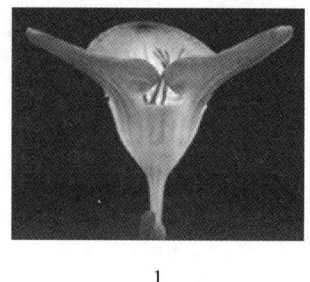  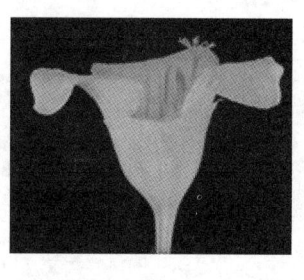

1	2	3
半直立	水平	反卷

性状45：内花被片内表面次色分布
见性状37。

性状46：内花被片内表面基部次色面积

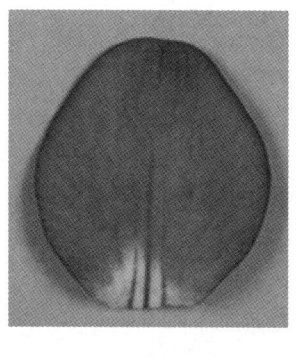 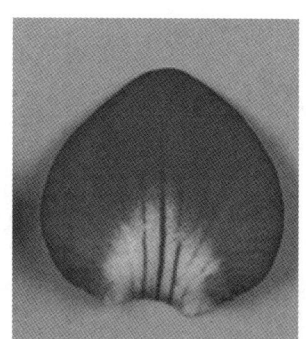 

3	5	7
小	中	大

性状48：花药主色
颜色的观测应在花药凋谢之前进行。

性状50：柱头相对于花药位置
柱头位置的观测应在花药凋谢之前进行。

性状 51：柱头裂片长度

1	2	3
短	中	长

性状 52：柱头裂片外观

1	2	3
良好	中	粗糙

性状 53：柱头相对于花柱上部颜色深浅

相对于花柱上部颜色深浅的观测应在花药凋谢之前进行。

TG/28/9 Corr.
原文：英文
日期：2009-04-01，2009-10-27

国际植物新品种保护联盟
植物品种特异性、一致性和稳定性
测试指南

带状天竺葵，常春藤叶天竺葵

UPOV 代码：PELAR_ZON, PELAR_PEL
(PELAR_PZO, PELAR_ZPE, PELAR_ZTO)

（天竺葵属 Zonale 组，盾叶天竺葵及其种间杂交种，
并包括其与天竺葵属其他种杂交获得的所有品种）

互用名称 *

植物学名称	英文	法文	德文	西班牙文
Pelargonium Zonale Group, *Pelargonium* ×*hortorum* L. H. Bailey, Pelargonium-Zonale-Hybridae	Zonal Pelargonium, Horseshoed pelargonium	Géranium, Pelargonium zonale	Zonal-Pelargonie	Geranio zonal, geranio malvón, geranio de hierro, geranio de sardina, pelargonio
Pelargonium peltatum (L.) Hér., Pelargonium-Peltatum-Hybridae	Ivy-leaved Pelargonium, Hanging geranium, Ivy geranium, Ivy-leaf pelargonium	Géranium lierre	Efeupelargonie, Efeublättrige Pelargoni	

* 这些名称在指南开始使用时是正确的，但随后可能会修改更新。读者可登录UPOV网站（www.upov.int），获取最新资料。

1 指南适用范围

本指南适用于牻牛儿苗科（*Geraniaceae*）天竺葵属（*Pelargonium*）天竺葵 Zonale 组（syn. *Pelargonium × hortorum* L.H. Bailey）和盾叶天竺葵［*Pelargonium peltatum*（L.）Hér.］及其种间杂交种，并包括其与天竺葵属其他种杂交获得的所有品种。

2 繁殖材料要求

2.1 待测品种繁殖材料的数量和质量要求以及提交的时间和地点由主管机构决定。申请人从测试所在国境外提交繁殖材料的，必须确保符合所有海关规定。

2.2 繁殖材料以扦插苗或种子的形式提交，扦插苗要求生根良好，无损伤。

2.3 申请人提交繁殖材料的最小数量：无性繁殖品种为 15 个未经修剪的生根良好的插条；种子繁殖品种为足够种植 30 个植株的种子量。

2.4 提供的繁殖材料应外观健康有活力，未受到任何严重病虫害的影响。

2.5 提交的繁殖材料不得进行任何可能影响品种性状表达的处理，除非主管机构允许或要求进行这种处理。如果材料已经处理，必须提供相关处理的详细说明。

3 测试方法

3.1 生长周期

测试的最少周期数量通常为 1 个生长周期。

3.2 测试地点

测试通常在 1 个地点进行。在 1 个以上地点进行测试时，TGP/9《特异性测试》提供了有关指导。

3.3 测试条件

3.3.1 测试的条件应能满足品种正常生长的需要，以确保品种相关性状充分表达和测试的顺利开展。

3.3.2 性状观测的最佳生育阶段为盛花期。

3.3.3 由于日光变化的原因，在利用比色卡确定颜色时，应在一个合适的有人工光源照明的小室或中午无阳光直射的房间内进行。人工光源光谱分布应符合 CIE "理想日光标准 D6500"，且在《英国标准 950：第 1 部分》规定的允许范围之内。

3.4 试验设计

3.4.1 对于无性繁殖品种：每个试验应保证至少有 15 个植株。

3.4.2 对于种子繁殖品种：每个试验应保证至少有 30 个植株。

3.4.3 试验设计应保证因测量或计数等需要，从小区取走部分植株或植株部位后，不影响生长周期结束前的所有观测。

3.5 观测数量

3.5.1 对于无性繁殖品种：除非另有说明，所有性状应观测 10 个植株或分别从 10 个植株取下的植株部位。对于其他观测，应观测试验中的所有植株。

3.5.2 对于种子繁殖品种：除非另有说明，所有性状应观测 20 个植株或分别从 20 个植株取下的植株部位。对于其他观测，应观测试验中的所有植株。

3.6 附加测试

为测试有关性状，可以进行附加测试。

4 特异性、一致性和稳定性评价

4.1 特异性

4.1.1 一般建议

对于本指南的使用者而言，在判定特异性前参照总则特异性判定的一般原则十分重要。但为进一步说明和强调特异性判定，本指南特列出特异性判定的要点。

为评价杂交种的特异性，可根据以下建议使用亲本系和杂交组合。

（1）根据测试指南对亲本系进行描述；

（2）根据第 7 部分的性状，与参照品种库进行比较，检查亲本系的原创性，以确定近似的亲本系；

（3）结合最相似亲本系信息，通过与品种库中杂交种的比较，检查该杂交组合的原创性；

（4）与近似的杂交组合进行比较，在杂交种水平上评价特异性。

进一步指导见 TGP/9《特异性测试》和 TGP/8《特异性、一致性和稳定性测试中的试验设计与技术》。

4.1.2 一致的差异

当观测到的品种之间的差异非常明显时，则没有必要种植 1 个以上生长周期。此外，在某些情况下，环境的影响并不意味着需要 1 个以上的生长周期来保证品种间观察到的差异是足够一致的。为确保在种植试验中所观测到的性状差异是足够一致的，可以对性状进行至少 2 个独立生长周期的测试。

4.1.3 明显的差异

两个品种间的差异是否明显取决于很多因素，特别应考虑所测性状的表达类型，即该性状是质量性状、数量性状还是假质量性状。因此，在作出关于特异性的判定前，本测试指南的使用者应熟悉总则中的建议。

4.2 一致性

4.2.1 对于本指南的使用者而言，在判定一致性前参阅总则一致性判定的一般原则十分重要。但为进一步说明和强调一致性判定，本指南特列出一致性判定的要点。

4.2.2 评价一致性时，应采用 1% 的群体标准和至少 95% 的接受概率。当样本量为 15 个时，允许有 1 个异型株。

4.2.3 为了评估种子繁殖品种的一致性，应酌情考虑自花授粉、异花授粉或杂交品种的一般建议。

4.3 稳定性

4.3.1 在实际操作中，通常不像测试特异性和一致性那样对稳定性进行测试以得到明确结果。经验表明，对许多类型的品种来说，当一个品种表现一致时，可认为其是稳定的。

4.3.2 适当情况下或者有疑问时，可以种植该品种的下一代或者测试一批新繁殖材料，看其性状表现是否与之前提交的繁殖材料表现相同。

5 品种分组和试验组织

5.1 使用分组性状可以帮助选择与申请品种一起进行田间种植试验的已知品种，以及对这些品种进行合适分组以便进行特异性评价。

5.2 分组性状表达状态的数据即使来自不同地点，也可以单独或者与其他此类性状联合使用。

（a）用于特异性测试中筛选排除那些不需要安排在种植试验中的已知品种。

（b）用于组织安排种植试验，使近似品种种植在一起。

5.3 以下性状已被确认为有用的分组性状。

（a）叶片：杂色（性状 12）。

（b）叶片：主色（马蹄纹除外）（性状 13）。

（c）花：类型（性状 29）。

（d）上部花瓣：斑纹类型（性状 45）。

（e）下部花瓣：上表面中部颜色（性状 52），分组如下。

第一组：白色。

第二组：橙粉色。

第三组：橙色。

第四组：红色。

第五组：紫色。

第六组：蓝粉色。

5.4 总则和 TGP/9《特异性测试》中提供了在特异性审查过程中使用分组性状的指导。

6 性状表介绍

6.1 性状类型

6.1.1 标准指南性状

标准指南性状是 UPOV 已同意用于 DUS 审查的性状，UPOV 成员可以从中选择与其特定环境相适应的性状。

6.1.2 星号性状

星号性状（用"*"标记）是测试指南中对于形成国际统一的品种描述十分重要的性状，所有 UPOV 成员都应将其用于 DUS 测试并包含在品种描述中，除非前序性状的表达或区域环境条件所限使其无法测试。

6.2 表达状态及相应代码

为定义性状和统一描述，将每个性状划分为一系列表达状态。每个表达状态赋予一个相应的数字代码，以便于数据记录，以及品种性状描述的建立和交流。

6.3 表达类型

总则中对性状表达类型（质量性状、数量性状和假质量性状）进行了解释。

6.4 标准品种

适当时，测试指南中提供了标准品种用于校正性状的表达状态。

6.5 注释

（*）星号性状（6.1.2）。

QL：质量性状（6.3）。

QN：数量性状（6.3）。

PQ：假质量性状（6.3）。

（a）～（c）性状表解释（8.1）。

（+）性状表解释（8.2）。

7 性状表

性状编号	观测方法	英文	中文	标准品种	代码
1. （*） （+） PQ		**Plant：growth type**	**植株：生长类型**		
		upright	直立	Sil Merle	1
		semi-upright	半直立	Cante Laver	2
		trailing	蔓生	KLEP04112	3

续表

性状编号	观测方法	英文	中文	标准品种	代码
2. QN		Only varieties with growth type: upright or semiupright: Plant: height of foliage	植株：叶高度（仅适用于直立或半直立生长类型的品种）		
		short	矮	Sil Merle	3
		medium	中	Fisum Pink	5
		tall	高	Zowitre	7
3. QN		Only varieties with growth type: trailing: Plant: shoot length	植株：枝条长度（仅适用于蔓生型的品种）		
		short	短	Free Rured	3
		medium	中	Pacameli	5
		long	长	KLEP04112	7
4. QN		Only varieties with growth type: upright or semiupright: Plant: width	植株：株幅（仅适用于直立或半直立生长类型的品种）		
		narrow	窄	Zolcaros	3
		medium	中	Zolarlet	5
		broad	宽	Pacsalpri	7
5. QL	(a)	Stem: color (excluding anthocyanin)	茎：颜色（花青苷除外）		
		whitish	泛白色		1
		green	绿色		2
6. QN	(a)	Stem: anthocyanin coloration	茎：花青苷显色		
		absent or very weak	无或极弱	KLEP03012	1
		medium	中	Fisrocky Dark Red	3
		strong	强	Balgaldepro	5
7. (*)(+) QN	(a)	Leaf blade: length	叶片：长度		
		short	短	KLEP03012	3
		medium	中	Zolirsca	5
		long	长	Pacvica	7
8. (*)(+) QN	(a)	Leaf blade: width	叶片：宽度		
		narrow	窄	KLEP03012	3
		medium	中	Zolirsca	5
		broad	宽	Pacvica	7
9. (+) QN	(a)	Leaf blade: depth of sinus	叶片：缺刻深度		
		absent or very shallow	无或极浅		1
		shallow	浅	Zolearos	3
		medium	中	KLEP01052	5
		deep	深	Cante Laver	7
10. QN	(a)	Leaf blade: undulation of margin	叶片：边缘波状程度		
		weak	弱	Zolirsca	3
		medium	中	Zolarlet	5
		strong	强	Wesvilsu	7
11. (+) QN	(a)	Leaf blade: base	叶片：基部		
		wide open	极分开	muy abierta	1
		slightly open	轻度分开	ligeramente abierta	3
		closed	邻接	cerrada	5
		partly overlapping	部分重叠	parcialmente solapada	7
		strongly overlapping	高度重叠	fuertemente solapada	9

续表

性状编号	观测方法	英文	中文	标准品种	代码
12. (*) QL	(a)	Leaf blade：variegation	叶片：杂色		
		absent	无	Sil Merle	1
		present	有	Penevro	9
13. (*) (+) PQ	(a)	Leaf blade：main color（zone excluded）	叶片：主色（马蹄纹除外）		
		yellow	黄色		1
		light green	泛绿色		2
		light green to medium green	泛绿色到中等绿色	Zowit	3
		medium green	中等绿色	Sil Merle	4
		medium green to dark green	中等绿色到深绿色	KLEP03106	5
		dark green	深绿色	Zolirsca	6
		dark red	深红色	Vancouver Centennial	7
		brown purple	棕紫色	Black Magic	8
14. (*) (+) PQ	(a)	Leaf blade：secondary color（zone excluded）	叶片：次色（马蹄纹除外）		
		white	白色	Evka，Penevro	1
		yellow	黄色	Raimu Kissu	2
		light green	泛绿色	Vancouver Centennial	3
		medium green	中等绿色	Black Magic	4
15. QN	(a)	Only varieties with growth type：trailing：Leaf blade：glossiness	叶片：光泽度（仅适用于蔓生型的品种）		
		weak	弱	Free Rured	3
		medium	中	Zopihosd	5
		strong	强	KLEP04112	7
16. (*) (+) QN	(a)	Leaf blade：conspicuousness of zone	叶片：马蹄纹明显度		
		absent or very weak	无或极弱	Zowit	1
		weak	弱	Zolirsca	3
		medium	中	Zolarlet	5
		strong	强	Pascalpri	7
		very strong	极强	Baldescarim	9
17. (+) QN	(a)	Leaf blade：position of zone	叶片：马蹄纹位置		
		towards base	近基部		1
		in middle	中部		2
		towards margin	近边缘		3
18. (+) QN	(a)	Leaf blade：relative size of zone	叶片：马蹄纹相对大小		
		small	小		1
		medium	中		3
		large	大		5
19. QN	(b)	Peduncle：length	花序梗：长度		
		short	短	Duefuerto	3
		medium	中	Sil Merle	5
		long	长	Fisroweiss	7
20. (*) (+) QN	(b)	Peduncle：anthocyanin coloration of middle third	花序梗：中部1/3处花青苷显色		
		absent or very weak	无或极弱	Zowit	1
		weak	弱	Realcastor	3
		medium	中	Gentreo	5
		strong	强	Clips Scarl	7

续表

性状编号	观测方法	英文	中文	标准品种	代码
21. (+) QN	(b)	**Inflorescence: height**	花序：高度		
		short	矮	Pacbla	3
		medium	中	Fisrowi	5
		tall	高	Fisrocky Dark Red	7
22. (*) (+) QN	(b)	**Inflorescence: width**	花序：宽度		
		narrow	窄	KLEP01052	3
		medium	中	KLEP03106	5
		broad	宽	Zolirsca	7
23. (+) QN	(b)	**Inflorescence: number of open flowers**	花序：开花数		
		few	少	Tikvio	3
		medium	中	KLEP01052	5
		many	多	KLEP03106	7
24. (*) (+) QN	(b)	**Inflorescence: length of largest flower**	花序：最大花的长度		
		short	短	Genvired	3
		medium	中	Genam	5
		long	长	Fislunova	7
25. (*) (+) QN	(b)	**Inflorescence: width of largest flower**	花序：最大花的宽度		
		narrow	窄		3
		medium	中	Fisum Pink	5
		broad	宽	Fisroweiss	7
26. QN	(b)	**Inflorescence: length of longest pedicel**	花序：最长花梗的长度		
		short	短	Cante Dereds	3
		medium	中	Fisum Pink	5
		long	长	Zoldarobo	7
27. QN	(b)	**Pedicel: anthocyanin coloration of upper third**	花梗：上部1/3处花青苷显色		
		absent or very weak	无或极弱		1
		weak	弱	Paclai	3
		medium	中	Fisrocky Dark Red	5
		strong	强	Zonabriscal	7
		very strong	极强	Clip Velred	9
28. (+) QL	(b)	**Pedicel: swelling**	花梗：突起		
		absent	无		1
		present	有		9
29. (+) (*) QL		**Flower: type**	花：类型		
		single	单瓣		1
		double	重瓣		2
30. (+) QN	(b)	**Only varieties with flower type: single: Flower: arrangement of upper petals in relation to lower petals**	花：上部花瓣相对于下部花瓣的位置（仅适用于单瓣类型的品种）		
		free	分离		1
		touching	相接		3
		moderately overlapping	中度重叠		5

续表

性状编号	观测方法	英文	中文	标准品种	代码
31.(*)QN	(b)	**Only varieties with flower type: double: Flower: number of petals**	花：瓣数（仅适用于重瓣类型的品种）		
		few	少	KLEP01052	3
		medium	中	Fisum Pink	5
		many	多	Pacsalkom	7
32.(+)QN	(b)	**Flower: cross section in lateral view**	花：侧视横截面		
		concave	凹		1
		flat	平		2
		convex	凸		3
33.(*)(+)QL	(b)	**Flower: presence of irregularly distributed stripes or blotches**	花：不规则分布条纹或斑点		
		absent	无	Sil Merle	1
		present	有	Gradowi	9
34.(*)(+)PQ	(b)	**Only varieties with flowers with irregularly distributed stripes or blotches: Flower: main color**	花：主色（仅适用于有不规则条纹或斑点的品种）		
		white	白色	Gradowi	1
		pink	粉色		2
		red	红色		3
35.(*)PQ	(b)	**Only varieties with flowers with irregularly distributed stripes or blotches: Flower: color of stripes or blotches**	花：条纹或斑点颜色（仅适用于有不规则条纹或斑点的品种）		
		white and red	白色和红色		1
		only red	仅红色	Gradowi	2
		purple	紫色		3
36.(+)QN	(b)	**Sepal: reflexing**	花萼：外翻		
		absent or weak	无或弱		1
		moderate	中		2
		strong	强		3
37.QN	(b)	**Sepal: anthocyanin coloration in middle of broadest sepal**	花萼：最宽花萼中部花青苷显色		
		absent or very weak	无或极弱	Fisroweiss	1
		weak	弱	Fisrocky Dark Red	3
		medium	中	Genbelsca	5
		strong	强	Sil Tedo	7
		very strong	极强		9
38.QN	(b)	**Upper petal: width**	上部花瓣：宽度		
		narrow	窄	KLEP04133	3
		medium	中	Zolirsca	5
		broad	宽	KLEP03106	7
39.(+)PQ	(b)	**Upper petal: shape**	上部花瓣：形状		
		rhombic	菱形		1
		round	圆形		2
		obtriangular	倒三角形		3
		spatulate	匙形		4

续表

性状编号	观测方法	英文	中文	标准品种	代码
40. (+) PQ	(b)	Upper petal: margin at apex	上部花瓣：先端边缘		
		entire	全缘		1
		emarginate	微缺		2
		laciniate	条裂		3
41. (*) (+) PQ	(b) (c)	Upper petal: color of margin of upper side	上部花瓣：上表面边缘颜色		
		RHS Colour Chart（indicate reference number）	RHS 比色卡（注明参考色号）		
42. (*) (+) PQ	(b) (c)	Upper petal: color of middle of upper side	上部花瓣：上表面中部颜色		
		RHS Colour Chart（indicate reference number）	RHS 比色卡（注明参考色号）		
43. (*) PQ	(b) (c)	Upper petal: color of lower side	上部花瓣：下表面颜色		
		RHS Colour Chart（indicate reference number）	RHS 比色卡（注明参考色号）		
44. (*) (+) QN	(b) (c)	Upper petal: conspicuousness of marking	上部花瓣：斑纹明显度		
		absent or very weak	无或极弱	Fisum Pink	1
		weak	弱	Zoldarobo	3
		medium	中	Zonadarolo	5
		strong	强	Genda	7
45. (*) (+) PQ	(b) (c)	Upper petal: type of marking	上部花瓣：斑纹类型		
		stripes only	仅条纹		1
		stripes and dots	条纹加斑点		2
		stripes and spot/spots	条纹加斑块		3
		single spot only	仅斑块		4
46. (+) QN	(b) (c)	Upper petal: size of largest spot	上部花瓣：最大斑块大小		
		small	小		3
		medium	中		5
		large	大		7
47. (+) PQ	(b) (c)	Upper petal: color of spot	上部花瓣：斑块颜色		
		RHS Colour Chart（indicate reference number）	RHS 比色卡（注明参考色号）		
48. (*) (+) QL	(b) (c)	Upper petal: zone at base	上部花瓣：基部环状次色区域		
		absent	无	KLEP03106	1
		present	有	Sil Merle	9
49. QN	(b) (c)	Upper petal: size of zone at base	上部花瓣：基部环状次色区域大小		
		small	小	Swero	3
		medium	中	Sil Merle	5
		large	大		7
50. (*) PQ	(b) (c)	Upper petal: color of zone at base	上部花瓣：基部环状次色区域颜色		
		white	白色	Sil Merle	1
		red pink	红粉色	Pacsalpri	2
		orange red	橙红色	Ballurvio	3
		light violet	浅紫罗兰色	Clip Velred	4

续表

性状编号	观测方法	英文	中文	标准品种	代码
51. (*) (+) PQ	(b) (c)	Lower petal: color of margin of upper side	下部花瓣：上表面边缘颜色		
		RHS Colour Chart（indicate reference number）	RHS比色卡（注明参考色号）		
52. (*) (+) PQ	(b) (c)	Lower petal: color of middle of upper side	下部花瓣：上表面中部颜色		
		RHS Colour Chart（indicate reference number）	RHS比色卡（注明参考色号）		
53. (*) PQ	(b) (c)	Lower petal: color of lower side	下部花瓣：下表面颜色		
		RHS Colour Chart（indicate reference number）	RHS比色卡（注明参考色号）		
54. (+) QN	(b) (c)	Lower petal: conspicuousness of marking	下部花瓣：斑纹明显度		
		absent or very weak	无或极弱	Sil Merle	1
		weak	弱	Zomelo	3
		medium	中	Zonadarolo	5
		strong	强	Swero	7
55. (+) PQ	(b) (c)	Lower petal: type of marking	下部花瓣：斑纹类型		
		stripes only	仅条纹		1
		stripes and dots	条纹加斑点		2
		stripes and spot/spots	条纹加斑块		3
		single spot only	仅斑块		4
56. (+) QN	(b) (c)	Lower petal: size of largest spot	下部花瓣：最大斑块大小		
		small	小		3
		medium	中		5
		large	大		7
57. (+) QN	(b) (c)	Lower petal: zone at base	下部花瓣：基部环状次色区域		
		absent	无	Fisum Pink	1
		present	有	Sil Linus	9
58. QN	(b) (c)	Lower petal: size of zone at base	下部花瓣：基部环状次色区域大小		
		small	小	Duevipifiz	3
		medium	中	Sil Linus	5
		large	大		7
59. PQ	(b) (c)	Lower petal: color of zone at base	下部花瓣：基部环状次色区域颜色		
		white	白色		1
		orange red	橙红色		2
		blue pink	蓝粉色		3
		violet	紫罗兰色		4
60. (*) PQ	(b) (c)	Only varieties with flower type: double: Inner petal: color of middle of upper side	内层花瓣：上表面中部颜色（仅适用于重瓣的品种）		
		RHS Colour Chart（indicate reference number）	RHS比色卡（注明参考色号）		

8 性状表解释

8.1 对多个性状的解释

除非有其他说明，所有观测应该在盛花期进行。

性状表第二列包含以下标注的性状应按照下述要求观测。

（a）茎及叶的性状应观测最强茎第二花序基部，所有关于叶的性状均应观测上表面。

（b）花序和花的性状应观测最强茎的第二花序。

（c）仅适用于"花：不规则条纹或斑点"（性状33）表达状态为"无"的品种。

8.2 对单个性状的解释

性状1：植株生长类型

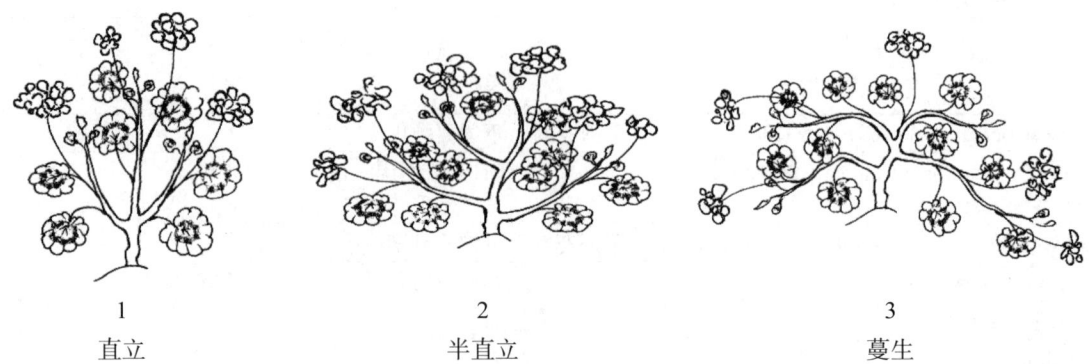

1	2	3
直立	半直立	蔓生

性状7：叶片长度

性状8：叶片宽度

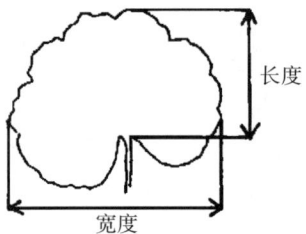

性状9：叶片缺刻深度

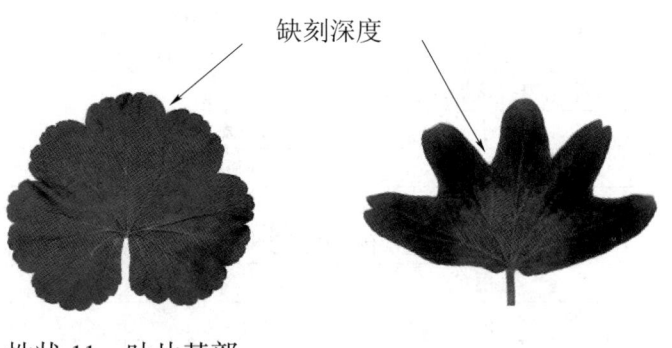

性状11：叶片基部

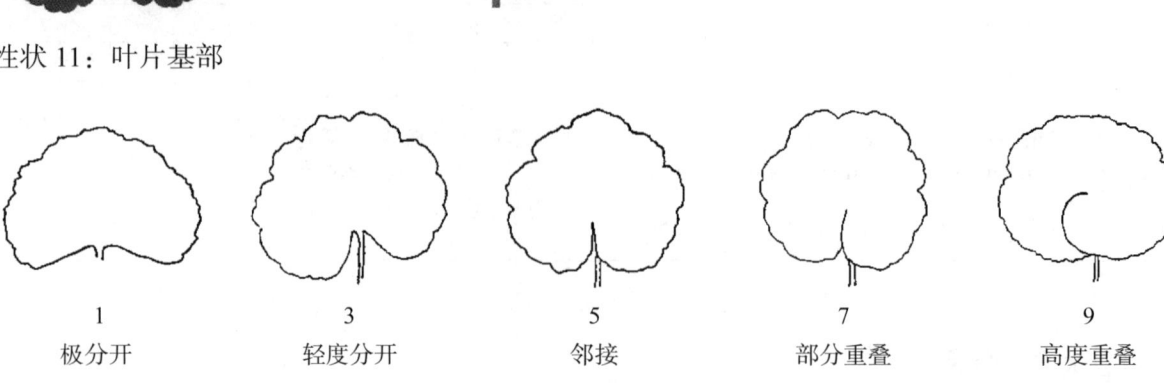

1	3	5	7	9
极分开	轻度分开	邻接	部分重叠	高度重叠

性状13：叶片主色（马蹄纹除外）

主色：叶片中除了马蹄纹外（见性状16）面积最大的颜色，如果面积相当，则颜色深的为主色。

性状 14：叶片次色（马蹄纹除外）
次色可能为斑纹的颜色（如果有）。
性状 16：叶片马蹄纹明显度

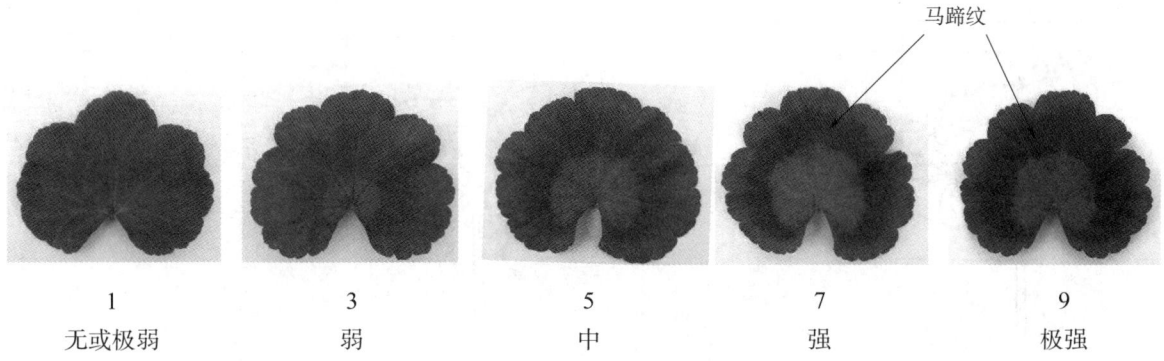

1	3	5	7	9
无或极弱	弱	中	强	极强

马蹄纹明显度取决于颜色对比度。

性状 17：叶片马蹄纹位置

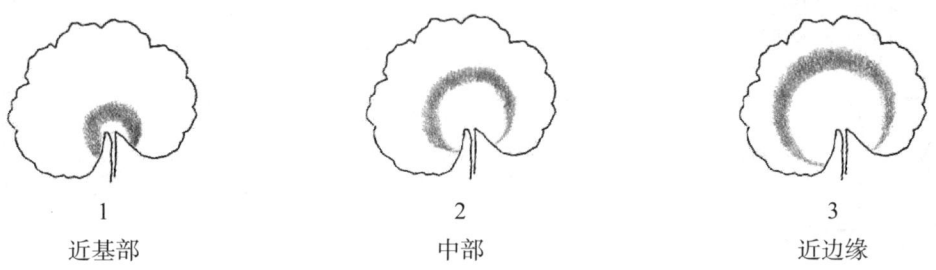

1	2	3
近基部	中部	近边缘

应根据马蹄纹的中部所在位置判断马蹄纹的位置。

性状 18：叶片马蹄纹相对大小

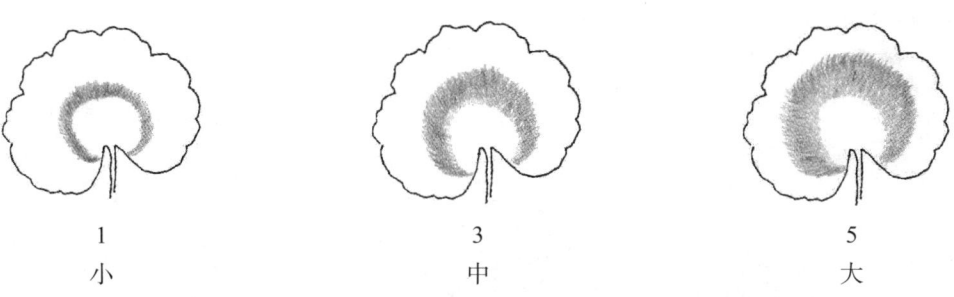

1	3	5
小	中	大

性状 20：花序梗中部 1/3 花青苷显色

1	3	5	7
无或极弱	弱	中	强

性状 21：花序高度
性状 22：花序宽度

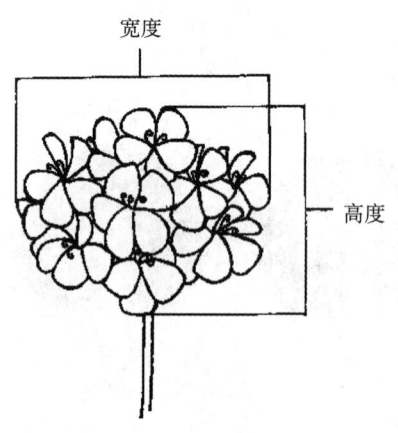
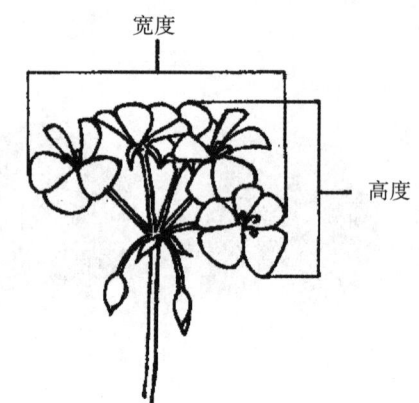

性状 23：花序开花数
观测一次开花的数量。
性状 24：花序最大花的长度
性状 25：花序最大花的宽度

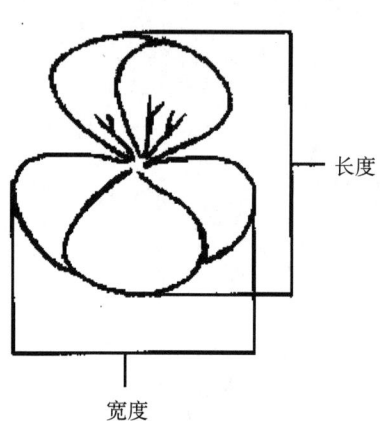

性状 28：花梗突起

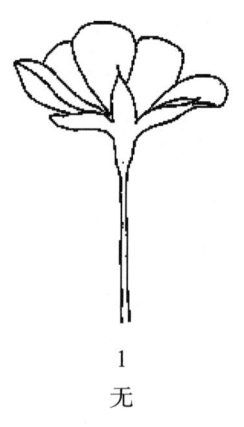
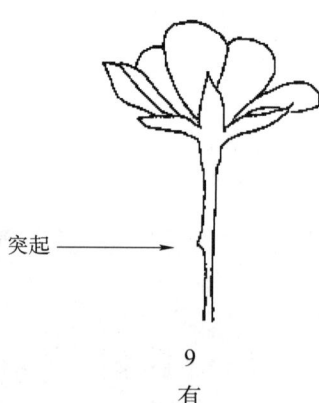

1	9
无	有

在"突起"状态为"无"的品种中，偶尔也会出现花梗突起；在"突起"状态为"有"的品种中，偶尔也会出现花梗无突起。

性状 29：花类型
单瓣花只有 5 个花瓣，重瓣花有 5 个以上花瓣。

性状 30：上部花瓣相对于下部花瓣的位置（仅适用于单瓣的品种）

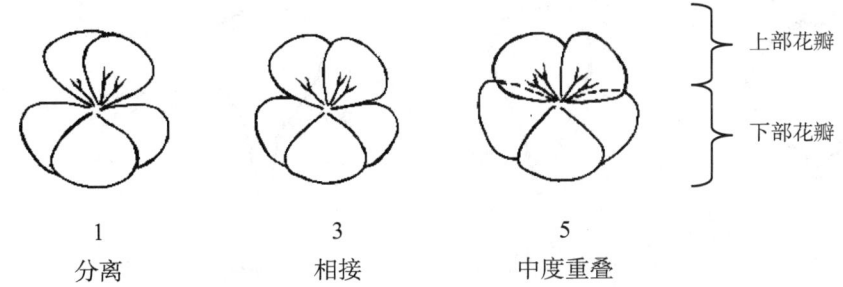

1	3	5
分离	相接	中度重叠

上部花瓣
下部花瓣

性状 32：花侧视横截面

1	2	3
凹	平	凸

性状 33：花不规则分布条纹或斑点

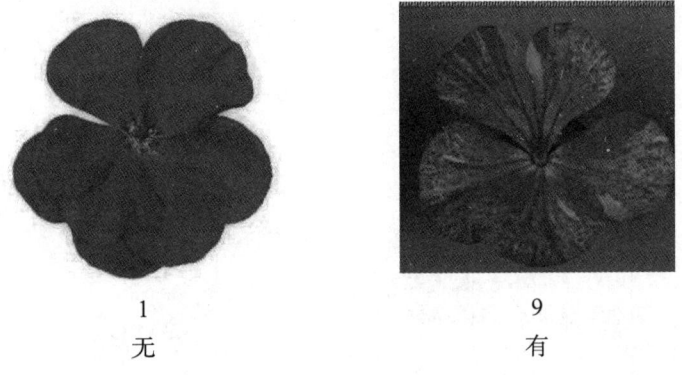

1	9
无	有

性状 34：花主色（仅适用于有不规则条纹或斑点的品种）
主色是指除了不规则分布的条纹或斑块外，表面积最大的颜色。

性状 36：花萼外翻

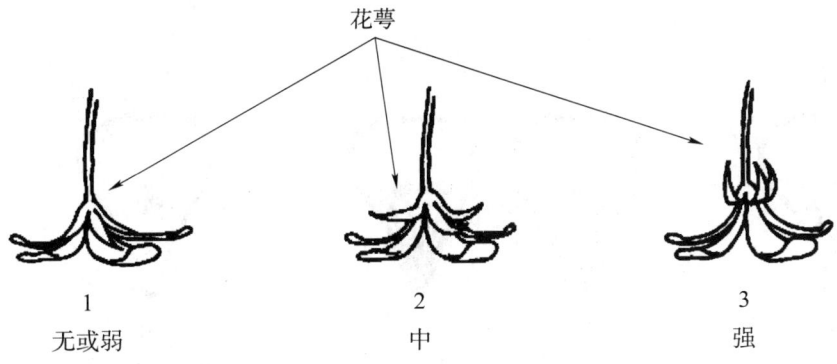

花萼

1	2	3
无或弱	中	强

性状39：上部花瓣形状

1	2	3	4
菱形	圆形	倒三角形	匙形

性状40：上部花瓣先端边缘

1	2	3
全缘	微缺	条裂

性状41：上部花瓣上表面边缘颜色
性状42：上部花瓣上表面中部颜色
性状48：上部花瓣基部环状次色区域
性状51：下部花瓣上表面边缘颜色
性状52：下部花瓣上表面中部颜色
性状57：下部花瓣基部环状次色区域

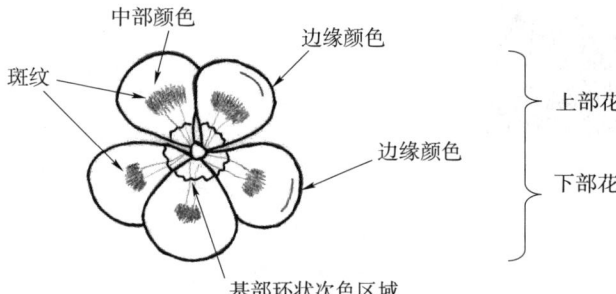

性状44：上部花瓣斑纹明显度
斑纹明显度取决于颜色对比度。
性状45：上部花瓣斑纹类型
性状55：下部花瓣斑纹类型

1	2	3	4
仅条纹	条纹加斑点	条纹加斑块	仅斑块

性状 46：上部花瓣最大斑块大小
性状 56：下部花瓣最大斑块大小

  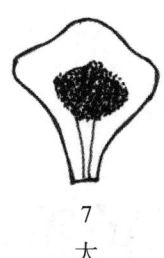

3　　　　　　　　　5　　　　　　　　　7
小　　　　　　　　中　　　　　　　　大

性状 47：上部花瓣斑块颜色
仅适用于斑块大小足以使用 RHS 比色卡的品种。
性状 54：下部花瓣斑纹明显度
斑纹明显度取决于颜色对比度。

扫码下载原文

如扫描二维码无法下载指南原文，可能是指南版本有更新，可扫描本书封底二维码查看与本文对应的指南版本

TG/29/8
原文：英文
日期：2019-10-29

国际植物新品种保护联盟
植物品种特异性、一致性和稳定性
测试指南

六出花属

UPOV 代码 :ALSTR

（*Alstroemeria* L.）

互用名称 *

植物学名称	英文	法文	德文	西班牙文
Alstroemeria L.	Alstroemeria, Herb Lily	Alstroemère, Lis des Incas	Inkalilie	Alstromeria

---

* 这些名称在指南开始使用时是正确的，但随后可能会修改更新。读者可登录 UPOV 网站（www.upov.int），获取最新资料。

1 指南适用范围

本指南适用于六出花属（*Alstroemeria* L.）的所有品种。

2 繁殖材料要求

2.1 待测品种繁殖材料的数量和质量要求以及提交的时间和地点由主管机构决定。申请人从测试所在国境外提交繁殖材料的，还应符合海关规定并满足相关植物检疫的要求。
2.2 繁殖材料以幼苗的形式提交。
2.3 申请人提交繁殖材料的最小数量为8株幼苗。
2.4 提供的繁殖材料应外观健康有活力，未受到任何严重病虫害的影响。
2.5 提交的繁殖材料不得进行任何可能影响品种性状表达的处理，除非主管机构允许或要求进行这种处理。如果材料已经处理，必须提供相关处理的详细说明。

3 测试方法

3.1 生长周期
3.1.1 测试的最短周期通常为1个生长周期。
3.1.2 当主管机构能够确定测试结果时，可提前结束品种测试。

3.2 测试地点
测试通常在1个地点进行。在1个以上地点进行测试时，TGP/9《特异性测试》提供了有关指导。

3.3 测试条件
3.3.1 测试的条件应能满足品种正常生长的需要，以确保品种相关性状充分表达和测试的顺利开展。特别地，除非另有说明，所有的观测都应该在性状充分表达时期进行，典型植株部位的观测在盛花期进行。
3.3.2 由于日光变化的原因，在利用比色卡确定颜色时，应在一个合适的有人工光源照明的小室或中午无阳光直射的房间内进行。人工光源光谱分布应符合CIE"理想日光标准D6500"，且在《英国标准950：第1部分》规定的允许范围之内。在鉴定颜色时，应将植株部位置于白色背景上。比色卡及版本应在性状描述中说明。

3.4 试验设计
每个试验设计总数至少8个植株。

3.5 附加测试
为测试有关性状，可以进行附加测试。

4 特异性、一致性和稳定性结果的判定

4.1 特异性
4.1.1 总体原则
对于本指南的使用者而言，在判定特异性前参照总则特异性判定的总体原则十分重要。但为进一步说明和强调特异性判定，本指南特列出特异性判定的要点。
4.1.2 一致的差异
当观测到的品种之间的差异非常明显时，则没有必要种植1个以上生长周期。此外，在某些情况下，环境的影响并不意味着需要1个以上的生长周期来保证品种间观察到的差异是足够一致的。为确

保在种植试验中所观测到的性状差异是足够一致的，可以对性状进行至少2个独立生长周期的测试。

4.1.3 明显的差异

两个品种间的差异是否明显取决于很多因素，特别应考虑所测性状的表达类型，即该性状是质量性状、数量性状还是假质量性状。因此，在作出关于特异性的判定前，本测试指南的使用者应熟悉总则中的建议，这一点很重要。

4.1.4 测试植株或植株部位的数量

除非另有说明，对于特异性测试，所有的个体观测性状，植株取样数量应不少于7个，在观测植株部位的时候，每个植株取样数量应为1个。群体观测性状应观测除异型株外的所有植株。

4.1.5 观测方法

特异性测试性状的推荐方法在下面的性状表中说明（见文件TGP/9《特异性测试》第4部分"性状观测"）。

MG：群体测量。

MS：个体测量。

VG：群体目测。

VS：个体目测。

观测类型：目测（V）和测量（M）。

目测（V）是基于专家经验的一种测试类型。在本文件中，"目测"是指专家的感官观察，因此也包括嗅觉、味觉和触觉。目测包括专家使用参照物（如图片、标准品种、肩并肩比较等）或非线性图表（如比色卡等）的观察。测量（M）是对校准线性标尺的客观观察，例如使用尺子、天平、色度计、日期、计数等。

记录类型：群体（G）或个体（S）。

特异性测试中，测试结果可记录成群体（G）或个体（S）。在大部分情况下，群体（G）只记录一个数据，因此不能也没必要应用统计分析的方法对于单个植株进行特异性判定。

如果特性表中规定了一种以上观察特性的方法（如VG/MG），则按照文件TGP/9《特异性测试》4.2部分选择适当方法。

4.2 一致性

4.2.1 对于本指南的使用者而言，在判定一致性前参照总则一致性判定的总体原则十分重要。但为进一步说明和强调一致性判定，本指南特列出一致性判定的要点。

4.2.2 本测试指南是按照无性繁殖材料品种来制定的。对于其他繁殖方式的品种，应遵循总则或文件TGP/13《新类型或新种属的指南》4.5部分"一致性测试"的原则。

4.2.3 评价无性繁殖品种一致性时，应采用1%的群体标准和至少95%的接受概率，当样本量为8个植株时，最多允许有1个异型株。

4.3 稳定性

4.3.1 在实际操作中，通常不像测试特异性和一致性那样对稳定性进行测试以得到明确结果。经验表明，对许多类型的品种来说，当一个品种表现一致时，可认为其是稳定的。

4.3.2 适当情况下或者有疑问时，稳定性可以采用如下方法测试：种植该品种的下一代或者测试一批新种子，看其性状表现是否与之前提交的种子表现相同。

5 品种分组和试验组织

5.1 使用分组性状可以帮助选择与申请品种一起进行田间种植试验的已知品种，以及对这些品种进行合适分组以便进行特异性评价。

5.2 分组性状表达状态的数据即使来自不同地点，也可以单独或者与其他此类性状联合使用。

（a）用于特异性测试中筛选排除那些不需要安排在种植试验中的已知品种。

（b）用于组织安排种植试验，使近似品种种植在一起。

5.3 以下性状已被确认为有用的分组性状。

（a）植株：高度（性状1）。

（b）叶：彩斑（性状9）。

（c）花：主色（性状13）。

5.4 总则和TGP/9《特异性测试》中提供了在特异性审查过程中使用分组性状的指导。

6 性状表介绍

6.1 性状类型
6.1.1 标准指南性状
标准指南性状是UPOV已同意用于DUS审查的性状，UPOV成员可以从中选择与其特定环境相适应的性状。

6.1.2 星号性状
星号性状（用"*"标记）是测试指南中对于形成国际统一的品种描述十分重要的性状，所有UPOV成员都应将其用于DUS测试并包含在品种描述中，除非前序性状的表达或区域环境条件所限使其无法测试。

6.2 表达状态及相应代码
6.2.1 为定义性状和统一描述，将每个性状划分为一系列表达状态。每个表达状态赋予一个相应的数字代码，以便于数据记录，以及品种性状描述的建立和交流。

6.2.2 质量性状和假质量性状（6.3），所有的表达状态在性状表中全部列出。但是对于5个或5个以上表达状态的数量性状，可省略部分表达状态。比如：一个有9个表达状态的数量性状，表达状态可省略如下。

表达状态	代码
小	3
中	5
大	7

但是，应注意的是，以下9种表达状态均存在，可用于描述品种，并应恰当使用：

表达状态	代码
极小	1
极小到小	2
小	3
小到中	4
中	5
中到大	6
大	7
大到极大	8
极大	9

6.2.3 表达状态和注释的进一步解释见文件TGP/7《测试指南的研制》。

6.3 表达类型

总则中对性状表达类型（质量性状、数量性状和假质量性状）进行了解释。

6.4 标准品种

适当时，测试指南中提供了标准品种用于校正性状的表达状态。

6.5 注释

性状编号	星号性状	英文		中文		标准品种	代码
1	2	3	4	5	6		
		Name of characteristics in English		性状名称			
		states of expression		表达状态			

表中 1 为性状编号。

表中 2 为（*）星号性状（6.1.2）。

表中 3 为表达类型。

QL：质量性状（6.3）。

QN：数量性状（6.3）。

PQ：假质量性状（6.3）。

表中 4 为观测方法（或图表类型）：MG、MS、VG、VS（4.1.5）。

表中 5 为（+）（性状表解释 8.2）。

表中 6 为（a）~（e）（性状表解释 8.1）。

7 性状表

性状编号	星号性状	英文		中文		标准品种	代码
1.	(*)	QN	MG/MS/VG	(+)			
		Plant: height		**植株：高度**			
		short		矮		Alsdun01，Tesnoram	3
		medium		中		Konaribean，Tesrome	5
		tall		高		Konplatina，Zalsabri	7
2.	(*)	QN	MG/MS/VG	(+)	(a)		
		Stem: thickness		**茎：粗度**			
		thin		细		Alsdun01，Tesmoonli	3
		medium		中		Kongrenday，Zalsabri	5
		thick		粗		Konplatina，Zalsatista	7
3.		QN	VG	(a)			
		Stem: anthocyanin coloration		**茎：花青苷显色强度**			
		absent or very weak		无或极弱		Lovely Lake	1
		weak		弱			3
		medium		中		Golden Passion	5
		strong		强		Clementine	7
4.		PQ	VG	(a)			
		Stem: distribution of anthocyanin coloration		**茎：花青苷显分布**			
		at base only		仅在基部		Konantarct	1
		basal half only		仅在下部 1/2		Konalegria	2
		basal and apical part		在基部和顶部		Zanalsron	3
		throughout		完全分布		Staqueen	4

续表

性状编号	星号性状	英文		中文		标准品种	代码
5.	(*)	QN	MG/MS/VG	(+)	(a)(b)		
		Leaf: length		叶：长度			
		short		短		Konaribean, Zalsabri	3
		medium		中		Alsdun01, Tesmars	5
		long		长		Konplatina, Zanalsron	7
6.	(*)	QN	MG/MS/VG	(+)	(a)(b)		
		Leaf: width		叶：宽度			
		narrow		窄		Konplatina, Zanalsron	3
		medium		中		Konaribean, Zalsabri	5
		broad		宽		Alsdun01, Tesnoram	7
7.		QN	VG	(+)	(a)(b)		
		Leaf blade: attitude		叶片：姿态			
		semi-erect		半直立			3
		horizontal		水平			5
		semi-drooping		半下弯			7
8.	(*)	QL	VG	(+)	(a)(b)		
		Leaf blade: greyish colored longitudinal stripes		叶片：灰色中脉条纹			
		absent		无			1
		present		有			9
9.	(*)	QL	VG	(+)	(a)(b)		
		Leaf blade: variegation		叶片：彩斑			
		absent		无			1
		present		有			9
10.	(*)	QN	MG/MS/VG	(+)	(a)		
		Umbel: length of rays		伞状花序：分枝长度			
		short		短		Alsdun01, Konaribean	3
		medium		中		Konplatina, Tesmars	5
		long		长		Konswitch	7
11.	(*)	QN	MG/MS/VG		(a)		
		Umbel: number of rays		伞状花序：分枝数			
		few		少		Tesmoonli, Zaprilia-range	3
		medium		中		Konplatina, Zalsabri	5
		many		多		Alsdun01, Konaribean	7
12.	(*)	QN	MG/MS/VG	(+)	(a)(c)		
		Flower: length of pedicel		花：花梗长度			
		short		短		Alsdun01, Zalsabri	3
		medium		中		ESM T122, Konplatina	5
		long		长		Tesmars, Tesnoram	7

续表

性状编号	星号性状			英文	中文	标准品种	代码
13.	（*）	PQ	VG		（a）（c）（d）		
				Flower：main color	花：主色		
				white	白色	Konantarct，Tesmoonli	1
				yellow green	黄绿色	Kongrenday	2
				light yellow	泛黄色	Gataran，Konwpearls	3
				medium yellow	中等黄色	Konaribean	4
				orange	橙色	ESM T122，Staqueen	5
				light pink	浅粉色	Tesnoram	6
				medium pink	中等粉色	Zalsabri	7
				blue pink	蓝粉色	Konswitch	8
				orange red	橙红色	Zalsance，Zapriliarange	9
				red	红色	Alsdun01	10
				purple red	紫红色	Konalegria，Tesrome	11
				light purple	泛紫色	Tesmars	12
				medium purple	中等紫色	Konplatina	13
				dark purple	深紫色	Zalsatista	14
14.		QN	MG/MS/VG		（+）（a）（c）		
				Flower：length in frontal view	花：正面长度		
				short	短	Konwpearls	3
				medium	中	Alsdun01，Kongrenday	5
				long	长	Gataran，Zalsatista	7
15.		QN	MG/MS/VG		（+）（a）（c）		
				Flower：width in frontal view	花：正面宽度		
				Narrow	窄	Konwpearls	3
				Medium	中	Tesmoonli，Zalsabri	5
				Broad	宽	Gataran，Zalsatista	7
16.		QN	MG/MS/VG		（+）（a）（c）		
				Flower：ratio length/width in frontal view	花：正面长宽比		
				low	小	Tespale	3
				medium	中	Gataran，Tesrome	5
				high	大	Konswitch	7
17.		QN	MG/MS/VG		（+）（a），（c）		
				Flower：length in side view	花：侧面长度		
				short	短		3
				medium	中		5
				long	长		7
18.	（*）	PQ	VG		（+）（a）（c）		
				Outer tepal：shape of blade	外花被片：形状		
				circular	圆形		1
				broad elliptic	阔椭圆形	Konwpearls	2
				medium elliptic	中等椭圆形	Zalsance	3
				broad obovate	阔卵圆形	Alsdun01，Zalsatista	4
				medium obovate	中等卵圆形	Kongrenday	5

续表

性状编号	星号性状	英文		中文	标准品种	代码
19.		QN	VG	(+)(a)(c)		
		Outer tepal: emargination		外花被片：内凹		
		shallow		浅	Alsdun01，Konplatina	3
		medium		中	Konswitch，Tesmoonli	5
		deep		深	Tesrome，Zalsabri	7
20.	(*)	PQ	VG	(a)(c)(d)		
		Outer tepal: main color of outer side		外花被片：外表面主色		
		RHS Colour Chart（indicate reference number）		RHS 比色卡（注明参考色号）		
21.	(*)	QN	VG	(+)(a)(c)		
		Outer tepal: green area of outer side		外花被片：外表面绿色区域面积		
		absent or very small		无或极小	Alsdun01，ESM T122	1
		small		小	Tesmoonli，Zalsabri	2
		medium		中	Tesmars，Zalsanebli	3
		large		大	Gataran	4
		very large		极大		5
22.	(*)	PQ	VG	(a)(c)(d)		
		Outer tepal: main color of top zone of inner side（green area excluded）		外花被片：内表面中央区域主色		
		RHS Colour Chart（indicate reference number）		RHS 比色卡（注明参考色号）		
23.	(*)	PQ	VG	(a)(c)(d)		
		Outer tepal: main color of top zone of inner side（green area excluded）		外花被片：内表面顶部主色（绿色区域除外）		
		RHS Colour Chart（indicate reference number）		RHS 比色卡（注明参考色号）		
24.	(*)	PQ	VG	(a)(c)(d)		
		Outer tepal: main color of lateral zone of inner side		外花被片：内表面两侧主色		
		RHS Colour Chart（indicate reference number）		RHS 比色卡（注明参考色号）		
25.	(*)	PQ	VG	(a)(c)(d)		
		Outer tepal: main color of basal zone of inner side		外花被片：内表面基部主色		
		RHS Colour Chart（indicate reference number）		RHS 比色卡（注明参考色号）		
26.	(*)	QN	VG	(+)(a)(c)		
		Outer tepal: small stripes on marginal part of lateral zone of inner side		外花被片：内表面两侧边缘细条纹		
		absent or very few		无或极少	Alsdun01，Konplatina	1
		few		少	Kongrenday	3
		medium		中	Zalsatista	5
		many		多		7

性状编号	星号性状	英文			中文		标准品种	代码
27.	(*)	QN	VG		(+)（a）（c）			
		Outer tepal: large stripes on inner side (marginal zone excluded)			外花被片：内表面粗条纹（边缘区域除外）			
		absent or very few			无或极少		Alsdun01, Konplatina	1
		few			少		ESM T122	2
		medium			中			3
		many			多			4
		very many			极多			5
28		PQ	VG		(+)（b）			
		Inner lateral tepal: shape			内部侧花被片：形状			
		medium elliptic			中等椭圆形		Tespolar, Zalsabri	1
		narrow elliptic			窄椭圆形		Kongrenday	2
		medium obovate			中等卵圆形		Zapriliarange	3
		narrow obovate			窄卵圆形		Konwpearls	4
29.	(*)	PQ	VG		（a）（c）（d）（e）			
		Inner lateral tepal: main color of central zone			内部侧花被片：中央区域主色			
		RHS Colour Chart (indicate reference number)			RHS 比色卡（注明参考色号）			
30.	(*)	PQ	VG		（a）（c）（d）（e）			
		Inner lateral tepal: main color of apical zone			内部侧花被片：顶部主色			
		RHS Colour Chart (indicate reference number)			RHS 比色卡（注明参考色号）			
31.	(*)	PQ	VG		（a）（c）（d）（e）			
		Inner lateral tepal: main color of basal zone			内部侧花被片：基部主色			
		RHS Colour Chart (indicate reference number)			RHS 比色卡（注明参考色号）			
32.	(*)	QN	MG/VG		(+)（a）（c）（e）			
		Inner lateral tepal: number of stripes			内部侧花被片：条纹数量			
		absent or very few			无或极少		Tesmars	1
		few			少		Alsdun01	3
		medium			中		Konplatina, Zalsabri	5
		many			多		ESM T122, Gataran	7
		very many			极多		Zalsatista	9
33.	(*)	QN	VG		(+)（a）（c）（e）			
		Inner lateral tepal: area of striped zone			内部侧花被片：条纹区域面积			
		small			小			3
		medium			中			5
		large			大			7

续表

性状编号	星号性状	英文		中文	标准品种	代码
34.	(*)	QN	MG/MS/VG	(+)（a）（c）（e）		
		Inner lateral tepal: length of stripes		内部侧花被片：条纹长度		
		very short		极短		1
		short		短		3
		medium		中		5
		long		长	Lovely Lake	7
		very long		极长	Boulevard	9
35.	(*)	QN	MG/VG	(+)（a）（c）（e）		
		Inner lateral tepal: width of stripes		内部侧花被片：条纹宽度		
		very narrow		极窄		1
		narrow		窄	Alsdun01，Konaribean	3
		medium		中	Konplatina，Tesmoonli	5
		broad		宽	Konantarct，Zalsatista	7
		very broad		极宽		9
36.	(*)	PQ	VG	（a）（c）（d）（e）		
		Inner median tepal: main color		内部中花被片：主色		
		RHS Colour Chart（indicate reference number）		RHS比色卡（注明参考色号）		
37.	(*)	PQ	VG	（a）（c）（d）（e）		
		Inner median tepal: secondary color		内部中花被片：次色		
		RHS Colour Chart（indicate reference number）		RHS比色卡（注明参考色号）		
38.	(*)	QN	MG/VG	（a）（c）（e）		
		Inner median tepal: number of stripes		内部中花被片：条纹数量		
		absent or very few		无或极少	Alsdun01，Tesmars	1
		few		少	Tesrome，Zalsabri	3
		medium		中	ESM T122，Zanalsron	5
		many		多	Zalsatista	7
39.	(*)	PQ	VG	(+)（a）（c）		
		Anther: color		花药：颜色		
		greenish		泛绿色	Konplatina，Tesmoonli	1
		yellowish		泛黄色	Zalsabri	2
		orange		橙色	Alsdun01，Konaribean	3
		purplish		泛紫色	Tespolar，Zalsanebli	4
		blue		蓝色	Gataran，Konswitch	5
		brownish		泛棕色		6
		medium grey		中等灰色		7
		dark grey		深灰色		8

续表

性状编号	星号性状	英文		中文	标准品种	代码
40.	(*)	PQ	VG	（a）（c）（d）		
		Filament：main color		**花丝：主色**		
		white		白色	Konantarct，Zalsabri	1
		yellow		黄色	ESM T122，Gataran	2
		orange		橙色	Konaribean	3
		orange red		橙红色	Alsdun01，Zalsance	4
		red		红色	Tesronto，Zaprikate	5
		pink		粉色	Kongrenday，Tesnoram	6
		red purple		红紫色	Konalegria，Tesrome	7
		light purple		泛紫色	Konplatina，Tesmoonli	8
		medium purple		中等紫色	Tesmars，Zalsatista	9
41.		QN	VG	(+)（a）（c）		
		Filament：number of spots		**花丝：斑点数量**		
		absent or very few		无或极少		1
		few		少		2
		medium		中		3
		many		多		4
		very many		极多		5
42.	(*)	QL	VG	(+)（a）（c）		
		Stigma：spots		**柱头：斑点**		
		absent		无		1
		present		有		9
43.	(*)	QN	VG	(+)（a）（c）		
		Ovary：extent of anthocyanin coloration		**子房：花青苷显色面积**		
		absent or very small		无或极小	Konswitch，Tesmoonli	1
		small		小	Konplatina，Zalsabri	3
		medium		中	Alsdun01，Zalsatista	5
		large		大	Konaribean，Tesmars	7
		very large		极大	Tespale	9

8 性状表解释

8.1 对多个性状的解释

应按照如下说明进行测试。

（a）应该在 50% 的花开放时，在完全发育的茎上观测。

（b）应该在茎中部 1/3 处的叶片上观测。

（c）应该在花的第一个花药散粉时进行观测。

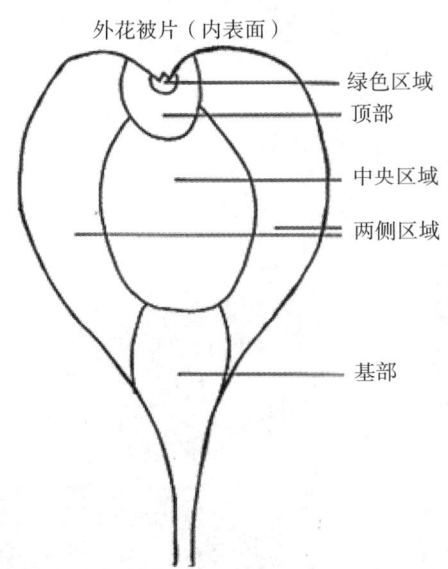
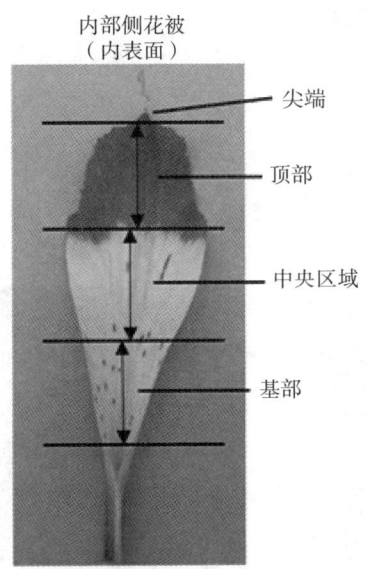

（d）主色是指表面积最大的颜色。如果主色和次色面积过于相近，无法区分，则把颜色更深的定为主色。

（e）应在内表面进行观测。

8.2 对单个性状的解释

性状1：植株高度

植株高度应该是从土壤表面到植株顶部的距离（包含花）。

性状2：茎粗度

粗度应在中部1/3位置处进行测量。

性状 5：叶长度

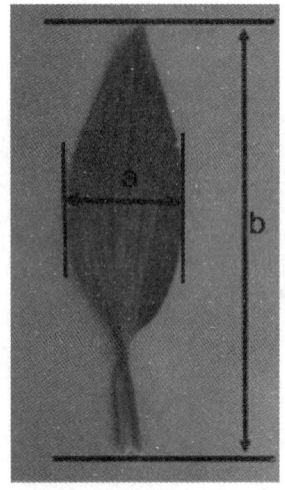

a—叶宽度；b—叶长度。

性状 6：叶宽度

见性状 5。

性状 7：叶片姿态

3	5	7
半直立	水平	半下弯

性状 8：叶片灰色中脉条纹

1	9
无	有

a—灰色中脉条纹。

性状 9：叶片彩斑

应观测叶片的上表面。淡灰色中部条纹不能认为是彩斑。

1	9
无	有

a—上表面。

性状 10：伞状花序分枝长度

分枝长度是指生长点到顶部花蕾基部的距离。

性状 12：花梗长度

性状 14：花正面长度

a—花正面长度；b—花正面宽度。

性状 15：花正面宽度
见性状 14。

性状 16：花正面长宽比

3	5	7
小	中	大

性状 17：花侧面长度

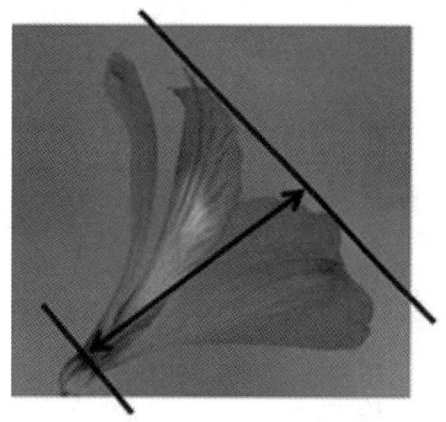

性状18：外花被片形状

相对宽度	←最宽处→	
	在中部	中部以上
窄	3 中等椭圆形	5 中等卵圆形
中	2 阔椭圆形	4 阔卵圆形
宽	1 圆形	

性状 19：外花被片内凹

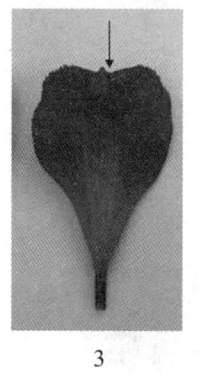
3
浅

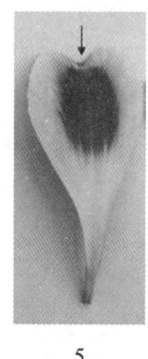
5
中

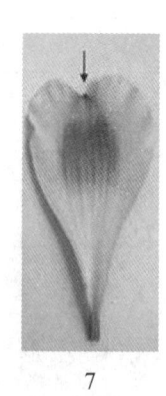
7
深

性状 21：外花被片外表面绿色区域面积

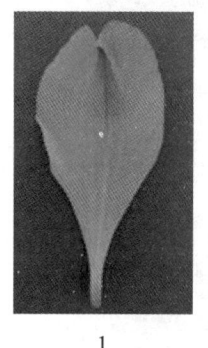
1
无或极小

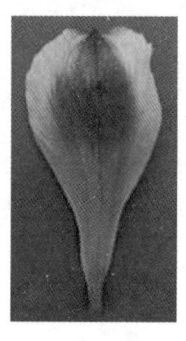
2
小

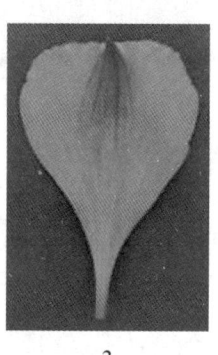
3
中

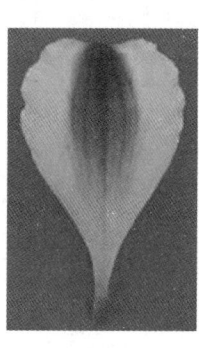
4
大

性状 26：外花被片内表面两侧边缘细条纹

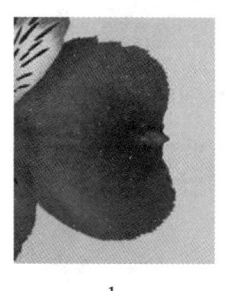
1
无或极少

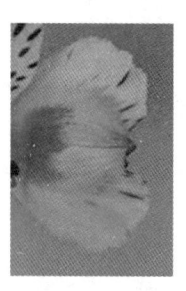
3
少

5
中

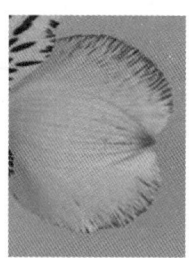
7
多

性状 27：外花被片内表面粗条纹（边缘区域除外）

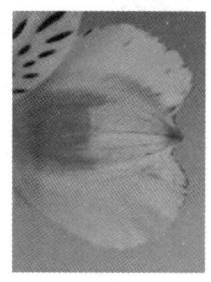
1
无或极少

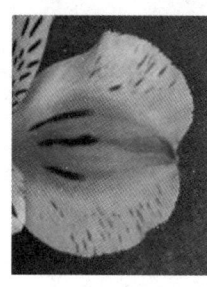
2
少

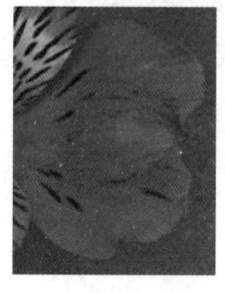
3
中

4
多

性状 28：内部侧花被片形状

相对宽度	←最宽处→	
	位于中部	中部以上
窄	{width=0} 2 窄椭圆形	4 窄卵圆形
中	1 中等椭圆形	3 中等卵圆形

性状 32：内部侧花被片条纹数量

1	3	5	7	9
无或极少	少	中	多	极多

性状33：内部侧花被片条纹区域面积

3	5	7
小	中	大

性状34：内部侧花被片条纹长度
应测量最长的条纹的长度，中脉条纹除外。

1	3	5	7	9
极短	短	中	长	极长

性状35：内部侧花被片条纹宽度
应测量最宽的条纹的宽度，中脉条纹除外。

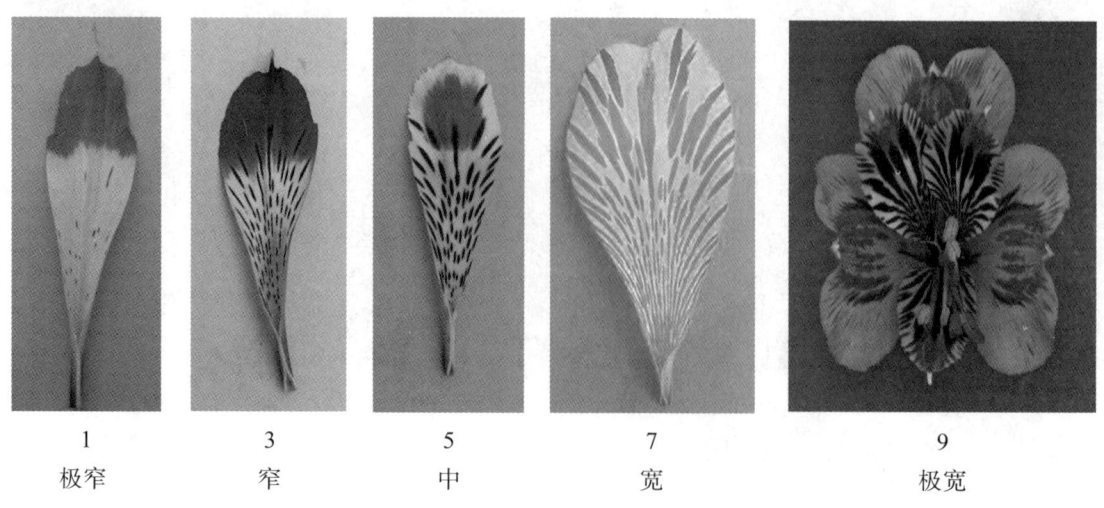

1	3	5	7	9
极窄	窄	中	宽	极宽

性状 39：花药颜色
在凋谢之前观测。

性状 41：花丝斑点数量

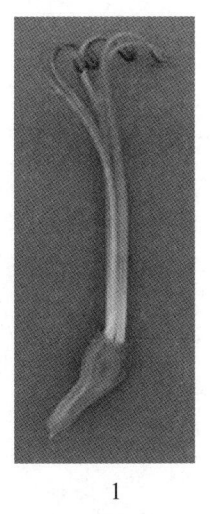 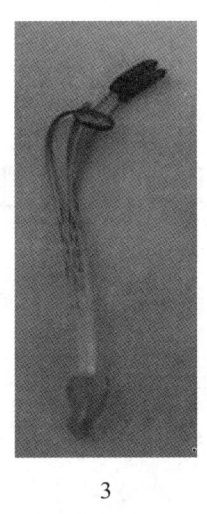 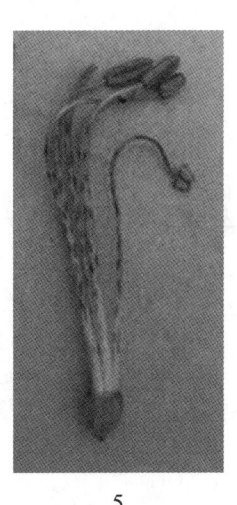

1	3	5
无或极少	中	极多

性状 42：柱头斑点

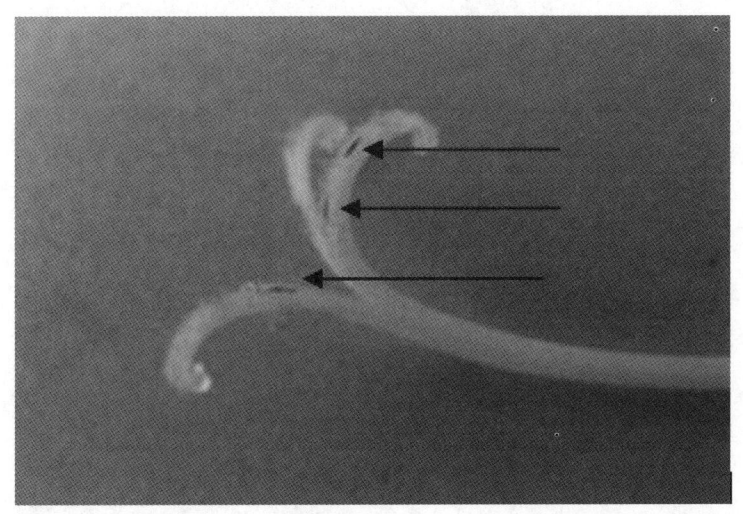

扫码下载原文

如扫描二维码无法下载指南原文，可能是指南版本有更新，可扫描本书封底二维码查看与本文对应的指南版本

性状 43：子房花青苷显色面积

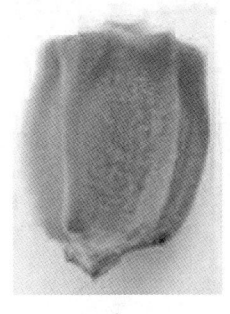 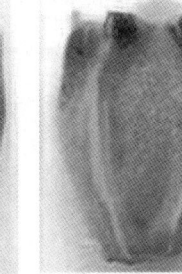   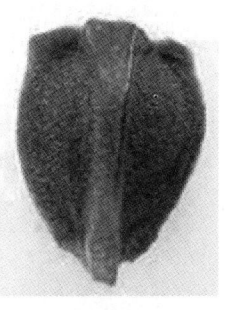

1	3	5	7	9
无或极小	小	中	大	极大

TG/42/6
原文：英文
日期：1995-10-20

国际植物新品种保护联盟
植物品种特异性、一致性和稳定性
测试指南

杜鹃花属

RHODODENDRON

（*Rhododendron* L.）

1 指南适用范围

本指南适用于除德钦杜鹃（*Rhododendron simsii* Planch.）（盆栽品种）以外的所有杜鹃花属（*Rhododendron* L.）无性繁殖品种。

2 繁殖材料要求

2.1 待测品种测试所需繁殖材料的数量和质量以及繁殖材料提交的时间和地点由主管机构决定。申请人从非测试地区所在国提交的繁殖材料，应符合海关规定并满足相关植物检疫的要求。提供的种子的最小量应为 6 个植株，每个应该至少有 3 朵花蕾，嫁接在商业用途的砧木上（最好是 Cunningham's White）或者带有自己的根。

2.2 供应的植物材料应具有明显的健康状态，不缺乏活性且没有受到任何严重病虫害的影响。优选不能从体外繁殖获得。主管机构可以规定应使用哪种砧木。如果植物接种，应使用所选的根茎。

2.3 提交的繁殖材料不得进行任何可能影响品种性状表达的处理，除非主管机构允许或要求进行这种处理。如果材料已经处理，必须提供相关处理的详细说明。

3 测试实施

3.1 测试的最少周期数量通常为 1 个生长周期。如果特异性或/和一致性检验不能在 1 个生长周期充分体现则应进行第二生长周期的试验。

3.2 测试通常在 1 个地点进行，如果某些重要性状在此地点不能表达时，可在另一地点进行测试。

3.3 测试应在开放的地块进行，土壤中的腐殖质应不少于 3%，土壤条件应确保植株正常生长。试验的设计应保证，当因测量或计数等需要，从小区取走一部分植株或植株部位后，不影响生长周期结束前的所有观测。每个测试至少应有 6 个植株。单独观察和测量的地块应保证环境条件相同。

3.4 如有特殊需要，可进行附加测试。

4 观测方法

4.1 所有观测应在 6 个植株的 10 种典型植株部位上进行。

4.2 评价一致性时，应采用 1% 的群体标准和 95% 的接受概率。当样本量为 6 个时，允许有 1 个异型株。

4.3 所有幼叶的观察都应在当季发芽生长的叶片达到最大时进行。

4.4 所有成熟叶的观察应在秋季生长末期的顶芽下部第二叶进行。

4.5 为避免日光变化的影响，花的颜色应在有人工光源的空间内，或于中午没有阳光直射的房间内进行。人工光源光谱分布应符合 CIE "理想日光标准 D6500"，且在《英国标准 950：第 1 部分》规定的允许范围之内。观测应在白色背景下进行。

5 品种分组

5.1 待测品种应分组种植以便进行特异性评价。适用于分组的性状是已知不会出现变异或者仅在品种内发生轻微变异的性状。这些性状的不同表达状态应十分均匀地分布于品种库中。

5.2 建议主管机构用以下性状进行品种分组。

（1）植株：落叶性（性状 1）。

（2）花冠裂片：上表面中部颜色（性状 26）。

（3）始花期（性状 34）。

6 性状和符号

6.1 为评价特异性、一致性和稳定性，应使用性状表中用 UPOV 3 种工作语言给出的性状及其表达状态。

6.2 为便于电子数据处理，每个性状的表达状态都赋予了相应的代码（1～9）。

6.3 注释

（*）除非前序性状的表达或区域环境条件所限使其无法测试，在测试的每一生长时期，对所有品种都要进行测试的、总要包含在品种描述中的性状。

（+）参见第 8 部分性状表解释。

7 性状表

性状编号	英文	中文	标准品种	代码
1.(*)	**Plant：persistence of Leaves**	**植株：落叶性**		
	deciduous	落叶	Annabella	1
	evergreen	常绿	Feuerschein	2
2.(*)	**Plant：growth habit**	**植株：生长习性**		
	very narrow brushy	极窄帚状	Rosa Regen	1
	narrow bushy	窄帚状	Dr. H.C. Dresselhuys3	
	medium bushy	中等帚状		5
	broad bushy	阔帚状	Brigitte	7
	very broad bushy	极阔帚状	Böhlje's Sämling	9
3.(*)	**Terminal inflorescence bud：shape**	**末端花序花蕾：形状**		
	narrow elliptic	窄椭圆形	Kokardia	3
	elliptic	椭圆形	Feuerschein	5
	broad elliptic	阔椭圆形	Goldkrone	7
4.	**Young leaf：bloom on upper side**	**幼叶：上表面蜡粉**		
	absent or very weak	无或极弱		1
	weak	弱	August Lamken	3
	medium	中	Brigitte	5
	strong	强	Sneezy	7
	very strong	极强		9
5.(*)	**Young leaf：anthocyanin coloration of upper side**	**幼叶：上表面花青苷显色**		
	absent or very weak	无或极弱	sehr gering	1
	weak	弱	Berlin	3
	medium	中	Willbrite	5
	strong	强	Annabella	7
	very strong	极强		9

续表

性状编号	英文	中文	标准品种	代码
6.(*)	Mature leaf: color of upper side	成熟叶：上表面颜色		
	yellow green	黄绿色	Caractus	1
	light green	泛绿色	Ludwig Leopold 2	
	medium green	中等绿色		3
	dark green	深绿色	Nova Zembla	4
	blue green	蓝绿色		5
	reddish green	泛红绿色	rötlichgrün	6
7.(*)	Mature leaf: color of lower side	成熟叶：下表面颜色		
	whitish green	泛白绿色	King's Ride	1
	light green	泛绿色	Mrs. William Agnew	2
	medium green	中等绿色	Mrs. William Watson	3
	dark green	深绿色		4
	blue green	蓝绿色	Schlaraffia	5
	light brown	浅棕色	Katinka	6
	reddish brown	泛红棕色	Rosvallon	7
	dark brown	深棕色	Grumpy	8
8.(*)	Mature leaf: length including petiole	成熟叶：长度（包含叶柄）		
	short	短	Bambi	3
	medium	中	Annica Bricogne	5
	long	长	White Cloud	7
9.(*)	Mature leaf: width	成熟叶：宽度		
	narrow	窄	Rosa Perle	3
	medium	中	Lugano	5
	broad	宽	White Campanula	7
10.(*)	Mature leaf: shape of blade	成熟叶：叶片形状		
	slightly ovate	弱卵圆形	August Lamken	1
	strongly ovate	强卵圆形		3
	elliptic	椭圆形	Kokardia	5
	slightly ovobate	弱倒卵圆形		7
	strongly obovate	强倒卵圆形		9
11.(*)	Mature leaf: shape of cross section of blade	成熟叶：叶片横截面形状		
	stronlgy concave	强烈下凹		1
	strongly concave to concave	强烈下凹到下凹		2
	concave	中等下凹	Kokardia	3
	concave to straight	下凹到近直线		4
	straight	直线	Goldkrone	5
	straight to convex	直线到上凸		6
	convex	凸起	Graf Zeppelin	7
	convex to strongly convex	凸起到强烈凸起		8
	strongly convex	强烈凸起		9

续表

性状编号	英文	中文	标准品种	代码
12.	**Mature leaf: glossiness of upper side**	成熟叶：上表面光泽度		
	absent or very weak	无或极弱		1
	weak	弱		3
	medium	中	Brigitte	5
	strong	强	Party Glanz	7
	very strong	极强		9
13.	**Inflorescence: number of flowers**	花序：花数量		
	few	少	Rödhätte	3
	medium	中	Maruschka	5
	many	多	Pierre Moser	7
14.(*)	**Varieties with more than 6 flowers per inflorescence only: Inflorescence: shape**	花序：形状（每个花序有超过6朵花的品种）		
	flat	平展		1
	slightly domed	弱穹形		2
	strongly domed	强穹形		3
	conical	圆锥形		4
15.	**Pedicel: length**	花梗：长度		
	short	短		3
	medium	中	Kokardia	5
	large	长		7
16.	**Pedicel: color on sunny side**	花梗：向阳面颜色		
	yellow green	黄绿色		1
	light green	泛绿色		2
	dark green	深绿色		3
	red green	红绿色		4
	bronze	青铜色		5
	red	红色		6
	purple	紫色		7
17.(*)	**Calyx: presence**	花萼：有无		
	absent	无		1
	present	有		9
18.	**Calyx lobes: length of longest**	萼裂片：最长裂片长度		
	short	短		3
	medium	中		5
	long	长		7
19.(*)(+)	**Flower: shape**	花：形状		
	wide funnel-shaped	阔漏斗状	Germania, Helga	1
	open funnel-shaped	开漏斗状	Kokardia, Viscy	2
	funnel-shaped	漏斗状	Dr. H.C. Dresselhuys	3
	ventricose-funnel-shaped	膨大漏斗状	Gartendirektor Glocker	4
	tubular funnel-shaped	管形漏斗状		5
	open funnel-campanulate	开漏斗钟状		6
	wide funnel-campanulate	阔漏斗钟状	Abendsonne	7
	campanulate	钟状	Glockenform	8
	tubular campanulate	管形钟状	form	9

续表

性状编号	英文	中文	标准品种	代码
20.(*)	**Flower：diameter**	花：直径		
	very narrow	极窄		1
	narrow	窄	Lavender Queen	3
	medium	中	Tarantella	5
	broad	宽	Mother of Pearl	7
	very broad	极宽	Lodery Venus	9
21.	**Flower：fragrance**	花：香味		
	absent or very weak	无或极弱	Belle fontaine	1
	weak	弱	Duchess of York	3
	medium	中	Saba	5
	strong	强	Calfort	7
	very strong	极强	Sir Charles Butler	9
22.(*)	**Flower：type**	花：类型		
	single	单瓣		1
	double	重瓣		2
23.	**Varieties with double corolla only: Flower：number of petals**	花：花瓣数量（仅适用于重瓣类型的品种）		
	few	少	Double Date	3
	medium	中	Fastuosum Flore Pleno	5
	many	多	Madame J. Moser	7
24.(*)	**Corolla lobes：undulation of margin**	花冠裂片：边缘波状		
	absent or very weak	无或极弱		1
	weak	弱	Allotria	3
	medium	中	Dr. A. Blok	5
	Strong	强	Lavender Queen	7
	very strong	极强	Passion	9
25.(*)	**Corolla lobe：color of margin of upper side**	花冠裂片：上表面边缘颜色		
	RHS Colour Chart(indicate reference number)	RHS比色卡（注明参考色号）		
26.(*)	**Corolla lobe：color of middle of upper side**	花冠裂片：上表面中部颜色		
	RHS Colour Chart(indicate reference number)	RHS比色卡（注明参考色号）		
27.(*)	**Corolla lobe：color of middle of lower side**	花冠裂片：下表面中部颜色		
	RHS Colour Chart(indicate reference number)	RHS比色卡（注明参考色号）		

续表

性状编号	英文	中文	标准品种	代码
28.(*)	Corolla lobe: conspic-uousness of markings of the throat	花冠裂片：喉部斑纹明显程度		
	absent or very weak	无或极弱	Helen Schiffer	1
	weak	弱	Tarantella	3
	medium	中	Humbolt	5
	strong	强	Kokardia	7
	very strong	极强	James Nasmyth	9
29.	Corolla lobe: type of markings	花冠裂片：斑纹类型		
	spots not touching each other	斑点彼此分散	Anilin, Feuerschein	1
	spots touching each other	斑点彼此相接	Belkanto	2
	blotches surrounded by spots	斑点围绕斑块	Kokardia	3
	one blotch only	仅有一个斑块	Madame Linden	4
30.	Corolla lobe: color of markings	花冠裂片：斑的颜色		
	RHS Colour Chart(indicate reference number)	RHS 比色卡（注明参考色号）		
31.	Anthers: color	花药：颜色		
	white	白色	Cunningham's White	1
	yellow	黄色	Madame Fr. J. Chauvin	2
	green	绿色		3
	red	红色		4
	brown	棕色	Goldbukett	5
	purple	紫色	Mademoiselle Marie van Houtte	6
	violet	紫罗兰色	Madame Linden	7
	black	黑色	Taunus	8
32.	Pistil: length in comparison with stamens	雌蕊：相对于雄蕊长度		
	shorter	短于	Nicoletta	1
	equal	平齐	Haaga	2
	longer	长于	Game Waterer	3
33.	Pistil: color of stigma	雌蕊：柱头颜色		
	white	白色		1
	yellow	黄色	Madame Fr. J. Chauvin	2
	green	绿色	Gartendirektor Glocker	3
	red	红色		4
	purple	紫色	Roseum Elegans	5
	brown	棕色	Belkanto	6
34.(*)	Time of beginning of flowering	始花期		
	very early	极早		1
	early	早	Cunningham's White	3
	medium	中		5
	late	晚	Belkanto	7
	very late	极晚	Erato	9

8 性状表解释

性状 19：花形状

1 阔漏斗状	2 开漏斗状	3 漏斗状
4 膨大漏斗状	5 管形漏斗状	6 开漏斗钟状
7 阔漏斗钟状	8 钟状	9 管形钟状

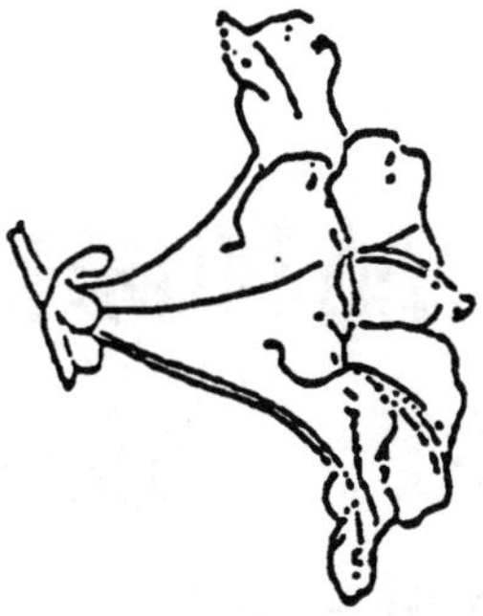

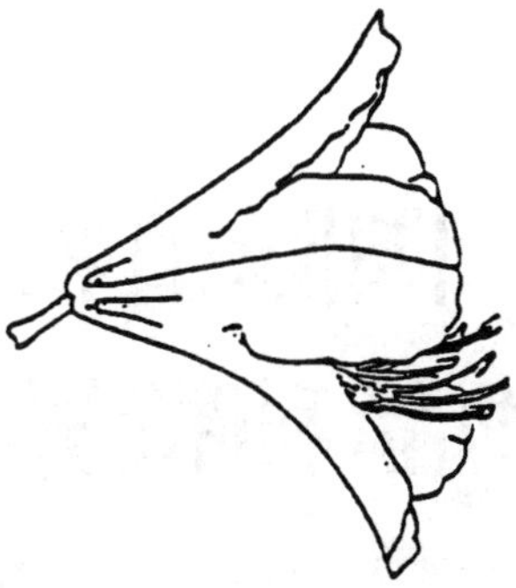

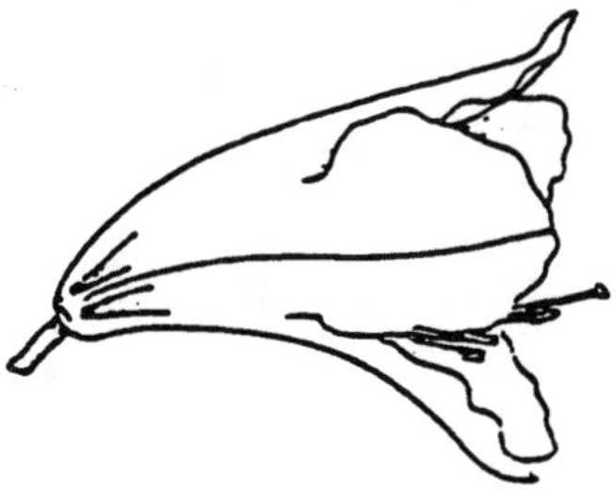

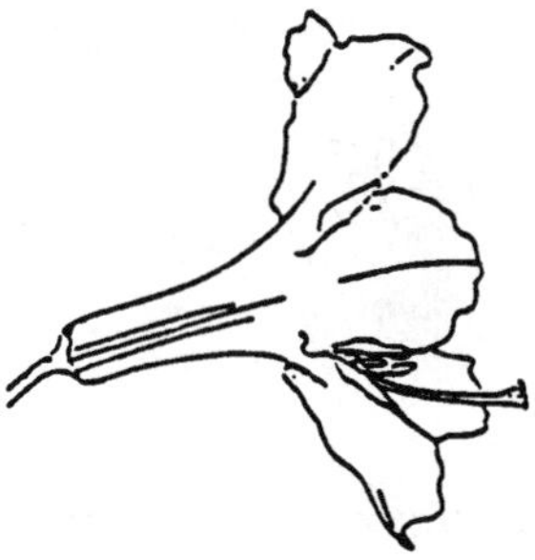

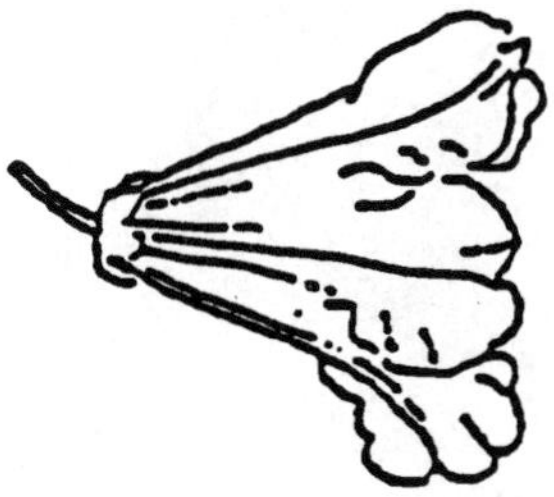

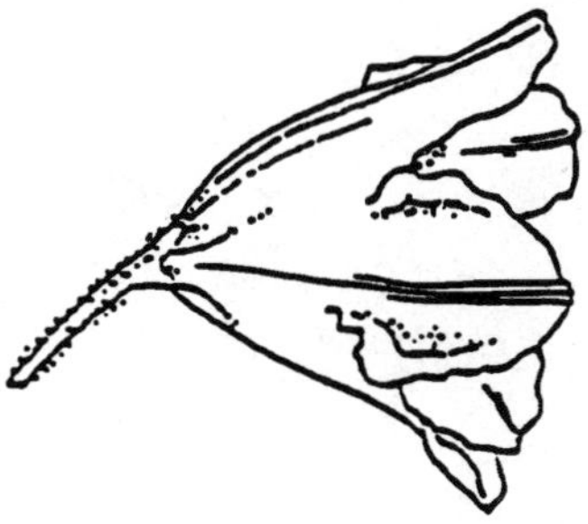

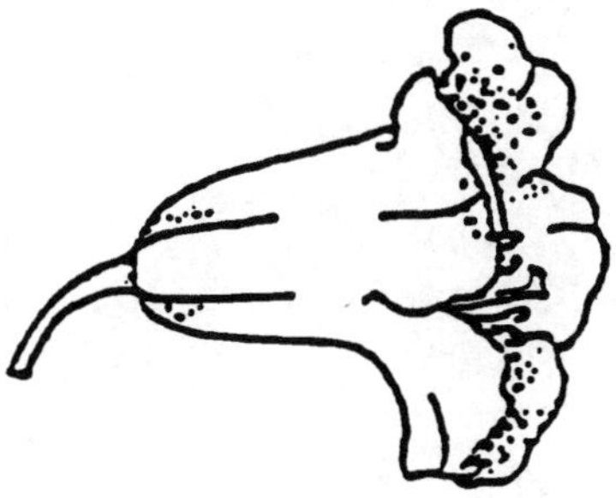

扫码下载原文

如扫描二维码无法下载指南原文，可能是指南版本有更新，可扫描本书封底二维码查看与本文对应的指南版本

TG/47/5
原文：英文
日期：1985-11-13

国际植物新品种保护联盟
植物品种特异性、一致性和稳定性
测试指南

海豚花

(*Streptocarpus* × hybridus Voss)

1 指南适用范围

1.1 尽管在大部分成员国中，整个海豚花属都是可以被保护，但大多数申请品种都是 *Streptocarpus* × *hybridus* Voss 的杂交种。

1.2 因为其余的 *Streptocarpus* × *hybridus* Voss 品种间呈现非常显著的性状差异，因此本指南主要局限于后者。*Streptocarpus* × *hybridus* Voss 是一个相当模糊和广泛的群体。属于这一分类的杂交种与 *Streptocarpus rexii* Lindl. 表现出一种形态上的亲和性，但其他许多品种（*Streptocarpus dunii* Mast. ex Hook. f.，*Streptocarpus wendlandii* Sprenger ex Damman，*Streptocarpus saundersii* Hook.，*Streptocarpus johannis* Britt.，*Streptocarpus galpinii* Hook. f. 等）已经和此品种杂交。

1.3 *Streptocarpus* × *hybridus* 包括杂交组合 *Streptocarpus* × *kewensis*，*Streptocarpus* × *veitchii* 和 *Wiesmoor hybrids*.

2 繁殖材料要求

2.1 待测品种测试所需繁殖材料的数量和质量以及繁殖材料提交的时间和地点由主管机构决定。申请人从测试所在国境外提交繁殖材料的，必须确保符合所有海关规定。提交的繁殖材料的数量应不少于 5 个成熟植株。

2.2 提供的繁殖材料应外观健康有活力，未受到任何严重病虫害的影响。提交的植物材料不应进行任何可能会影响植物随后的生长的处理，如果材料已经处理，必须提供处理的详细说明。

3 测试实施

测试应该在能提供植株正常生长的环境条件的温室中进行。测试应该在一个地点进行。

繁殖：3 月初（北半球）时，5 株样本植株进行叶插繁殖。移除叶片中脉，将其中的 1/2 移入含有 50% 标准土和 50% 沙泥炭的混合物中。

标准土所含成分如下：60% 的磨砂泥炭和 40% 的泥炭杂物，每立方米添加 50 升沙子，5 kg 镁肥料（54% 碳酸镁 +5% 氧化镁）以及 1.5 kg 14-16-18 肥料。

每个植物上取 10 个插枝进行盆栽，所以，鉴定样本由 50 个植株组成。

种植时间：5 月底。

土壤：标准土。

盆大小：12 cm。

施肥：生育期后期按需提供液体肥料（氮－磷－钾：17-6-18+ 硼，钼和铜）。

植株间距离：根据植株的大小，使植株的叶子不重叠。

灌溉：等高灌溉，水温在 18~20 ℃，冬季在 13 ℃。

温度：夏季夜晚 15 ℃，冬季 13 ℃。

光照：用 60% 的遮阳布进行室内遮阴。为防范强光照射，玻璃的外层应涂成白色。

植保：防病——用杀菌剂防治枯萎病；防虫——用杀虫剂防治线虫。

4 方法和观测

4.1 经验表明，在一致性和稳定性测试时，对于无性繁殖的海豚花，足以依据观测性状的表达状态判定供试的繁殖材料是否一致并且是否存在变异或混杂。

4.2 一个测试通常在 1 个生长周期内进行。如果特异性和一致性在 1 个生长周期内不能确定，应该进行第二个生长周期的测试。

4.3 所有的观测都应在盛花期的至少 10 个植株的典型植株部位上进行。

4.4 为避免日光变化的影响，花的颜色应在有人工光源的空间内，或于中午在北向的房间内进行观测。人工光源光谱分布应符合 CIE "理想日光标准 D6500"，且在《英国标准 950：第 1 部分》规定的容许范围之内。花的颜色应该将花放在一张白纸上观测。

5　品种分组

5.1 待测品种应分组种植以便进行特异性评价。适用于分组的性状是已知不会出现变异或者仅在品种内发生轻微变异的性状。这些性状的不同表达状态应十分均匀地分布于品种库中。

5.2 建议主管机构使用花冠裂片的内侧的主色（性状 17）作为分组性状的依据，有 5 种颜色：白色、粉色、红色、紫罗兰色、蓝色。

6　性状和符号

6.1 为评价特异性、一致性和稳定性，应使用性状表中用 UPOV 的 3 种工作语言给出的性状及其表达状态。星号性状（用 "*" 标记）是始终应包含在所有品种的描述中的性状，除非前序性状的表达或区域环境条件所限使其无法测试。

6.2 为便于电子数据处理，每个性状的表达状态都赋予了相应的代码（1~9）。

6.3 注释

（*）是应包含在所有品种的描述中的性状，除非前序性状的表达或区域环境条件所限使其无法测试。

（+）参见第 8 部分性状表解释。

7　性状表

性状编号	英文	中文	标准品种	代码
1. (*)	**Plant：size**	**植株：大小**		
	small	小	Snow-white	3
	medium	中	Maja	5
	large	大	Burgund	7
2. (*)	**Leaf：attitude**	**叶：姿态**		
	erect	直立		3
	semi-erect	半直立	Büba	5
	horizontal	水平	Karen	7
3. (*)	**Leaf：length**	**叶：长度**		
	short	短	Snow-white	3
	medium	中	Maja	5
	long	长	Burgund	7
4. (*)	**Leaf：width**	**叶：宽度**		
	narrow	窄	Snow-white	3
	medium	中	Elsi	5
	wide	宽	Maja	7

续表

性状编号	英文	中文	标准品种	代码
5 (*)	**Leaf：rugosity**	叶：褶皱程度		
	weak	弱	Paula	
	medium	中	Ambition	
	strong	强	Super Nymph	
6 (*)	**Leaf：undulation of marginal zone**	叶：叶缘波状程度		
	absent or very weak	无或极弱	Trudi	1
	weak	弱	Paula	3
	medium	中	Maidal	5
	strong	强		7
	very strong	极强		9
7 (*)	**Leaf：crenelation of margin**	叶：叶缘齿状		
	fine	细齿状	Karen	3
	medium	中等齿状	Elsi	5
	coarse	粗齿状	Heba	7
8 (*)	**Inflorescence：length of peduncle**	花序：花梗长度		
	short	短	Snow-white	3
	medium	中	Maja	5
	long	长	Heidi	7
9 (*)	**Inflorescence：anthocyanin coloration of peduncle**	花序：花梗花青苷显色		
	absent	无	Albatros	1
	present	有	Büba	9
10 (*)	**Inflorescence：number of flowers**	花序：花数量		
	few	少	Maidal	3
	medium	中	Maja	5
	many	多	Diana	7
11 (*)	**Calyx:anthocyanin coloration**	花萼：花青苷显色		
	absent	无	Venus	1
	present	有	Elsi	9
12 (*)	**Flower：size**	花：大小		
	small	小	Snow-white	3
	medium	中	Maja	5
	large	大	Bamein	7
13 (*)	**Corolla：transition of tube into limb**	花冠：冠筒到冠翼的过渡		
	gradual	渐变的	Snow-white	1
	abrupt	突变的	Maja	2
14 (*)	**Corolla：cross section of limb**	花冠：冠翼横切面		
	concave	凹	Snow-white	3
	flat	平	Hera	5
	convex	凸	Jupiter	7
15 (*)	**Corolla：shape of lower lobes**	花冠：下部裂片形状		
	broad elliptic	宽椭圆形	Maja	1
	circular	圆形	Nancy	2

续表

性状编号	英文	中文	标准品种	代码
16 (*)	**Corolla: incisions of lobes**	花冠：裂片缺刻		
	absent or very shallow	无或极浅	Maja	1
	shallow	浅	Maassen's White	3
	medium	中	Nancy	5
	deep	深	Büba	7
	very deep	极深		9
17 (*)	**Corolla: main color of inner side of lobes**	花冠：裂片内侧主色		
	RHS-Colour Chart (indicate reference number)	RHS比色卡（注明参考色号）		
18 (*)	**Corolla: secondary color of inner side of lobes**	花冠：裂片内侧次色		
	RHS-Colour Chart (indicate reference number)	RHS比色卡（注明参考色号）		
19 (*)	**Corolla: colored venation of lobes**	花冠：裂片着色脉络		
	absent	无	Albatros	1
	present	有	Constant Nymph	9
20 (*)	**Corolla: color of venation of lobes**	花冠：裂片脉络颜色		
	pink	粉色		1
	red	红色	Ambition	2
	purple	紫色	Burgund	3
	blue	蓝色	Super Nymph	4
21 (*)	**Corolla: ground color of macule**	花冠：斑底色		
	RHS-Colour Chart (indicate reference number)	RHS比色卡（注明参考色号）		
22 (*)	**Corolla: stripes (on and/or beside the macule)**	花冠：条纹（在斑上和/或斑旁边）		
	absent	无	Albatros	1
	present	有	Maja	9
23 (*)	**Corolla: main color of stripes (as for 22)**	花冠：条纹主色（同性状22）		
	pink	粉色		1
	red	红色	Ambition	2
	purple	紫色	Rosa Nymph	3
	dark violet	深紫罗兰色	Maja	4
	light blue	浅蓝色	Selene	5
	blue	蓝色	Bamein	6
24 (*)	**Corolla: intensity of color of stripes (as for 22)**	花冠：条纹颜色强度（同性状22）		
	weak	弱	Susi	3
	medium	中	Löba	5
	strong	强	Maja	7
25 (*)	**Corolla: main color of outer side of lobes**	花冠：裂片外侧主色		
	RHS-Colour Chart (indicate reference number)	RHS比色卡（注明参考色号）		

续表

性状编号	英文	中文	标准品种	代码
26（*）	**Corolla: main color of outer side of tube**	花冠：冠筒外侧主色		
	RHS-Colour Chart (indicate reference number)	RHS比色卡（注明参考色号）		
27（*）	**Fruiting**	结实		
	not spontaneous	非自发的	Maja	1
	spontaneous	自发的	Susi	2

8 性状表解释

无。

扫码下载原文

如扫描二维码无法下载指南原文，可能是指南版本有更新，可扫描本书封底二维码查看与本文对应的指南版本

TG/59/7
原文：英文
日期：2010-03-24

国际植物新品种保护联盟
植物品种特异性、一致性和稳定性
测试指南

百合属

UPOV 代码：LILIU

(*Lilium* L.)

互用名称 *

植物学名称	英文	法文	德文	西班牙文
Lilium L.	Lily	Lys	Lilie	Lily, azucena, lirio

---

* 这些名称在指南开始使用时是正确的，但随后可能会修改更新。读者可登录 UPOV 网站（www.upov.int），获取最新资料。

1 指南适用范围

本指南适用于百合属（*Lilium* L.）的所有品种。

2 繁殖材料要求

2.1 待测品种繁殖材料的数量和质量要求以及提交的时间和地点由主管机构决定。申请人从测试所在国境外提交繁殖材料的，还应符合海关规定并满足相关植物检疫的要求。

2.2 对于无性繁殖品种，繁殖材料以鳞茎的形式提交，鳞茎的尺寸应能保证第一年能完全开花（东方百合杂种系围径 16～18 cm；其他类型围径 14～16 cm）。鳞茎应仅具有一个芽孔。对于种子繁殖品种，种子发芽率应至少为 50%。

2.3 申请人提交繁殖材料的最小数量：无性繁殖品种为 20 个鳞茎，种子繁殖品种为 300 粒种子。

2.4 提供的繁殖材料应外观健康有活力，未受到任何严重病虫害的影响。

2.5 提交的繁殖材料不得进行任何可能影响品种性状表达的处理，除非主管机构允许或要求进行这种处理。如果材料已经处理，必须提供相关处理的详细说明。

3 测试方法

3.1 生长周期
测试的最少周期数量通常为 1 个生长周期。

3.2 测试地点
测试通常在 1 个地点进行。在 1 个以上地点进行测试时，TGP/9《特异性测试》提供了有关指导。

3.3 测试条件

3.3.1 测试的条件应能满足品种正常生长的需要，以确保品种相关性状充分表达和测试的顺利开展。

3.3.2 除非另有说明，所有的观测应在第一朵花花药开裂时进行。

3.3.3 由于日光会发生变化，在利用比色卡确定颜色时，应在一个合适的有人工光源照明的小室或中午无阳光直射的房间内进行。人工光源光谱分布应符合 CIE"理想日光标准 D6500"，且在《英国标准 950：第 1 部分》的允许范围之内。在鉴定颜色时，应将植株部位置于白色背景上。

3.4 试验设计

3.4.1 对于无性繁殖品种，每个试验应保证至少有 20 个植株；对于种子繁殖品种，每个试验应保证至少有 50 个植株。

3.4.2 试验设计应保证因测量或计数等需要，从小区取走部分植株或植株部位后，不影响生长周期结束前的所有观测。

3.5 植株/植株部位的观测数量

3.5.1 无性繁殖品种：除非另有说明，对于单株的观测，应观测 10 个植株或分别从 10 个植株取下的植株部位；对于其他观测，应观测试验中的所有植株。

3.5.2 种子繁殖品种：除非另有说明，对于单株的观测，应观测 30 个植株或分别从 30 个植株取下的植株部位；对于其他观测，应观测试验中的所有植株。

3.6 附加测试
为测试有关性状，可以进行附加测试。

4 特异性、一致性和稳定性评价

4.1 特异性

4.1.1 一般建议

对于本指南的使用者而言，在判定特异性前参照总则特异性判定的一般原则十分重要。但为进一步说明和强调特异性判定，本指南特列出特异性判定的要点。

4.1.2 一致的差异

当观测到的品种之间的差异非常明显时，则没有必要种植1个以上生长周期。此外，在某些情况下，环境的影响并不意味着需要1个以上的生长周期来保证品种间观察到的差异是足够一致的。为确保在种植试验中所观测到的性状差异是足够一致的，可以对性状进行至少2个独立生长周期的测试。

4.1.3 明显的差异

两个品种间的差异是否明显取决于很多因素，特别应考虑所测性状的表达类型，即该性状是质量性状、数量性状还是假质量性状。因此，在作出关于特异性的判定前，本测试指南的使用者应熟悉总则中的建议。

4.2 一致性

4.2.1 对于本指南的使用者而言，在判定一致性前参照总则一致性判定的一般原则十分重要。但为进一步说明和强调一致性判定，本指南特列出一致性判定的要点。

4.2.2 评价无性繁殖品种的一致性时，应采用1%的群体标准和至少95%的接受概率。当样本量为20个植株时，允许有1个异型株。

4.2.3 评价种子繁殖品种的一致性，应参考总则中对异花授粉品种的建议。

4.3 稳定性

4.3.1 在实际操作中，通常不像测试特异性和一致性那样对稳定性进行测试以得到明确结果。经验表明，对许多类型的品种来说，当一个品种表现一致时，可认为其是稳定的。

4.3.2 适当情况下或者有疑问时，稳定性可以采用如下方法测试：种植该品种的下一代或者测试一批新种子或新植株，看其性状表现是否与之前提交的材料表现相同。

4.3.3 适当情况下或有疑问时，杂交种的稳定性除直接对杂交种本身进行测试外，还可以通过对其亲本系的一致性和稳定性进行测试来评价。

5 品种分组和试验组织

5.1 使用分组性状可以帮助选择与申请品种一起进行田间种植试验的已知品种，以及对这些品种进行合适分组以便进行特异性评价。

5.2 分组性状表达状态的数据即使来自不同地点，也可以单独或者与其他此类性状联合使用。

（a）用于特异性测试中筛选排除那些不需要安排在种植试验中的已知品种。

（b）用于组织安排种植试验，使近似品种种植在一起。

5.3 以下性状已被确认为有用的分组性状。

（a）花：花被姿态（不包括花梗）（性状15）。

（b）花：花被形状（不包括花梗）（性状16）。

（c）花：香味（性状17）。

（d）花被片：中部主色（性状24）。

（e）花被片：乳突和/或斑点数量（性状31）。

（f）花被片：乳突和/或斑点颜色（性状33）。

（g）开花期（性状40）。

5.4 总则中提供了在特异性审查过程中使用分组性状的指导。

6 性状表介绍

6.1 性状类型

6.1.1 标准指南性状

标准指南性状是UPOV已同意用于DUS审查的性状，UPOV成员可以从中选择与其特定环境相适应的性状。

6.1.2 星号性状

星号性状（用"*"标记）是测试指南中对于形成国际统一的品种描述十分重要的性状，所有UPOV成员都应将其用于DUS测试和品种描述中，除非前序性状的表达状态或区域环境条件所限使其无法测试。

6.2 表达状态及相应代码

为定义性状和统一描述，将每个性状划分为一系列表达状态。每个表达状态赋予一个相应的数字代码，以便于数据记录，以及品种性状描述的建立和交流。

6.3 表达类型

总则中对性状表达类型（质量性状、数量性状和假质量性状）进行了解释。

6.4 标准品种

必要时，提供标准品种以明确每一性状的不同表达状态。

6.5 注释

（*）星号性状（6.1.2）。

QL：质量性状（6.3）。

QN：数量性状（6.3）。

PQ：假质量性状（6.3）。

（a）～（d）性状表解释（8.1）。

（+）性状表解释（8.2）。

7 性状表

性状编号	观测方法	英文	中文	标准品种	代码
1. （*） （+） QN		**Plant：height**	植株：高度		
		short	矮	Orange Pixie	3
		medium	中	Casablanca	5
		tall	高	Golden Tycoon	7
2. （*） QN	（a）	**Stem：anthocyanin coloration**	茎：花青苷显色		
		absent or weak	无或弱	Casablanca，White Europe，Zanlophator	1
		medium	中		2
		strong	强	Conception，Tresor	3
3. QN	（a）	**Stem：number of leaves**	茎：叶数量		
		few	少		3
		medium	中		5
		many	多		7

续表

性状编号	观测方法	英文	中文	标准品种	代码
4.(*)(+)QL		Leaf: arrangement	叶：着生方式		
		alternate	互生	Casablanca	1
		decussate	对生	Aristo，Vedea	2
		whorled	轮生	Kurumayuri	3
5.QN	（a）	Leaf: length	叶：长度		
		short	短	Denia，Peach Dwarf	3
		medium	中	Lorina，Mero Star，Vedea	5
		long	长	White Europe，Zanlophator	7
6.(+)QN	（a）	Leaf: width	叶：宽度		
		narrow	窄	Pink Pixie	3
		medium	中	Golden Tycoon，White Europe	5
		broad	宽	Acapulco，Helvetia	7
7.(*)QL	（a）	Leaf: variegation	叶：色斑		
		absent	无	Acapulco	1
		present	有	Chotaro	9
8.QN	（a）	Leaf: glossiness of upper side	叶：上表面光泽度		
		absent or very weak	无或极弱		1
		weak	弱	Acapulco，Vedea	3
		medium	中	White Elegance	5
		strong	强	Golden Tycoon	7
		very strong	极强		9
9.(+)QL	（a）	Leaf: cross section	叶：横截面形状		
		flat	平展	Vedea	1
		V-shaped	"V"形	Da Vinci	2
10.(+)PQ		Flower bud: main color	花蕾：主色		
		white	白色		1
		green	绿色		2
		yellow green	黄绿色		3
		yellow	黄色		4
		orange	橙色		5
		orange pink	橙粉色		6
		pink	粉色		7
		red	红色		8
		purple red	紫红色		9
		purple	紫色		10
		purple brown	紫棕色		11
11.(*)(+)QL		Inflorescence: type of branching	花序：分枝类型		
		only racemose	总状花序	Helvetia，Vedea	1
		umbellate and racemose	伞形花序兼有总状花序	Pavia	2
12.QN		Inflorescence: number of flowers	花序：花朵数量		
		very few	极少		1
		few	少	Brindisi，Zanlophator	3
		medium	中	Golden Tycoon，Siberia	5
		many	多	Monte Negro	7

续表

性状编号	观测方法	英文	中文	标准品种	代码
13. QN		**Inflorescence: pubescence**	花序：短柔毛		
		absent or very weak	无或极弱	Val di Sole, White Europe	1
		weak	弱	Helvetia, Vedea	3
		medium	中	Ceb Crimson	5
		strong	强	Tiny Scyline	7
		very strong	极强		9
14. (+) QN		**Flower: type**	花：类型		
		single	单瓣	Golden Tycoon	1
		semi double	半重瓣		2
		double	重瓣	Little Kiss	3
15. (*) (+) QN		**Flower: attitude of perianth (excluding pedicel)**	花：花被姿态（不包括花梗）		
		erect	直立	Tresor	1
		erect to horizontal	直立到水平	Siberia, Stargazer	2
		horizontal (outward facing)	水平（向外）	Casablanca, White Heaven	3
		drooping	下弯	Galloway	4
16. (*) (+) PQ		**Flower: shape of perianth (excluding pedicel)**	花：花被形状（不包括花梗）		
		trumpet	喇叭形	White Elegance	1
		bowl	碗形	Siberia	2
		flat	平展	Sugar Jewel	3
		recurved	外弯	Belletti	4
17. (*) QN		**Flower: fragrance**	花：香味		
		absent or weak	无或弱	Nemo	1
		medium	中	Jetaime	2
		strong	强	Saltarello	3
18. QN	(b)	**Tepal: length**	花被片：长度		
		short	短	Tresor, Val di Sole	3
		medium	中	Casablanca, Siberia	5
		long	长	White Elegance, Zanlophator	7
19. QN	(b)	**Tepal: width**	花被片：宽度		
		narrow	窄	Helvetia	3
		medium	中	Siberia, White Europe, White Lace	5
		broad	宽	Zanlophator	7
20. QN	(d)	**Tepal: ribbing**	花被片：棱		
		absent or weak	无或弱		1
		medium	中		2
		strong	强		3
21. (+) QN	(b)	**Tepal: undulation of margin**	花被片：边缘波状程度		
		absent or very weak	无或极弱		1
		weak	弱		3
		medium	中		5
		strong	强	Vedea	7
		very strong	极强		9
22. (+) PQ	(b)	**Tepal: type of undulation of margin**	花被片：边缘波状类型		
		fine only	细波	Vedea	1
		fine and coarse	细波和粗波相间		2
		coarse only	粗波	Casablanca	3

续表

性状编号	观测方法	英文	中文	标准品种	代码
23.(*)QN	(b)	Tepal: degree of recurving	花被片：外弯程度		
		weak	弱		3
		medium	中	Vedea	5
		strong	强	Casablanca	7
24.(*)(+)PQ	(c)	Tepal: main color of central part	花被片：中部主色		
		RHS Colour Chart（indicate reference number）	RHS比色卡（注明参考色号）		
25.(*)(+)PQ	(c)	Tepal: main color of basal part	花被片：基部主色		
		RHS Colour Chart（indicate reference number）	RHS比色卡（注明参考色号）		
26.(*)(+)PQ	(c)	Tepal: color of zone bordering on nectar furrow	花被片：花蜜沟顶端交界处颜色		
		white	白色	Vedea	1
		green	绿色	Brindisi	2
		yellow green	黄绿色	Val di Sole	3
		yellow	黄色	Pavia	4
		orange	橙色	Tresor	5
		orange pink	橙粉色	Olina	6
		pink	粉色	Vedea	7
		red	红色	Mero Star	8
		purple red	紫红色	Cilagon	9
		purple	紫色	Take Five	10
		purple brown	紫棕色	Tiny Padhye	11
27.(*)(+)PQ	(c)	Tepal: main color of distal part	花被片：远基端主色		
		RHS Colour Chart（indicate reference number）	RHS比色卡（注明参考色号）		
28.(*)(+)PQ	(c)	Tepal: main color of marginal zone	花被片：边缘区域主色		
		RHS Colour Chart（indicate reference number）	RHS比色卡（注明参考色号）		
29.(c)(+)PQ	(c)	Tepal: main color of outer side of inner tepal	花被片：内瓣外表面主色		
		RHS Colour Chart（indicate reference number）	RHS比色卡（注明参考色号）		
30.(+)PQ		Tepal: color of nectar furrow	花被片：花蜜沟主色		
		white	白色	Imperia, Pyramid	1
		green	绿色	Helvetia, Vede	2
		yellow green	黄绿色	Double Surprise	3
		yellow	黄色	Mero Star	4
		orange	橙色	Tresor	5
		orange pink	橙粉色		6
		pink	粉色	Minerva, Vermeer	7
		red	红色		8
		purple red	紫红色		9
		purple	紫色		10
		purple brown	紫棕色		11

续表

性状编号	观测方法	英文	中文	标准品种	代码
31. (*) (+) QN	(d)	Tepal: number of papillae and/or spots	花被片：乳突和/或斑点数量		
		absent or very few	无或极少	Siberia，White Europe	1
		few	少	Vedea，Vermeer	3
		medium	中	Purple Rain，Stargazer	5
		many	多	Pink Mystery	7
32. (*) (+) QN	(d)	Tepal: size of area with papillae and/or spots	花被片：乳突和/或斑点分布区域大小		
		absent or very small	无或极小		1
		small	小	Pink Supreme	3
		medium	中	Minerva，Vedea	5
		large	大	Purple Rain	7
33. (*) (+) PQ	(d)	Tepal: color of papillae and/or spots	花被片：乳突和/或斑点颜色		
		white	白色	Siberia	1
		yellow	黄色	Conca d'Or	2
		brown yellow	棕黄色	Windsor	3
		brown	棕色	Fenice	4
		red brown	红棕色	Pirandello	5
		pink	粉色	Camaiore	6
		red	红色	Nippon	7
		purple red	紫红色	Dizzy	8
34. QN		Stamen: length	雄蕊：长度		
		short	短	Fangio	3
		medium	中	Mero Star	5
		long	长	Casablanca	7
35. (*) (+) PQ		Stamen: main color of filament	雄蕊：花丝主色		
		white	白色	Verdi，Zanlophator	1
		green	绿色	Casablanca，White Europe	2
		yellow green	黄绿色	Yelloween	3
		yellow	黄色	Golden Tycoon	4
		orange	橙色	Tresor	5
		orange pink	橙粉色	Olina	6
		pink	粉色	Vermeer	7
		red	红色	Marianne Timmer	8
		purple red	紫红色	Red Alert	9
		purple	紫色	Tamburo	10
		purple brown	紫棕色	Original Love	11
36. (*) PQ		Stamen: color of anther	雄蕊：花药颜色		
		orange yellow	橙黄色	Premium Blond	1
		orange brown	橙棕色	Landini	2
		reddish brown	泛红棕色	Paradero	3
		brown	棕色	Etosha	4
		purple	紫色	Mero Star	5
		purple red	紫红色	Bacardi	6

续表

性状编号	观测方法	英文	中文	标准品种	代码
37. PQ		**Pollen: color**	花粉：颜色		
		light yellow	泛黄色		1
		medium yellow	中等黄色		2
		orange	橙色	Pink Supreme	3
		light brown	浅棕色		4
		medium brown	中等棕色	Zanlophator	5
		orange brown	橙棕色	Casablanca，Sorbonne	6
		red brown	红棕色	Brindisi	7
		dark brown	深棕色	Fangio	8
38. (*) PQ		**Style: main color**	花柱：主色		
		white	白色	Litouwen	1
		green	绿色	Casablanca，White Europe	2
		yellow green	黄绿色	Pink Supreme	3
		yellow	黄色	Golden Tycoon	4
		orange	橙色	Brindisi	5
		orange pink	橙粉色	Amateras	6
		pink	粉色	Arbatex	7
		red	红色	Marianne Timmer	8
		purple red	紫红色	Red Alert	9
		purple	紫色	Landini	10
		purple brown	紫棕色	Orfeo	11
39. PQ		**Stigma: color**	柱头：颜色		
		grey	灰色	d'Oleron	1
		grey green	灰绿色		2
		green	绿色	White Europe	3
		yellow	黄色		4
		orange	橙色		5
		purple red	紫红色	Casablanca	6
		purple	紫色		7
		dark purple	深紫色		8
		brown	棕色		9
40. (*) (+) QN		**Time of flowering**	开花期		
		very early	极早		1
		early	早		3
		medium	中	Bonsoir，Vedea	5
		late	晚	Acapulco	7
		very late	极晚	Mero Star，Rousseau	9

8 性状表解释

8.1 对多个性状的解释

（a）观测茎秆中间 1/3 部分。

（b）观测花外瓣。

（c）对颜色的鉴定应观测内瓣的内表面除乳突、斑点和花蜜沟外的颜色。
（d）观测乳突和/或斑点以及棱，应观测内瓣的内表面。

8.2 对单个性状的解释

性状1：植株高度

地面到花序顶端的垂直距离。

性状4：叶着生方式

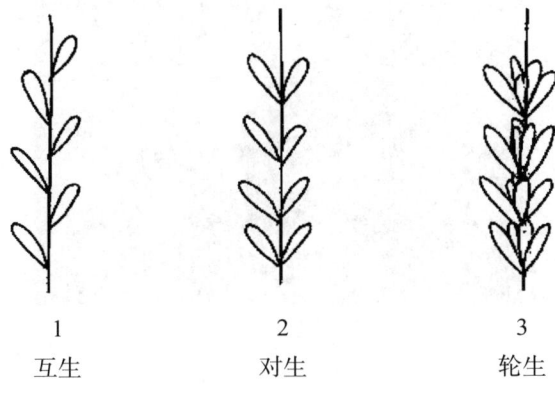

1	2	3
互生	对生	轮生

性状6：叶宽度

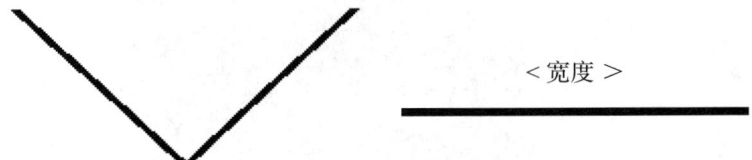

"V"形的叶片的宽度应展平后测量。

性状9：叶横截面形状

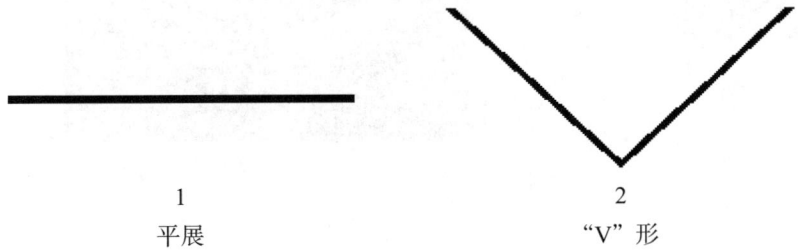

1	2
平展	"V"形

性状10：花蕾主色

主色是指分布面积最大的颜色。应在开花前观测花蕾主色。

性状11：花序分枝类型

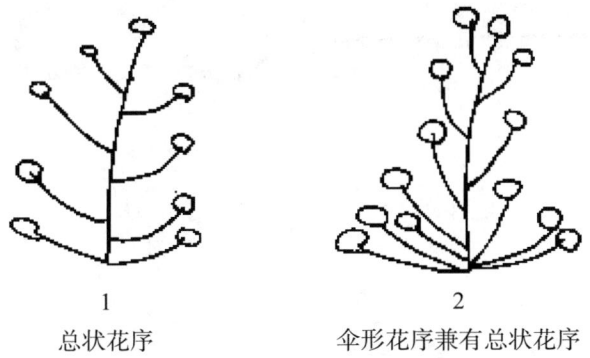

1	2
总状花序	伞形花序兼有总状花序

对于伞形花序兼有总状花序的品种（代码2），第一（最低）分枝是伞形的，上面（较高）的分枝是总状的。

性状14：花类型

花瓣数目≤6个的为单瓣，花瓣数目7～11个的为半重瓣，花瓣数目≥12个的为重瓣。

性状15：花被姿态（不包括花梗）

1
直立

2
直立到水平

3
水平（向外）

4
下弯

性状16：花被形状（不包括花梗）

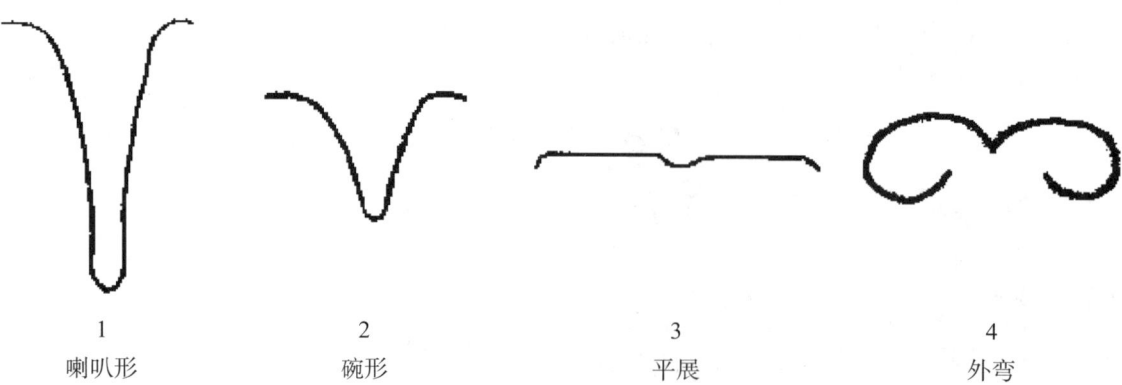

1	2	3	4
喇叭形	碗形	平展	外弯

性状21：花被片边缘波状程度

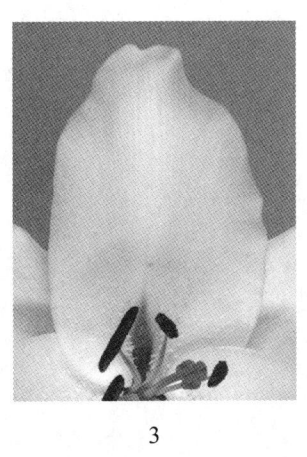 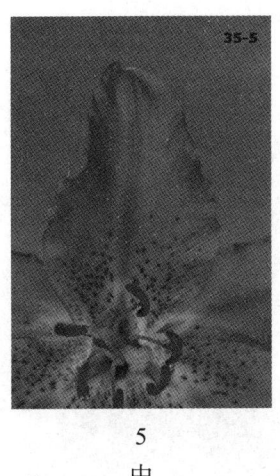 

3	5	7
弱	中	强

性状22：花被片边缘波状类型

1	2	3
细波	细波和粗波相间	粗波

性状24：花被片中部主色
性状25：花被片基部主色
性状26：花被片花蜜沟顶端交界处颜色
性状27：花被片远基端主色
性状28：花被片边缘区域主色
性状29：花被片内瓣外表面主色
性状30：花被片花蜜沟主色

某部分或区域的主色是指该部分或区域分布面积最大的颜色。

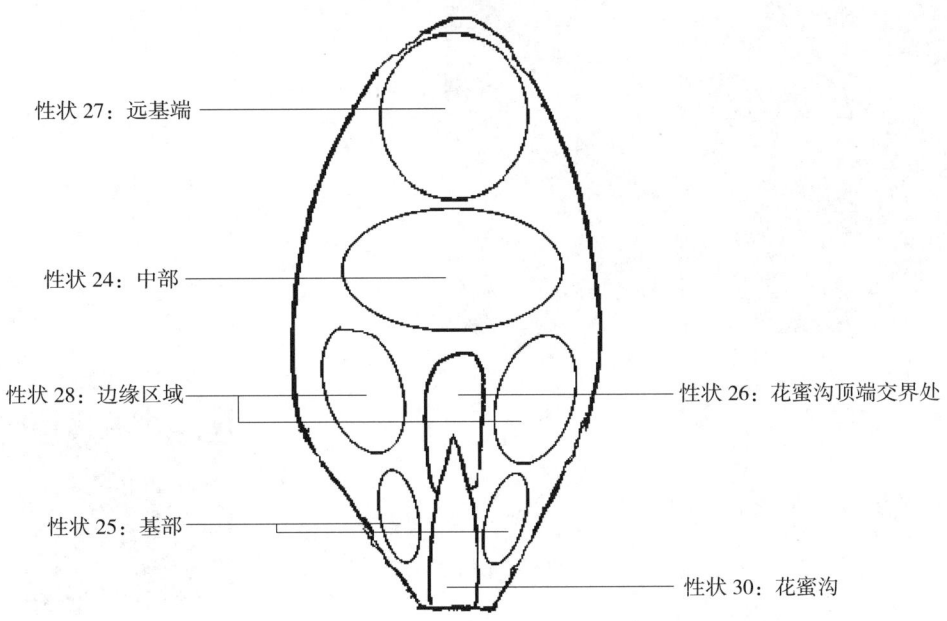

性状 31：花被片乳突和/或斑点数量
性状 32：花被片乳突和/或斑点区域大小
性状 33：花被片乳突和/或斑点颜色
乳突：颗粒状的，小而圆的，松软或紧实的，不均匀的隆起。

斑点：与背景色不同颜色的小范围区域。

性状 35：雄蕊花丝主色
主色指分布面积最大的颜色。
性状 40：开花期
开花期指 50% 植株至少开一朵花的天数。

扫码下载原文

如扫描二维码无法下载指南原文，可能是指南版本有更新，可扫描本书封底二维码查看与本文对应的指南版本

TG/68/3
原文：法文
日期：1979-11-14

国际植物新品种保护联盟
植物品种特异性、一致性和稳定性
测试指南

小檗属

(*Berberis* L.)

1 测试技术说明

1.1 待测品种测试所需繁殖材料的数量和质量以及繁殖材料提交的时间和地点由主管机构决定。申请人从测试所在国境外提交繁殖材料的，必须确保符合所有海关规定。提交的繁殖材料的数量应不少于6个非嫁接的二年龄植株。提供的繁殖材料应没有病毒且外观健康有活力，未受到任何严重病虫害的影响。

1.2 提交的植物材料不应进行任何处理，除非主管机构允许或要求进行这种处理。如果材料已经处理，必须提供处理的详细说明。

1.3 测试的试验条件应能确保品种的正常生长，通常在同一地点进行。如果供试品种有任何重要的性状不能在该地表达，该品种可在另一地点测试。

1.4 待测品种应分组种植以便进行特异性评价。适用于分组的性状是已知不会出现变异，或者仅在品种内发生轻微变异的性状。这些性状的不同表达状态应十分均匀地分布于品种库中。

1.5 一般来说，测试需要进行2个生长周期。对于需要在老龄植株上测试的性质，审查机构需要做相应的安排。

1.6 在测试一致性和稳定性时，经验表明，对于无性繁殖的小檗属，足以依据观测性状的表达状态判定供试的繁殖材料是否一致并且是否存在变异或混杂。

1.7 为判定特异性、一致性和稳定性，应使用性状表中以UPOV的3种工作语言列出的性状。星号性状（*），在测试的每一生长时期，对所有品种都要进行测试的，总要包含在品种描述中的性状。符号（+）表示该性状有解释或图示说明。

1.8 为便于电子数据处理，每个性状的表达状态都赋予了相应的代码（1～9）。

1.9 除非另有说明，所有的形态特征观测应当对前一年发育成熟的枝条进行。

1.10 为避免日光变化的影响，花的颜色应在有人工光源的空间内，或于中午在北向的房间内进行观测。人工光源光谱分布应符合CIE "理想日光标准D6500"，且在《英国标准950：第1部分》规定的允许范围之内。花的颜色应该将花放在一张白纸上观测。

2 性状表

性状编号	英文	中文	标准品种	代码
1.	**Ploidy**	**倍性**		
	diploid	二倍体	B.X ottawensis 'Auricoma'	2
	tetraploid	四倍体	B. buxifolia 'Nana' B.X buxifolia 'Pygmaea'	4
2.(*)	**Plant: vigor**	**植株：长势**		
	weak	弱	B. X buxifolia 'Nana'	3
	medium	中	B. candidula B. thunbergii B. verruculosa	5
	strong	强	B. X stenophylla B.X ottawensis	7
3.	**Plant: growth habit**	**植株：生长习性**		
	erect	直立	B. thunbergii 'Red Pillar'	1
	semi-erect	半直立		2
	drooping	下弯	B. X stenophylla	3

续表

性状编号	英文	中文	标准品种	代码
4.	Shoot: color in spring	枝条：春季的颜色		
	green	绿色		1
	red	红色		2
5.(*)	Foliage: persistence	叶：落叶性		
	deciduous	每年落叶	B. thunbergii	1
	semi-evergreen	半常绿	B.X media 'Parkjuweel'	2
	evergreen	常绿	B. julianae	3
6.(*)	Foliage: color	叶：颜色		
	green	绿色		1
	red	红色	B. thunbergii 'Atropurpurea'	2
7.	Foliage: secondary color	叶：次色		
	absent	无		1
	present	有		9
8.	Foliage: type of secondary color	叶：次色类型		
	marking	斑纹	B. thunbergii 'Rose glow'	1
	variegation	彩斑		2
9.	Leaf: length	叶：长度		
	very short	极短		1
	short	短		3
	medium	中		5
	long	长		7
	very long	极长		9
10.	Leaf: width	叶：宽度		
	narrow	窄		3
	medium	中		5
	broad	宽		7
11.	Leaf: shape	叶：形状		
	narrow elliptic	窄椭圆形		1
	elliptic	椭圆形		2
	broad elliptic	阔椭圆形		3
	broad obovate	阔倒卵圆形		4
12.	Leaf: curvature	叶：卷曲		
	all leaves flat	所有叶平展	B. thunbergii	1
	some leaves revolute	部分叶外卷		2
	all leaves revolute	所有叶外卷		3
13.	Leaf: undulation	叶：波状		
	absent	无		1
	present	有	B. darwinii	9
14.	Leaf: incisions on margin	叶：边缘裂刻		
	absent	无	B. thunbergii	1
	present	有	B. darwinii	9
15.	Leaf: number of incisions	叶：裂刻数量		
	few	少		3
	medium	中		5
	many	多		7

续表

性状编号	英文	中文	标准品种	代码
16.	**Leaf: depth of incisions**	叶：裂刻深度		
	shallow	浅		3
	medium	中		5
	deep	深		7
17.	**Leaf: glossiness**	叶：光泽		
	absent	无		1
	present	有		9
18.	**Leaf: intensity of glossiness**	叶：光泽强度		
	weak	弱		3
	medium	中		5
	strong	强		7
19.	**Leaf: color of lower side (in winter)**	叶：下表面颜色（冬季）		
	white	白色		1
	greenish white	泛绿白色		2
	light green	泛绿色		3
	dark green	深绿色		4
20.	**Spines: presence**	刺：有无		
	absent	无	B. insignis	1
	present	有	B. thunbergii B. koreana	9
21. (*) (+)	**Spines: shape**	刺：形状		
	simple	单生	B. thunbergii	1
	trifid	三分叉	B. ruscifolia B. veitchii	2
22.	**Spines: type**	刺：类型		
	non-foliaceous	非叶质	B. thunbergii	1
	foliaceous	叶质	B. koreana	2
23.	**Spines: length**	刺：长度		
	short	短		3
	medium	中		5
	long	长		7
24.	**Flower bud: red external color**	花芽：外侧红色		
	absent	无		1
	present	有		9
25.	**Time of full flowering**	盛花期		
	early	早	B. X stenophylla B. darwinii B.X ottawensis	3
	medium	中		5
	late	晚	B. wilsoniae B.X rubrostilla	7
26.	**Flower: color**	花：颜色		
	pale yellow	泛黄色	B. atrocarpa B. thunbergii	1
	yellow	黄色	B. darwinii B. X stenophylla	2
	orange	橙色	B. linearifolia	3
	pink	粉色	B. X stenophylla 'Pink Pearl'	4

续表

性状编号	英文	中文	标准品种	代码
27.	Inflorescence：type	花序：类型		
	single flowered	单岐花序	B. candidula	1
	umbel	伞形花序	B. julianae	2
	raceme	总状花序	B.X ottawensis	3
	panicle	穗状花序	B.X 'Fireflame'	4
28.	Inflorescence：usual number of flowers	花序：小花数量		
	one	1个	B. candidula	1
	two to ten	2~10个	B. X stenophylla 'Coccinea'	2
	more than ten	多于10个	B. X stenophylla 'Crawley Gem'	3
29.	Petal：apex	花瓣：先端		
	rounded	圆形	B. stenophylla 'Latifolia'	1
	emarginate	微缺	B. stenophylla 'Autumnalis'	2
30.	Fruiting：in isolated conditions	果实：脱落性		
	weak	弱	B. X stenophylla	3
	medium	中		5
	strong	强	B.X ottawensis	7
31.(*)(+)	Fruit：shape	果实：形状		
	cylindric	圆柱形		1
	subglobose	近球形		2
	globose	球形		3
32.	Fruit：shape of tip	果实：尖端形状		
	pointed	尖		1
	rounded	圆		2
33.(*)	Fruit：color	果实：颜色		
	pink	粉色	B. wilsoniae	1
	orange-red	橙红色	B. thunbergii	2
	dark red	深红色	B.X ottawensis 'Auricoma'	3
	blackish blue	泛黑蓝色	B. julianae	4
34.	Fruit：waxiness	果实：蜡质		
	absent	无	B. thunbergii	1
	present	有	B.X ottawensis 'Auricoma' B.X gagnepainii	9
35.	Fruit：seeds（under open pollination）	果实：种子（开放授粉）		
	absent	无	B. media 'Parkjuweel'	1
	present	有	B. X stenophylla	9
36.	Flowering habit	开花习性		
	one flowering	开一次花	B. thunbergii	1
	twice flowering	开两次花	B. X stenophylla	2

（*）在测试的每一生长时期，对所有品种都要进行测试的、总要包含在品种描述中的性状。

（+）见性状表解释部分。

3　性状表解释

性状 21：刺形状

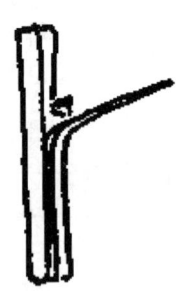
1
单生

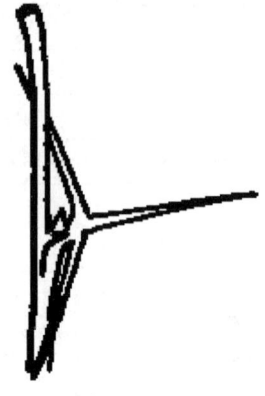
2
三分叉

性状 31：果实形状

3
圆柱形

5
近球形

7
球形

扫码下载原文

如扫描二维码无法下载指南原文，可能是指南版本有更新，可扫描本书封底二维码查看与本文对应的指南版本

TG/69/3
原文：法文
日期：1979-11-14

国际植物新品种保护联盟
植物品种特异性、一致性和稳定性测试指南

连翘属

(*Forsythia* Vahl)

1 测试技术说明

1.1 待测品种测试所需繁殖材料的数量和质量以及繁殖材料提交的时间和地点由主管机构决定。申请人从测试所在国境外提交繁殖材料的，必须确保符合所有海关规定。提交的繁殖材料的数量应不少于6株（一年生）扦插苗。提供的繁殖材料应没有病毒且外观健康有活力，未受到任何严重病虫害的影响。

1.2 提交的植物材料不应进行任何处理，除非主管机构允许或要求进行这种处理。如果材料已经处理，必须提供处理的详细说明。

1.3 测试的试验条件应能确保品种的正常生长，通常在同一地点进行。如果供试品种有任何重要的性状不能在该地表达，该品种可在另一地点测试。

1.4 待测品种应分组种植以便进行特异性评价。适用于分组的性状是已知不会出现变异，或者仅在品种内发生轻微变异的性状。

1.5 在测试一致性和稳定性时，经验表明，对于无性繁殖的连翘属，足以依据观测性状的表达状态判定供试的繁殖材料是否一致并且是否存在变异或混杂。

1.6 为评价特异性，测试植株应当至少2个生长周期，且开花良好。

1.7 为判定特异性、一致性和稳定性，应使用性状表中以UPOV的3种工作语言列出的性状。星号性状（*），除非前序性状的表达或区域环境条件所限使其无法测试，在测试的每一生长时期，对所有品种都要进行测试的、总要包含在品种描述中的性状。符号（+）表示该性状有解释或图示说明。

1.8 为便于电子数据处理，每个性状的表达状态都赋予了相应的代码（1～9）。

1.9 为避免日光变化的影响，花的颜色应在有人工光源的空间内，或于中午在北向的房间内进行观测。人工光源光谱分布应符合CIE"理想日光标准D6500"，且在《英国标准950：第1部分》规定的允许范围之内。花的颜色应该将花放在一张白纸上观测。

2 性状表

性状编号	英文	中文	标准品种	代码
1.	**Ploidy**	倍性		
	diploid	二倍体		2
	triploid	三倍体	F. ovata 'tetragold'	3
	tetraploid	四倍体	F. x intermedia 'Karl Sax'	4
2.(*)	**Plant：vigor**	植株：生长势		
	weak	弱	F. viridissima 'bronxensis'	3
	medium	中	F. ovata	5
	strong	强	F. x intermedia 'Vitellina'	7
3.(*)	**Plant：habit**	植株：习性		
	upright	直立		1
	drooping	下弯	F. suspensa 'Sieboldii'	2
	prostrate	匍匐		3
4.	**One year old lateral shoot：color**	一年生侧枝：颜色		
	green	绿色	F. viridissima	1
	buff	泛黄色	F. ovata 'Tetragold' F. ovata robusta	2
	brown	棕色	F. x intermedia 'Lynwood' F. x intermedia 'Spring Glory'	3
	violet	紫罗兰色	F. suspense 'Nynam's Variety	4

续表

性状编号	英文	中文	标准品种	代码
5.	One year old lateral shoot: mumber of lenticels	一年生侧条：皮孔数量		
	few	少		3
	medium	中		5
	many	多		7
6.	One year old lateral shoot: nature of pith between the nodes (in longitudinal section)	一年生侧条：节点间髓的类型（在纵切面）		
	hollow	中空	F. x intermedia 'Lynwood'	1
	lamellate	片状髓	F. x intermedia 'Karl Sax'	2
7.	One year old lateral shoot: nature of pith at the level of the nodes (as for 6.)	一年生侧条：节点处髓的类型（同性状6）		
	lamellate	片状髓	F. ovata 'Tetragold' F. x intermedia 'Lynwood'	1
	solid	实心	F. x intermedia 'Spring glory' F. x intermedia 'Karl Sax'	2
8.	Leaf: shape	叶：类型		
	simple	单叶	F. x intermedia	1
	trifoliate	三出复叶	F. suspense 'Fortunei'	2
9.	Leaf blade: shape	叶片：形状		
	ovate	卵形	F. ovata	1
	narrow elliptic	窄椭圆形	F. x intermedia	2
10.	Leaf blade: sumer color	叶片：夏季颜色		
	light green	泛绿色		1
	dark green	深绿色		2
	reddish	泛红色	F. suspense 'Nyman's variety	3
11.	Leaf blade: autumn color	叶片：秋季颜色		
	yellowish	泛黄色	F. x intermedia 'Spring Glory	1
	green	绿色		2
	purple	紫色	F. viridissima, F. x intermedia 'Beatrix Farrand'	3
12.	Leaf blade: variegation (in summer)	叶片：色斑（夏季）		
	absent	无		1
	present	有		9
13.	Leaf blade: pubescence on lower side	叶片：背面茸毛		
	absent	无		1
	present	有	F. japonica	9
14.	Leaf blade: shape of base	叶片：基部形状		
	cuneate	楔形	F. x intermedia	1
	cuneate to rounded	楔到圆形	F. mertensiana	2
	rounded	圆形	F. japonica	3
	codate	心形	F. ovata	4
15.	Leaf blade: incisions on terminal third of margin	叶片：末端1/3边缘缺刻		
	absent	无	F. euopaea	1
	present	有	F. x intermedia 'Lynwood'	9

续表

性状编号	英文	中文	标准品种	代码
16.	Leaf blade: nature of incisions on terminal third of margin	叶片：末端1/3边缘缺刻类型		
	denticulate	细齿状	F. x intermedia 'Karl Sax'	1
	serrate	锯齿状	F. x intermedia	2
	serrulate	细锯齿状		3
17.	Flowers: disposition per leaf axel	花：每叶腋花着生情况		
	solitary	单生	F. virdissima	1
	in pairs	双生	F. x intermedia 'Spring Glory'	2
18.	Time of flowering	开花时间		
	early	早	F. x intermedia 'Spring Glory'	3
	medium	中		5
	late	晚	F. x intermedia 'Lynwood'	7
19.	Flower: size	花：大小		
	small	小	F. ovata	3
	medium	中	F. x intermedia 'Lynwood'	5
	large	大	F. x intermedia 'Karl Sax'	7
20.(+)	Flower: shape	花：形状		
	closed	闭合	F. supensa	1
	open	张开	F. viridissima	2
	wide open	大张		3
21.(*)	Flower: color	花：颜色		
	RHS colour chart (indicate reference mumber)	RHS比色卡（注明比色卡色号）		
22.	Flower: pedicel	花：花梗		
	absent	无	F. viridissima	1
	present	有	F. x intermedia 'Densiflora'	9
23.	Flower: length of pedicel	花：花梗长度		
	short	短		3
	medium	中		5
	long	长	F. x suspensa	7
24.	Flower: color of sepals	花：萼片颜色		
	green	绿色	F. viridissima	1
	red	红色	F. ovate 'Tetragold'	2
25.	Flower: persistence of sepals	花：萼片不脱落性		
	absent	无		1
	present	有		9
26.	Flower: marginal hairiness of sepals	花：萼片边缘茸毛		
	weak	弱		3
	medium	中		5
	strong	强		7

续表

性状编号	英文	中文	标准品种	代码
27. (+)	**Flower：shape of petals**	花：花瓣形状		
	elliptic	椭圆形	F. x intermedia 'spring Glory'	1
	broad elliptic	阔椭圆形	F. intermedia 'Lynwood'	2
28.	**Flower：color of veins on petals**	花：花瓣脉络颜色		
	yellow	黄色		1
	green	绿色		2
	orange	橙色		3
29.	**Flower：length of the style compared to anthers**	花：柱头相对于花药的长度		
	shorter	较短	F. x intermedia 'Lynwood'	3
	equal	相等	F. ovate	5
	longer	较长	F. viridissima	7
30.	**Flower：ratio length of calyx/length of corolla tube**	花：花萼与花冠筒的长度比		
	about 1/3	约 1/3	F. europaea	1
	about 2/3	约 2/3	F. viridissima	2
	about 1	约 1	F. suspensa	3
31.	**Fruiting when cross pollination possible**	异花授粉时结果可能性		
	absent	无	F. europaea F. viridissima	1
	present	有	F. x intermedia 'Beatrix Farrand'	9
32.	**Fruit：beak**	果实：喙		
	absent	无		1
	present	有		9
33.	**Time of leaf fall**	落叶期		
	early	早		3
	medium	中		5
	late	晚		7

（*）除非前序性状的表达或区域环境条件所限使其无法测试，在测试的每一生长时期，对所有品种都要进行测试的、总要包含在品种描述中的性状。

（+）见性状表解释部分。

3 性状表解释

性状 20：花形状

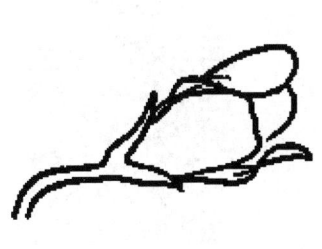  

1	2	3
闭合	张开	大张

性状 27：花瓣形状

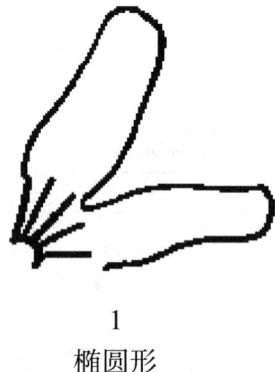
1
椭圆形

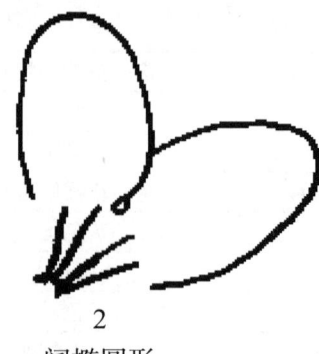
2
阔椭圆形

TG/72/6
原文：英文
日期：2006-04-05

国际植物新品种保护联盟
植物品种特异性、一致性和稳定性
测试指南

柳属
UPOV 代码：SALIX
(*Salix* L.)

互用名称 *

植物学名称	英文	法文	德文	西班牙文
Salix L.	Willow	Saule	Weide	Sauce

---

* 这些名称在指南开始使用时是正确的，但随后可能会修改更新。读者可登录 UPOV 网站（www.upov.int），获取最新资料。

1 指南适用范围

本指南适用于杨柳科（*Salicaceae*）柳属（*Salix* L.）所有品种。

2 繁殖材料要求

2.1 待测品种繁殖材料的数量和质量要求以及提交的时间和地点由主管机构决定。申请人从测试所在国境外提交繁殖材料的，还应符合海关规定并满足相关植物检疫的要求。

2.2 繁殖材料以至少 1 cm 粗，20 cm 长的木质化扦插枝或根发育良好的一年生植株的形式提交。木质化扦插枝应来自母株上的一年龄的分枝。

2.3 申请人提交繁殖材料的最小数量应为 30 根木质化扦插枝条或 15 个植株。

2.4 提供的繁殖材料应外观健康有活力，未受到任何严重病虫害的影响。

2.5 提交的繁殖材料不得进行任何可能影响品种性状表达的处理，除非主管机构允许或要求进行这种处理。如果材料已经处理，必须提供相关处理的详细说明。

3 测试方法

3.1 生长周期

测试的最少周期数量通常应为 2 个生长周期。

3.2 测试地点

测试通常在 1 个地点进行。在 1 个以上地点进行测试时，TGP/9《特异性测试》提供了有关指导。

3.3 测试条件

测试的条件应能满足品种正常生长的需要，以确保品种相关性状充分表达和测试的顺利开展。

3.4 试验设计

3.4.1 每个试验应保证至少有 10 个植株。

3.4.2 试验设计应保证因测量或计数等需要，取走部分植株或植株部位后，不影响生长周期结束前的所有观测。

3.5 植株或植株部位的测试数量

除非另有说明，所有的观测应在 10 个植株或来自 10 个植株的植株部位上进行。

3.6 附加测试

为测试有关性状，可以进行附加测试。

4 特异性、一致性和稳定性评价

4.1 特异性

4.1.1 一般建议

对于本指南的使用者而言，在判定特异性前参照判定特异性一般原则十分重要。但为进一步说明和强调特异性判定，本指南特列出特异性判定的要点。

4.1.2 一致的差异

当观测到的品种之间的差异非常明显时，则没有必要种植 1 个以上生长周期。此外，在某些情况下，环境的影响并不意味着需要 1 个以上的生长周期来保证品种间观察到的差异是足够一致的。为确保在种植试验中所观测到的性状差异是足够一致的，可以对性状进行至少 2 个独立生长周期的测试。

4.1.3 明显的差异

两个品种间的差异是否明显取决于很多因素，特别应考虑所测性状的表达类型，即该性状是质量性状、数量性状还是假质量性状。因此，在做出关于特异性的判定前，本测试指南的使用者应熟悉总则中的建议。

4.2 一致性

4.2.1 对于本指南的使用者而言，在判定一致性前参照总则一致性判定的一般原则十分重要。但为进一步说明和强调一致性判定，本指南特列出一致性判定的要点。

4.2.2 评价一致性时，应采用1%的群体标准和至少95%的接受概率。当样本量为10个时，允许有1个异型株。

4.3 稳定性

4.3.1 在实际操作中，通常不像测试特异性和一致性那样对稳定性进行测试以得到明确结果。经验表明，对许多类型的品种来说，当一个品种表现一致时，可认为其是稳定的。

4.3.2 适当情况下或者有疑问时，稳定性可以采用如下方法测试：种植该品种的下一代或者测试一批新繁殖材料，看其性状表现是否与之前提交的繁殖材料表现相同。

5 品种分组和试验组织

5.1 使用分组性状可以帮助选择与申请品种一起进行田间种植试验的已知品种，以及对这些品种进行合适分组以便进行特异性评价。

5.2 分组性状表达状态的数据即使来自不同地点，也可以单独或者与其他此类性状联合使用。

（a）用于特异性测试中筛选排除那些不需要安排在种植试验中的已知品种。

（b）用于组织安排种植试验，使近似品种种植在一起。

5.3 以下性状已被确认为有用的分组性状。

植株：性别（性状1）。

5.4 总则中提供了在特异性审查过程中使用分组性状的指导。

6 性状表介绍

6.1 性状类型

6.1.1 标准指南性状

标准指南性状是UPOV已同意用于DUS审查的性状，UPOV成员可以从中选择与其特定环境相适应的性状。

6.1.2 星号性状

星号性状（用"*"标记）是测试指南中对于形成国际统一的品种描述十分重要的性状，所有UPOV成员都应将其用于DUS测试并包含在品种描述中，除非前序性状的表达或区域环境条件所限使其无法测试。

6.2 表达状态及相应代码

为定义性状和统一描述，将每个性状划分为一系列表达状态。每个表达状态赋予一个相应的数字代码，以便于数据记录，以及品种性状描述的建立和交流。

6.3 表达类型

总则中对性状表达类型（质量性状、数量性状和假质量性状）进行了解释。

6.4 标准品种

适当时，测试指南中提供了标准品种用于校正性状的表达状态。

6.5 注释

（*）星号性状（6.1.2）。

QL：质量性状（6.3）。

QN：数量性状（6.3）。

PQ：假质量性状（6.3）。

（a）～（d）性状表解释（8.1）。

（+）性状表解释（8.2）。

7　性状表

性状编号	观测方法	英文	中文	标准品种	代码
1. (*) QL	(a)	**Plant: sex**	**植株：性别**		
		dioecious female	雌雄异株的雌性株	Tora	1
		dioecious male	雌雄异株的雄性株	Björn	2
		monoecious unisexual	雌雄同株异花		3
		monoecious hermaphrodite	雌雄同株同花		4
2. (*) QN	(a)	**Plant: spring foliation**	**植株：春季发芽**		
		very early	极早	I-3-58	1
		early	早	Godesberg	3
		medium	中	Metz	5
		late	晚	F-65-02	7
		very late	极晚	Mangahn	9
3. (*) PQ	(b)	**Main shoot: attitude**	**主枝：姿态**		
		straight	直立	Bredevoort	1
		slightly curved	微弯	I-3-58	2
		moderately curved	中度弯曲	Mittlerer Inn V	3
		strongly curved	强弯曲	75/64（*S. fragilis* L.）	4
		tortuous	扭弯	Tortuosa	5
4. PQ	(b) (c)	**Main shoot: color in middle third (sunny side)**	**主枝：中部1/3处颜色（朝阳面）**		
		yellow	黄色		1
		orange	橙色	Gelbe Dotterweide	2
		grey	灰色		3
		grey green	灰绿色		4
		light green	泛绿色	Graupa 34	5
		medium green	中等绿色	259/64（*S. x smithiana* Willd.）	6
		brown green	棕绿色	I-3-58	7
		grey brown	灰棕色		8
		red brown	红棕色	Altenstadt 4	9
		brown	棕色	Straubinger Baumweide Ⅱ	10
5. QN	(b) (c)	**Main shoot: hairiness**	**主枝：茸毛**		
		absent or very weak	无或极弱	Tordis	1
		weak	弱		3
		medium	中		5
		strong	强	Osk	7
		very strong	极强		9

续表

性状编号	观测方法	英文	中文	标准品种	代码
6. (+) QN	(b)	**Main shoot: protrusion of lenticels**	主枝：皮孔的突出程度		
		absent or very weak	无或极弱		1
		weak	弱	Olaf	3
		medium	中		5
		strong	强	Sherwood	7
		very strong	极强		9
7. PQ	(b) (c)	**Main shoot: color of leaf bud**	主枝：叶芽颜色		
		light green	泛绿色		1
		medium green	中等绿色		2
		greenish brown	泛绿棕色	Gustaf	3
		brown	棕色	Björn, Orm	4
		reddish brown	泛红棕色	Stott 10	5
8. QN	(b) (c)	**Main shoot: hairiness of leaf bud**	主枝：叶芽茸毛		
		absent or very weak	无或极弱	Armando	1
		weak	弱	Sherwood	3
		medium	中	Nils	5
		strong	强	Stott 10	7
		very strong	极强	Osk	9
9. (*) QN	(b)	**Main shoot: number of branches longer than 5 cm**	主枝：超过5cm分枝的数量		
		absent or very few	无或极少	Altenstadt 4	1
		few	少	Mittlerer Inn III	3
		medium	中	Bredevoort	5
		many	多	Belders	7
		very many	极多	I-3-58	9
10. (*) QN	(b)	**Branch: angle between first 5 cm of branch and main shoot in middle third of main shoot**	分枝：中部1/3处第一个5 cm长分枝与主枝夹角		
		very small	极小		1
		small	小	Resolution	3
		medium	中	Karin	5
		large	大	Doris	7
		very large	极大		9
11. (*) PQ	(b)	**Branch: attitude**	分枝：姿态		
		curved up	向上弯曲	Orm	1
		straight	直立	Olaf	2
		drooping	下弯	Pendula	3
		first curved down, then curved up	先向下弯曲再向上弯曲		4
12. PQ	(b)	**Branch: color (sunny side)**	分枝：颜色（朝阳面）		
		yellow	黄色		1
		grey green	灰绿色	Unn	2
		green	绿色		3
		grey brown	灰棕色	Stott 10	4
		red brown	红棕色	Boberg	5
		brown	棕色	Karin	6

续表

性状编号	观测方法	英文	中文	标准品种	代码
13. (*) QN	(d)	Leaf blade: length of midrib	叶片：中脉长度		
		very short	极短	Armando	1
		short	短	Vidi	3
		medium	中	Doris	5
		long	长	A. Parfitt	7
		very long	极长		9
14. (*) QN	(d)	Leaf blade: width	叶片：宽度		
		very narrow	极窄	Armando	1
		narrow	窄	Karin	3
		medium	中	A. Parfitt	5
		broad	宽	Vidi	7
		very broad	极宽		9
15. QN	(d)	Leaf blade: position of maximum width	叶片：最宽处位置		
		below middle	中部以下	Karin	1
		approximately at middle	近中部	Vidi	2
		above middle	中部以上	Pendula	3
16. (*) (+) PQ	(d)	Leaf blade: shape of base	叶片：基部形状		
		acuminate	渐尖		1
		acute	锐尖	Prinzeninsel Plön	2
		rounded	圆形	Super White	3
		obtuse	钝尖		4
		truncate	平截		5
		cordate	心形	SHS	6
17. PQ	(d)	Leaf blade: color of upper side	叶片：上表面颜色		
		yellow green	黄绿色	Gold Leaf	1
		light green	泛绿色		2
		medium green	中等绿色	Flamingo，Hild	3
		dark green	深绿色		4
		grey green	灰绿色		5
		blue green	蓝绿色		6
		red green	红绿色		7
18. QN	(d)	Leaf blade: hairiness of upper side	叶片：上表面茸毛		
		absent or very weak	无或极弱	Flamingo	1
		weak	弱	Aud	3
		medium	中	Hild	5
		strong	强		7
		very strong	极强		9
19. QN	(d)	Leaf blade: hairiness of lower side	叶片：下表面茸毛		
		absent or very weak	无或极弱	Flamingo	1
		weak	弱		3
		medium	中		5
		strong	强		7
		very strong	极强	Ivar，Sherwood	9
20. (*) QN	(d)	Petiole: length	叶柄：长度		
		very short	极短		1
		short	短	F-65-02	3
		medium	中	Garonne 47	5
		long	长	259/64（*S. x smithiana* Willd.）	7
		very long	极长		9

性状编号	观测方法	英文	中文	标准品种	代码
21. PQ	（d）	Petiole: color of upper side	叶柄：上表面颜色		
		yellow green	黄绿色		1
		green	绿色		2
		red green	红绿色		3
		violet green	紫罗兰色	F-65-02，Garonne 47	4
22. QN	（d）	Stipule: length	托叶：长度		
		very short	极短		1
		short	短	259/64（*S. x smithiana* Willd.）	3
		medium	中	Super White	5
		long	长	Mangahn	7
		very long	极长	Jodis	9
23. (+) QN	（d）	Stipule: type	托叶：类型		
		type 1	类型 1		1
		type 2	类型 2		2
		type 3	类型 3		3

8 性状表解释

8.1 对多个性状的解释

性状表第二列包含以下标注的性状应按照下述要求观测。

（a）对植株性别和春季发芽性状的观测应在冬眠结束后生长开始时进行。

（b）对主枝和分枝的全部观测应在秋季进行。

（c）对主枝和叶芽茸毛和颜色的观测应在主枝距顶部 20 cm 处进行。

（d）所有对叶的观测应在生长中期主枝中部 1/3 处进行。

8.2 对单个性状的解释

性状 6：主枝皮孔的突出程度

应观测主枝中部 1/3 处。

性状 16：叶片基部形状

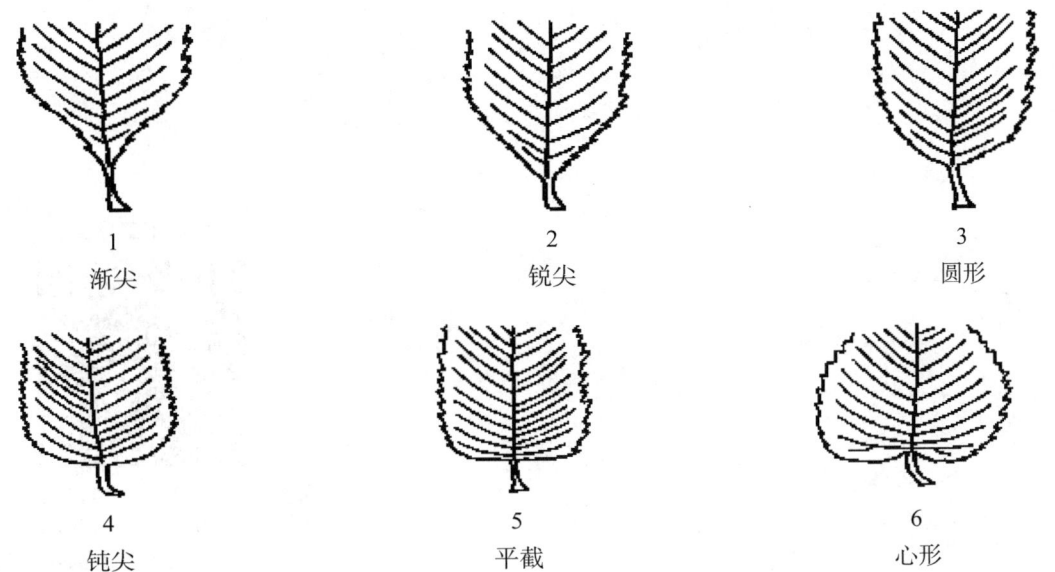

1	2	3
渐尖	锐尖	圆形
4	5	6
钝尖	平截	心形

性状23：托叶类型

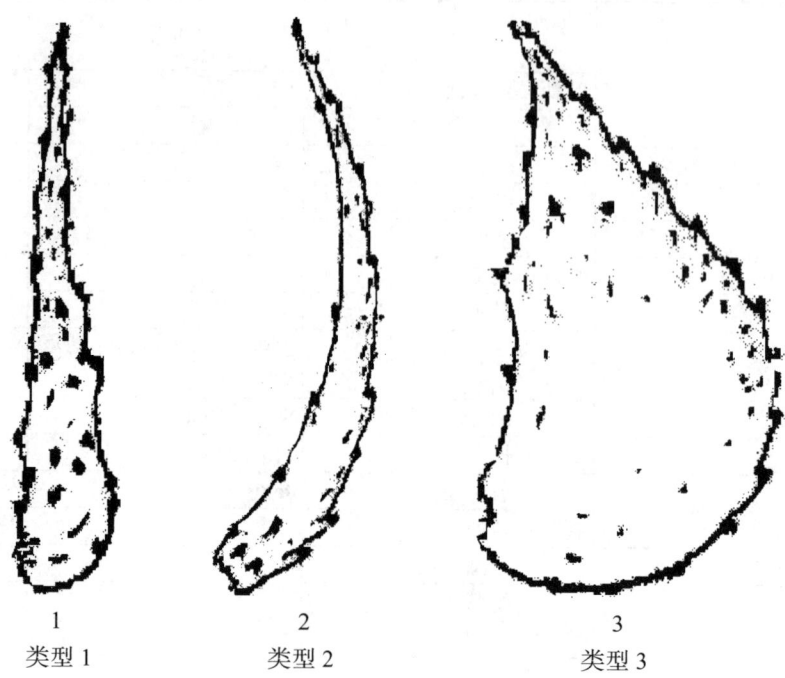

1	2	3
类型1	类型2	类型3

扫码下载原文

如扫描二维码无法下载指南原文，可能是指南版本有更新，可扫描本书封底二维码查看与本文对应的指南版本

TG/77/9
原文：英文
日期：2000-04-05

国际植物新品种保护联盟
植物品种特异性、一致性和稳定性
测试指南

非洲菊

(*Gerbera* Cass.)

1 适用范围

本测试指南适用于菊科（Asteraceae）中包含的所有非洲菊（*Gerbera* Cass.）的无性繁殖品种。

2 繁殖材料要求

2.1 待测品种测试所需繁殖材料的数量和质量以及繁殖材料提交的时间和地点由主管机构决定。申请人从测试所在国境外提交繁殖材料的，必须确保符合所有海关规定。提交的繁殖材料的数量应不少于12株达到正常商业标准的幼苗。

2.2 提供的繁殖材料应健康有活力，未受到任何严重病虫害的影响。

2.3 提交的植物材料不应进行任何处理，除非主管机构允许或要求进行这种处理。如果材料已经处理，必须提供处理的详细说明。

3 测试实施

3.1 测试周期通常为1个生长周期。如果在1个生长周期内不能充分判定特异性和/或一致性，应增加第二个生长周期。

3.2 测试通常在一个地点进行。如果供试品种有任何重要的性状不能在该地表达，该品种可在另一地点测试。

3.3 试验应在温室里进行，测试植株种植在有良好通风和排水的花盆里。具体条件如下。

用于测试目的的植株种植：5月初（北半球）。

土壤：含有丰富有机物且排水良好的肥沃土壤。花盆底部应先装入小颗粒黏土以保证良好的排水性。

花盆大小：19 cm。

每盆植株数量：1株。

温度：建议白天不低于20 ℃，夜晚不低于18 ℃。

光照：强光照时需要进行遮阴。

试验设计应保证因测量或计数等需要，从小区取走部分植株或植株部位后，不影响生长周期结束前的所有观测。每个测试应包括10个植株。单独设置的用于观测和测量的小区只有在环境条件相似的情况下才可以使用。

3.4 如有特殊需要，可进行附加测试。

4 观测方法

4.1 所有观测应在10个植株或分别来自10个植株的部位进行。

4.2 评价一致性时，采用1%的群体标准和至少95%的接受概率。当样本量为10个时，最多可以有1个异型株。

4.3 除非另有说明，所有观测都应在盛花期10个植株的植株部位上进行。所有叶片性状的观测都应在莲座叶中部1/3处的最大叶片上进行。

4.4 由于日光变化的原因，在利用比色卡确定颜色时，应在一个合适的有人工光源照明的小室或中午无阳光直射的房间内进行。人工光源光谱分布应符合CIE"理想日光标准D6500"，且在《英国标准950：第1部分》规定的允许范围之内。观测在白背景下进行。

5 品种分组

5.1 待测品种应分组种植以便进行特异性评价。适用于分组的性状是已知不会出现变异或者仅在品种内发生轻微变异的性状。这些性状的不同表达状态应十分均匀地分布于品种库中。

5.2 建议主管机构用以下性状进行品种分组。

（a）头状花序：类型（性状12）。

（b）外轮舌状小花：上表面颜色（性状31）。

（c）深色花心（花心小花开放前，仅适用于单瓣或半重瓣品种）（性状42）。

6 性状和符号

6.1 为评价特异性、一致性和稳定性，应使用性状表中给出的性状及其表达状态。

6.2 为便于电子数据处理，每个性状的表达状态都赋予了相应的代码（数字）。

6.3 注释

（*）除非前序性状的表达或区域环境条件所限使其无法测试，在测试的每一生长时期，对所有品种都要进行测试的、总要包含在品种描述中的性状。

（+）参见第8部分，性状表解释。

7 性状表

性状编号	英文	中文	标准品种	代码
1 (*)	**Leaf: length**	叶：长度		
	short	短	Planluck, Planpret	3
	medium	中	Terfame	5
	long	长	Pretalex	7
2. (*)	**Leaf: width**	叶：宽度		
	narrow	窄	Planluck, Planpret	3
	medium	中	Pretalex	5
	broad	宽	Terflame	7
3. (*)	**Leaf blade: blistering**	叶片：泡状程度		
	absent or very weak	无或极弱	Planluck	1
	weak	弱	Ferrari	3
	medium	中	Daydream	5
	strong	强		7
	very strong	极强		9
4. (*)	**Leaf blade: pubescence on upper side (midrib excluded)**	叶片：上表面茸毛（中脉除外）		
	absent or very sparse	无或极疏	Daydream, Terflame	1
	sparse	疏	Ferrari	3
	medium	中	Indian-Summer	5
	dense	密	Pretalex	7
	very dense	极密		9

续表

性状编号	英文	中文	标准品种	代码
5.	Leaf blade: depth of incisions on the middle third	叶片：中部 1/3 处的裂刻深度		
	shallow	浅	Preparet, Pretaram	3
	medium	中		5
	deep	深	Ferrari	7
6.	Leaf blade: green color of upper side	叶片：上表面绿色程度		
	light	浅	Termoulin	3
	medium	中	Ferrari, Indian-Summer	5
	dark	深	Prevamoon	7
7.	Leaf blade: shape of apex	叶片：先端形状		
	narrow acute	窄锐尖	Luna, Otelly	1
	moderately acute	中等渐尖	Ferrari, Indian-Summer	3
	right angle	直角	Planluck, Pretaram	5
	obtuse	钝尖	Bluebell	7
	rounded	圆形	Rosa-Lin	9
8. (*)	Peduncle: length	花梗：长度		
	short	短	Planluck	3
	medium	中	Ferrari, Indian-Summer	5
	long	长	Sedandy	7
9. (*)	Peduncle: intensity of anthocyanin coloration at base	花梗：基部花青苷显色强度		
	absent or very weak	无或极弱	Victory	1
	weak	弱	Planpret, Sedandy	3
	medium	中	Ferrari, Schrepal	5
	strong	强	Daydream, Testarossa	7
	very strong	极强		9
10.	Peduncle: anthocyanin coloration at top	花梗：顶部花青苷显色		
	absent	无	Ferrari, Testarossa	1
	present	有	Ashley, Lucifer	9
11.	Peduncle: bracts below involucre	花梗：总苞下的苞片		
	absent	无	Ashley, Testarossa	1
	present	有	Indian-Summer, Pretalex	9
12. (*) (+)	Flower head: type	头状花序：类型		
	Single	单瓣	Lucifer	1
	semi-double	半重瓣	Ferrari, Indian-Summer	2
	double	重瓣	Floricitrine	3
13. (*)	Flower head: diameter	头状花序：直径		
	very small	极小	Teroranje	1
	small	小	Ashley	3
	medium	中	Daydream, Ferrari	5
	large	大	Nevada, Premodal	7
	very large	极大		9

续表

性状编号	英文	中文	标准品种	代码
14.（+）	Semi-double or double varieties only: Flower head: diameter of mass of inner ray florets compared to that of flower head	头状花序：内轮舌状小花与头状花序直径之比（仅适用于半重瓣或重瓣品种）		
	small	小	Indian-Summer, Nevada	3
	medium	中	Ferrari	5
	large	大	Baby-Doll, Bugatti	7
15.（+）	Semi-double or double varieties only: Flower head: border of mass of inner ray florets	头状花序：内部舌状小花边缘轮廓（仅适用于半重瓣或重瓣品种）		
	regular	规则	Testarossa	1
	irregular	不规则	Ferrari	2
16.	Flower head: height of involucre	头状花序：总苞片高度		
	short	矮	Charlim, Flocarin	3
	medium	中	Daydream, Ferrari	5
	tall	高	Ashley, Planluck	7
17.	Flower head: diameter of involucre	头状花序：总苞片直径		
	small	小	Baby-Doll, Terflash	3
	medium	中	Ferrari, Indian-Summer	5
	large	大	Moana, Zsa-Zsa	7
18.	Flower head: position of distal part of bracts in relation to outer ray florets	头状花序：苞片远基端与外轮舌状小花的相对位置		
	apart	分离	Ferrair, Indian-Summer	1
	touching	紧贴	Testarossa, Zsa-Zsa	9
19.（*）	Flower head: anthocyanin coloration at distal part of inner bracts	头状花序：内轮苞片远基端花青苷显色		
	absent	无	Baby-Doll, Ferrari	1
	present	有	Ashley, Nevada	9
20.	Flower head: intensity of anthocyanin coloration at distal part of inner bracts	头状花序：内轮苞片远基端花青苷显色强度		
	weak	弱	Moana, Planpret	3
	medium	中	Lucifer, Zsa-Zsa	5
	strong	强	Terthermo	7
21.（+）	Outer ray floret: level of apex relative to top of involucre	外轮舌状小花：先端与总苞顶端的相对位置		
	below	低于	Daydream	1
	same level	平齐	Indian-Summer, Pretalex	2
	above	高于	Ashley, Nevada	3
22（*）	Outer ray floret: shape	外轮舌状小花：形状		
	narrow elliptic	窄椭圆形	Ashley, Ferrari	1
	narrow obovate	窄倒卵圆形	Baby-Doll, Teroranje	2
23.（*）	Outer ray floret: longitudinal axis	外轮舌状小花：纵轴方向的姿态		
	strongly incurving	强烈内弯	Floricitrine	1
	moderately incurving	中等内弯		2
	straight	平展	Ferrari	3
	moderately reflexing	中等外翻	Ashley, Indian-Summer	4
	strongly reflexing	强烈外翻		5

续表

性状编号	英文	中文	标准品种	代码
24.	**Inner ray floret: longitudinal axis**	内轮舌状小花：纵轴方向的姿态		
	strongly incurving	强烈内弯	Floricitrine	1
	moderately incurving	中等内弯	Eeuwsar	2
	straight	平展	Ferrari，Moana	3
	moderately reflexing	中等外翻	Ashley，Nevada	4
	strongly reflexing	强烈外翻		5
25.（*）	**Outer ray floret: profile in cross section of middle part of ray**	外轮舌状小花：中部横切面形状		
	concave	凹	Floricitrine，Terflorin	1
	straight	平	Ashley，Indian-Summer	2
	convex	凸	Ferrari，Planpret	3
26.（*）	**Outer ray floret: length**	外轮舌状小花：长度		
	very short	极短	Tersnow	1
	short	短	Ashley，Teroranje	3
	medium	中	Ferrari，Indian-Summer	5
	long	长	Nevada，Testarossa	7
	very long	极长		9
27.（*）	**Outer ray floret: width**	外轮舌状小花：宽度		
	narrow	窄	Planluck，Tersnow	3
	medium	中	Ashley，Ferrari	5
	broad	宽	Planorg	7
28.	**Outer ray floret: shape of apex**	外轮舌状小花：先端形状		
	pointed	尖	Ferrari，Tersnow	1
	rounded	圆	Ashley，Pretalex	2
29.	**Outer ray floret: depth of incisions**	外轮舌状小花：缺刻深度		
	absent or very shallow	无或极浅	Planpret	1
	shallow	浅	Nevada	3
	medium	中	Ashley，Ferrari	5
	deep	深	Pretatrix	7
	very deep	极深	Daydream，Lucifer	9
30.（+）	**Outer ray floret: tendency to form long free petals**	外轮舌状小花：游离花瓣		
	absent	无	Ashley，Baby-Doll	1
	present	有	Ferrari，Tersnow	9
31.（*）	**Outer ray floret: color of inner side**	外轮舌状小花：上表面颜色		
	RHS Colour Chart（Indicate reference number）	RHS比色卡（注明参考色号）		
32.（*）	**Outer ray floret: number of colors**	外轮舌状小花：颜色数量		
	one	1种	Ferrari，Nevada	1
	two	2种	Indian-Summer，Terbase	2

续表

性状编号	英文	中文	标准品种	代码
33.	**Single colored varieties only: Outer ray floret only: distribution of color**	仅外轮舌状小花：颜色分布（仅适用于颜色数量为1种的品种）		
	none	无	Ferrari, Indian-Summer	1
	lighter towards base	向基部变浅	Planper	2
	lighter towards top	向顶部变浅	Indian-Summer, Nevada	3
34.	**Outer ray floret: presence of striation**	外轮舌状小花：条纹		
	absent	无	Ashley, Ferrari	1
	present	有	Indian-Summer, Planluck	9
35.	**Bicolored varieties only: Outer ray floret: secondary color at basal half**	外轮舌状小花：基部1/2处次色（仅适用于颜色数量为2种的品种）		
	absent	无	Baby-Doll	1
	present	有	Planper	9
36.	**Bicolored varieties only: Outer ray floret: secondary color at distal half**	外轮舌状小花：上半部1/2处次色（仅适用于颜色数量为2种的品种）		
	absent	无	Indian-Summer, Planper	1
	present	有	Baby-Doll	9
37.	**Bicolored varieties only: Outer ray floret: secondary color at margin**	外轮舌状小花：边缘次色（仅适用于颜色数量为2种的品种）		
	absent	无	Baby-Doll, Indian-Summer	1
	present	有	Terflame	9
38.	**Bicolored varieties only: Outer ray floret: secondary color at tip only**	外轮舌状小花：尖端次色（仅适用于颜色数量为2种的品种）		
	absent	无	Indian-Summer	1
	present	有	Baby-Doll, Terfetti	9
39.	**Bicolored varieties only: Outer ray floret: secondary color**	外轮舌状小花：次色（仅适用于颜色数量为2种的品种）		
	white	白色	Baby-Doll	1
	yellow	黄色	Planper, Terflame	2
	orange	橙色	Indian-Summer	3
	pink	粉色	Terfetti	4
	red	红色	Glory	5
	purple	紫色	Josiane	6
40.	**Outer ray floret: main color of outer side**	外轮舌状小花：下表面主色		
	white	白色	Baby-Doll	1
	yellow white	黄白色	Tersnow	2
	yellow green	黄绿色	Ashley	3
	green	绿色	Adventure, Terstrom	4
	yellow	黄色	Indian-Summer, Nevada	5
	orange	橙色	Daydream, Ferrari	6
	pink	粉色	Planpret, Zsa-Zsa	7
	red	红色	Lucifer, TestarossaMoana	8
	purple	紫色	Moana	9
41.	**Single or semi-double varieties only: Disc: diameter**	花心：直径（仅适用于单瓣或半重瓣品种）		
	small	小	Tersnow	3
	medium	中	Ashley, Lucifer	5
	large	大	Floru	7

续表

性状编号	英文	中文	标准品种	代码
42.(*)	Single or semi-double varieties only: Dark disc (before opening of disc florets)	深色花心（花心小花开放前，仅适用于单瓣或半重瓣品种）		
	absent	无	Baby-Doll，Ferrari	1
	present	有	Ashley，Indian-Summer	9
43.(*)	Single varieties only: Disc florets of outer rows: main color of perianth lobes	外轮花心小花：花被片主色（仅适用于单瓣品种）		
	white	白色	Tersnow	1
	yellow	黄色	Bugatti，Nevada	2
	orange	橙色	Daydream，Indian-Summer	3
	pink	粉色	Ashley，Baby-Doll	4
	red	红色	Ferrari，Lucifer	5
	purple	紫色	Planpret	6
	brown	棕色		7
44.(*)	Semi-double and double varieties only: Disc florets of outer rows: main color of perianth lobes	外轮花心小花：花被片主色（仅适用于半重瓣和重瓣品种）		
	RHS Colour Chart (indicate reference number)	RHS比色卡（注明参考色号）		
45.	Disc: main color of perianth lobes of bisexual florets	花心：两性小花花被片主色		
	white	白色	Tersnow	1
	yellow	黄色	Indian-Summer，Nevada	2
	orange	橙色	Daydream	3
	pink	粉色	Ashley，Baby-Doll	4
	red	红色	Ferrari，Zsa-Zsa	5
	purple	紫色	Planpret	6
	brown	棕色		7
46.(*)	Style: main color of distal part	花柱：远基端主色		
	white	白色	Ferrari，Nevada	1
	yellow	黄色	Indian-Summer，Lucifer	2
	orange	橙色	Bugatti，Testarossa	3
	pink	粉色	Floru，Zsa-Zsa	4
	red	红色	Ponsy	5
	purple	紫色	Ashley	6
	brown	棕色		7
47.	Stigma: main color	柱头：主色		
	white	白色	Ashley，Tersnow	1
	yellow	黄色	Ferrari，Terflash	2
	orange	橙色	Jodi，Sunburn	3
	pink	粉色	Ponsy	4
	red	红色	Teractie	5
	purple	紫色	Bluebell，Commodore	6
	brown	棕色	Malou	7
48.	Anthers: main color	花药：主色		
	yellow	黄色	Ferrari	1
	orange	橙色	Indian-Summer，Tersnow	2
	pink	粉色	Alami，Sunburn	3
	red	红色	Amarou	4
	purple	紫色	Tersanne	5
	brown	棕色	Shanty	6

续表

性状编号	英文	中文	标准品种	代码
49.	**Anthers: color of top relative to other parts**	花药：端部相对于其他部位的颜色深浅		
	lighter	浅于	Ferrari, Terflash	1
	same	相同	Indian-Summer, Tersnow	2
	darker	深于	Ashley, Nevada	3
50.	**Anthers: longitudinal stripes**	花药：纵向条纹		
	absent	无	Ferrari, Indian-Summer	1
	present	有	Ashley, Nevada	9
51.(*)	**Pappus: color of top relative to other parts**	冠毛：顶端相对于其他部分的颜色深浅		
	lighter	浅于		1
	same	相同	Ferrari, Tersnow	2
	darker	深于	Ashley, Lucifer	3
52.	**Pappus: level of top relative to closed disc florets**	冠毛：顶端相对于闭合的管状小花的高度		
	below	低于	Baby-Doll	1
	same level	平齐	Indian-Summer	2
	above	高于	Ferrari, Tersnow	3

8　性状表的解释

性状12：头状花序类型

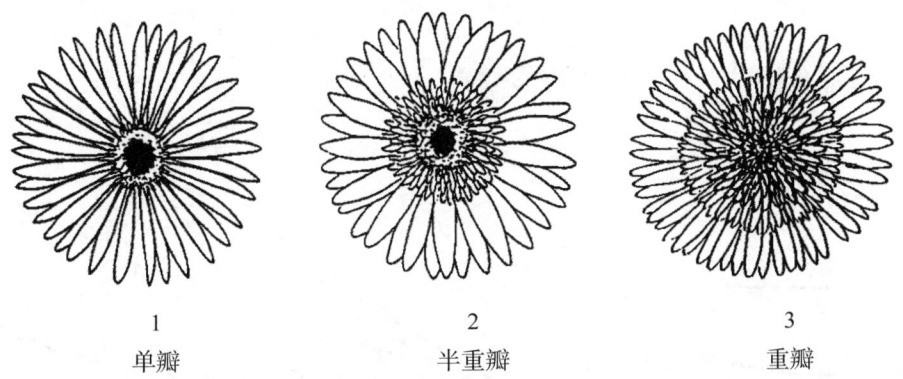

　　　1　　　　　　　　　2　　　　　　　　　3
　　单瓣　　　　　　半重瓣　　　　　　重瓣

性状14：内轮舌状小花与头状花序直径之比（仅适用于半重瓣或重瓣品种）

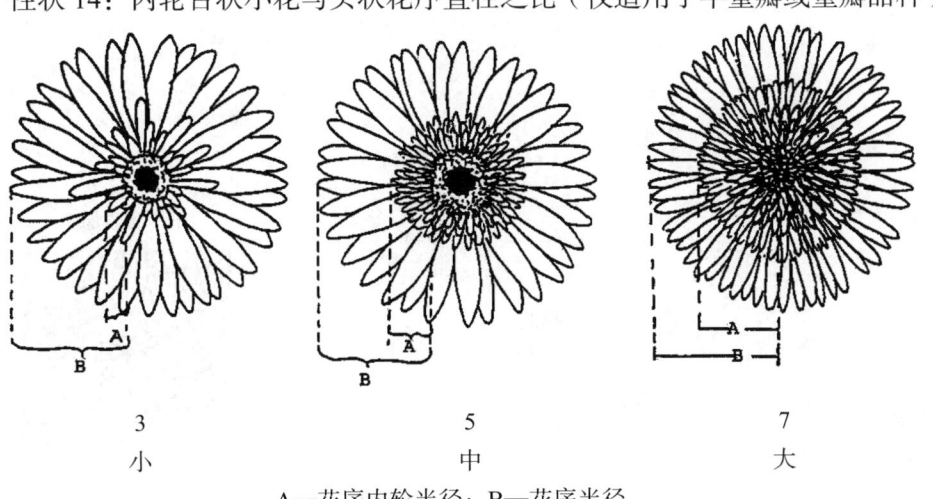

　　　3　　　　　　　　　5　　　　　　　　　7
　　　小　　　　　　　　中　　　　　　　　大

A—花序内轮半径；B—花序半径。

性状 15：头状花序内部舌状小花边缘轮廓（仅适用于半重瓣或重瓣品种）

1	2
规则	不规则

性状 21：外轮舌状小花先端与总苞顶端的相对位置

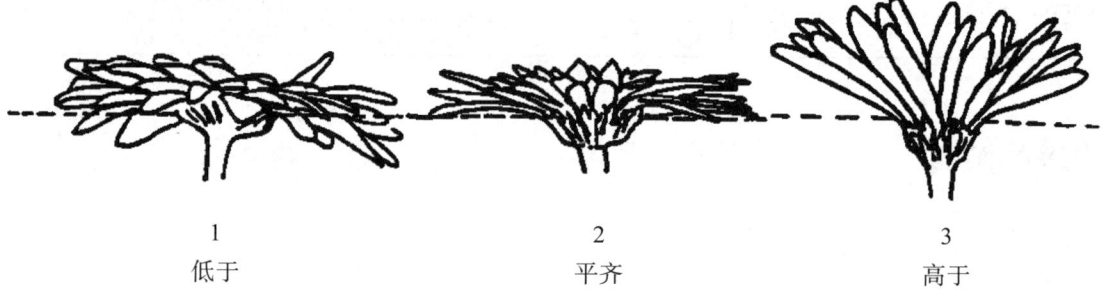

1	2	3
低于	平齐	高于

性状 30：外轮舌状小花游离花瓣

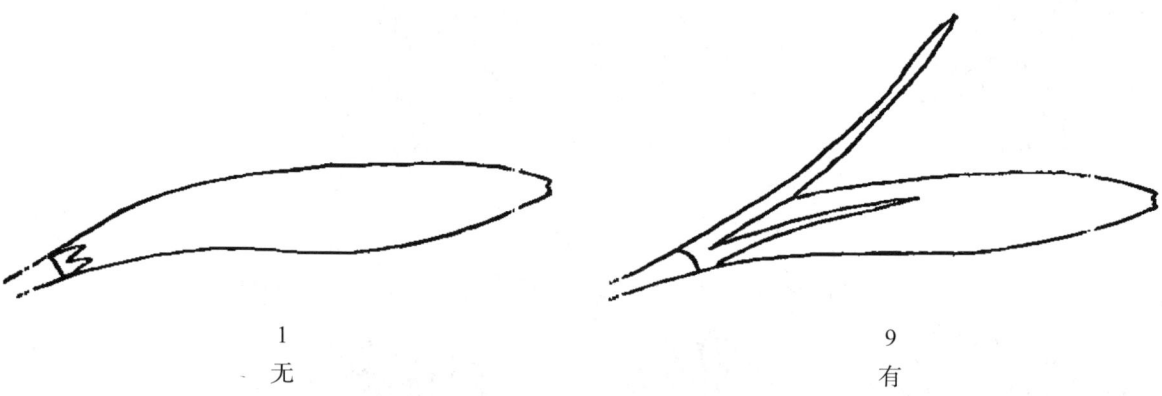

1	9
无	有

扫码下载原文

如扫描二维码无法下载指南原文，可能是指南版本有更新，可扫描本书封底二维码查看与本文对应的指南版本

TG/78/4 Rev.
原文：英文
日期：2012-03-28

国际植物新品种保护联盟
植物品种特异性、一致性和稳定性
测试指南

长寿花

UPOV 代码：KALAN_BLO

[长寿花（*Kalanchoe blossfeldiana* Poelln.）
及其杂交品种]

互用名称 *

植物学名称	英文	法文	德文	西班牙文
Kalanchoe blossfeldiana Poelln. and its hybrids	Kalanchoe	Kalanchoe	Kalanchoe, Flammendes Kätchen	Kalancho

---

* 这些名称在指南开始使用时是正确的，但随后可能会修改更新。读者可登录 UPOV 网站（www.upov.int），获取最新资料。

1 指南适用范围

本指南适用于长寿花（*Kalanchoe blossfeldiana* Poelln.）的所有品种及其与景天科（Crassulaceae）伽蓝菜属（*Kalanchoe* Adans.）其他种的杂交品种。

2 繁殖材料要求

2.1 待测品种繁殖材料的数量和质量要求以及提交的时间和地点由主管机构决定。申请人从测试所在国境外提交繁殖材料的，还应符合海关规定并满足相关植物检疫的要求。
2.2 繁殖材料以无根扦插条的形式提供。
2.3 申请人提交繁殖材料的最小数量为20个无根扦插条。
2.4 提供的繁殖材料应外观健康有活力，未受到任何严重病虫害的影响。
2.5 提交的繁殖材料不得进行任何可能影响品种性状表达的处理，除非主管机构允许或要求进行这种处理。如果材料已经处理，必须提供相关处理的详细说明。

3 测试方法

3.1 生长周期
测试的最少周期数量通常为1个生长周期。

3.2 测试地点
测试通常在1个地点进行。在1个以上地点进行测试时，TGP/9《特异性测试》提供了有关指导。

3.3 测试条件
3.3.1 测试的条件应能满足品种正常生长的需要，以确保品种相关性状充分表达和测试的顺利开展。植株种在盆里后要进行一个短日照处理，短日照处理至少7周，白天长度少于10 h。
3.3.2 性状判定的最好阶段是每个植株3/4的花完全开放。
3.3.3 由于日光变化的原因，在利用比色卡确定颜色时，应在一个合适的有人工光源照明的小室或中午无阳光直射的房间内进行。人工光源光谱分布应符合CIE"理想日光标准D6500"，且在《英国标准950：第1部分》规定的允许范围之内。观测在白背景下进行。

3.4 实验设计
3.4.1 每个实验应保证至少有20个植株。
3.4.2 试验设计应保证因测量或计数等需要，从小区取走部分植株或植株部位后，不影响生长周期结束前的所有观测。

3.5 植株（植株部位）的观测数量
除非另有说明，对于单株的观测，应观测10个植株或分别从10个植株取下的植株部位；对于其他观测，应观测试验中的所有植株。

3.6 附加测试
为测试有关性状，可以进行附加测试。

4 特异性、一致性和稳定性评价

4.1 特异性

4.1.1 一般建议
对于本指南的使用者而言，在判定特异性前参照总则特异性判定的一般原则十分重要。但为了进一步说明和强调特异性判定，本指南特列出特异性判定的要点。

4.1.2 一致的差异

当观测到的品种之间的差异非常明显时，则没有必要种植1个以上生长周期。此外，在某些情况下，环境的影响并不意味着需要1个以上的生长周期来保证品种间观测到的差异是足够一致的。为确保在种植试验中所观测到的性状差异是足够一致的，可以对性状进行至少2个独立生长周期的测试。

4.1.3 明显的差异

两个品种间的差异是否明显取决于很多因素，特别应考虑所测性状的表达类型，即该性状是质量性状、数量性状还是假质量性状。因此，在作出关于特异性的判定前，本测试指南的使用者应熟悉总则中的建议，这一点很重要。

4.2 一致性

4.2.1 对于本指南的使用者而言，在判定一致性前参照总则一致性判定的一般原则十分重要。但为进一步说明和强调一致性判定，本指南特列出一致性判定的要点。

4.2.2 评价一致性时，应采用2%的群体标准和至少95%的接受概率。当样本量为20个时，允许有2个异型株。

4.3 稳定性

4.3.1 在实际操作中，通常不像测试特异性和一致性那样对稳定性进行测试以得到明确结果。经验表明，对许多类型的品种来说，当一个品种表现一致时，可认为其是稳定的。

4.3.2 适当情况下或者有疑问时，稳定性的测试通过种植该品种的下一代或者测试一批新的植株，看其性状表现是否与之前提交的材料表现相同。

5 品种分组和试验组织

5.1 使用分组性状可以帮助选择与申请品种一起进行田间种植试验的已知品种，以及对这些品种进行合适分组以便进行特异性评价。

5.2 分组性状表达状态的数据即使来自不同地点，也可以单独或者与其他此类性状联合使用。

（a）用于特异性测试中筛选排除那些不需要安排在种植试验中的已知品种。

（b）用于组织安排种植试验，使近似品种种植在一起。

5.3 以下性状已被确认为有用的分组性状。

（a）花：类型（性状18）。

（b）花冠裂片：上表面颜色数量（性状29）。

（c）花冠裂片：上表面主色（性状30），有以下分组。

第一组：白色。

第二组：黄色。

第三组：橙色。

第四组：红色。

第五组：紫红色。

第六组：紫色。

第七组：蓝粉色。

（d）花冠裂片：上表面次色（性状31），有以下分组。

第一组：白色。

第二组：黄色。

第三组：橙色。

第四组：红色。

第五组：紫红色。

第六组：蓝粉色。

5.4 总则中提供了在特异性审查过程中使用分组性状的指导。

6 性状表介绍

6.1 性状类型

6.1.1 标准指南性状

标准指南性状是 UPOV 已同意用于 DUS 审查的性状，UPOV 成员可以从中选择与其特定环境相适应的性状。

6.1.2 星号性状

星号性状（用"*"标记）是测试指南中对于形成国际统一的品种描述十分重要的性状，所有 UPOV 成员都应将其用于 DUS 测试并包含在品种描述中，除非前序性状的表达或区域环境条件所限使其无法测试。

6.2 表达状态及相应代码

为定义性状和统一描述，将每个性状划分为一系列表达状态。每个表达状态赋予一个相应的数字代码，以便于数据记录，以及品种性状描述的建立和交流。

6.3 表达类型

总则中对性状表达类型（质量性状、数量性状和假质量性状）进行了解释。

6.4 标准品种

适当时，测试指南中提供了标准品种用于校正性状的表达状态。

6.5 注释

（*）星号性状（6.1.2）。

QL：质量性状（6.3）。

QN：数量性状（6.3）。

PQ：假质量性状（6.3）。

（a）～（d）性状表解释（8.1）。

（+）性状表解释（8.2）。

7 性状表

性状编号	观测方法	英文	中文	标准品种	代码
1. (*) QN		**Plant: height (including inflorescence)**	**植株：高度（含花序）**		
		very short	极矮	Avalon	1
		short	矮	Rarakoe	3
		medium	中	Amy	5
		tall	高	Taos	7
		very tall	极高	Petero	9
2. QN		**Plant: width**	**植株：宽度**		
		narrow	窄	Sumaco	3
		medium	中	Amy	5
		broad	宽	Pago	7
3. (*) QN	(a)	**Leaf: length**	**叶：长度**		
		short	短	Dark Cora	3
		medium	中	Amy	5
		long	长	Avalon	7

性状编号	观测方法	英文		中文	标准品种	代码
4.(*)QN	(a)	**Leaf: width**		叶：宽度		
			narrow	窄	Arina	3
			medium	中	Sumaco	5
			broad	宽	Avalon	7
5.(+)PQ	(a)	**Leaf: shape**		叶：形状		
			ovate	卵圆形		1
			elliptic	椭圆形		2
			rounded	圆形		3
			linear	线形		4
			obovate	倒卵圆形		5
			tripartite pinnate	羽状深裂形		6
6.(*)QL	(a)	**Leaf: variegation**		叶：色斑		
			absent	无	Rarakoe	1
			present	有	Debora	9
7.QN	(a)	**Leaf: intensity of green color of upper side**		叶：上表面绿色程度		
			light	浅		3
			medium	中	Taos	5
			dark	深	Arina	7
8.(*)QN	(a)	**Leaf: anthocyanin coloration of upper side**		叶：上表面花青苷显色		
			absent or very weak	无或极弱	Amy	1
			weak	弱	Banda	3
			medium	中	Misunpink	5
			strong	强	Axrose	7
9.(+)QN	(a)	**Leaf: cross section**		叶：横切面		
			strongly concave	强凹	DarkCora	1
			flat	平	Fonda	3
			strongly convex	强凸		5
10.(+)QN	(a)	**Leaf: number of incisions of margin**		叶：边缘缺刻数量		
			absent or very few	无或极少		1
			few	少		3
			medium	中		5
			many	多		7
11.(+)QN	(a)	**Leaf: depth of incisions of margin**		叶：边缘缺刻深度		
			very shallow	极浅		1
			shallow	浅	Amy	3
			medium	中	Pago	5
			deep	深	Axrose	7
12.(+)QN	(a)	**Leaf: attitude of apex**		叶：先端姿态		
			strongly incurving	强烈内弯	Rachel	1
			straight	平直	Sumaco	3
			strongly recurving	强烈外弯	Hakon	5
13.(+)QN		**Flowering shoot: number of flowers of highest pleiochasium**		花茎：顶端多歧聚伞花序的花数量		
			few	少	Amrum	3
			medium	中	Fonda	5
			many	多	Pago	7

续表

性状编号	观测方法	英文	中文	标准品种	代码
14. （+） QN		**Flowering shoot：width of highest pleiochasium**	花茎：顶端多歧聚伞花序的宽度		
		narrow	窄	Don Ramon	3
		medium	中	Sumaco	5
		broad	宽	Pago	7
15. （+） QL	（b）	**Young flower：number of colors of upper side of corolla lobes**	幼花：花冠裂片上表面颜色数量		
		one	1种		1
		two or more	≥2种		2
16. PQ	（b） （c）	**Young flower：main color of upper side of corolla lobes**	幼花：花冠裂片上表面主色		
		RHS Colour Chart（indicate reference number）	RHS比色卡（注明参考色号）		
17. PQ	（b） （c）	**Young flower：secondary color of upper side of corolla lobes**	幼花：花冠裂片上表面次色		
		RHS Colour Chart（indicate reference number）	RHS比色卡（注明参考色号）		
18. （*） （+） QL		**Flower：type**	花：类型		
		single	单瓣	Dark Cora	1
		double	重瓣	Pago	2
19. QN		**Only varieties with single flowers：Flower：number of corolla lobes**	花：花冠裂片数量（仅适用于单瓣品种）		
		only 4	仅4个	Dark Cora	1
		4 or 5	4或5个	Parina	2
		only 5	仅5个		3
20. （*） QN		**Only varieties with double flowers：Flower：number of corolla lobes**	花：花冠裂片数量（仅适用于重瓣品种）		
		few	少	RB 56141	3
		medium	中	Naomi	5
		many	多	Yazmin	7
21. （*） QN		**Flower：diameter**	花：直径		
		small	小	Arina	3
		medium	中	Amy	5
		large	大	Jodie	7
22. （+） QN	（d）	**Only varieties with single flowers：Corolla lobe：attitude**	花冠裂片：姿态（仅适用于单瓣品种）		
		upwards	向上	Runa	1
		horizontal	水平	Goldie	2
		downwards	向下	Ingrid	3
23. （+） QL	（d）	**Corolla lobe：rolling of margin**	花冠裂片：边缘卷曲		
		absent	无	Irmin	1
		present	有	Jackie	9
24. （+） QL	（d）	**Corolla lobe：incisions of argin**	花冠裂片：边缘缺刻		
		absent	无	Irmin	1
		present	有	Krystle	9

续表

性状编号	观测方法	英文	中文	标准品种	代码
25. (+) PQ	(d)	Corolla lobe: shape of apex	花冠裂片：先端形状		
		acute	锐尖	Jackie	1
		apiculate	细尖	Impromeru	2
		acuminate	渐尖	White Cora	3
26. (*) QN	(d)	Only varieties with single flowers: Corolla lobe: length	花冠裂片：长度（仅适用于单瓣品种）		
		short	短	Debora	3
		medium	中	Amy	5
		long	长	Jackie	7
27. (*) QN	(d)	Only varieties with single flowers: Corolla lobe: width	花冠裂片：宽度（仅适用于单瓣品种）		
		narrow	窄	Debora	3
		medium	中	Parina	5
		broad	宽	Dark Cora	7
28. QN	(d)	Only varieties with single flowers: Corolla lobe: ratio length/width	花冠裂片：长宽比（仅适用于单瓣品种）		
		small	小		3
		medium	中		5
		large	大		7
29. (*) (+) QL	(d)	Corolla lobe: number of colors of upper side	花冠裂片：上表面颜色数量		
		one	1 种	Amy	1
		two	2 种	Graciosa	2
		more than two	>2 种	Oberon	3
30. (*) PQ	(c) (d)	Corolla lobe: main color of upper side RHS Colour Chart（indicate reference number）	花冠裂片：上表面主色 RHS 比色卡（注明参考色号）		
31. (*) PQ	(c) (d)	Corolla lobe: secondary color of upper side RHS Colour Chart（indicate reference number）	花冠裂片：上表面次色 RHS 比色卡（注明参考色号）		
32. (*) (+) PQ	(d)	Corolla lobe: distribution of secondary color	花冠裂片：次色分布		
		at margin only	仅在边缘	Alcedo	1
		at margin and at base	在边缘和基部	Mipinkstar	2
		at base only	仅在基部	Impromero	3
		at base and in median stripe	在基部和中脉区域	Milos	4
		median stripe only	仅为中脉区域		5
		mainly on one half	主要在半边区域	Rewiros	6
		dotted	呈点状	Greco	7
		brindled	呈斑状		8
		at apex	在先端		9
33. PQ	(d)	Only varieties with single flowers: Corolla lobe: color of lighter part of lower side RHS Colour Chart（indicate reference number）	花冠裂片：下表面浅色区颜色（仅适用于单瓣品种） RHS 比色卡（注明参考色号）		
34. PQ	(d)	Only varieties with single flowers: Corolla lobe: color of darker part of lower side RHS Colour Chart（indicate reference number）	花冠裂片：下表面深色区颜色（仅适用于单瓣品种） RHS 比色卡（注明参考色号）		

续表

性状编号	观测方法	英文	中文	标准品种	代码
35.(*)QL	(d)	Only varieties with double flowers: Outer corolla lobe: number of colors of upper side	外轮花冠裂片：上表面颜色数量（仅适用于重瓣品种）		
		one	1 种		1
		two	2 种		2
		more than two	>2 种		3
36.(*)PQ	(c)(d)	Only varieties with double flowers: Outer corolla lobe: main color of upper side	外轮花冠裂片：上表面主色（仅适用于重瓣品种）		
		RHS Colour Chart (indicate reference number)	RHS 比色卡（注明参考色号）		
37.PQ	(c)(d)	Only varieties with double flowers: Outer corolla lobe: secondary color of upper side	外轮花冠裂片：上表面次色（仅适用于重瓣品种）		
		RHS Colour Chart (indicate reference number)	RHS 比色卡（注明参考色号）		
38.(+)PQ	(c)	Only varieties with double flowers: Outer corolla lobe: distribution of secondary color	外轮花冠裂片：次色分布（仅适用于重瓣品种）		
		at margin only	仅在边缘		1
		at margin and at base	在边缘和基部		2
		at base only	仅在基部		3
		at base and in median stripe	在基部和中脉区域		4
		median stripe only	仅为中脉区域		5
		mainly on one half	主要在半边区域		6
		dotted	呈点状		7
		brindled	呈斑状		8
		at apex	在先端		9
39.QN		Time of beginning of flowering	始花期		
		early	早		3
		medium	中		5
		late	晚		7

8 性状表解释

8.1 对多个性状的解释

对于性状评估，最佳的发育阶段是每个植株 3/4 的花全部开放的时候。

性状表第二列包含以下标注的性状应按照下述要求观测。

（a）叶性状的观测应在植株中部发育完全的叶片上进行。

（b）单瓣品种幼花性状的观测应在花冠裂片刚刚打开的时候，重瓣花品种幼花性状的观测应在内部花冠裂片刚刚打开时的内部花冠裂片上进行。

（c）主色是面积最大的颜色，次色是面积第二大的颜色，如果主色和次色面积大小很接近，无法确定哪个颜色面积最大，较深的颜色为主色。

（d）花冠裂片性状的观测应在发育完全的花上进行，除非另有说明，重瓣花花冠裂片性状的观测应在内部花冠裂片上进行。

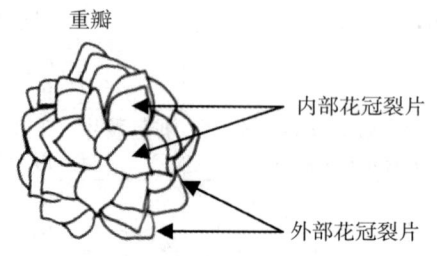

8.2 对单个性状的解释

性状 5：叶形状

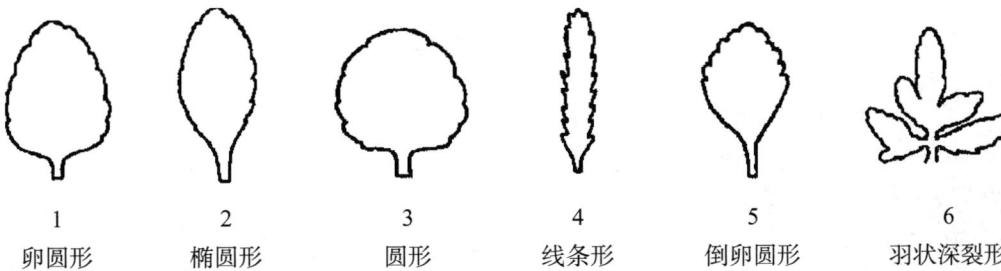

1	2	3	4	5	6
卵圆形	椭圆形	圆形	线条形	倒卵圆形	羽状深裂形

性状 9：叶横切面

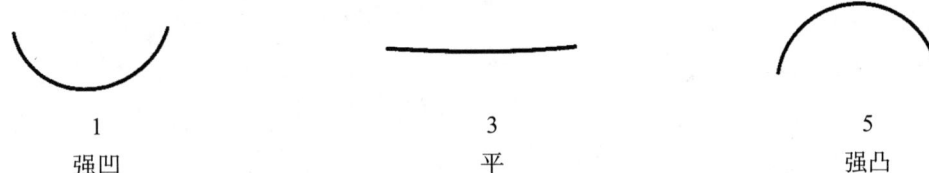

1	3	5
强凹	平	强凸

性状 10：叶边缘缺刻数量

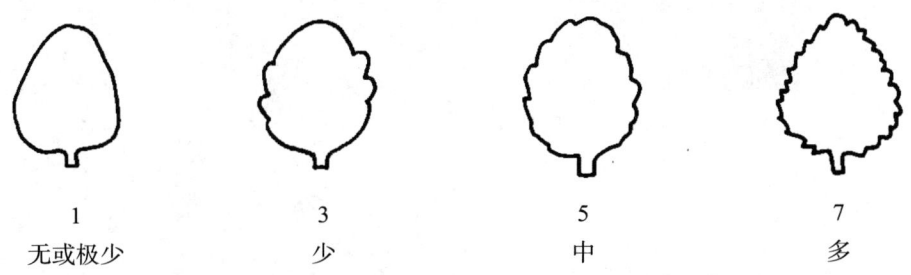

1	3	5	7
无或极少	少	中	多

对于复叶品种，应观测顶部裂片。

性状 11：叶边缘缺刻深度

1	3	5	7
极浅	浅	中	深

对于复叶品种，应观测顶部裂片。

性状 12：叶先端姿态

（着花端）

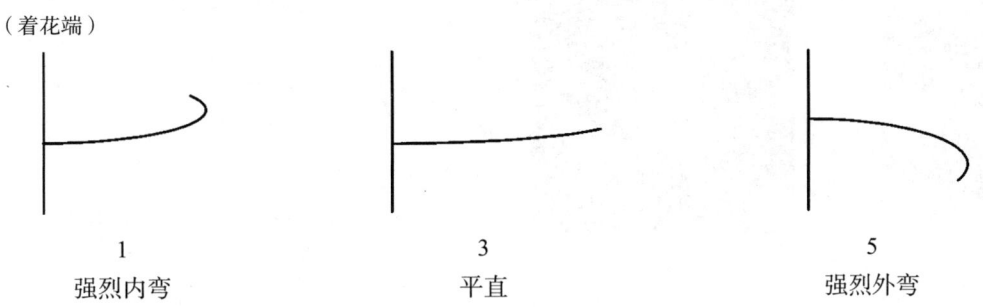

1	3	5
强烈内弯	平直	强烈外弯

性状 13：花茎顶端多歧聚伞花序的花数量
性状 14：花茎顶端多歧聚伞花序的宽度

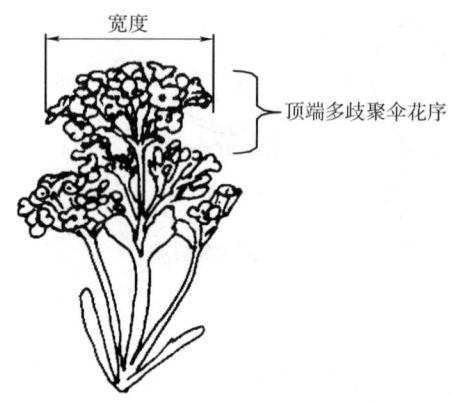

性状 15：幼花花冠裂片上表面颜色数量

1	2
1 种	2 种

性状 18：花类型
单瓣花的花冠裂片只有 4～5 片，重瓣花的花冠裂片大于 5 片。

性状 22：花冠裂片姿态（仅适用于单瓣品种）

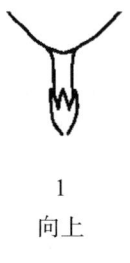 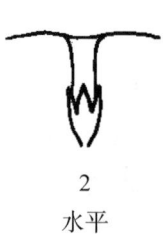 

1	2	3
向上	水平	向下

性状 23：花冠裂片边缘卷曲
如果花冠裂片存在卷曲边缘，从正面看花时可以看到花冠裂片下表面的颜色。

性状 24：花冠裂片边缘缺刻

1	9
无	有

性状 25：花冠裂片先端形状

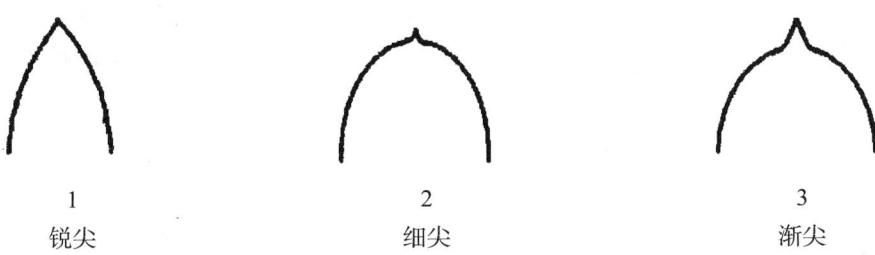

1	2	3
锐尖	细尖	渐尖

性状 29：花冠裂片上表面颜色数量

1	2
1 种	2 种

性状 32：花冠裂片次色分布
性状 38：外轮花冠裂片次色分布（仅适用于重瓣品种）

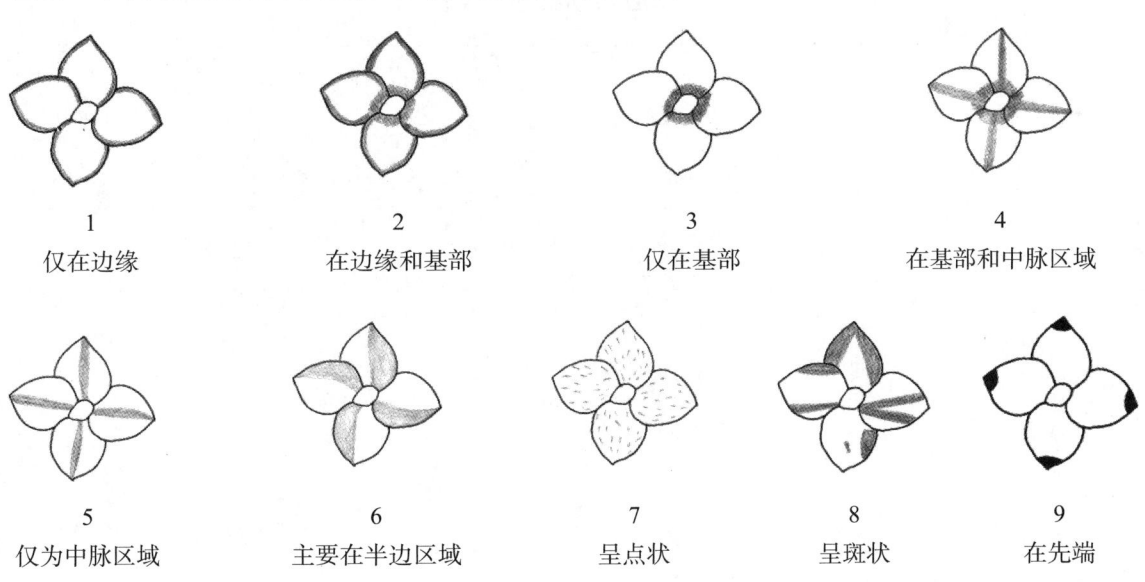

1	2	3	4
仅在边缘	在边缘和基部	仅在基部	在基部和中脉区域

5	6	7	8	9
仅为中脉区域	主要在半边区域	呈点状	呈斑状	在先端

（插图为单瓣花品种）

扫码下载原文

如扫描二维码无法下载指南原文，可能是指南版本有更新，可扫描本书封底二维码查看与本文对应的指南版本

TG/79/3
原文：英文
日期：1980-11-12

国际植物新品种保护联盟
植物品种特异性、一致性和稳定性
测试指南

北美香柏

(*Thuja occidentalis* L.)

1 测试技术说明

1.1 待测品种繁殖材料的数量和质量要求以及提交的时间和地点由主管机构决定。申请人从测试所在国境外提交繁殖材料的，还应符合海关规定并满足相关植物检疫的要求。申请人提交繁殖材料的最小数量为 8 株达到正常商业标准的植株（如果可能应提供 3～6 龄苗）。提供的繁殖材料应外观健康有活力，未受到任何严重病虫害的影响。

1.2 提交的繁殖材料不得进行任何可能影响品种性状表达的处理，除非主管机构允许或要求进行这种处理。如果材料已经处理，必须提供相关处理的详细说明。

1.3 测试的试验条件应能确保品种的正常生长。

1.4 待测品种应分组种植以便进行特异性评价。适用于分组的性状是已知不会出现变异，或者仅在品种内发生轻微变异的性状。这些性状的不同表达状态应十分均匀地分布于品种库中。

1.5 在测试一致性和稳定性时，经验表明，对于无性繁殖的北美香柏，足以依据观测性状的表达状态判定供试的繁殖材料是否一致并且是否存在变异或混杂。

1.6 测试至少进行 2 年。

1.7 为判定特异性、一致性和稳定性，应使用性状表中以 UPOV 的 3 种工作语言列出的性状。星号性状（*），除非前序性状的表达或区域环境条件所限使其无法测试，在测试的每一生长时期，对所有品种都要进行测试的、总要包含在品种描述中的性状。符号（+）表示该性状有解释或图示说明。

1.8 为便于电子数据处理，每个性状的表达状态都赋予了相应的代码（1～9）。

1.9 所有观测的测量、称量或计数（数量性状）应该是 10 个植株测量的平均值。

1.10 有疑问的术语解释请看性状表解释部分。

2 性状表

性状编号	英文	中文	标准品种	代码
1. (*)	**Plant: habit**	**植株：习性**		
	columnar	柱状	Malonyana, Spiralis	1
	broad columnar	宽柱状	Lori	2
	conic	圆锥状	Smaraqd	3
	broad conic	宽圆锥状	Vervaeneana	4
	ovoid	卵圆状	Holmstrup	5
	globose	球状	Danica, Globosa	6
	flat-globose	扁球状	Recurva Nana	7
2. (*)	**Plant: speed of growth**	**植株：生长速率**		
	slow	慢	Danica	3
	medium	中	Vervaeneana	5
	fast	快	Columbia	7
3. (*)	**Plant: density of branches**	**植株：分枝密度**		
	loose	疏	Cloth of Gold, Cristata	3
	medium	中	Recurva Nana	5
	dense	密	Danica, Little Gem	7
4. (*)	**Branch: type**	**枝条：类型**		
	non monstrous	非畸形	Cloth of Gold	1
	monstrous	畸形	Cristata, Bodmeri	2

续表

性状编号	英文	中文	标准品种	代码
5.(*)	**Branch：attitude**	枝条：姿态		
	erect	直立	Smaragd	1
	semi-erect	半直立	Globosa，Spiralis	2
	horizontal	水平	Little Gem	3
	drooping	下弯	Gracilis，Filiformis	4
6.(+)	**Branch：number of branchlets of first order**	分枝：一级分枝数		
	very few	极少	Filiformis	1
	few	少	Recurva Nana	3
	medium	中		5
	many	多	Danica	7
	very many	极多		9
7.(+)	**Branchlet of first order：type**	一级分枝：类型		
	flat	平展	Malonyana	1
	twisted	扭曲	Smaraqd	2
	curved	弯曲	Cristata	3
8.(*)(+)	**Branchlet of first order：attitude of spray**	一级分枝：总状分枝姿态		
	vertical	垂直	Danica	1
	oblique	偏斜	Holmstrup	2
	horizontal	水平	Smaraqd	3
9.(*)	**Branchlets of penultimate and last order：length**	倒数第二和末级分枝：长度		
	short	短	Spiralis	3
	medium	中	Recurva Nana	5
	long	长	Smaraqd	7
10.	**Branchlets of penultimate and last order：width**	倒数第二和末级分枝：宽度		
	narrow	窄	Filiformis	3
	medium	中		5
	broad	宽	Bodmeri	7
11.(*)	**Branchlets of penultimate and last order：main color of upper side in spring**	倒数第二和末级分枝：春季上表面的主色		
	light green	泛绿色		1
	green	绿色		2
	yellow green	黄绿色		3
	light yellow	泛黄色		4
	yellow	黄色		5
	bronze	青铜色		6
	bronze green	铜绿色		7
	grey green	灰绿色		8

续表

性状编号	英文	中文	标准品种	代码
12.(*)	**Branchlets of penultimate and last order: main color of lower side in spring**	倒数第二和末级分枝：春季下表面的主色		
	light green	泛绿色		1
	green	绿色		2
	yellow green	黄绿色		3
	light yellow	泛黄色		4
	yellow	黄色		5
	bronze	青铜色		6
	bronze green	暗铜绿		7
	grey green	灰绿色		8
13.(*)	**Branchlets of penultimate and last order: presence of variegation in spring**	倒数第二和末级分枝：春季斑点		
	absent	无		1
	present	有		9
14.(*)	**Branchlets of penultimate and last order: type of variegation in spring**	倒数第二和末级分枝：春季斑点类型		
	apical	顶部分布	Columbia	1
	scattered	分散排列		2
15.(*)	**Branchlets of penultimate and last order: color of variegation in spring**	倒数第二和末级分枝：春季斑点颜色		
	white	白色	Beaufort	1
	yellow	黄色		2
16.(*)	**Branchlet of penultimate and last order: main color of upper side in summer**	倒数第二和末级分枝：夏季上表面的主色		
	light green	泛绿色		1
	green	绿色		2
	yellow green	黄绿色		3
	light yellow	泛黄色		4
	yellow	黄色		5
	bronze	青铜色		6
	bronze green	暗铜绿		7
	grey green	灰绿色		8
17.(*)	**Branchlets of penultimate and last order: main color of lower side in summer**	倒数第二和末级分枝：夏季下表面的主色		
	light green	泛绿色		1
	green	绿色		2
	yellow green	黄绿色		3
	light yellow	泛黄色		4
	yellow	黄色		5
	bronze	青铜色		6
	bronze green	暗铜绿		7
	grey green	灰绿色		8

续表

性状编号	英文	中文	标准品种	代码
18.(*)	Branchlets of penultimate and last order: presence of variegation in summer	倒数第二和末级分枝：夏季斑点		
	absent	无		1
	present	有		9
19.(*)	Branchlets of penultimate and last order: type of variegation in summer	倒数第二和末级分枝：夏季斑点类型		
	apical	顶部分布	Brans，Columbia	1
	scattered	分散排列		2
20.(*)	Branchlets of penultimate and last order: color of variegation in summer	倒数第二和末级分枝：夏季斑点颜色		
	white	白色	Beaufort	1
	yellow	黄色	Aureovariegata	2
21.(*)	Branchlets of penultimate and last order: main color of upper side in winter	倒数第二和末级分枝：冬季上表面的主色		
	light green	泛绿色		1
	medium green	中等绿色		2
	dark green	深绿色		3
	yellow green	黄绿色		4
	bronze green	暗铜绿		5
	grayish green	泛灰绿色		6
	blue green	蓝绿色		7
	yellow	黄色		8
	yellow bronze	黄铜色		9
22.(*)	Branchlets of penultimate and last order: main color of lower side in winter	倒数第二和末级分枝：冬季下表面的主色		
	light green	泛绿色		1
	medium green	中等绿色		2
	dark green	深绿色		3
	yellow green	黄绿色		4
	bronze green	暗铜绿		5
	grayish green	泛灰绿色		6
	blue green	蓝绿色		7
	yellow	黄色		8
	yellow bronze	黄铜色		9
23.(*)	Branchlets of penultimate and last order: presence of variegation in winter	倒数第二和末级分枝：冬季斑点		
	absent	无		1
	present	有		9
24.(*)	Branchlets of penultimate and last order: type of variegation in winter	倒数第二和末级分枝：冬季斑点类型		
	apical	顶部分布	Brans，Columbia	1
	scattered	分散排列		2

续表

性状编号	英文	中文	标准品种	代码
25.（*）	Branchlets of penultimate and last order: color of variegation in winter	倒数第二和末级分枝：冬季斑点颜色		
	white	白色		1
	yellow	黄色		2
26.	Branchlet: leaf type	小枝：叶类型		
	only non-linear	仅非线形		1
	non-linear and linear	非线形和线形	Elwangeriana	2
	only linear	仅线形	Ericoides, Filiformis	3
27.	Non-linear leaf: width	非线形叶：宽度		
	narrow	窄	Smaragd	3
	medium	中		5
	broad	宽	Danica	7
28.	Non-linear leaf: thickness	非线形叶：厚度		
	thin	薄		3
	medium	中		5
	thick	厚		7
29.	Non-linear leaf: longitudinal axis	非线形叶：纵轴		
	straight	直	Smaragd	1
	curved	弯曲	Columna	2
30.	Non-linear leaf: shape of tip	非线形叶：尖端形状		
	narrowly acute	窄锐尖		1
	acute	锐尖	Smaragd	2
	obtuse	钝尖	Danica	3
31.（*）	Non-linear leaf: prominence of glands	非线形叶：腺体突出		
	not prominent	不突出	Danica	1
	prominent	突出	Brans, Little Gem	2
32.	Non-linear leaf: number of prominent glands	非线形叶：腺体突出数目		
	few	少	Recurva Nana	3
	medium	中		5
	many	多	Fastigiata	7
33.	Non-linear leaf: glossiness	非线形叶：光泽度		
	weak	弱	Danica	3
	medium	中	Wareana	5
	strong	强	Columna	7
34.	Non-linear leaf: length	非线形叶：长度		
	short	短		3
	medium	中		5
	long	长		7

（*）除非前序性状的表达或区域环境条件所限使其无法测试，在测试的每一生长时期，对所有品种都要进行测试的、总要包含在品种描述中的性状。

（+）见性状表解释部分。

3　性状表解释

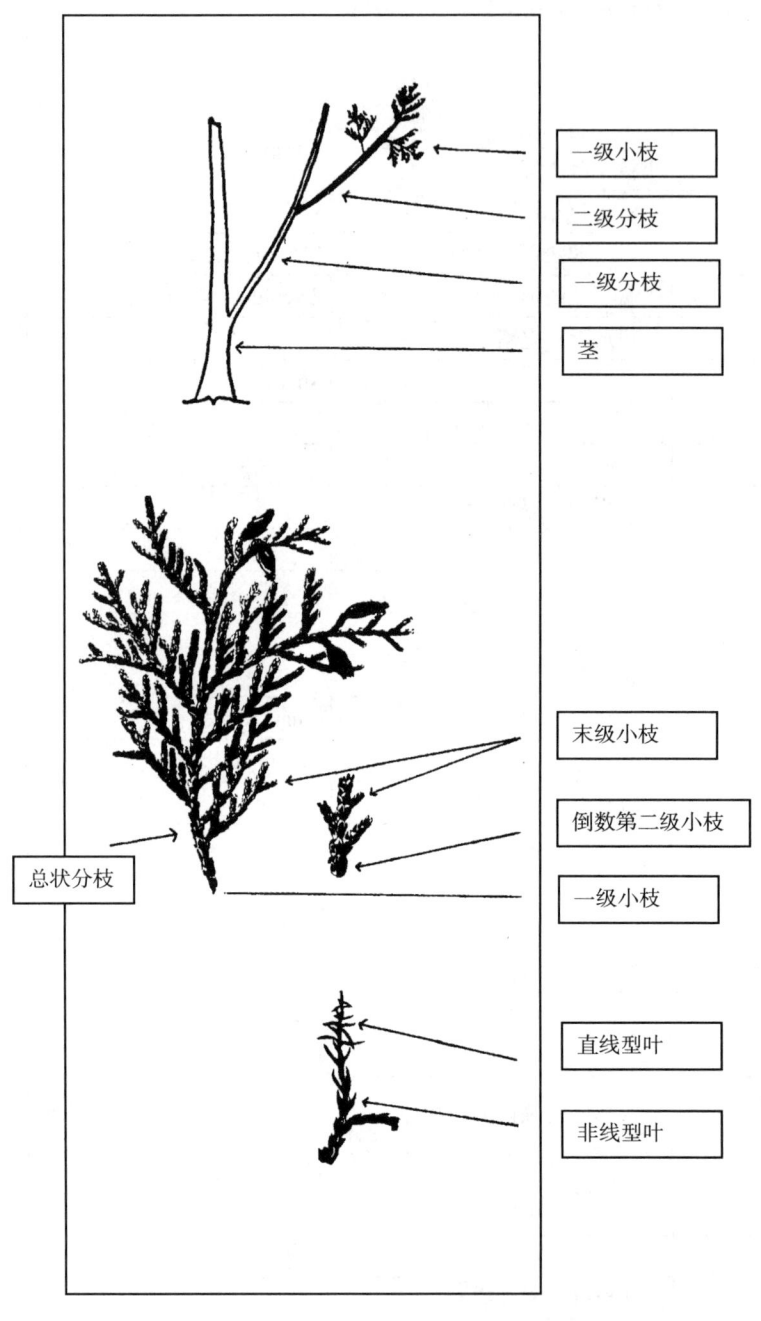

TG/86/5 Corr.
原文：英文
日期：1995-10-20，2008-08-15

国际植物新品种保护联盟
植物品种特异性、一致性和稳定性
测试指南

花烛属

(*Anthurium* Schott)

1　适用范围

本指南适用于天南星科花烛属（*Anthurium* Schott）无性繁殖的所有品种。

2　繁殖材料要求

2.1　待测品种繁殖材料的数量和质量要求以及提交的时间和地点由主管机构决定。申请人从测试所在国境外提交繁殖材料的，必须确保符合所有海关规定。提交的繁殖材料的数量应不少于：盆栽品种为具有花朵或花芽的 10 个新植株，切花品种为具有花朵或花芽的 6 个植株。

2.2　提供的繁殖材料应外观健康有活力，未受到任何严重病虫害的影响且来源于离体繁殖。除非主管机构另有说明，否则应该提交分株后植株或扦插条。

2.3　提交的植物材料不应进行任何处理，除非主管机构允许或要求进行这种处理。如果材料已经处理，必须提供处理的详细说明。

3　测试方法

3.1　对于无性繁殖的品种，一般应进行 1 个生长期的测试；对于种子繁殖的品种，应进行 2 个生长时期的测试。如果特异性和/或一致性不能通过上述生长周期充分判定，则应延长测试周期。

3.2　测试通常在 1 个地点进行。如果供试品种有任何重要的性状不能在该地表达，该品种可在另一地点测试。

3.3　通常在温室内进行盆栽栽培测试，栽培基质应排水及通风良好并满足下列条件。

（a）盆栽品种

温度：白天 21 ℃，夜间 19 ℃。

基质：由泥炭、泥炭纤维、稻壳组成的多孔混合物。

栽培盆大小：15 cm。

每盆植株数：1 个。

施肥：配合浇水施用 1.2 EC（电导率）的标准花烛营养液。

浇水：台机浇水，每周 3 次，每次 15 min。

空气湿度：70%～90%。

遮阴：在春季、夏季和初秋应遮阴。

（b）切花品种

温度：白天 22 ℃，夜间 20 ℃。

基质：一种酚醛泡沫粗块多孔混合物。

栽培盆大小：21 cm。

每盆植株数：1 个。

施肥：配合浇水施用 1.2 EC（电导率）的标准花烛营养液。

浇水：滴灌，每天 3 次，每次 2 min。

空气湿度：70%～90%。

遮阴：在春季、夏季和初秋应遮阴。

小区的大小应保证，当因测量或计数等需要，从小区取走部分植株或植株部位后，不影响生长周期结束前的所有观测。每个测试应包括 10 个植株（盆栽品种）或 6 个植株（切花品种）。只有在当环境条件相似时，才能使用分开种植的小区进行观测。

3.4　如有特殊需要，可进行附加测试。

4 方法与观测

4.1 所有性状应观测 10 个植株或分别从 10 个植株取下的植株部位（盆栽品种）或 6 个植株或分别从 6 个植株取下的植株部位（切花品种）。

4.2 评价无性繁殖品种的一致性时，应采用 1% 的群体标准和至少 95% 的接受概率。当样本量为 6 个或 10 个时，最多允许有 1 个异型株。

4.3 所有观测应选花朵最大时的植株。

4.4 除非另有说明，花朵上所有的观察应在佛焰花序具有黏性后花药即将开裂前进行。

4.5 由于日光变化的原因，在利用比色卡确定颜色时，应在一个合适的有人工光源照明的小室或中午无阳光直射的房间内进行。人工光源光谱分布应符合 CIE "理想日光标准 D6500"，且在《英国标准 950：第 1 部分》规定的允许范围之内。这些测定应将植株部位置于白色背景上进行。

5 品种分组

5.1 为便于评价特异性，品种应该分成若干组。用于分组的性状是已知不会出现变异，或者仅在品种内发生轻微变异的性状。这些性状的不同表达状态应十分均匀地分布于品种库中。

5.2 建议主管机构使用以下特征分组品种。

（a）佛焰苞：大小（性状 17）。

（b）佛焰苞：上表面主色（性状 24）。

6 性状与符号

6.1 为判定特异性、一致性和稳定性，应使用性状表中以 UPOV 的 3 种工作语言列出的性状及其描述状态。

6.2 为了电子数据处理的需要，不同性状的表达状态给出了对应的代码（1～9）。

6.3 注释

（*）除非前序性状的表达或区域环境条件所限使其无法测试，在测试的每一生长时期，对所有品种都要进行测试的、总要包含在品种描述中的性状。

（+）参见第 8 部分，性状表解释。

7 性状表

性状编号	英文	中文	标准品种	代码
1.(*)	**Plant：size**	植株：大小		
	small	小	Hanna	3
	medium	中	Eva	5
	large	大	Gloria	7
2.	**Leaf blade：length**	叶片：长度		
	short	短	Champion	3
	medium	中	Eldorado	5
	long	长	Merengue	7

续表

性状编号	英文	中文	标准品种	代码
3.	**Leaf blade: width**	叶片：宽度		
	narrow	窄	Hanna	3
	medium	中	Eldorado	5
	broad	宽	Merengue	7
4. (*)	**Leaf blade: shape**	叶片：形状		
	narrow ovate	窄卵形	Tessa	3
	ovate	中等卵形	Madonna	5
	broad ovate	阔卵圆形	Champion	7
5. (*)	**Leaf blade: lobes**	叶片：裂片		
	absent	无	Champion	1
	present	有	Tropical	9
6.	**Leaf blade: relative position of lobes**	叶片：裂片的相对位置		
	Incurved but not touching	内弯不接触		1
	free	分离	Lambada	2
	touching	相接	Linda de Mol	3
	overlapping	重叠	Mia	4
	adpressed	紧贴	Merengue	5
7.	**Leaf blade: angle of distal part**	叶片：远基端夹角		
	acute	锐角	Apollo	1
	approximately right angle	近直角	Lambada	2
	obtuse	钝角	Mia	3
8. (*)	**Leaf blade: shape of tip**	叶片：尖端形状		
	narrow acute	窄锐尖	Ellen	1
	acute	中等锐尖	Champion	2
	broad acute	阔锐尖	Mia	3
	narrow acuminate	窄渐尖	Hanna	4
	acuminate	中等渐尖	Linda de Mol	5
	broad acuminate	阔渐尖	Rumba	6
9.	**Leaf blade: intensity of green color of upper side**	叶片：上表面绿色程度		
	light	浅		3
	medium	中	Mia	5
	dark	深	Rumba	7
10.	**Leaf blade: blistering of upper side**	叶片：上表面泡状程度		
	absent or very weak	无或极弱		1
	weak	弱	Pink Georgusis	3
	medium	中	Samba	5
	strong	强	Patti Ann	7
	very strong	极强		9
11.	**Petiole: length**	叶柄：长度		
	short	短	Champion	3
	medium	中	Gloria	5
	long	长	Rumba	7

续表

性状编号	英文	中文	标准品种	代码
12.(*)	**Peduncle：length**	花梗：长度		
	very short	极短	Belinda	1
	short	短	Champion	3
	medium	中	Linda de Mol	5
	long	长	Gloria	7
	very long	极长		9
13.	**Peduncle：thickness**	花梗：粗度		
	thin	细	Patti Ann	3
	medium	中	Linda de Mol	5
	thick	粗	Salsa	7
14.	**Peduncle：intensity of green color of middle part**	花梗：中部绿色程度		
	light	浅	Champion	3
	medium	中	Linda de Mol	5
	dark	深	Avo-Gino	7
15.	**Peduncle：anthocyanin coloration**	花梗：花青苷显色强度		
	absent or very weak	无或极弱	Pink Georgusis	1
	weak	弱	Kuipers	3
	medium	中	Purple Rain	5
	strong	强	Nathalie	7
	very strong	极强	Rachella	9
16.(*)	**Spathe：position compared to leaves**	佛焰苞：相对于叶片的位置		
	far below	远低于		1
	slightly below	稍低于	Lady Jane	2
	same level	齐平		3
	slightly above	稍高于	Champion	4
	far above	远高于	Eldorado	5
17.(*)	**Spathe：size**	佛焰苞：大小		
	very small	极小	Anetta	1
	small	小	Ellen	3
	medium	中	Fla-Exotic	5
	large	大	Merengue	7
	very large	极大		9
18.(*)	**Spathe：shape**	佛焰苞：形状		
	elliptic	椭圆形	Ariane，Apollo	1
	Broad elliptic	阔椭圆形	Hanna	2
	almost round	近圆形		3
	ovate	中等卵形	Anetta	4
	broad ovate	阔卵圆形	Gloria	5
19.(*)	**Spathe：lobes**	佛焰苞：圆裂片		
	absent	无	Arcs，Lady Jane	1
	present	有	Gloria	9

续表

性状编号	英文	中文	标准品种	代码
20.(*)	Spathe: relative position of lobes	佛焰苞：圆裂片的相对位置		
	Incurved but not touching	内弯不接触	Mia	1
	free	分离	Apollo	2
	touching	相接	Merengue	3
	overlapping	重叠		4
	adpressed	贴接	Gloria	5
21.	Varieties with adpressed lobes only: Spathe: height of the adpressed part of lobes	佛焰苞：贴接部分高度（仅适用于佛焰苞圆裂片贴接的品种）		
	low	低	Mia	3
	medium	中	Royal Orange	5
	high	高	Riobamba	7
22.	Spathe: shape of distal part	佛焰苞：远基端形状		
	acute	锐尖	Linda de Mol	1
	obtuse	钝尖		2
	rounded	圆形	Mia	3
23.(*)	Spathe: shape of tip	佛焰苞：尖端形状		
	narrow acute	窄锐尖	Gloria	1
	acute	锐尖	Anetta	2
	broad acute	阔锐尖	Calypso	3
	narrow acuminate	窄渐尖	Lambada	4
	acuminate	中等渐尖	Mia	5
	broad acuminate	阔渐尖	Merengue	6
24.(*)	Spathe: main color of upper side	佛焰苞：上表面主色		
	RHS Colour Chart	RHS 比色卡		
25.	Spathe: main color of lower side	佛焰苞：下表面主色		
	RHS Colour Chart	RHS 比色卡（注明参考色号）		
26.	Spathe: glossiness	佛焰苞：光泽度		
	very weak	极弱	White Bird	1
	weak	弱	Anetta	3
	medium	中	Gloria，Mia	5
	strong	强	Royal Orange	7
	very strong	极强	Cancan	9
27.(*)	Spathe: blistering	佛焰苞：泡状程度		
	very weak	极弱	Rebecca	1
	weak	弱	Champion	3
	medium	中	Linda de Mol	5
	strong	强	Mia	7
	very strong	极强		8
28.	Spathe: shape in cross section of middle zone	佛焰苞：中部横切面形状		
	concave	凹	Champion	1
	straight	平	Gloria	2
	convex	凸	Ellen	3

续表

性状编号	英文	中文	标准品种	代码
29.	Spathe：angle of distal part to the peduncle	佛焰苞：远基端与花梗的夹角		
	acute	锐角	Hanna	1
	approximately right angle	近直角	Mia	2
	obtuse	钝角	Gloria	3
30（+）	Spathe：distance between spadix and sinus	佛焰苞：肉穗花序与弯处的距离		
	very short	极短	Gloria	1
	short	短	Salsa	3
	medium	中	Rebecca	5
	long	长	Isabella	7
	very long	极长	Rapsodie	9
31.（*）	Spadix：length	肉穗花序：长度		
	very short	极短	Anetta	1
	short	短	Purple Rain	3
	medium	中	Champion	5
	long	长	Gloria	7
	very long	极长		9
32.	Spadix：width at the middle	肉穗花序：中部宽度		
	very narrow	极细	Belinda	1
	narrow	细	Pink Georgusis	3
	medium	中	Mia	5
	broad	粗	Gloria	7
	very broad	极粗	Antolfa	9
33.	Spadix：rolling	肉穗花序：卷曲		
	absent	无		1
	present	有	Ellen，Hanna	9
34.（*）	Spadix：curvature of longitudinal axis	肉穗花序：纵轴方向弯曲状态		
	strongly incurved	强烈内弯		1
	weakly incurved	轻度内弯		3
	straight	直	Mia	5
	weakly recurved	轻度外弯	Gloria	7
	strongly recurved	强烈外弯	Merengue	9
35.	Spadix：tapering towards the top	肉穗花序：向顶端变细程度		
	very weak	极弱	Antco	1
	weak	弱	Linda de Mol	3
	medium	中	Mia，Gloria	5
	strong	强	Madonna	7
	very strong	极强		9
36.（*）	Spadix：main color of basal part shortly before dehiscence of anthers	肉穗花序：花药即将开裂前基部的主色		
	white to cream	白色到乳白色	Gloria	1
	yellow	黄色	Arinos	2
	orange	橙色	Hanna	3
	pink	粉色	Merengue	4
	red	红色	Lipstick	5
	red purple	红紫色	Patti Ann	6
	purple	紫色	Purple Rain	7

续表

性状编号	英文	中文	标准品种	代码
37.(*)	Spadix: main color of distal part shortly before dehiscence of anthers	肉穗花序：花药即将开裂前远基端的主色		
	white	白色		1
	yellow	黄色	Arinos	2
	orange	橙色	Gloria	3
	red	红色	Lipstick	4
	red purple	红紫色	Southern Blush	5
	purple	紫色	Purple Rain	6
	green	绿色	Calypso	7
	brown	棕色	Antco	8
38.	Spadix: main color of basal part shortly after dehiscence of anthers	肉穗花序：花药刚开裂基部的主色		
	white to cream	白色到乳白色	Atlanta	1
	yellow	黄色	Apollo	2
	orange	橙色	Niky	3
	pink	粉色	Antamo	4
	red	红色		5
	red purple	红紫色	Rodeo	6
	purple	紫色	Anetta	7
39.	Spadix: main color of distal part shortly after dehiscence of anthers	肉穗花序：花药刚开裂远基端的主色		
	white	白色		1
	yellow	黄色	Apollo	2
	orange	橙色	Niky	3
	red	红色		4
	red purple	红紫色	Rodeo	5
	purple	紫色	Anetta	6
	green	绿色		7
	brown	棕色		8

8 性状表解释

性状30：佛焰苞肉穗花序与弯处的距离

3	5	7
短	中	长

扫码下载原文

如扫描二维码无法下载指南原文，可能是指南版本有更新，可扫描本书封底二维码查看与本文对应的指南版本

TG/87/2
原文：英文
日期：1983-10-4

国际植物新品种保护联盟
植物品种特异性、一致性和稳定性
测试指南

水仙属

(*Narcissus* L.)

1 测试技术说明

1.1 主管机构决定待测品种繁殖材料递交的时间、地点以及数量和质量。申请者递交的繁殖材料来自测试所在地以外的其他国家时,应能保证满足所有海关的要求。递交的繁殖材料为不少于15个可正常开花的鳞茎。提供的繁殖材料应外观健康有活力,未受严重病虫害的影响。

1.2 递交的繁殖材料不能进行影响植物生长的任何处理,除非主管机构允许或要求这样的处理。如果已经处理,必须提供处理的详细说明,尤其是任何热水处理的说明。

1.3 测试通常在同一地点进行,测试条件应能保证正常生长的需要。如果品种某个重要的性状在该地点不能观测,该品种可在另外一个地方测试。所有测试应在室外进行,但一些补充试验可能需要在温室进行。

1.4 供试材料应该分组种植以便于特异性的判定。适用于分组的性状通常是根据经验判断得出的那些在品种内不变化或变化很小的性状,并且其不同的表达状态在供试材料间均匀分布。建议主管机构使用修订后的园艺分类,该分类通过了分类名单和水仙国际注册名称,由英国皇家园艺学会于1975年在伦敦出版,并经许可转载于附录1。

1.5 在测试一致性和稳定性时,经验表明对于无性繁殖的水仙属足以依据观测性状的表达状态判定供试的繁殖材料是否一致并且有没有变异或混杂的情况。

1.6 为避免将线虫或病毒病引入品种圃,主管机构应在开始试验前将繁殖材料隔离种植1个生长周期。通常需要进行2个生长周期的测试。如果品种在第一年的测试中能充分判断其有特异性,一年的测试也完全可以。

1.7 为判定特异性、一致性和稳定性,应使用性状表中UPOV的3种工作语言列出的性状。星号性状（*）在所有测试品种的每一个测试周期均应调查并总要包括在品种描述中,除非其前一个性状的表达状态使得该性状无法表达。加号（+）的性状表示该性状在后面有图示说明。

1.8 为了电子数据处理的需要,不同性状的表达状态给出了对应的代码（1～9）。

1.9 除非另有说明,所有性状的观测应在花完全展开或对于重瓣类型的品种第一朵花完全展开时,观测典型植株部位的外部被片。所有对花的测量应该在该花上进行。测量性状应该是10个植株测量的平均值。所有叶片的测量应该测最外侧的叶片。除非另有说明,所有对颜色的观测应在观测部位的内侧进行。

1.10 由于日光的变化,花的颜色应在有人工光源的室内观测或在北向房间于中午观测。人工光源光谱分布应符合CIE"理想日光标准D6500",且在《英国标准950:第1部分》规定的允许范围之内。花的颜色应该将花放在一张白纸上观测。

1.11 对于标准品种,品种名之后表示的是分类和颜色代码,如果已经公布,沿用附录1中引用的水仙园艺分类。

2 测试性状表

性状编号	英文	中文	标准品种	代码
1. (*) (+)	Scape: length (from ground level to spathe)	花梗:长度(从基部到佛焰包)		
	short	短	Debutante (2 W-P)	3
	medium	中	Dutch Master (1 Y-Y)	5
	long	长	Pirate King (2 W-O)	7

续表

性状编号	英文	中文	标准品种	代码
2.	Scape: shape of cross section at ground level	花梗：基部横切面形状		
	narrow elliptic	窄椭圆形	Hiawassee（8 W-W）	1
	elliptic	椭圆形	Irish Luck（1 Y-Y）	2
	circular	圆形	Golden Dawn（8 Y-O）	3
3.	Scape: shape of cross section of upper third	花梗：上部 1/3 处横切面形状		
	narrow elliptic	窄椭圆形	Grand Soleil d'Or（8 Y-O）	1
	elliptic	椭圆形		2
	circular	圆形		3
4.	Scape: ribbing	花梗：棱		
	absent or very weak	无或极弱	Sweetness（7 Y-Y）	1
	weak	弱	Irish Luck（1 Y-Y）	3
	medium	中	Salome（2 W-PPY）	5
	strong	强	Highlife（2 W-O）	7
	very strong	极强		9
5	Leaf: attitude	叶：姿态		
	erect	直立	Golden Horn（1 Y-Y）	3
	semi-erect	半直立	Mount Hood（1 W-W）	5
	spreading	平展	Topscore（2 Y-O）	7
6.	Leaf: length	叶：长度		
	short	短	Rijnveld's Early Sensation	3
	medium	中	Golden Harvest（1 Y-Y）	5
	long	长	Antron	7
7.	Leaf: width	叶：宽度		
	narrow	窄	Actaea（9 W-YYR）	3
	medium	中	Dutch Master（1 Y-Y）	5
	broad	宽	Mount Hood（1 W-W）	7
8.	Leaf: color	叶：颜色		
	yellow green	黄绿色	Lemon Doric	1
	pale green	浅绿色	George Leak	2
	green	绿色	Silver Chimes（8 W-Y）	3
	blue green	蓝绿色	Crumlin	4
9.	Leaf: twisting	叶：卷曲		
	absent	无	Crumlin	1
	present	有	Golden Horn（1 Y-Y）	9
10.（+）	Leaf: distal part	叶：远基端姿态		
	straight	直	St. Keverne（2 Y-Y）	1
	curved	弯曲	George Leak	2
11.（+）	Leaf: shape of cross section	叶：横切面形状		
	straight	平	Careysville	1
	concave	内凹	Golden Dawn（8 Y-O）	2
	V-shaped	"V"形		3
	circular	圆形		4

续表

性状编号	英文	中文	标准品种	代码
12.(*)	Season of flowering	开花季节		
	autumn	秋季		1
	winter	冬季		2
	spring	春季		3
13.(*)	Autumn flowering varieties only: Time of flowering	开花时间（仅适用于秋季开花的品种）		
	very early	极早		1
	early	早		3
	medium	中		5
	late	晚		7
	very late	极晚		9
13.(*)	Winter flowering varieties only: Time of flowering	开花时间（仅适用于冬季开花的品种）		
	very early	极早		1
	early	早		3
	medium	中		5
	late	晚		7
	very late	极晚		9
13.(*)	Spring flowering varieties only: Time of flowering	开花时间（仅适用于春季开花的品种）		
	very early	极早		1
	early	早		3
	medium	中		5
	late	晚		7
	very late	极晚		9
14.(*)	Inflorescence: number	花序：花朵数		
	always one	总是一朵	Unsurpassable（1 Y-Y）	1
	sometimes more than one	有时大于一朵	Highfield Beauty（8 Y-O）	2
	always more than one	总是大于一朵	Grand Soleil d'Or（8 Y-O）	3
15.(*)(+)	Inflorescence: position as compared to foliage	花序：相对于叶片的位置		
	below	低于	Irish Minstrel（2 W-Y）	1
	same level	平齐	Kingcraft（8 W-GO）	2
	above	高于	Brabazon（1 Y-Y）	3
16.(*)(+)	Spathe: color（at splitting）	花苞：颜色（佛焰苞破裂初期）		
	yellowish	泛黄色		1
	green	绿色	Rashee（1 W-W）	2
	brownish	泛棕色	Papua（4 Y-Y）	3
	brown	棕色		4
17.	Pedicel: length	花柄：长度		
	short	短	St. Keverne（2 Y-Y）	3
	medium	中	Pirate King（2 W-O）	5
	long	长	Leander	7

续表

性状编号	英文	中文	标准品种	代码
18. (+)	**Inflorescence: width (at pencil stage)**	花序：宽度（花苞破裂前期）		
	narrow	窄	Bombay（2 Y-YYR）	3
	medium	中	Golden Riot（1 Y-Y）	5
	broad	宽	Great Leap（4 W-Y）	7
19.	**Flower: attitude**	花：姿态		
	ascending	上翘	Royal Delight（1 Y-Y）	1
	horizontal	水平	Brabazon（1 Y-Y）	2
	drooping	下弯	Mary Ann（2 W-W）	3
20. (*)	**Flower: type**	花：类型		
	single	单瓣	Golden Harvest（1 Y-Y）	1
	double	重瓣	Cheerfulness（4 W-Y）	2
21.	**Double flowered varieties only: Flower: number of whorls of perianth segments**	花：花被片层数（仅适用于重瓣类型的品种）		
	few	少	Mary Copeland（4 W-O）	3
	medium	中	Papua（4 Y-Y）	5
	many	多	Great Leap（4 W-Y）	7
22.	**Double flowered varieties only: Flower: number of whorls of corona segments**	花：副花冠层数（仅适用于重瓣类型的品种）		
	few	少	Big Wig（4 W-Y）	3
	medium	中	Gaytime（4 W-R）	5
	many	多	Takoradi（4 W-W）	7
23. (*) (+)	**Perianth: attitude relative to floral axis**	花被：相对于花轴的姿态		
	strongly reflexed	强烈反折	Charity May（6 Y-Y）	1
	reflexed	反折	February Gold（6 Y-Y）	3
	at right angles	成直角	St. Keverne（2 Y-Y）	5
	incurved (hooded)	内弯（呈兜瓣状）	Malvern City（1 Y-Y）	7
	strongly incurved	强烈内弯		9
24. (*)	**Perianth: diameter (with segments held at right angles to floral axis)**	花被：直径（花被片与花轴成直角）		
	small	小	Sweetness（7 Y-Y）	3
	medium	中	Salome（2 W-PPY）	5
	large	大	Empress of Ireland（1 W-W）	7
25. (*)	**Perianth: position of segments**	花被：花被片相对位置		
	free	分离	Horn of Plenty（5 W-W）	1
	touching	相接	Hiawassee（8 W-W）	2
	overlapping	重叠	Debutante（2 W-P）	3

续表

性状编号	英文	中文	标准品种	代码
26.	**Perianth：degree of overlapping of segments**	花被：花被片重叠程度		
	low	低	Actaea（9 W-YYR）	3
	medium	中	Torchdance（2 Y-Y）	5
	high	高	Golden Horn（1 Y-Y）	7
27.	**Perianth tube：length**	花被管：长度		
	short	短	Ballygarvey（1 W-Y）	3
	medium	中	Ann Abbott	5
	large	长	Actaea（9 W-YYR）	7
28.(+)	**Perianth tube：diameter**	花被管：直径		
	small	小	Hiawassee（8 W-W）	3
	medium	中	Patagonia（2 Y-R）	5
	large	大	White Chief（1 W-W）	7
29.	**Perianth segment：length**	花被片：长度		
	short	短	Golden Dawn（8 Y-O）	3
	medium	中	Ballygarvey（1 W-Y）	5
	long	长	Mary Ann（2 W-W）	7
30.	**Perianth segment：width**	花被片：宽度		
	narrow	窄	Blaris（2 W-P）	3
	medium	中	Torchdance（2 Y-Y）	5
	broad	宽	Debutante（2 W-P）	7
31.(*)(+)	**Perianth segment：shape**	花被片：形状		
	very narrow ovate	极窄卵圆形	Horn of Plenty（5 W-W）	1
	narrow ovate	窄卵圆形	Fireproof（2 Y-O）	3
	ovate	卵圆形	Border Chief（2 Y-R）	5
	broad ovate	阔卵圆形	Debutante（2 W-P）	7
	very broad ovate	极阔卵圆形		9
32.	**Perianth segment：color as bud opens**	花被片：花蕾开放时颜色		
	RHS Colour Chart（indicate reference number）	RHS 比色卡（注明参考色号）		
33.(*)	**Perianth segment：color when flower fully developed**	花被片：花完全展开时的颜色		
	RHS Colour Chart（indicate reference number）	RHS 比色卡（注明参考色号）		
34.	**Perianth segment：configuration**	花被片：形态		
	flat	平直	St. Keverne（2 Y-Y）	1
	twisted	扭曲	Golden Cheer（2 Y-Y）	2
	incurved	内弯	Blaris（2 W-P）	3
	recurved	外弯	Irish Prince（1 Y-Y）	4
	sinuous	波状		5

续表

性状编号	英文	中文	标准品种	代码
35. （+）	**Perianth segment: apex of lower segment of inner whorl**	花被片：内层最低花被片先端形状		
	acute	锐尖	Hiawassee（8 W-W）	1
	acuminate	渐尖	Blaris（2 W-P）	2
	broad acuminate	宽渐尖	Highlife（2 W-O）	3
	mucronate	短尖		4
	rounded	圆形	Highfield Beauty（8 Y-O）	5
36. （+）	**Perianth segment: margin**	花被片：边缘		
	entire	全缘	Pirate King（2 W-O）	1
	notched	有裂缺	Actaea（9 W-YYR）	2
37.	**Perianth segment: surface**	花被片：表面		
	smooth	平滑	St. Keverne（2 Y-Y）	1
	creased	有皱纹	Ice Follies（2 W-W）	2
	crapy	有皱褶	Debutante（2 W-P）	3
	creased and crapy	有皱纹和皱褶		4
38.	**Perianth segment: thickness**	花被片：厚度		
	very thin	极薄		1
	thin	薄	Inglescombe（4 Y-Y）	3
	medium	中	White Magic（2 W-W）	5
	thick	厚	Irish Minstrel（2 W-Y）	7
	very thick	极厚	Carrickbeg（1 Y-Y）	9
39. （*）	**Corona: type**	副花冠：类型		
	fused	融合	Golden Harvest（1 Y-Y）	1
	split	裂开	Baccarat（11 Y-Y）	2
40. （*）	**Corona: length**	副花冠：长度		
	very short	极短	Romeo（8 Y-O）	1
	short	短	Perimeter（3 Y-YYR）	3
	medium	中	Fortune（2 Y-O）	5
	long	长	Joseph McLeod（1 Y-Y）	7
	very long	极长	Unsurpassable（1 Y-Y）	9
41.	**Corona: diameter at mouth**	副花冠：花冠口直径		
	small	小	Romeo（8 Y-O）	3
	medium	中	Avenger（2 W-R）	5
	large	大	Ice Follies（2 W-W）	7
42. （*） （+）	**Corona: shape**	副花冠：形状		
	flat	扁平状	Actaea（9 W-YYR）	1
	cylindrical	圆筒形	Pirate King（2 W-O）	2
	campanulate	钟状	Unsurpassable（1 Y-Y）	3
	urceolate	壶状	Charity May（6 Y-Y）	4
	obconical	倒圆锥形	Little Witch（6 Y-Y）	5
	goblet-shape	高脚杯形	Sealing Wax（2 Y-R）	6
	bowl-shape	碗状	Debutante（2 W-P）	7
	flanged	凸缘	Brabazon（1 Y-Y）	8
	margin rolled back	边缘反卷	Toorak Gold（2 Y-Y）	9

续表

性状编号	英文	中文	标准品种	代码
43. (+)	**Corona: color of eye zone when bud opens**	副花冠：花苞开放时副冠内侧基部颜色		
	RHS Colour Chart（indicate reference number）	RHS 比色卡（注明参考色号）		
44. (+)	**Corona: color of middle zone when bud opens**	副花冠：花苞开放时副冠中部颜色		
	RHS Colour Chart（indicate reference number）	RHS 比色卡（注明参考色号）		
45. (+)	**Corona: color of margin when bud opens**	副花冠：花苞开放时副冠边缘颜色		
	RHS Colour Chart（indicate reference number）	RHS 比色卡（注明参考色号）		
46. (*) (+)	**Corona: color of eye zone when fully developed**	副花冠：花完全展开时副花冠内侧基部颜色		
	RHS Colour Chart（indicate reference number）	RHS 比色卡（注明参考色号）		
47. (*) (+)	**Corona: color of middle zone of inner side when fully developed**	副花冠：花完全展开时副冠内侧中部颜色		
	RHS Colour Chart（indicate reference number）	RHS 比色卡（注明参考色号）		
48. (*) (+)	**Corona: color of margin when fully developed**	副花冠：花完全展开时副冠边缘颜		
	RHS Colour Chart（indicate reference number）	RHS 比色卡（注明参考色号）		
49. (*) (+)	**Corona: color of middle zone of outer side when fully developed**	副花冠：花完全展开时副冠外侧中部颜色		
	RHS Colour Chart（indicate reference number）	RHS 比色卡（注明参考色号）		
50.	**Corona: undulation of margin**	副花冠：边缘波状		
	absent	无		1
	present	有		9
51.	**Corona: lobes**	副花冠：裂缺		
	absent	无		1
	present	有		9
52. (*) (+)	**Corona: type of margin**	副花冠：边缘类型		
	entire	全缘	Silver Chimes（8 W-Y）	1
	crenate	齿状	Bird of Dawning（1 Y-Y）	2
	frilled	绉边	Highlife（2 W-O）	3
	double-frilled	双层绉边	Early Bride（2 W-O）	4
53.	**Corona: thicker zones**	副花冠：边缘加厚区域		
	absent	无		1
	present	有		9
54.	**Corona: reflexion of margin**	副花冠：边缘外翻程度		
	absent or very slight	无或极弱	Blaris（2 W-P）	1
	slight	弱	Wahkeena（2 W-Y）	3
	medium	中	Ballygarvey（1 W-Y）	5
	strong	强	Toorak Gold（2 Y-Y）	7
	very strong	极强		9

续表

性状编号	英文	中文	标准品种	代码
55.	**Corona: corrugation**	副花冠：皱褶程度		
	absent or very slight	无或极弱	Carrickbeg（1 Y-Y）	1
	slight	弱	Border Chief（2 Y-R）	3
	medium	中	Blaris（2 W-P）	5
	strong	强	Highlife（2 W-O）	7
	very strong	极强		9
56.	**Corona: length of corrugations relative to length of corona**	副花冠：皱褶相对于副花冠的长度		
	about half the length	约为全长的一半	Blaris（2 W-P）	1
	over the whole length	全长	Highlife（2 W-O）	2
57.(*)	**Anthers: position of the two whorls along floral axis**	花药：两侧花药沿花轴方向的位置关系		
	not same level	不等高	Grand Soleil d'Or（8 Y-O）	1
	same level	等高	Daydream（2 Y-W）	2
58.(*)	**Anthers of outer whorl: position as compared to mouth of perianth tube**	外侧花药：相对于花冠管口的位置		
	below	低于		3
	same level	平齐	Winifred van Graven（3 W-YYR）	5
	above	高于	Ballygarvey（1 W-Y）	7
59.(*)	**Anthers of inner whorl: position as compared to mouth of perianth tube**	内侧花药：相对于花冠管口的位置		
	below	低于	Verger	3
	same level	平齐	Winifred van Graven（3 W-YYR）	5
	above	高于		7
60.	**Anther: curling**	花药：卷曲		
	absent	无	Irish Luck（1 Y-Y）	1
	present	有	Medallist（2 W-YPP）	9
61.	**Filament of stamens of outer whorl: length**	外侧雄蕊花丝：长度		
	absent or very short	无或极短	Actaea（9 W-YYR）	1
	short	短	Avenger（2 W-R）	3
	medium	中	Highlife（2 W-O）	5
	long	长	Ballygarvey（1 W-Y）	7
	very long	极长		9
62.	**Filament of stamens of inner whorl: length**	内侧雄蕊花丝：长度		
	absent or very short	无或极短	Actaea（9 W-YYR）	1
	short	短	Avenger（2 W-R）	3
	medium	中	Winifred van Graven（3 W-YYR）	5
	long	长	Ballygarvey（1 W-Y）	7
	very long	极长		9

续表

性状编号	英文	中文	标准品种	代码
63.（*）	Filament of stamens: length in inner whorl as compared to length in outer whorl	雄蕊花丝：内侧花丝相对于外侧花丝的长度		
	shorter	短于		3
	similar	近等长	Ballygarvey（1 W-Y）	5
	longer	长于	Winifred van Graven（3 W-YYR）	7
64.	Filament: color at base	花丝：基部颜色		
	greenish	泛绿色	Highlife（2 W-O）	1
	cream	奶油色	Ballygarvey（1 W-Y）	2
	pale yellow	浅黄色	Salome（2 W-PPY）	3
	yellow	黄色	Golden Horn（1 Y-Y）	4
	orange	橙色	Avenger（2 W-R）	5
65.	Filament: color of upper part	花丝：上部颜色		
	white	白色	Ballygarvey（1 W-Y）	1
	greenish	泛绿色	Pirate King（2 W-O）	2
	cream	奶油色	Golden Horn（1 Y-Y）	3
	yellow	黄色		4
	orange	橙色	Avenger（2 W-R）	5
66.	Pollen: color	花粉：颜色		
	pale yellow	浅黄色	Patagonia（2 Y-R）	1
	yellow	黄色	Golden Horn（1 Y-Y）	2
	orange	橙色	Grand Soleil d'Or（8 Y-O）	3
67.（*）	Stigma: position as compared to anthers of outer whorl	柱头：相对于外侧花药的位置		
	below	低于	Gloriosus（8 W-Y）	3
	same level	平齐	Green Howard（3 W-GYY）	5
	above	高于	Accent（2 W-P）	7
68.	Varieties with anthers at different levels only: Stigma: position as compared to anthers of inner whorl	柱头：相对于内侧花药的位置（仅适用于花药不在同一个水平上的品种）		
	below	低于	Newton（8 Y-Y）	3
	same level	平齐	Grand Monarque（8 W-Y）	5
	above	高于	Grand Soleil d'Or（8 Y-O）	7
69.	Style: color at base	花柱：基部颜色		
	greenish	泛绿色		1
	cream	奶油色		2
	yellow	黄色		3
	orange	橙色	Avenger（2 W-R）	4
70.（*）	Double flowered varieties only: Ovary	子房（仅适用于重瓣类型的品种）		
	absent	无		1
	present	有		9

续表

性状编号	英文	中文	标准品种	代码
71. (*) (+)	**Ovary: cross section**	**子房：横切面形状**		
	triangular	三角形	Golden Dawn（8 Y-O）	1
	hexagonal	六角形	Debutante（2 W-P）	2
	round	圆形	White Chief（1 W-W）	3
	grooved	凹槽形	Avenger（2 W-R）	4
	irregular	不规则		5

3 性状表解释

性状1：花梗长度（从基部到佛焰包）

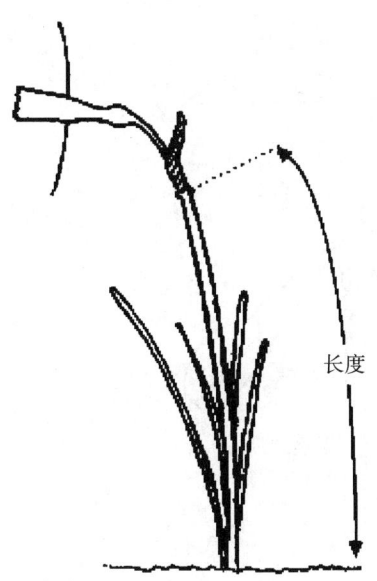

性状10：叶远基端姿态

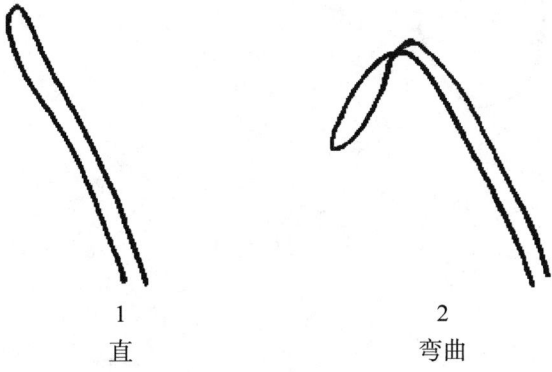

1　　　　　　　2
直　　　　　　弯曲

性状11：叶横切面形状

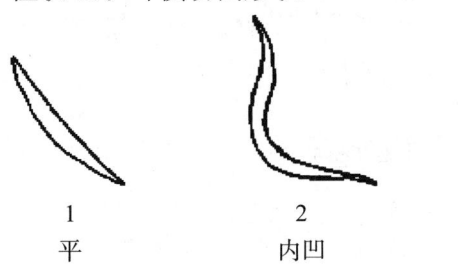 

1　　　　2　　　　3　　　　4
平　　　内凹　　　"V"形　　　圆形

性状 15：花序相对于叶片的位置

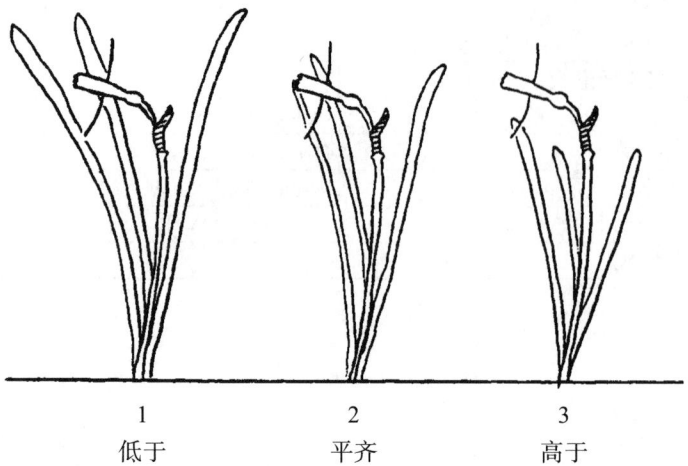

1	2	3
低于	平齐	高于

性状 16 和性状 18 花序发育阶段

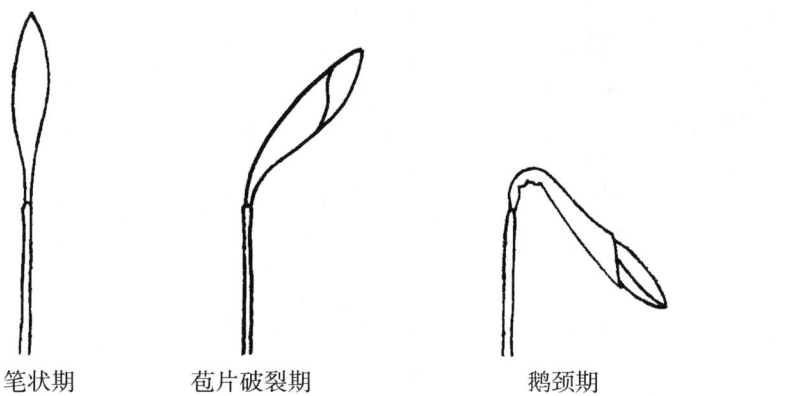

笔状期　　苞片破裂期　　鹅颈期　　宽鹅颈期

性状 18：花序宽度（花苞破裂前期）

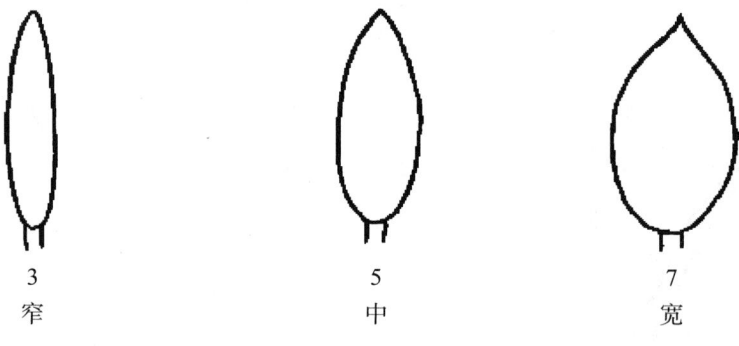

3	5	7
窄	中	宽

性状 23：花被相对于花轴的姿态

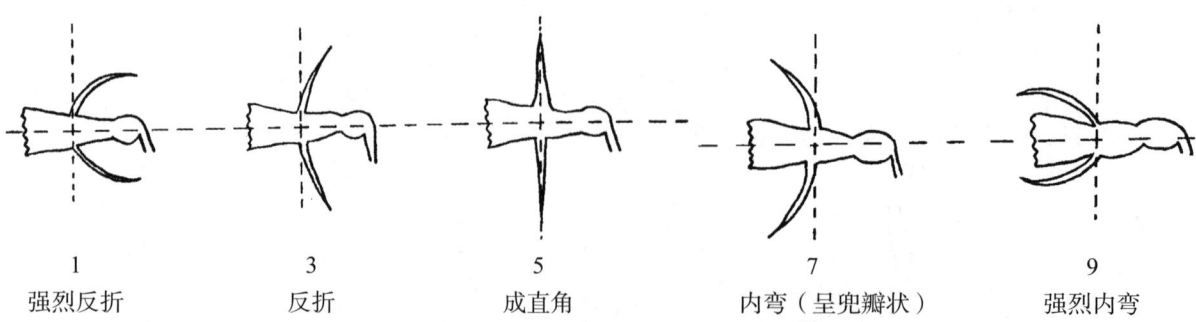

1	3	5	7	9
强烈反折	反折	成直角	内弯（呈兜瓣状）	强烈内弯

性状28：花被管直径

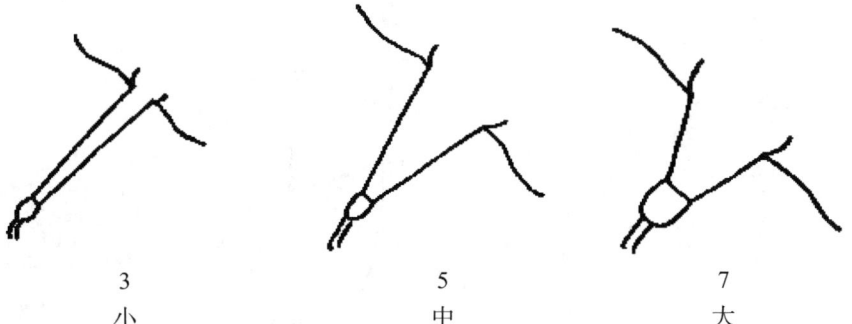

3	5	7
小	中	大

性状31：花被片形状

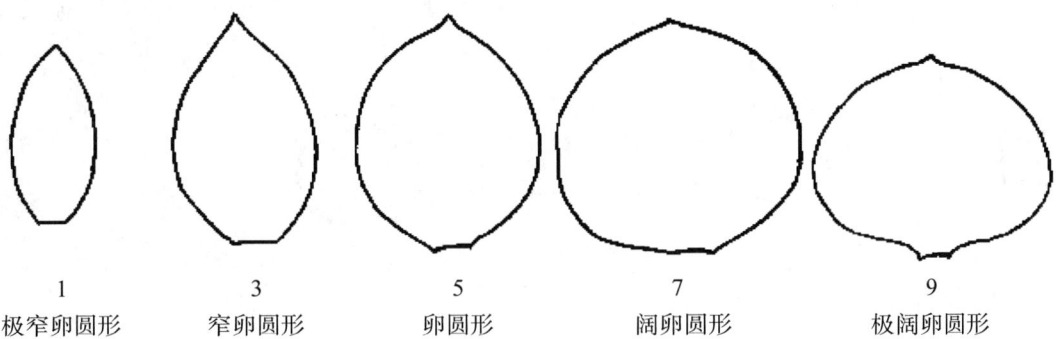

1	3	5	7	9
极窄卵圆形	窄卵圆形	卵圆形	阔卵圆形	极阔卵圆形

性状35：花被片内层最低花被片先端形状

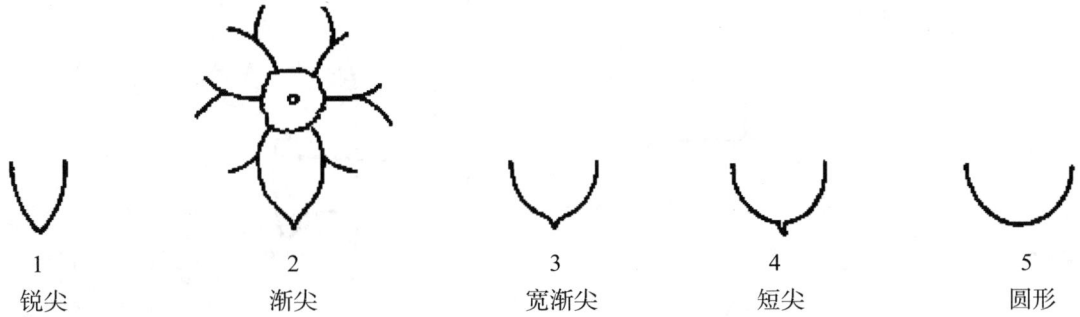

1	2	3	4	5
锐尖	渐尖	宽渐尖	短尖	圆形

性状36：花被片边缘

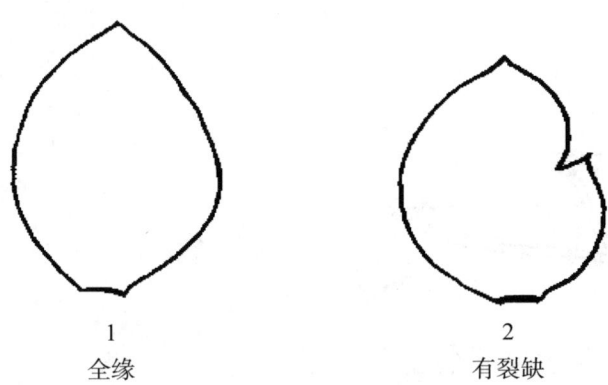

1	2
全缘	有裂缺

性状42：副花冠形状

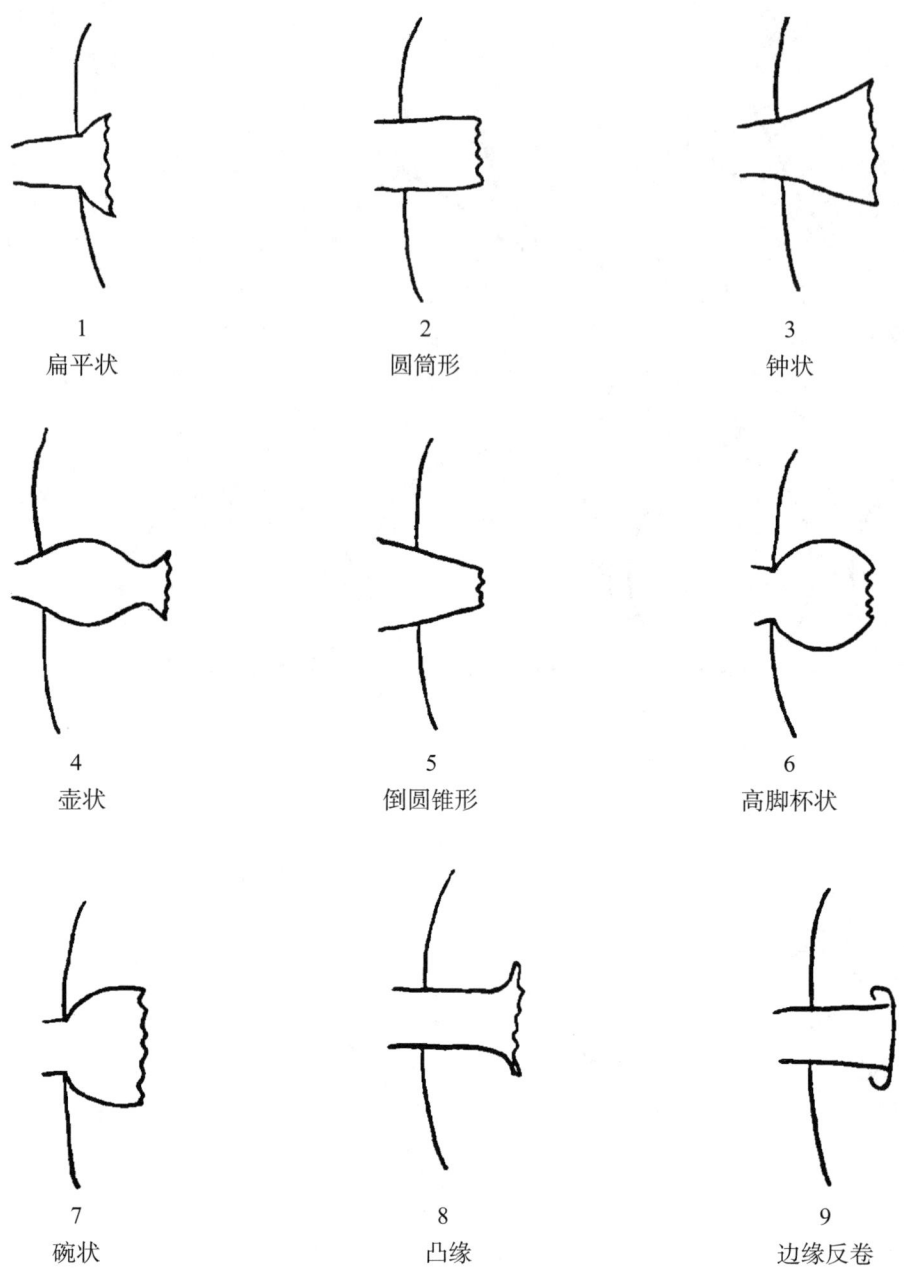

1	2	3
扁平状	圆筒形	钟状
4	5	6
壶状	倒圆锥形	高脚杯状
7	8	9
碗状	凸缘	边缘反卷

性状43至性状49 副花冠颜色区

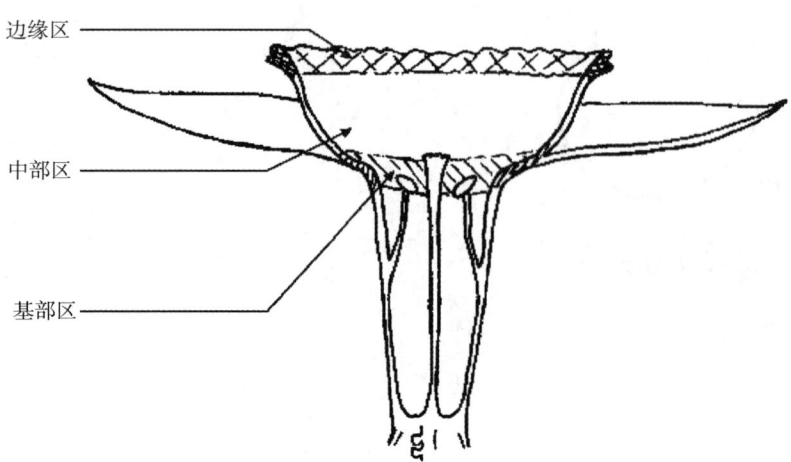

性状 52：副花冠边缘类型

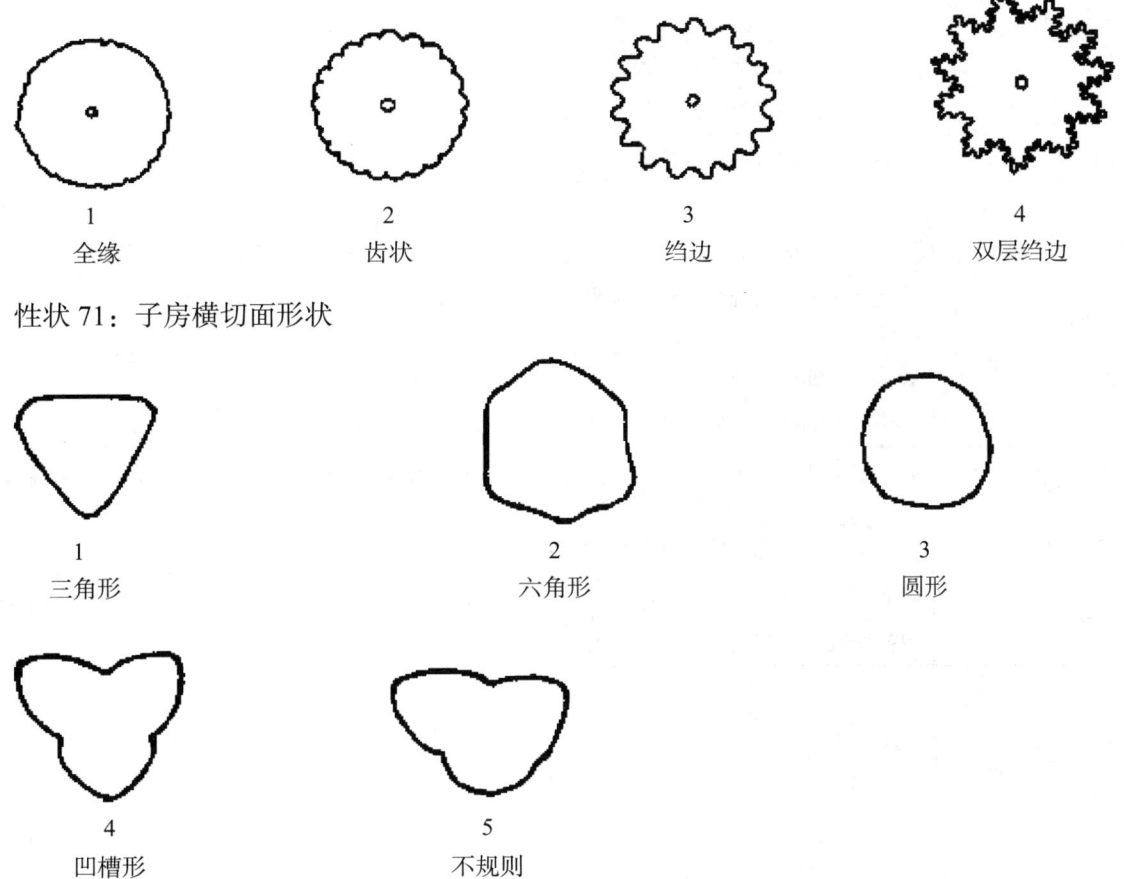

性状 71：子房横切面形状

附录 1 水仙的园艺学分类

1. 水仙某栽培种的分类应依据品种注册登记人递交的描述和测量结果进行或采纳注册登记人提交的分类类型。

2. 用于水仙栽培种描述的颜色缩写如下：

W 白色或浅白色；

G 绿色；

Y 黄色；

P 粉色；

O 橙色；

R 红色。

3. 为了便于描述，水仙花应分成花被和副花冠两个部分。

4. 花被应通过最恰当的颜色缩写字母进行描述。

5. 副花冠应该分成三个区域：基部区、中部区和边缘区。应从基部到边缘使用恰当的颜色代码对这三个区进行描述。

6. 花被应按照规定的分区顺序用最适合的颜色的缩写字母描述。

7. 用于描述副花冠的最适合的颜色的缩写字母应依据从基部到边缘的顺序排列，与描述花被的颜色缩写字母用连字符连接。

8. 如果副花冠完全是单色的，应使用一个颜色缩写字母对其进行描述。

依据上述这些基本的条件，水仙可分类如下表所示。

分类名称		
1 喇叭水仙	一茎一花，副冠≥花被片长度	1[ ]
2 大杯水仙	一茎一花，副冠≥花被片长度的1/3	2[ ]
3 小杯水仙	一茎一花，副冠≤花被片长度的1/3	3[ ]
4 重瓣水仙	重瓣花	4[ ]
5 三蕊水仙	具三蕊水仙的明显特征：一茎多花，花被片反卷，雄蕊6枚，3枚突出于副冠之外	5[ ]
6 仙客来水仙	具仙客来水仙的特征：植株矮小，鳞茎小（1cm），一茎一花，花被片反卷，花冠筒极短	6[ ]
7 丁香水仙	具丁香水仙群的明显特征：一茎1～3花，花朵侧向开放	7[ ]
8 法国水仙	具法国水仙群的明显特征：一茎3～20花，花香，叶阔	8[ ]
9 红口水仙	具红口水仙群的明显特征：一茎1花，花被片纯白色，副冠盘状，中心绿或黄色，红边	9[ ]
10 野生类型及其杂交种	所有的原种、野生种及其杂交种，包括这些品种的两种类型	10[ ]
11 裂杯水仙	副冠裂开的长度≥其全长的1/3	11[ ]
12 其他	包括所有无法归到上述分类中的水仙	12[ ]

扫码下载原文

如扫描二维码无法下载指南原文，可能是指南版本有更新，可扫描本书封底二维码查看与本文对应的指南版本

TG/91/3
原文：英文
日期：1984-11-07

国际植物新品种保护联盟
植物品种特异性、一致性和稳定性
测试指南

铁海棠

Crown of thorns

(*Euphorbia milii* Desmoulins & its hybrids)

1 测试技术说明

1.1 待测品种测试所需繁殖材料的数量和质量以及繁殖材料提交的时间和地点由主管机构决定。申请人从测试所在国境外提交繁殖材料的，必须确保符合所有海关规定。

提交的繁殖材料的数量应为不少于 12 个三月龄完整植株。提供的繁殖材料应没有病毒且外观健康有活力，未受到任何严重病虫害的影响。

1.2 提交的植物材料不应进行任何处理，除非主管机构允许或要求进行这种处理。如果材料已经处理，必须提供处理的详细说明。

1.3 测试应在能提正常生长条件的温室中进行。测试通常在 1 个地方进行。

1.4 待测品种应分组种植以便进行特异性评价。适用于分组的性状是已知不会出现变异，或者仅在品种内发生轻微变异的性状。这些表达状态应该均匀分布在收集的品种中。

1.5 经验表明，在一致性和稳定性测试时，对于无性繁殖的铁海棠，足以依据观测性状的表达状态判定供试的繁殖材料是否一致并且是否存在变异或混杂。

1.6 一个测试通常在 1 个生长周期内进行。如果特异性和一致性在 1 个生长周期内不能确定，应该进行第二个生长周期的测试。

1.7 为判定特异性、一致性和稳定性，应使用性状表中以 UPOV 的 3 种工作语言列出的性状。星号（*）性状，除非前序性状的表达或区域环境条件所限使其无法测试，在测试的每一生长时期，对所有品种都要进行测试的、总要包含在品种描述中的性状。

1.8 为便于电子数据处理，每个表达状态都赋予了一个相应的数字代码（1~9）。

1.9 除非另有说明，所有的观测应在 10 个植株开花期的典型植株部位上进行。测量性状应该是 10 个植株测量的平均值。

1.10 为避免日光变化的影响，花的颜色应在有人工光源的空间内，或于中午在北向的房间内进行观测。人工光源光谱分布应符合 CIE "理想日光标准 D6500"，且在《英国标准 950：第 1 部分》规定的允许范围之内。花的颜色应该将花放在一张白纸上观测。

2 性状表

性状编号	英文	中文	标准品种	代码
1. (*)	**Plant: height (including inflorescences)**	**植株：高度（包含花序）**		
	Short	矮	Stirion	3
	Medium	中	Stirella	5
	Tall	高	Stiga	7
2. (*)	**Plant: width (excluding inflorescences)**	**植株：株幅（不包括花序）**		
	narrow	窄	Stirion	3
	medium	中	Stirella	5
	broad	宽	Stiga	7
3. (*)	**Plant: lateral shoots**	**植株：侧枝**		
	absent	无	Stisula	1
	present	有	Tasti	9
4. (*)	**Plant: number of lateral shoots**	**植株：侧枝数量**		
	few	少	Stirella	3
	medium	中	Stibu	5
	many	多	Tasti	7
5.	**Plant: attitude of flowering shoot**	**植株：花枝姿态**		
	erect	直立	Stiloga	3
	semi-erect	半直立	Stiga	5
	horizontal	水平	Stirella	7

性状编号	英文	中文	标准品种	代码
6.	**Stem：thickness**	**茎：粗度**		
	thin	细		3
	medium	中	Stirella	5
	thick	粗	Stiga	7
7.	**Stem：disposition of spines**	**茎：刺分布**		
	solitary	单生		1
	grouped	丛生	Stiga	2
8.	**Stem：length of longest spines**	**茎：最长刺长度**		
	short	短	Stisula	3
	medium	中	Stiga	5
	long	长		7
9.	**Leaf：length**	**叶：长度**		
	short	短		3
	medium	中	Stisula，Tasti	5
	long	长		7
10.(*)	**Leaf：width**	**叶：宽度**		
	narrow	窄	Stibu	3
	medium	中	Stirella	5
	broad	宽	Stiloga	7
11.(*)	**Leaf：shape**	**叶：形状**		
	elliptic	椭圆形		1
	ovate	卵形	Stiga	2
	obovate	倒卵形		3
12.(*)	**Leaf：shape of apex**	**叶：先端形状**		
	acuminate	渐尖		1
	broad acuminate	阔渐尖	Stirion	2
	mucronate	短尖	Stiga	3
	round	圆形		4
13.(*)	**Leaf：color of upper side**	**叶：上表面颜色**		
	light green	泛绿色		3
	medium green	中等绿色	Stirella	5
	dark green	深绿色	Stirion	7
14.	**Leaf：color of lower side**	**叶：下表面颜色**		
	light green	泛绿色	Stirella	3
	medium green	中等绿色		5
	dark green	深绿色		7
15.	**Peduncle：length**	**花梗：长度**		
	short	短		3
	medium	中	Tasti	5
	long	长	Stirella	7
16.(*)	**Peduncle：color**	**花梗：颜色**		
	green	绿色	Stisula	1
	red	红色	Stibu，Tasti	2
17.	**Peduncle：intensity of green color**	**花梗：绿色程度**		
	light	浅	Stirella	3
	medium	中	Stiga	5
	dark	深		7

性状编号	英文	中文	标准品种	代码
18.(*)	Inflorescence: number of levels of cyathia	花序：杯状聚伞花序数量		
	two	2个		1
	three	3个	Stibu, Stiga	2
	four	4个	Stiloga, Stirella	3
	five	5个		4
	more than five	5个以上	Stisula	5
19.	Cyathophylls: over lapping	杯状叶：重叠		
	absent	无	Stisula	1
	present	有	Stiga	9
20.(*)	Cyathophyll: size	杯状叶：大小		
	small	小		3
	medium	中	Stirella	5
	large	大	Stiga	7
21.(*)	Cyathophyll: color of upper side	杯状叶：上表面颜色		
	RHS-Colour Chart（indicate reference number）	RHS比色卡（注明参考色号）		
22.(*)	Cyathophyll: color of lower side	杯状叶：下表面颜色		
	RHS-Colour Chart（indicate reference number）	RHS比色卡（注明参考色号）		
23.	Cyathophyll: discoloration at the end of flowering	杯状叶：开花末期变色		
	absent or very weak	无或极弱		1
	weak	弱	Stirion	3
	medium	中	Stisula	5
	strong	强		7
	very strong	极强		9
24.	Cyathophyll: prominence of the midrib	杯状叶：中脉凸显程度		
	weak	弱	Stiga	
	medium	中	Stirella	
	strong	强	Tasti	
25.(*)	Time of beginning of flowering（opening of the 1st Cyathium）	开花期（第一个杯状聚伞花序开放）		
	early	早	Stiloga	3
	medium	中	Tasti	5
	late	晚		7

（*）除非前序性状的表达或区域环境条件所限使其无法测试，在测试的每一个生长时期，对所有品种都要进行测试的、总要包含在品种描述中的性状。

3 附录 生长条件

种植时间：6月（北半球）将幼苗盆栽。

土壤：松散的泥炭基质，排水和通风良好，pH值为6。

盆的大小：6~8 cm的黏土盆（生长性弱的品种）。

生长性强的品种：直径8~10 cm的黏土盆。

光照：遮阳。

温度：通风条件下，白天温度为20~22 ℃，夜晚温度为16~18 ℃。

扫码下载原文

如扫描二维码无法下载指南原文，可能是指南版本有更新，可扫描本书封底二维码查看与本文对应的指南版本

TG/94/6
原文：英文
日期：2001-04-04

国际植物新品种保护联盟
植物品种特异性、一致性和稳定性
测试指南

帚石南

LING, SCOTS HEATHER

[*Calluna vulgaris* (L.) Hull]

1 指南适用范围

本指南适用于所有杜鹃花科（Ericaceae）帚石南属帚石南［*Calluna vulgaris*（L.）Hull］所有无性繁殖品种。

2 繁殖材料要求

2.1 待测品种繁殖材料的数量和质量要求以及提交的时间和地点由主管机构决定。申请人从非测试地区所在国提交的繁殖材料，应符合海关规定并满足相关植物检疫的要求。提供的植物材料的最小量应为 30 个一年生盆栽植株。

2.2 提供的繁殖材料应外观健康有活力，未受到任何严重病虫害的影响。

2.3 提交的繁殖材料不得进行任何可能影响品种性状表达的处理，除非主管机构允许或要求进行这类处理。如果繁殖材料已经经过处理，必须提供相关处理的详细说明。

3 测试实施

3.1 测试的最少周期通常为 1 个生长周期。如果特异性或/和一致性检验不能在 1 个生长周期充分体现则应进行第二生长周期的试验。

3.2 测试通常在 1 个地点进行，如果某些重要性状在此地点不能表达时，可在另一地点进行测试。

3.3 测试应在能满足正常生长需要的条件下进行。

植物材料提交时间	9月下旬
种植试验	10月初，在户外，50 cm × 30 cm
土壤	潮湿，沙质土壤，pH 值 4～5
施肥	根据土壤情况
修剪	早春修剪，开始生长之前

试验的设计应保证因测量或计数等需要，从小区取走一部分植株或植株部位后，不影响生长周期结束前的所有观测。每个测试至少应有 30 个植株。单独观察和测量的地块应保证环境条件相同。

3.4 如有特殊需要，可进行附加测试。

4 观测方法

4.1 所有的观察应该 30 个植株上进行。所有的测量或计数的性状观测应在 10 个植株或 10 个植株的部位上进行。

4.2 评价一致性时，应采用 2% 的群体标准和至少 95% 的接受概率。当样本量为 30 个时，最多允许有 2 个异型株。

4.3 对植株、花芽和叶子的所有观察应在开花前进行。

4.4 除非另有说明，所有对花的观测应在开花始期进行，即在 50% 的植物上有 1/3 的花开放。对于要在开花期结束时观测的花的性状，应在 10% 的植物上至少有 10 朵花呈现棕色时进行。

4.5 为避免日光变化的影响，花的颜色应在有人工光源的空间内，或于中午没有阳光直射的房间内进行。人工光源光谱分布应符合 CIE "理想日光标准 D6500"，且在《英国标准 950：第 1 部分》规定的允许范围之内。观测应该将植株部位放在白色背景下进行。

5 品种分组

5.1 待测品种应分组种植以便进行特异性评价。适用于分组的性状是已知不会出现变异或者仅在品种内发生轻微变异的性状。这些性状的不同表达状态应十分均匀地分布于品种库中。

5.2 建议主管机构用以下性状进行品种分组。

（a）花：花蕾开放（性状13）。

（b）花：类型（性状14）。

（c）花：始花期花瓣外侧颜色（仅适用于花蕾开放品种）（性状18），分以下6组。

第一组：白色。

第二组：浅粉色。

第三组：深粉色。

第四组：蓝紫色。

第五组：紫红色。

第六组：红色。

（d）花：开花期主色（仅适用于蓓蕾非开放品种）（性状20），分以下6组。

第一组：白色。

第二组：浅粉色。

第三组：深粉色。

第四组：蓝紫色。

第五组：紫红色。

第六组：红色。

6. 性状和符号

6.1 为评价特异性、一致性和稳定性，应使用性状表中用UPOV的3种工作语言给出的性状及其表达状态。

6.2 为便于电子数据处理，每个性状的表达状态都赋予了相应的代码（1～9）。

6.3 注释

（*）除非前序性状的表达或区域环境条件所限使其无法测试，在测试的每个生长时期，对所有品种都要进行测试的、总要包含在品种描述中的性状。

（+）参见第8部分性状表解释。

7. 性状表

性状编号	英文	中文	标准品种	代码
1. (*) (+)	**Plant: growth habit**	植株：生长习性		
	upright	直立	Amethyst	1
	narrow bushy	窄帚状	Long White	2
	broad bushy	宽帚状	Marleen	3
	creeping	匍匐	Heidezwerg	4
2.	**Plant: density**	植株：紧密度		
	open	散开	Peter Sparkes	3
	medium	中等	Marleen	5
	dense	紧密	Darkness	7

续表

性状编号	英文	中文	标准品种	代码
3.	**Plant：height**	**植株：高度**		
	short	矮	J.H. Hamilton	3
	medium	中	Marleen	5
	tall	高	Long White	7
4.	**Shoot tip：anthocyanin coloration（during winter）**	**茎尖：花青苷显色（冬季）**		
	absent or very weak	无或极弱	Melanie	1
	weak	弱	Dark Beauty	3
	medium	中	Radnor	5
	strong	强	Marlies	7
	very strong	极强	Alexandra	9
5.(*)	**Shoot tip：color of new growth（3 cm long shoot）**	**茎尖：新生茎尖颜色（3 cm 长茎）**		
	yellow	黄色	Lambstails	1
	yellow green	黄绿色		2
	light green	泛绿色	Melanie	3
	medium green	中等绿色	Roswitha	4
	dark green	深绿色		5
	grey green	灰绿色	Alportii	6
	blue green	蓝绿色		7
	brown green	棕绿色	Marlies	8
	red green	红绿色		9
	brown red	棕红色		10
	dark red	深红色		11
	purple red	紫红色		12
6.(*)	**Shoot tip：anthocyanin coloration（in middle of summer）**	**茎尖：花青苷显色（夏季中期）**		
	absent or very weak	无或极弱	Josephine	1
	weak	弱	Elsie Purnell	3
	medium	中	Allegro	5
	strong	强	Marleen	7
	very strong	极强	Monja	9
7.(*)	**Shoot：color on sunny side（as for 6）**	**茎：向阳面颜色（参照性状6）**		
	orange	橙色		1
	yellow orange	黄橙色		2
	yellow	黄色	Sandy	3
	yellow green	黄绿色	Melanie	4
	light green	泛绿色	Long White	5
	medium green	中等绿色		6
	dark green	深绿色		7
	grey green	灰绿色		8
	grey red	灰红色	Amethyst	9
	red	红色	Marleen	10

续表

性状编号	英文	中文	标准品种	代码
8.(*)	**Leaf：color**	**叶：颜色**		
	yellow	黄色	Lambstails	1
	yellow green	黄绿色	Adrie	2
	light green	泛绿色	Melanie	3
	medium green	中等绿色	Marleen	4
	dark green	深绿色	Monja	5
	grey green	灰绿色	Nico	6
	blue green	蓝绿色		7
	brown green	棕绿色		8
	red green	红绿色		9
	brown red	棕红色		10
	dark red	深红色		11
	purple red	紫红色		12
9.(*)	**Flowering shoot：length of current season's growth**	**花芽：当季生长长度**		
	short	短	Darkness	3
	medium	中	Marleen	5
	long	长	Amethyst	7
10.(*)	**Flowering shoot：color**	**花芽：颜色**		
	yellow	黄色		1
	yellow green	黄绿色	Melanie	2
	light green	泛绿色	Long White	3
	grey red	灰红色	Alportii	4
	red	红色	Marlies	5
11.(*)	**Flowering shoot：color of tip at beginning of flowering**	**花芽：始花期尖端颜色**		
	yellow	黄色		1
	yellow green	黄绿色		2
	light green	泛绿色		3
	medium green	中等绿色		4
	dark green	深绿色		5
	red green	红绿色		6
12.(*)	**Inflorescence：density of flowers**	**花序：花密度**		
	sparse	疏	Visser's Fancy	3
	medium	中	Marleen	5
	dense	密	Dark Beauty	7
13.(*)	**Flower：opening of bud**	**花：花蕾开放**		
	absent	无	Marleen	1
	present	有	Long White	9
14.(*)	**Flower：type**	**花：类型**		
	single	单瓣	Long White	1
	double	重瓣	Annemarie	2
15.(*)	**Flower：size**	**花：大小**		
	small	小	Lydia	3
	medium	中	Dark Beauty, Roswitha	5
	large	大	Kinlochruel	7

续表

性状编号	英文	中文	标准品种	代码
16.	Varieties with opening buds only: Flower: length of calyx relative to length of corolla	花：花萼相对于花冠长度（仅适用于花蕾开放的品种）		
	shorter	短于	Red Pimpernel	1
	same length	等长	Arabella	2
	longer	长于		3
17.（*）（+）	Varieties with opening buds only: Flower: color of outer side of sepal	花：花萼外侧颜色（仅适用于花蕾开放的品种）		
	RHS Colour Chart（indicate reference number）	RHS 比色卡（注明参考色号）		
18.（*）	Varieties with opening buds only: Flower: color of outer side of petal at beginning of flowering	花：始花期花瓣外侧颜色（仅适用于花蕾开放的品种）		
	RHS Colour Chart（indicate reference number）	RHS 比色卡（注明参考色号）		
19.（*）	Varieties with opening buds only: Flower: color of outer side of petal at the end of flowering	花：始花末期花瓣外侧颜色（仅适用于花蕾的开放品种）		
	RHS Colour Chart（indicate reference number）	RHS 比色卡（注明参考色号）		
20.（*）	Varieties with non-opening buds only: Flower: main color at beginning of flowering	花：开花期主色（仅适用于花蕾非开放的品种）		
	RHS Colour Chart（indicate reference number）	RHS 比色卡（注明参考色号）		
21.（*）	Varieties with non-opening buds only: Flower: main color at the end of flowering	花：开花末期主色（仅适用于花蕾非开放品种）		
	RHS Colour Chart（indicate reference number）	RHS 比色卡（注明参考色号）		
22.（*）	Time of beginning of flowering	始花期		
	very early	极早	Tib	1
	early	早	Carmen	3
	medium	中	Annemarie	5
	late	晚	Romina	7
	very late	极晚	Perestrojka	9

8　性状表解释

性状 1：植株生长习性

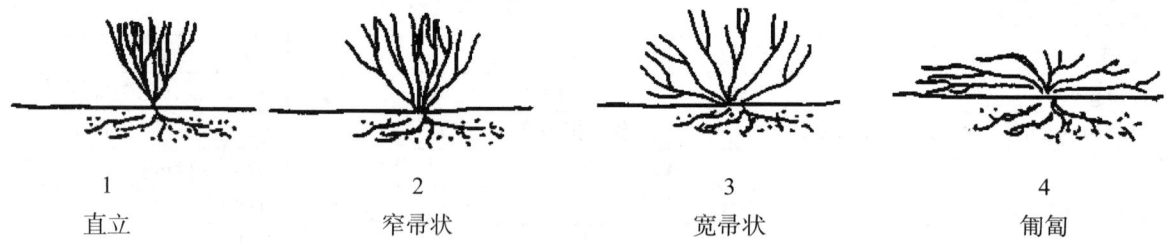

| 1 | 2 | 3 | 4 |
| 直立 | 窄帚状 | 宽帚状 | 匍匐 |

性状 17：花萼外侧颜色（仅适用于花蕾开放品种）

萼片

花蕾

萼片

扫码下载原文

如扫描二维码无法下载指南原文，可能是指南版本有更新，可扫描本书封底二维码查看与本文对应的指南版本

TG/95/3
原文：法文
日期：1985-11-13

国际植物新品种保护联盟
植物品种特异性、一致性和稳定性
测试指南

紫薇

(*Lagerstroemia indica* L.)

1 测试技术说明

1.1 待测品种繁殖材料的数量和质量要求以及提交的时间和地点由主管机构决定。申请人从测试所在国境外提交繁殖材料的，还应符合海关规定并满足相关植物检疫的要求。申请人提交繁殖材料的最小数量为插条繁殖而来的二年生丛生型植株3个。提供的繁殖材料应外观健康有活力，未受到任何严重病虫害的影响。

1.2 提交的繁殖材料不得进行任何可能影响品种性状表达的处理，除非主管机构允许或要求进行这种处理。如果材料已经处理，必须提供相关处理的详细情况。

1.3 在1个地点，测试的条件应能满足品种正常生长的需要，以确保品种相关性状充分表达和测试的顺利开展。如果在该地点不能观测到品种的任何重要性状，则应选择其他地点进行测试。

1.4 有测试一致性和稳定性的经验表明，紫薇是无性繁殖，因此可以确定所提供的植物材料是否在观测性状上是一致的，且无突变或混合。

1.5 将测试材料分成若干组，以便对特异性进行评估。适于分组的性状是凭经验可知，在申请品种中无变化或有略微变化，其不同的状态在测试材料中均匀分布。建议测试部门使用花冠主色（性状16，有如下状态：白色、粉红色、红色、紫色）对测试品种进行分组。

1.6 通常情况下，在种植后的1年中，应进行2个生长周期的测试。

1.7 为判定特异性、一致性和稳定性，应使用性状表中以UPOV的3种工作语言列出的性状。星号性状（*），除非前序性状的表达或区域环境条件所限使其无法测试，在测试的每个生长时期，对所有品种都要进行测试的、总要包含在品种描述中的性状。符号（+）表示该性状有解释或图示说明。

1.8 为便于电子数据处理，每个性状的表达状态都赋予了相应的代码（1~9）。

1.9 为避免日光变化的影响，花的颜色应在有人工光源的空间内，或于中午在北向的房间内进行观测。人工光源光谱分布应符合CIE"理想日光标准D6500"，且在《英国标准950：第1部分》规定的允许范围之内。花的颜色应该将花放在一张白纸上观测。

2 性状表

性状编号	英文	中文	标准品种	代码
1.	**Plant：time of bud burst**	植株：萌芽期		
	early	早	Petite Red	3
	medium	中	Mon Panaché，Soir d'été	5
	late	晚	Berlingo Menthe，Durant Red	7
2.(*)	**Plant：growth habit**	植株：生长习性		
	upright	直立	Petite Orchid	1
	upright to bushy	直立到丛生	Terre Chinoise	2
	bushy	丛生	Bergerac，Mon Panaché	3
	spreading	平展		4
3.	**Stem：intensity of anthocyanin coloration**	茎：花青苷显色强度		
	weak	弱	Yang Tse	3
	medium	中	Soir d'été，Terre Chinoise	5
	strong	强	Petite Red，Saint Emilion	7
4.(*)	**Leaf blade：size**	叶片：大小		
	small	小	Petite Red	3
	medium	中	Mon Panaché	5
	large	大	Durant Red，Yang Tse	7

性状编号	英文	中文	标准品种	代码
5.(*)	**Leaf blade：shape**	**叶片：形状**		
	only elliptic	仅为椭圆形	Petite Red	1
	mainly elliptic	主要为椭圆形		2
	elliptic and obovate equally mixed	椭圆形与倒卵圆形等比混合		3
	mainly obovate	主要为倒卵圆形	Majestic Orchid，Seminole	4
	only obovate	仅为倒卵圆形		5
6.	**Leaf blade：undulation**	**叶片：波状**		
	absent	无	La Mousson，Soir d'été	1
	present	有	Souvenir d'André Desmartis	9
7.	**Leaf blade：intensity of green color**	**叶片：绿色程度**		
	weak	弱	Yang Tse	3
	medium	中	La Mousson，Terre Chinoise	5
	strong	强	Berlingo Menthe，Saint Emilion	7
8	**Leaf blade：anthocyanin coloration of margin**	**叶片：叶缘花青苷显色**		
	absent	无	Saint Emilion	1
	present	有	Souvenir d'André Desmartis	9
9.(*)	**Flower bud：shape**	**花芽：形状**		
	globular	球形	Mon Panaché，Saint Emilion	1
	cylindrical	圆柱形	Petite Red，Soir d'été	2
	conical	圆锥形	Bergerac，Seminole	3
	trapezoid	梯形	Powhatan	4
	pearshaped	梨形	Jeanne Desmartis	5
10.	**Flower bud：length**	**花芽：长度**		
	short	短		3
	medium	中	Bergerac，Terre Chinoise	5
	long	长	La Mousson，Soird'été	7
11.	**Flower bud：width**	**花芽：宽度**		
	narrow	窄	Petite Red，Powhatan	3
	medium	中	La Mousson，Terre Chinoise	5
	broad	宽	Saint Emilion，Water Melon	7
12.(*)	**Flower bud：prominence of suture**	**花芽：缝合线突起**		
	weak	弱	Jeanne Desmartis，Terre Chinoise	3
	medium	中	Yang Tse	5
	strong	强	Berlingo Menthe	7
13.	**Flower bud：intensity of anthocyanin coloration**	**花芽：花青苷显色强度**		
	weak	弱	Near East	3
	medium	中	Bergerac	5
	strong	强	Saint Emilion	7
14.	**Flower：number of colors**	**花：颜色数量**		
	one	1种		1
	two	2种		2

续表

性状编号	英文	中文	标准品种	代码
15. (*)	Flower: number of colors on upper side of petal	花：花冠正面花色数		
	one	1种	Soir d'été	1
	two	2种	Berlingo Menthe	2
16. (*)	Flower: main color on upper side of petal	花：花冠上表面主色		
	RHS Colour Chart（indicate reference number）	RHS比色卡（注明参考色号）		
17. (*)	Flower: secondary color on upper side of petal	花：花冠上表面次色		
	RHS Colour Chart（indicate reference number）	RHS比色卡（注明参考色号）		
18. (*)	Fruit: size	果实：大小		
	small	小	Berlingo Menthe	3
	medium	中	La Mousson，Lie devin	5
	large	大	Saint Emilion，Souvenir d'André Desmartis	7
19. (*)	Fruit: shape	果实：形状		
	ellipsoid	椭圆形	Yang Tse	1
	globular	球形	Terre Chinoise	2
20.	Fruit: intensity of green color	果实：绿色程度		
	weak	弱	Powhatan	3
	medium	中	Yang Tse	5
	strong	强	Bergerac	7
21.	Fruit: depression at base	果实：基部凹陷		
	absent	无	Bergerac	1
	present	有	Saint Emilion，Terre Chinoise	9
22.	Fruit: depression at apex	果实：先端凹陷		
	absent	无	Bergerac	1
	present	有	Mon Panaché	9
23. (*)	Time of beginning of flowering	始花期		
	early	早	Bergerac，Near East	3
	medium	中	La Mousson，Saint Emilion	5
	late	晚	Durant Red，Lie devin	7
24.	Time of end of flowering	花期结束时间		
	early	早	Mon Panaché	3
	medium	中	Jeanne Desmartis	5
	late	晚	La Mousson，Monbazillac	7
25.	Time of leaf fall	落叶期		
	early	早	Bergerac，Terre Chinoise	3
	medium	中	Mon Panaché，Soir d'été	5
	late	晚	Catawba，Powhatan	7

（*）除非前序性状的表达或区域环境条件所限使其无法测试，在测试的每个生长时期，对所有品种都要进行测试的、总要包含在品种描述中的性状。

扫码下载原文

如扫描二维码无法下载指南原文，可能是指南版本有更新，可扫描本书封底二维码查看与本文对应的指南版本

TG/96/4
原文：德文
日期：1995-10-20

国际植物新品种保护联盟
植物品种特异性、一致性和稳定性
测试指南

欧洲云杉

[*Picea abies* (L.) Karst.]

1 适用范围

本测试指南适用于松科（Pinaceae）欧洲云杉［*Picea abies*（L.）Karst.］的所有无性繁殖的观赏品种。

2 材料要求

2.1 待测品种测试所需繁殖材料的数量和质量以及繁殖材料提交的时间和地点由主管机构决定。申请人从测试所在国境外提交繁殖材料的，必须确保符合所有海关规定。提交的繁殖材料的数量应不少于4年龄以上的植株5个。

2.2 提供的繁殖材料应没有病毒且外观健康有活力，未受到任何严重病虫害的影响。最好不要使用离体繁殖的植株。如果是嫁接的植株，应标明所使用的砧木，并且所选的接穗应该避免部位效应。

2.3 提交的植物材料不应进行任何处理，除非主管机构允许或要求进行这种处理。如果材料已经处理，必须提供处理的详细说明。

2.4 如果申请人提交了只能在成年树上观察到的性状，申请人应该能够向主管机构说明至少有1株成年树的性状可以观察到。如果申请人没有提交这类性状，仍然建议申请人让主管机构对成年树进行观察，因为这有助于审查和缩短测试周期。

3 测试实施

3.1 测试时间通常为1个种植周期。如果特异性和/或一致性在1个种植周期不能确定，测试应延长至第二个种植周期。

3.2 测试一般应在同一地点进行。如果测试品种一些重要的测试性状不能在1个地点观测到，可以在另一测试地点进行测试。

3.3 测试应在保证测试材料正常生长的条件下进行，小区的大小应保证植株或植株部位取样测量或计数时，不会对一直持续到种植周期结束进行的观测造成影响。每个测试应包括5个植株。只有在相似的环境条件下，才可以另设小区用于观察或测量。

3.4 特殊需要时，可以进行附加测试。

4 方法和观测

4.1 为了避免位置效应和成熟效应所引起植株某些性质的异常表达，所有的观测应在5～10年龄的植株上进行。

4.2 除非另作说明，所有测量的观测值应当在5个植株的2个部位上进行。

4.3 对于一致性测试，应采用1%的群体标准和至少95%的接受概率。样本量为5个时，不允许有异型株。

4.4 侧枝、针和芽的所有测试应在当年充分发育的一级侧枝的上1/3处进行。

4.5 芽的所有测试应在秋季的顶芽上进行。

5 品种分组

5.1 为了便于特异性测试，应对将要种植的品种进行分组。适合分组目的的性状应是那些根据以往经验已知在同一品种内没有变异或变异极小的性状。这些性状的不同表达状态应相当均匀地分布于整个品种库的已知品种中。

5.2 建议审查机构根据植株的生长习性（性状1）进行品种分组。

6 性状和符号

6.1 在评价特异性、一致性和稳定性时，应使用性状表中的性状及其表达状态。

6.2 为了便于电子数据处理，每一性状的表达状态分别给予代码（1~9）。

6.3 注释

（*）是指应当用于测试进行的每一种植周期内所有品种、并总是用于品种描述的性状，除非前序性状的表达或区域环境条件所限使其无法测试。

（+）见第8部分性状表解释。

7 性状表

性状编号	英文	中文	标准品种	代码
1. (*)	**Plant：growth habit**	**植株：生长习性**		
	narrow conical	窄圆锥	Cupressina	1
	broad conical	阔圆锥	Remontii	2
	globular or subglobular	球形或近球	Nana Compacta	3
	prostrate	匍匐	Procumbens	4
2. (*)	**Plant：drooping of shoots**	**植株：枝条下弯**		
	Absent	无	Nana Compacta	1
	Present	有	Inversa	9
3. (*)	**Plant：height**	**植株：高度**		
	very short	极矮	Echiniformis	1
	short	矮	Clanbrassiliana	3
	medium	中	Ohlendorffii	5
	tall	高		7
	very tal	极高		9
4. (*)	**Plant：main shoot**	**植株：主干**		
	absent	无	Nidiformis	1
	present	有	Cupressina	9
5. (*)	**Only varieties with main shoot: Plant: number of twigs of upper whorl（time：autumn/winter）**	**植株：上层枝条数（仅适用于有主干的品种；时间：秋季/冬季）**		
	few	少		3
	medium	中		5
	many	多		7
6. (*) (+)	**Only varieties with main shoot: Lateral shoot：angle between first 5 cm of branch and main shoot**	**侧枝：主干与侧枝5 cm处夹角（仅适用于有主干的品种）**		
	Small	小		3
	medium	中		5
	large	大		7

续表

性状编号	英文	中文	标准品种	代码
7.(+)	Only varieties without main shoot: Plant: angle between current year's shoot and shoot of preceding year	植株：当年枝条与去年生枝条处夹角（仅适用于无主干的品种）		
	small	小		3
	Medium	中		5
	large	大		7
8.(+)	Current year's shoot: length	当年生枝条：长度		
	short	短		3
	medium	中		5
	long	长		7
9.(+)	Current year's shoot: color (sunny side; time: after lignification)	当年生枝条：颜色（向阳面；时期：枝条木质化后）		
	grey brown	灰棕色		
	yellow brown	黄棕色		
	red brown	红棕色		
	brown	棕色		
10.(*)(+)	Current year's shoot: density of foliage (needles per cm)	当年生枝条：叶密度（每厘米的针叶数）		
	sparse	疏		3
	medium	中		5
	dense	密		7
11.(*)(+)	Current year's shoot: arrangement of needles (time: as for 5)	当年生枝条：针叶排列方式（时期：同性状5）		
	fully radial	完全辐射状	Gregoryana	1
	imperfectly radial	不完全辐射状	Hornibrookii	2
12.	Needle: color of upper side (time: autumn)	针叶：上表面颜色（时期：秋季）		
	light yellow	泛黄色		1
	yellow	黄色		2
	yellow green	黄绿色		3
	light green	泛绿色		4
	green	绿色		5
	dark green	深绿色		6
	blue green	蓝绿色		7
	grey green	灰绿色		8
13.(*)(+)	Needle: length of lateral needle (in middle third of current year's shoot)	针叶：侧针长（当年生枝条的中部1/3处）		
	short	短		3
	medium	中		5
	long	长		7
14.	Needle: curvature	针叶：弯曲程度		
	absent or very weak	无或极弱		1
	weak	弱		3
	medium	中		5
	strong	强		7
	very strong	极强		9

性状编号	英文	中文	标准品种	代码
15.	**Bud：shape**	芽：形状		
	globose	球状		1
	ovate	卵圆形		2
	conical	圆锥形		3
16.	**Bud：length**	芽：长度		
	short	短		3
	medium	中		5
	long	长		7
17.	**Bud：shape of the tip**	芽：尖端形状		
	acute	锐尖		3
	broad acute	阔锐尖		5
	obtuse	钝尖		7
18	**Bud：color**	芽：颜色		
	yellow brown	黄棕色		1
	light brown	浅棕色		2
	orange brown	橙棕色		3
	red brown	红棕色		4
	brown	棕色		5
	dark brown	深棕色		6
19.（*）	**Time of beginning of terminal bud burst**	顶芽开放期		
	early	早		3
	medium	中		5
	late	晚		7

8 性状表解释

性状 6、性状 8、性状 9、性状 10、性状 11 和性状 13
当年生枝条（a）与当年生侧枝（b）

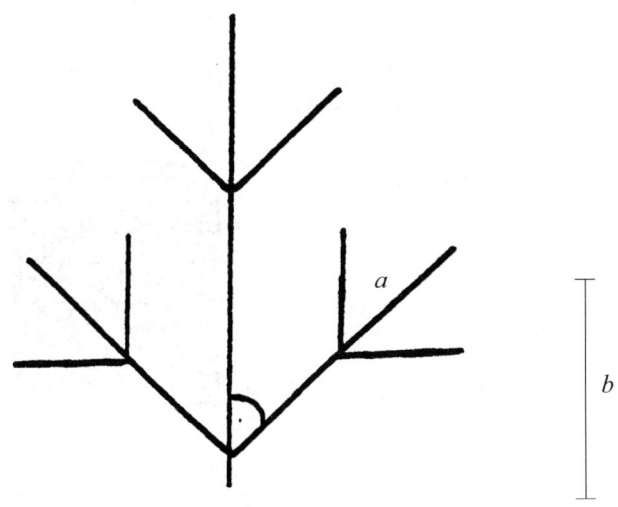

性状7：当年生枝条（a）与去年生枝条处夹角（仅适用于无主干的品种）

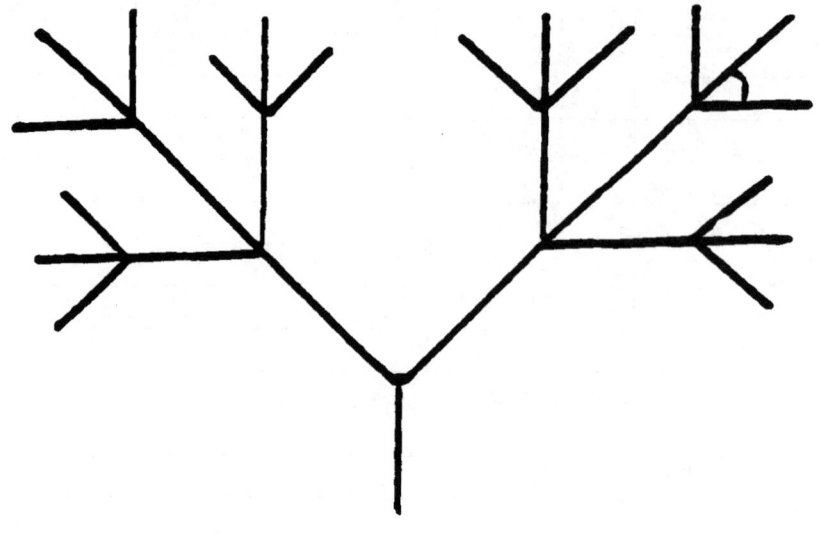

TG/101/3
原文：英文
日期：1987-10-17

国际植物新品种保护联盟
植物品种特异性、一致性和稳定性
测试指南

仙人指属（包括蟹爪兰）

(*Shlumbergera* Lem., including *Zygocactus* K.Schum.)

1　适用范围

本测试指南适用于仙人掌科（Cactaceae）仙人指属（*Schlumbergera* Lem.）的所有品种，包含蟹爪兰（*Zygocactus* K. Schum）。

2　材料要求

2.1　待测品种测试所需繁殖材料的数量和质量以及繁殖材料提交的时间和地点由主管机构决定。申请人从测试所在国境外提交繁殖材料的，必须确保符合所有海关规定。提交的繁殖材料的数量应不少于20株不带根的插条。提供的繁殖材料应没有病毒且外观健康有活力，未受到任何严重病虫害影响。

2.2　提交的植物材料不应进行任何处理，除非主管机构允许或要求进行这种处理。如果材料已经处理，必须提供处理的详细说明。

3　测试实施

3.1　测试一般要经历1个生长周期。如果特异性以及一致性在1个生长周期不能确定的，则需要延长至第二个生长周期。

3.2　测试一般在1个地点进行。如果供试品种有任何重要的性状不能在该地表达，该品种可在另一地点测试。

3.3　为确保植物的正常生长，测试应在玻璃温室中以下环境下进行。

繁殖：在繁殖箱中繁殖2周（北半球），温度控制在20～22℃之间。

移盆：移入9 cm盆中种植12周，温度控制在18～22℃之间。

打顶以及短日照开始（每天8 h）：第33周摘除第四节叶状枝。

施肥：用氮磷钾比例为13：4：19的硝酸钾进行补肥。

种植密度：每平方米种植30株。

光照：夏天，玻璃温室应进行遮光处理。

当因测量或计数等需要，从小区取走部分植株或植株部位后，不影响生长周期结束前的所有观测。每个试验应至少包括10个植株。只有在当环境条件相似时，才能使用分开种植的小区进行观测。

3.4　如有特殊需要，可进行附加测试。

4　观测方法

4.1　在测试一致性和稳定性时，经验表明对于无性繁殖的仙人指属足以判定供试的植物材料观测性状的表达状态有无稳定性并且有没有变异或混杂的情况。

4.2　除非另有说明，所有通过测量或计数的观测应在开花期对10个植株或分别来自10个植株的部位上。开花期是指第三朵花开放的时候。

4.3　除非另有说明，所有对于叶状枝的观测应在第二节叶状枝上进行。

4.4　所有对于花冠裂片的观测应在内侧裂片的内侧进行。

4.5　由于日光变化的原因，在利用比色卡确定颜色时应在一个合适的由人工光源照明的小室或中午无阳光直射的房间里进行。人工光源的光谱分布应符合CIE"理想日光标准D6500"，且在《英国标准950：第1部分》规定的容许范围内。在鉴定颜色时，应将植株部位置于白色背景前。

4.6　描述还应以1幅第二节叶状枝的阴影图加以补充说明。

5 品种分组

5.1 待测品种应分组种植以便进行特异性评价。适用于分组的性状是已知不会出现变异或者仅在品种内发生轻微变异的性状。这些性状的不同表达状态应十分均匀地分布于品种库中。

5.2 建议主管机构用以下性状进行品种分组。

（a）花冠裂片：斑点相较于裂片大小（性状 17）。

（b）花冠裂片：边缘区域颜色（性状 23），可分为以下 6 组。

第一组：白色。

第二组：黄色。

第三组：粉色。

第四组：橙色。

第五组：红色。

第六组：紫色。

6 性状和符号

6.1 为评价特异性、一致性和稳定性，应使用性状表中用 3 种 UPOV 工作语言给出的性状及其表达状态。

6.2 为便于电子数据处理，每个性状的表达状态都赋予了相应的代码（1～9）。

6.3 注释

（*）除非前序性状的表达或区域环境条件所限使其无法测试，在测试的每个生长时期，对所有品种都要进行测试的、总要包含在品种描述中的性状。

（+）参见第 8 部分，性状表解释。

7 性状表

性状编号	英文	中文	标准品种	代码
1. (+)	**Plant: growth habit**	**植株：生长习性**		
	upright	直立	Christmas Charm，Rita	1
	semi-upright	半直立	Madisto，Sonja	3
	horizontal	水平	Madurna	5
	pendulous	下垂		7
	Strongly pendulous	强烈下垂		9
2. (*) (+)	**Plant: number of phylloclades of 3rd order**	**植株：第三节叶状枝的数量**		
	few	少	Madurna	3
	medium	中	Madisto，Sonja	5
	many	多	Laterne，Nicole	7
3. (*)	**Phylloclade: length**	**叶状枝：长度**		
	short	短	Madisto	3
	medium	中	Nicole	5
	long	长	Rita	7
4. (*)	**Phylloclade: maximum width**	**叶状枝：最大宽度**		
	narrow	窄	Schlumbergerarusselliana（Hook.）Britt et Rose	3
	medium	中	Sonja	5
	broad	宽	Madisto	7

续表

性状编号	英文	中文	标准品种	代码
5.	**Phylloclade：color**	叶状枝：颜色		
	light green	浅绿色	Christmas Charm	3
	medium green	中等绿色	Madisto，Rita	5
	dark green	深绿色	Sonja	7
6.(*)	**Phylloclade：type of incision of margin**	叶状枝：边缘缺刻类型		
	crenate	圆锯齿状		1
	serrate	锯齿状		2
	dentate	齿状		3
7.(*)	**Phylloclade：depth of incision of margin**	叶状枝：边缘缺刻深度		
	very shallow	极浅		1
	shallow	浅	Christmas Charm	3
	medium	中	Madisto	5
	deep	深	Marie	7
	very deep	极深		9
8.	**Phylloclade：curvature in cross section**	叶状枝：横切面弯曲程度		
	absent or very weak	无或极弱		1
	weak	弱	Madisto	3
	medium	中	Laterne	5
	strong	强	Sonja	7
	very strong	极强		9
9.	**Phylloclade：undulationof margin**	叶状枝：边缘波状程度		
	absent or very weak	无或极弱	Nicole	1
	weak	弱	Schlumbergerarusselliana（Hook.）Britt et Rose	3
	medium	中	Laterne	5
	strong	强	New Norris	7
	very strong	极强		9
10.(*)	**Bud：color of tip of 1.0 cm long bud**	芽：1 cm 芽尖端颜色		
	green	绿色	Tina	1
	yellow	黄色	Rita	2
	pink	粉色	Dorthe	3
	orange	橙色	Sonja	4
	red	红色	Peach Parfait	5
	purple	紫色	Nicole	6
11.	**Bud：intensity of color of top of 1.0 cm longbud**	芽：1 cm 芽尖端颜色深浅		
	light	浅		3
	medium	中		5
	dark	深		7
12.(*)	**Bud：shape of tip of 1.5 cm long bud**	芽：1.5 cm 芽尖端形状		
	acute	锐尖	New Norris	1
	obtuse	钝尖	Madurna，Sonja	2
	round	圆形	Madisto，Rita	3
13.(*)(+)	**Flower：width**	花：宽度		
	narrow	窄	Madurna，Sonja	3
	medium	中	Madisto，Rita	5
	broad	宽	Ilona	7

续表

性状编号	英文	中文	标准品种	代码
14. (*) (+)	**Flower：length**	花：长度		
	short	短	Madurna，Sonja	3
	medium	中	Madisto，Rita	5
	long	长	Ilona	7
15. (+)	**Flower：limb（at full opening）**	花：花瓣弯曲程度（完全开放）		
	flat	平展	Christmas Charm	3
	reflexed	外翻	Madurna，Nicole	5
	strongly reflexed	强烈外翻	Marie，Tina	7
16. (*) (+)	**Corolla lobe：width**	花冠裂片：宽度		
	narrow	窄	Tina	3
	medium	中	Sonja	5
	broad	宽	Madurna	7
17. (*) (+)	**Corolla lobe：size of macule in relation to size of lobe**	花冠裂片：斑点相对于裂片大小		
	absent or very small	无或极小	Dorthe	1
	small	小	Madurna，Marie	3
	medium	中	Peach Parfait	5
	large	大	Rita	7
	very large	极大		9
18. (*) (+)	**Corolla lobe：color of macule**	花冠裂片：斑点颜色		
	RHS Colour Chart（indicate reference number）	RHS比色卡（注明参考色号）		
19. (*) (+)	**Corolla lobe：middle zone**	花冠裂片：中心区域		
	absent	无	Sonja	1
	present	有	Nicole	9
20. (*) (+)	**Corolla lobe：color of middle zone**	花冠裂片：中心区域颜色		
	white	白色		1
	yellow	黄色		2
	pink	粉色		3
	red	红色		4
	purple	紫色		5
21. (+)	**Corolla lobe：border between zones**	花冠裂片：区域之间的过渡		
	diffuse	模糊		1
	sharp	清晰		2
22. (*) (+)	**Corolla lobe：size of marginal zone**	花冠裂片：边缘区域大小		
	small	小	Marie	3
	medium	中	Sonja	5
	large	大	New Norris	7
23. (*) (+)	**Corolla lobe：color of marginal zone**	花冠裂片：边缘区域颜色		
	RHS Colour Chart（indicate reference number）	RHS比色卡（注明参考色号）		
24. (+)	**Corolla tube：shape of mouth**	花冠筒：筒口形状		
	elliptic	椭圆形	Dorthe	1
	broad elliptic	阔椭圆形	Sonja	2
	circular	圆形	Tina	3

续表

性状编号	英文	中文	标准品种	代码
25.（+）	**Corolla tube：colored ring at the mouth**	花冠筒：筒口处着色环		
	absent	无	Christmas Charm	1
	present	有	Rita，Sonja	9
26.（+）	**Corolla tube：width of colored ring at the mouth**	花冠筒：筒口处着色环宽度		
	narrow	窄	Dark Sonja	3
	medium	中	Nicole，Sonja	5
	broad	宽	Rita，Tina	7
27.（+）	**Stamen：length beyond the mouth**	雄蕊：超出筒口的长度		
	short	短	Rita，Tina	3
	medium	中	Marie，Sonja	5
	long	长	Madivo	7
28.（+）	**Stamen：color of filament**	雄蕊：花丝颜色		
	white	白色	Marie，Rita	1
	yellow	黄色	New Norris	2
	pink	粉色	Madisto	3
	red	红色	Christmas Magic	4
	purple	紫色	Red Radiance	5
29.（+）	**Pistil：length beyond the mouth**	雌蕊：超出筒口的长度		
	short	短	New Norris	3
	medium	中	Rita	5
	long	长	Marie，Nicole	7
30.（+）	**Stigma：color**	柱头：颜色		
	white	白色		1
	yellow	黄色		2
	pink	粉色	Christmas Charm	3
	red	红色	Red Radiance	4
	brown	棕色		5
	purple	紫色	Sonja	6
31.（+）	**Ovary：color**	子房：颜色		
	green	绿色		1
	reddish green	泛红绿色		2
	greenish red	泛绿红色		3
	red	红色		4
	reddish purple	泛红紫色		5
32.	**Time of beginning of flowering**	始花期		
	early	早		3
	medium	中	Dark Sonja	5
	late	晚	Maditro	7
33.	**Duration of flowering**	花期		
	short	短		3
	medium	中		5
	long	长		7

8 性状表解释

性状1：植株生长习性

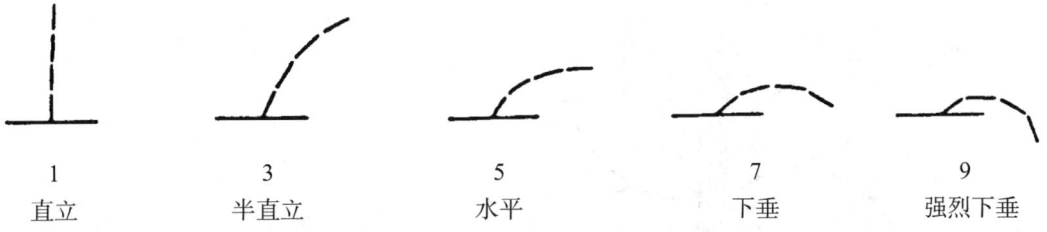

1	3	5	7	9
直立	半直立	水平	下垂	强烈下垂

性状2：第三节叶状枝的数量

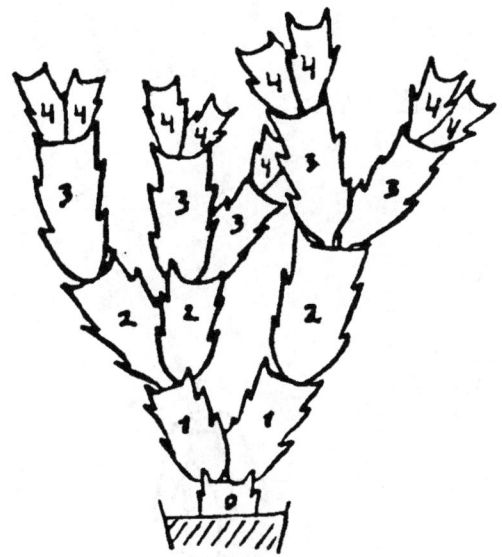

性状13、性状14：花宽度、长度

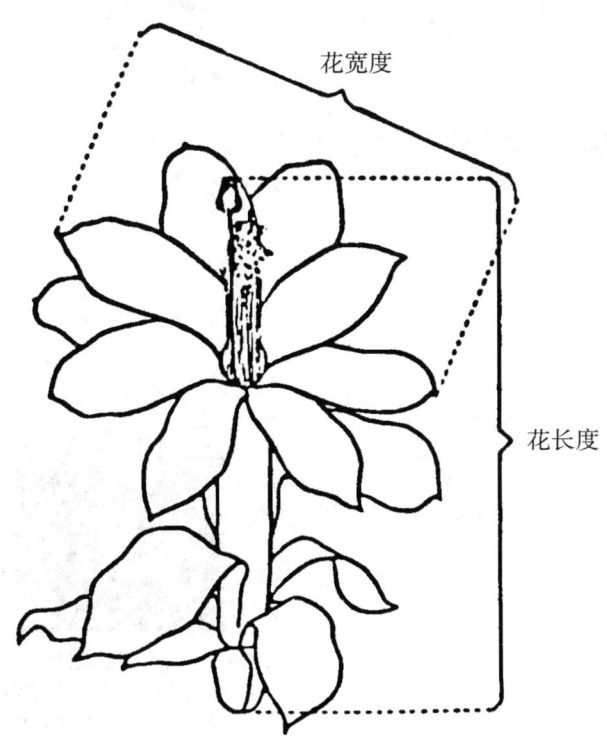

性状 16 至性状 31 花的组成

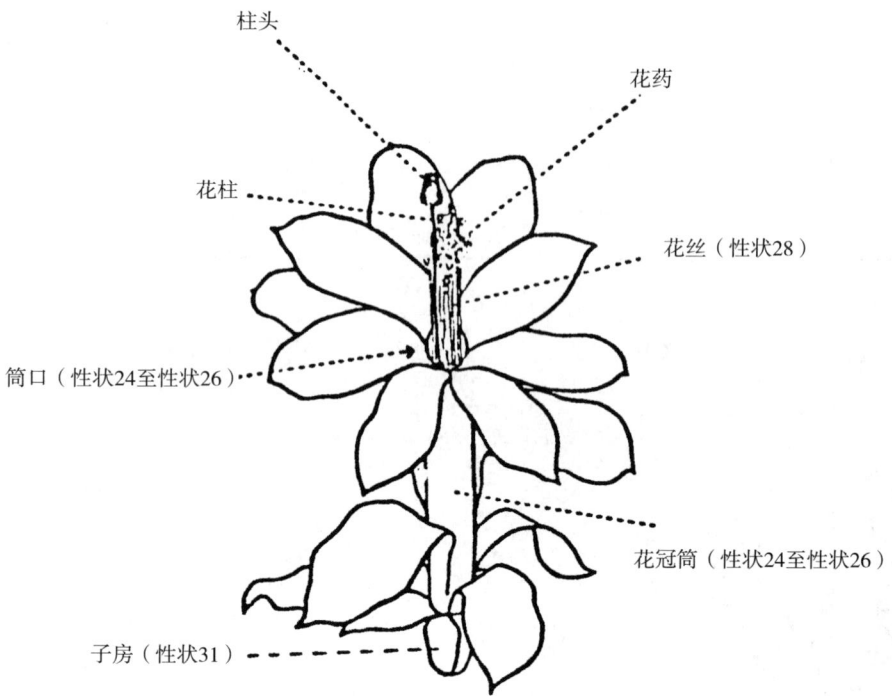

性状 15：花瓣弯曲程度（完全开放）

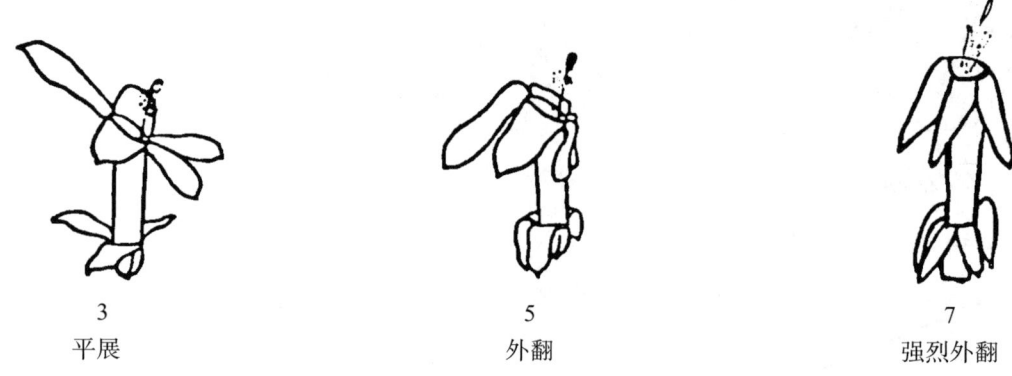

3	5	7
平展	外翻	强烈外翻

性状 17 至性状 23：花冠裂片斑点、中心区域、边缘区域

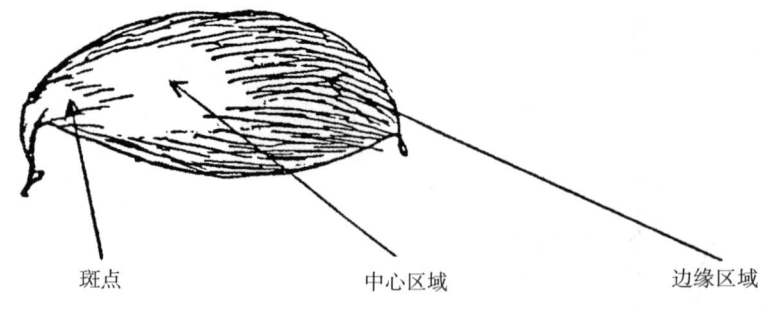

扫码下载原文

如扫描二维码无法下载指南原文，可能是指南版本有更新，可扫描本书封底二维码查看与本文对应的指南版本

TG/102/4
原文：英文
日期：2004-03-31

国际植物新品种保护联盟
植物品种特异性、一致性和稳定性
测试指南

非洲凤仙花

(*Impatiens walleriana* Hook. f.)

互用名称 *

植物学名称	英文	法文	德文	西班牙文
Impatiens walleriana Hook. f.	Busy Lizzie	Impatience	Fleißiges Lieschen	Alegría

---

* 这些名称在指南开始使用时是正确的，但随后可能会修改更新。读者可登录 UPOV 网站（www.upov.int），获取最新资料。

1 指南适用范围

本指南适用于凤仙花科（Balsaminaceae）凤仙花属非洲凤仙花（*Impatiens walleriana* Hook. f.）的所有品种。

2 繁殖材料要求

2.1 测试主管机构规定测试品种的繁殖材料质量和数量以及邮寄的时间和地点。申请人从非测试地区所在国提交的繁殖材料，应符合海关规定并满足相关植物检疫的要求。

2.2 植物材料以种子或者插条苗的形式提交。

2.3 申请提交植物材料最小数量：无性繁殖材料 20 株条插苗；种子 1 g。

2.4 如果提交的是种子，种子应满足主管机构规定的发芽率、纯度、健康程度和含水量的最低要求。若当种子用于保藏时，申请者应尽可能提供发芽率的种子并注明发芽率。

2.5 提供的繁殖材料应外观健康有活力，未受到任何严重病虫害的影响。

2.6 提交的繁殖材料不得进行任何可能影响品种性状表达的处理，除非主管机构允许或要求进行这类处理。如果繁殖材料已经经过处理，必须提供相关处理的详细说明。

3 测试方法

3.1 测试周期

测试的最少周期数量通常为 1 个的生长周期。

3.2 测试地点

正常情况下测试地点应该在同一地点进行。如测试品种任何与 DUS 测试相关的性状，不能在该地点观测，该品种可以在另外一个地点进行测试。

3.3 试验种植条件

3.3.1 测试的条件应能满足品种正常生长的需要，以确保品种相关性状充分表达和测试的顺利开展。

3.3.2 评定三性的生长时期

评价性状的最好时期是盛花期。

3.3.3 观测类型

性状表第二列以如下符号的形式列出推荐的性状观测方法。

MS：对一定数量的植株或植株部位进行逐一测量；

VG：对一批植株或植株部位进行单次目测。

3.3.4 目测颜色

由于日光变化的原因，在利用比色卡确定颜色时，应在一个合适的有人工光源的或中午无阳光直射的房间内进行。人工光源光谱分布应该符合 CIE "理想日光标准 D6500"，同时满足《英国标准 950：第 1 部分》规定的相关要求。这些测试应该使用白色背景。

3.4 试验设计

3.4.1 如果是无性繁殖品种，每个测试试验至少 20 个植株。

3.4.2 如果是有性繁殖品种，则每个测试试验至少 40 个植株。

3.4.3 试验设计应保证因测量或计数等需要，从小区取走部分植株或植株部位后，不影响生长周期结束前的所有观测。

3.5 用于测试植株或植株部位材料数量

3.5.1 除非另有说明，观察无性繁殖品种个体性状应该基于 10 个植株或来自 10 个植株部位进行。其他所有观测结果应基于所有植株。
3.5.2 除非另有说明，观察有性繁殖品种个体性状应该基于 20 个植株或来自 20 个植株部位进行。其他所有观测结果应基于所有植株。

3.6 附加测试
为测试有关性状，可以进行附加测试。

4 特异性、一致性和稳定性评价

4.1 特异性

4.1.1 一般建议
本指南的使用者在判定特异性前参照总则特异性判定的一般原则十分重要。本指南将列出着重强调的要点。

4.1.2 一致的差异
3.1 部分规定的最小测试周期，通常情况下，需要确保任何性状差异充分保持一致。

4.1.3 明显的差异
决定两个品种间的差异是否明显取决于很多因素，特别应考虑所测性状的表达类型，即该性状是质量性状、数量性状还是假质量性状。因此，本测试指南的使用者在判定特异性前应熟悉总则中的建议。

4.2 一致性
4.2.1 本指南的使用者在判定一致性前参阅总则一致性判定的一般原则十分重要。本指南将列出着重强调的要点。
4.2.2 一致性评价时，无性繁殖品种和自花授粉的有性繁殖品种采用 1% 的群体标准和至少 95% 的接受概率。当样本量为 20 个植株时，最多允许 1 个异型株；40 个植株时，最多允许 2 个异型株。
4.2.3 自花授粉或杂交的有性繁殖品种一致性判定，根据总则当中推荐的异花授粉或杂交品种，视情况而判定。

4.3 稳定性
4.3.1 在实际操作中，通常不像测试特异性和一致性那样对稳定性进行测试以得到明确结果。经验表明，对许多类型的品种来说，当一个品种表现一致时，可认为其是稳定的。
4.3.2 适当情况下或者有疑问时，种植该品种的下一代或者测试一批能够保证与之前提交的种子性状一致的新种子，评价稳定性。

5 品种分组和试验组织

5.1 使用分组性状可以帮助选择与申请品种一起进行田间种植试验的已知品种，以及对这些品种进行合适分组以便进行特异性评价。
5.2 分组性状表达状态的数据即使来自不同地点，也可以单独或者与其他此类性状联合使用。
（a）用于特异性测试中筛选排除那些不需要安排在种植试验中的已知品种。
（b）用于组织安排种植试验，使近似品种种植在一起。
5.3 以下性状已被确认为有用的分组性状。
（a）叶：色斑（性状 7）。
（b）花：类型（性状 15）。
（c）花：颜色数量（不包括眼区）（性状 17）。
（d）花：主色（性状 18），有以下 8 组。
第一组：白色。
第二组：黄色。

第三组：粉色。
第四组：蓝粉色。
第五组：橙色。
第六组：红色。
第七组：紫色。
第八组：紫罗兰色。

5.4 总则提供在特异性审查过程中使用分组性状的指导。

6 性状表介绍

6.1 性状类型

6.1.1 标准指南性状

标准指南性状是 UPOV 已同意用于 DUS 审查的性状，UPOV 成员可以从中选择与其特定环境相适应的性状。

6.1.2 星号性状

星号性状（用"*"标记）是测试指南中对于形成国际统一的品种描述十分重要的性状，所有 UPOV 成员都应将其用于 DUS 测试并包含在品种描述中，除非前序性状的表达或区域环境条件所限使其无法测试。

6.2 表达状态及相应代码

为定义性状和统一描述，将每个性状划分为一系列表达状态。每个表达状态赋予一个相应的数字代码，以便于数据记录，以及品种性状描述的建立和交流。

6.3 表达类型

总则中对性状表达类型（质量性状、数量性状和假质量性状）进行了解释。

6.4 标准品种

适当时，测试指南中提供了标准品种用于校正性状的表达状态。

6.5 注释

（*）星号性状（6.1.2）。
QL：质量性状（6.3）。
QN：数量性状（6.3）。
PQ：假质量性状（6.3）。
MS：个体植株或个体植株部位测试（3.3.1）。
VG：群体或个体植株目测判定（3.3.1）。
（+）性状表解释（8.2）。

7 性状表

性状编号	观测方法	英文	中文	标准品种	代码
1. （*） QN	MS/ VG	**Plant：height of foliage**	**植株：叶高度**		
		short	矮	Camela	3
		medium	中	Didi Orare	5
		tall	高	Tilav	7
2. （*） QN	MS/ VG	**Plant：width**	**植株：株幅**		
		narrow	窄		3
		medium	中	Camela	5
		broad	宽	Didi Orare	7

310

续表

性状编号	观测方法	英文	中文	标准品种	代码
3. QN	VG	Shoot: anthocyanin coloration（at upper third of shoot）	茎：花青苷显色（上部1/3处）		
		absent or very weak	无或极弱	Camela	1
		weak	弱	Balfiesala	3
		medium	中	Didi Carmine	5
		strong	强		7
4.（*）QN	MS/VG	Leaf: length（including petiole）	叶：长度（包括叶柄）		
		short	短	Balfiesala	3
		medium	中	Balfiesaci	5
		long	长	Didi Orare	7
5.（*）QN	MS/VG	Leaf: width	叶：宽度		
		narrow	窄	Tiwhite	3
		medium	中	Camela	5
		broad	宽	Didi Orare	7
6. QN	MS	Leaf: ratio length/width	叶：长宽比		
		small	小		3
		medium	中		5
		large	大		7
7.（*）QL	VG	Leaf: variegation	叶：色斑		
		absent	无	Camela	1
		present	有	Snow and Ice	9
8. PQ	VG	Varieties with variegation only: Leaf: main color of upper side	叶：上表面主色（仅适用于有色斑品种）		
		light green	泛绿色		1
		medium green	中等绿色		2
		dark green	深绿色		3
		blue green	蓝绿色		4
9. PQ	VG	Varieties with variegation only: Leaf: secondary color of upper side	叶：上表面次色（仅适用于有色斑品种）		
		white	白色		1
		yellowish white	黄白色		2
		yellow	黄色		3
		light green	泛绿色		4
10. PQ	VG	Varieties without variegation only: Leaf: color of upper side	叶：上表面颜色（仅适用于无色斑品种）		
		light green	泛绿色		1
		medium green	中等绿色	Camela	2
		dark green	深绿色	Didi Carmine	3
		red	红色		4
11. PQ	VG	Varieties without variegation only: Leaf: color of lower side between veins	叶：下表面叶脉间颜色（仅适用于无色斑品种）		
		only green	绿色		1
		green and red	绿色和红色		2
		only red	红色		3

续表

性状编号	观测方法	英文	中文	标准品种	代码
12. QL	VG	Varieties without variegation only: Leaf: color of veins on lower side	叶：下表面叶脉颜色（仅适用于无色斑品种）		
		green	绿色		1
		red	红色		2
13. QN	VG	Petiole：anthocyanin coloration of upper side	叶柄：上表面花青苷显色		
		absent or very weak	无或极弱	Camela	1
		weak	弱	Didi Carmine	3
		medium	中	Didi Orare	5
		strong	强		7
14. QN	VG	Peduncle：anthocyanin coloration of upper side	花梗：上表面花青苷显色		
		absent or very weak	无或极弱	Camela	1
		weak	弱	Tilav	3
		medium	中		5
		strong	强		7
15. （*） QL	VG	Flower：type	花：类型		
		single	单瓣	Gumbo	1
		double	重瓣	Camela	2
16. （*） （+） QN	MS/VG	Flower：width	花：宽度		
		narrow	窄	Balfiesala	3
		medium	中	Tilav	5
		broad	宽		7
17. （*） （+） QL	VG	Flower：number of colors（eye zone excluded）	花：颜色数量（不包括眼区）		
		one	1种		1
		two	2种		2
		more than two	2种以上		3
18. （*） PQ	VG	Flower：main color	花：主色		
		RHS Colour Chart（indicate reference number）	RHS对比卡（注明参考色号）		
19. （*） PQ	VG	Varieties with bi- or multicolored flowers only：Flower：secondary color	花：次色（仅适用于双色花或多色花品种）		
		RHS Colour Chart（indicate reference number）	RHS对比卡（注明参考色号）		
20. （*） （+） QL	VG	Varieties with bi- or multicolored flowers only：Flower：distribution of secondary color	花：次色分布（仅适用于双色或多色花品种）		
		on whole surface of upper petal only	仅上花瓣整个表面		1
		at base of all petals	所有花瓣基部		2
		along mid-rib of all petals	所有花瓣中脉		3
		along edge of all petals	所有花瓣边缘		4
		irregularly distributed on all petals	在所有花瓣表面不规则分布		5
21. （*） （+） QL	VG	Varieties with single flowers only：Flower：presence of eye zone	花：眼区（仅适用于单瓣品种）		
		absent	无		1
		present	有		9

续表

性状编号	观测方法	英文	中文	标准品种	代码
22. QN	VG	Flower: size of eye zone	花：眼区大小		
		small	小		3
		medium	中		5
		large	大		7
23. PQ	VG	Flower: color of eye zone	花：眼区颜色		
		white	白色		1
		yellow	黄色		2
		pink	粉色		3
		red	红色		4
		purple	紫色		5
		violet	紫罗兰色		6
		white and pink	白色和粉色		7
		white and red	白色和红色		8
24. (+) QN	MS/VG	Varieties with single flowers only: Upper petal: width	上花瓣：宽度（仅适用于单瓣品种）		
		narrow	窄		3
		medium	中		5
		broad	宽		7
25. (+) QN	MS/VG	Varieties with single flowers only: Lateral petal: width	侧花瓣：宽度（仅适用于单瓣品种）		
		narrow	窄		3
		medium	中		5
		broad	宽		7
26. QN	VG	Seed-propagated varieties only: Time of beginning of flowering	始花期（仅适用于种子繁殖品种）		
		early	早		3
		medium	中		5
		late	晚		7

8 性状表解释

性状16：花宽度

性状24：上花瓣宽度（仅适用于单瓣品种）

性状25：侧花瓣宽度（仅适用于单瓣品种）

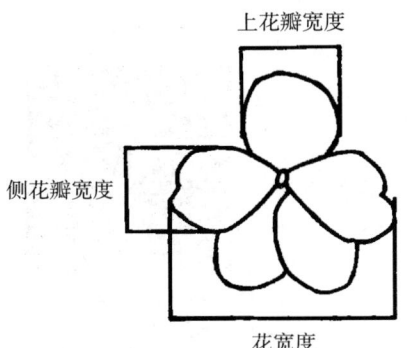

性状 17：花颜色数量（不包括眼区）
性状 20：花次色分布（仅适用于双色花瓣或多色花瓣品种）

1	2	3	4	5
仅上花瓣整个表面	所有花瓣基部	所有花瓣中脉	所有花瓣边缘	在所有花瓣表面不规则分布

性状 21：花眼区（仅适用于单瓣品种）

 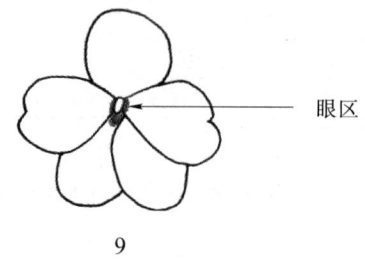

眼区

1	9
无	有

扫码下载原文

如扫描二维码无法下载指南原文，可能是指南版本有更新，可扫描本书封底二维码查看与本文对应的指南版本

TG/103/3
原文：英文
日期：1986-11-21

国际植物新品种保护联盟
植物品种特异性、一致性和稳定性
测试指南

刺柏属

(*Juniperus* L.)

1 适用范围

1. 本指南适用于圆柏（*Juniperus chinensis* L.）、欧洲刺柏（*Juniperus communis* L.）、兴安圆柏（*Juniperus davurica* Pall.）、平枝圆柏（*Juniperus horizontalis* Moench）、新疆圆柏（*Juniperus sabina* L.）、洛基山圆柏（*Juniperus scopulorum* Sarg.）、玉山圆柏（*Juniperus squamata* Buch.-Ham.）、北美圆柏（*Juniperus virginiana* L.）及其种间杂交种。

2 材料要求

2.1 待测品种繁殖材料的数量和质量要求以及提交的时间和地点由主管机构决定。申请人从测试所在国境外提交繁殖材料的，还应符合海关规定并满足相关植物检疫的要求。申请人提交繁殖材料的最小数量为8个具正常商业标准的植株（尽可能是3～6龄株）。

提供的繁殖材料应外观健康有活力，未受到任何严重病虫害的影响。

2.2 提交的繁殖材料不得进行任何可能影响品种性状表达的处理，除非主管机构允许或要求进行这种处理。如果材料已经处理，必须提供相关处理的详细说明。

3 测试实施

3.1 所有测试应在室外进行，但一些补充试验可能需要在温室进行。测试的最少周期数量通常为2个生长周期。

3.2 在1个地点，测试的条件应能满足品种正常生长的需要，以确保品种相关性状充分表达和测试的顺利开展。如果在该地点不能观测到品种的任何重要性状，则应选择其他地点进行测试。

3.3 测试的条件应能满足品种正常生长的需要，以确保品种相关性状充分表达和测试的顺利开展。每个测试应最少包含8个植株。

3.4 为测试有关性状，可以进行附加测试。

4 观测方法

4.1 有测试一致性和稳定性的经验表明，刺柏属是营养繁殖因此可以确定所提供的植物材料是否在观测性状上是一致的，且无突变或混合。

4.2 性状观测应覆盖植株的10个部位。

4.3 关于分项的解释，参见第8部分。

5 品种分组

5.1 将测试材料分成若干组，以便对特异性进行评估。适于分组的性状是凭经验可知，在申请品种中无变化或有略微变化，其不同的状态在测试材料中均匀分布。

5.2 建议测试部门采用以下性状进行分组。

（a）植株：习性（性状1）。

（b）一级分枝：夏季嫩叶上表面主色（性状17）。

（c）一级分枝：夏季嫩叶下表面主色（性状18）。

6 性状和符号

6.1 为判定特异性、一致性和稳定性，应使用性状表中以 UPOV 的 3 种工作语言列出的性状。

6.2 为便于电子数据处理，每个性状的表达状态都赋予了相应的代码（1~9）。

6.3 星号性状（*），除非前序性状的表达或区域环境条件所限使其无法测试，在测试的每个生长时期，对所有品种都要进行测试的、总要包含在品种描述中的性状。符号（+）表示该性状有解释或图示说明。

7 性状表

性状编号	英文		中文	标准品种	代码
1. (*)	**Plant：habit**		植株：习性		
	narrow columnar		窄圆柱状	Robusta Green	1
	columnar		圆柱状	Skyrocket	2
	broad columnar		宽圆柱状	Juniperus virginiana 'Glauca'	3
	conic		圆锥状	Kim	4
	broad conic		宽圆锥状	Skalborg	5
	ovoid		卵圆状	Obelisk	6
	obovoid		倒卵圆状	Blaauw	7
	globose		球状	Blue Star	8
	flat globose		扁球状	Globosa	9
	semi-erect		半直立	Hicksii	10
	flat-horizontal		扁平	Skandia	11
	creeping		爬形	Hornibrookii	12
	flat-creeping		平爬形	Juniperus horizontalis 'Glauca'	13
2. (*)	**Plant：speed of growth**		植株：生长速度		
	very slow		极慢	Grethe	1
	slow		慢	Gold Star	3
	medium		中	Blue Carpet	5
	fast		快	Repanda	7
	very fast		极快	Pfitzeriana	9
3. (*)	**Plant：density of branches**		植株：分枝密度		
	loose		疏	Tempelhof	3
	medium		中	Schottii	5
	dense		密	Hicksii	7
4. (*)	**Plant：stiffness of branches**		植株：分枝硬度		
	soft		软	Repanda	3
	medium		中	Richeson	5
	rigid		硬	Fiore	7
5. (*)	**Plant：attitude of branches**		植株：分枝姿态		
	erect		直立	Blue Pyramid	1
	semi-erect		半直立	Hicksii	2
	horizontal		水平	Mint Julep	3
	drooping		下弯	Saxatilis	4
6. (*)	**Branch：number of branchlets of first order**		分枝：一级分枝数		
	very few		极少	Controversa	1
	few		少	Hicksii	3
	medium		中		5
	many		多	Plumosa Aurea	7
	very many		极多	Globosa	9

续表

性状编号	英文	中文	标准品种	代码
7.	**Branchlets of first order: arrangement of the spray**	一级分枝：总状分枝排列		
	planar	平面	Hicksii	1
	not planar	非平面	Plumosa Aurea	2
8.(*)	**Branchlet of first order: attitude of spray**	一级分枝：总状分枝姿态		
	erect	直立	Skyrocket	1
	semi-erect	半直立	Hicksii	2
	horizontal	水平	Grey Owl	3
	drooping	下弯	Controversa	4
9.	**Branchlets of penultimate and last order: length**	倒数第二和末级分枝：长度		
	short	短	Blaauw	3
	medium	中		5
	long	长	Kim	7
10.	**Branchlets of penultimate and last order: width**	倒数第二和末级分枝：宽度		
	narrow	窄	Grey Owl	3
	medium	中		5
	broad	宽	Gold Star	7
11.	**New growth on leading shoot: distance between branchlets**	主枝的新梢形态：小枝间距		
	small	小	Robusta Green	3
	medium	中		5
	large	大	Grey Owl	7
12.	**Branchlet of first order: main color of upper side of young shoot in spring**	一级分枝：春季幼枝上表面主色		
	light green	泛绿色	Schottii	1
	green	绿色	Tempelhof	2
	dark green	深绿色	Arcadia	3
	yellow green	黄绿色	Pfitzeriana	4
	light yellow	泛黄色	Pfitzeriana Aurea	5
	yellow	黄色	Gold Star	6
	bronze	青铜色		7
	bronze green	暗铜绿	Hornibrookii	8
	grey green	灰绿色	Grey Owl	9
	blue green	蓝绿色	Blue Carpet	10
	light blue	浅蓝色		11
13.	**Branchlet of first order: main color of upper side of one-year-old shoot in spring**	一级分枝：春季一年龄枝上表面主色		
	light green	泛绿色		1
	green	绿色	Blue Carpet	2
	yellow green	黄绿色	Gold Star	3
	light yellow	泛黄色		4
	yellow	黄色		5
	bronze	青铜色		6
	bronze green	暗铜绿		7
	grey green	灰绿色		8

续表

性状编号	英文	中文	标准品种	代码
14.(*)	Branchlet of first order: presence of variegation in spring	一级分枝：春季斑点		
	absent	无		1
	present	有	Expansa Variegata	9
15.	Branchlet of first order: type of variegation in spring	一级分枝：春季斑点类型		
	apical	顶部分布	Expansa Variegata	1
	scattered	分散排列		2
16.	Branchlets of penultimate and last order: color of variegation in spring	倒数第二和末级分枝：春季斑点颜色		
	white	白色	Expansa Variegata	1
	yellow	黄色		2
17.(*)	Branchlet of first order: main color of upper side of young leaf in summer	一级分枝：夏季嫩叶上表面主色		
	light green	泛绿色		1
	green	绿色		2
	light yellow	泛黄色		3
	yellow	黄色	Plumosa Aurea	4
	bronze	青铜色	Controversa	5
	bronze green	暗铜绿		6
	grey green	灰绿色		7
	bluish green	泛蓝绿色		8
	blue	蓝色	Blue Pyramid	9
18.(*)	Branchlet of first order: main color of lower side of young leaf in summer	一级分枝：夏季嫩叶下表面主色		
	light green	泛绿色		1
	green	绿色		2
	yellow green	黄绿色	Plumosa Aurea	3
	light yellow	泛黄色		4
	yellow	黄色		5
	bronze green	暗铜绿		6
	grey green	灰绿色		7
	bluish green	泛蓝绿色		8
	blue	蓝色		9
19.(*)	Branchlet of first order: main color of upper side of one-year-old leaf in summer	一级分枝：夏季一年龄叶片上表面的主色		
	light green	泛绿色		1
	green	绿色	Blue Carpet	2
	light yellow	泛黄色	Plumosa Aurea	3
	yellow	黄色		4
	bronze	青铜色		5
	bronze green	暗铜绿		6
	grey green	灰绿色		7
	bluish green	泛蓝绿色		8
	blue	蓝色		9

续表

性状编号	英文	中文	标准品种	代码
20.（*）	**Branchlet of first order：main color of lower side of one-year-old leaf in summer**	一级分枝：夏季一年龄叶片下表面主色		
	light green	泛绿色	Plumosa Aurea	1
	green	绿色		2
	light yellow	泛黄色		3
	yellow	黄色		4
	bronze	青铜色		5
	bronze green	暗铜绿		6
	grey green	灰绿色		7
	bluish green	泛蓝绿色		8
	blue	蓝色		9
21.（*）	**Branchlet of first order：main color of upper side of one-year-old leaf in winter**	一级分枝：冬季一年龄叶片上表面的主色		
	light green	泛绿色		1
	green	绿色		2
	dark green	深绿色	Canaertii	3
	yellow	黄色	Gold Star	4
	bronze green	暗铜绿	Hicksii	5
	bronze	青铜色	Burkii	6
	greyish green	泛灰绿色	Grey Owl	7
	bluish green	泛蓝绿色	Squamata	8
22.（*）	**Branchlet of first order：main color of lower side of one-year-old leaf in winter**	一级分枝：冬季一年龄叶片下表面的主色		
	light green	泛绿色		1
	green	绿色		2
	dark green	深绿色		3
	yellow	黄色		4
	bronze green	暗铜绿		5
	bronze	青铜色		6
	greyish green	泛灰绿色		7
	blue green	蓝绿色		8
	bluish	泛蓝色		9
23.	**Branchlet：leaf type**	小枝：叶形		
	only scale-shaped	仅鳞片形	Blaauw	1
	scale-shaped and needle-shaped	鳞片形和针形		2
	only needle-shaped	仅针形	Vemboe	3
24.	**Scale-shaped leaf：length**	鳞片形叶：长度		
	short	短	Plumosa Aurea	3
	medium	中		5
	long	长		7

续表

性状编号	英文	中文	标准品种	代码
25.	Scale-shaped leaf: width	鳞片形叶：宽度		
	narrow	窄		3
	medium	中		5
	broad	宽		7
26.	Scale-shaped leaf: shape of tip	鳞片形叶：尖端形状		
	narrowly acute	窄锐尖		1
	acute	锐尖	Plumosa Aurea	2
	obtuse	钝尖		3
27.	Scale-shaped leaf: thickness	鳞片形叶：厚度		
	thin	薄		3
	medium	中		5
	thick	厚		7
28.	Needle-shaped leaf: length	针形叶：长度		
	short	短	Arcadia	3
	medium	中		5
	long	长	Controversa	7
29.	Needle-shaped leaf: width	针形叶：宽度		
	narrow	窄		3
	medium	中		5
	broad	宽		7
30.	Needle-shaped leaf: shape of tip	针形叶：尖端形状		
	narrowly acute	窄锐尖	Mint Julep	1
	acute	锐尖	Blue Carpet	2
	obtuse	钝尖		3
31.	Scale-shaped leaf: glossiness	鳞片型叶：光泽度		
	weak	弱		3
	medium	中		5
	strong	强		7
32.	Needle-shaped leaf of branchlet of first order: position	一级分枝的针形叶：姿态		
	adpressed	紧贴	Repanda	1
	semi-adpressed	半紧贴	Hibernica	2
	not adpressed	非紧贴	Gold Star	3
33.	Needle-shaped leaf of branchlet of last order: position	末级分枝的针形叶：姿态		
	adpressed	紧贴		1
	semi-adpressed	半紧贴		2
	not adpressed	非紧贴		3

8 性状表解释

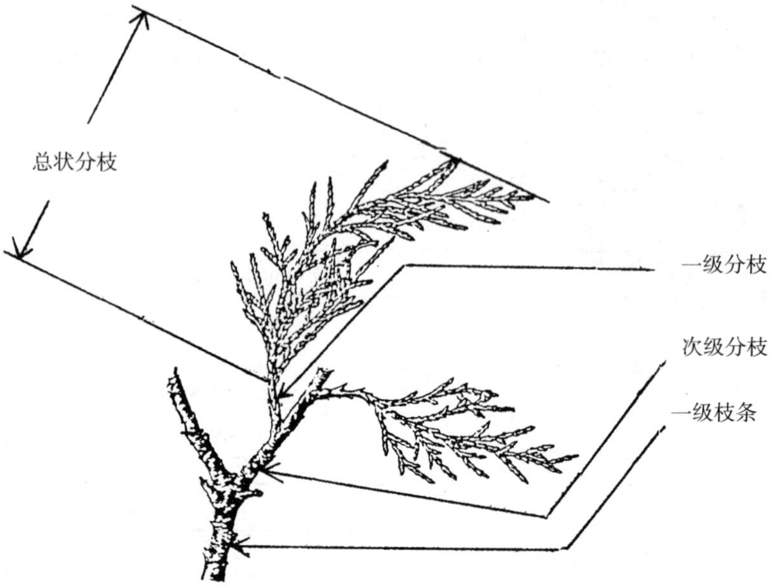

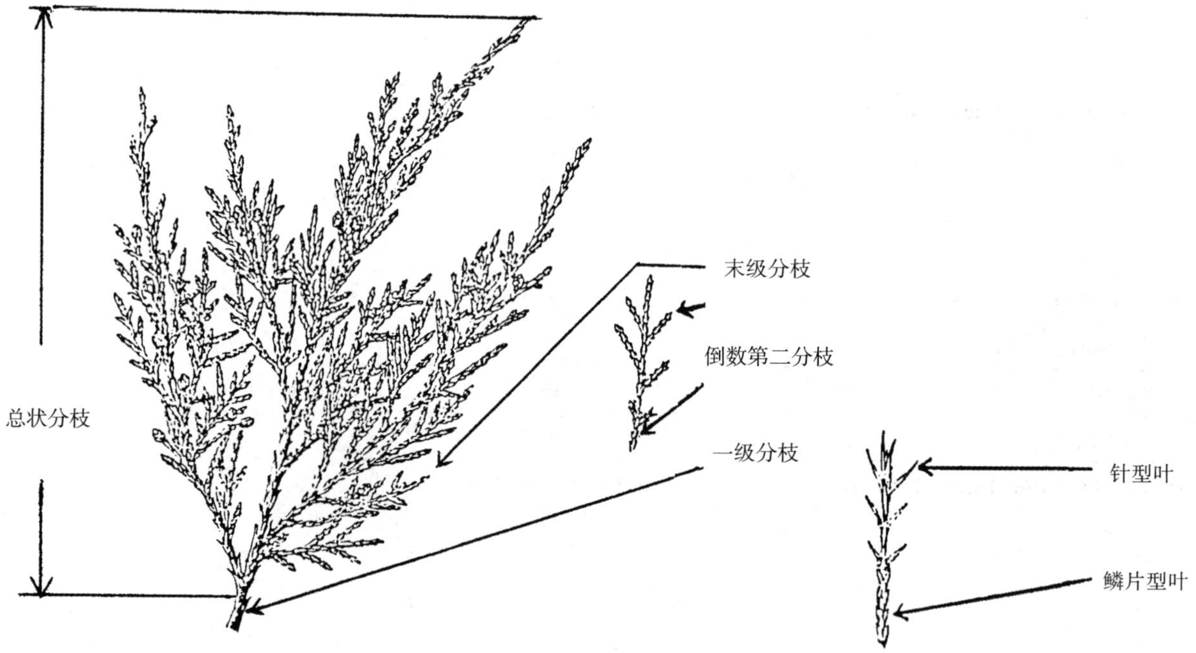

（图示标注：总状分枝、一级分枝、次级分枝、一级枝条、末级分枝、倒数第二分枝、一级分枝、针型叶、鳞片型叶）

扫码下载原文

如扫描二维码无法下载指南原文，可能是指南版本有更新，可扫描本书封底二维码查看与本文对应的指南版本

TG/107/3
原文：德文
日期：1988-10-21

国际植物新品种保护联盟
植物品种特异性、一致性和稳定性
测试指南

球根秋海棠杂交种

(*Begonia* × *tuberhybrida* Voss)

1 适用范围

本指南适用于秋海棠科球根秋海棠属（*Begonia* × *tuberhybrida* Voss）的所有品种。

2 材料要求

2.1 待测品种繁殖材料的数量和质量要求以及提交的时间和地点由主管机构决定。申请人从测试所在国境外提交繁殖材料的，必须确保符合所有海关规定。提交的繁殖材料的数量：无性繁殖品种不少于50个直径至少3 cm的休眠块茎；种子繁殖品种为每年提供不少于125 mg种子。

提供的繁殖材料应外观健康有活力，未受到任何严重病虫害的影响。提交的种子质量应不低于所在国家种子认证或销售标准，特别是发芽率和水分。

2.2 提交的植物材料不应进行任何处理，除非主管机构允许或要求进行这种处理。如果材料已经处理，必须提供处理的详细说明。

3 测试实施

3.1 对于无性繁殖的品种，一般应进行1个生长期的测试；对于种子繁殖的品种，应进行2个生长时期的测试。如果特异性和/或一致性不能通过上述生长周期充分判定，则应延长测试周期。

3.2 测试通常在1个地点进行。如果供试品种有任何重要的性状不能在该地表达，该品种可在另一地点测试。

3.3 试验条件应能确保品种的正常生长。小区的大小应保证因测量或计数等需要，从小区取走部分植株或植株部位后，不影响生长周期结束前的所有观测。作为最低要求，无性繁殖的品种每个测试应包括50个植株，种子繁殖的品种每个测试应包括200个植株，设置2个或2个以上的重复。只有在当环境条件相似时，才能使用分开种植的小区进行观测。

3.4 如有特殊需要，可进行附加测试。

4 观测方法

4.1 在测试一致性和稳定性时，经验表明，对于无性繁殖的球根秋海棠杂交品种，足以依据观测性状的表达状态判定供试的繁殖材料是否一致并且是否存在变异或混杂。

4.2 除非另有说明，无性繁殖品种所有性状应观测10个植株或分别从10个植株取下的植株部位，且观测时期应为植株的盛花期。测量值应为10个不同的植株的平均值。

4.3 除非另有说明，种子繁殖品种所有性状应观测25个植株或分别从25个植株取下的植株部位，且观测时期应为植株的盛花期。测量值应为25个不同的植株的平均值。

4.4 由于日间光照不同，所以参照比色卡进行的颜色测定应在提供人工光源的合适的柜子中或在中午没有阳光直射的房间中进行。用于人造光源的光源光谱分布应符合CIE"理想日光标准D6500"，且在《英国标准950：第1部分》规定的界值范围中。这些测定应在植株部位置于白色背景上进行。

5 品种分组

5.1 为便于评价特异性，品种应该分成若干组。首先应根据下列分组进行区分。

第一组：大花重瓣组。

第二组：花边组。

第三组：皱边组。

第四组：大花单瓣组。

第五组：波瓣组。

第六组：波皱金边组。

第七组：大花簇生组。

第八组：巨型组。

第九组：Bertinii compacta 组。

第十组：多花组。

第十一组：小花垂枝组。

第十二组：大花垂枝组。

第十三组：Bertinii 组。

第十四组：其他。

在第 8 部分的最后展示了关于分组的决定因素。

5.2 另外，用于分组的性状是已知不会出现变异，或者仅在品种内发生轻微变异的性状。这些性状的不同表达状态应十分均匀地分布于品种库中。

6 性状和符号

6.1 为判定特异性、一致性和稳定性，应使用性状表中以 UPOV 的 3 种工作语言列出的性状及其描述状态。

6.2 为了电子数据处理的需要，不同性状的表达状态给出了对应的代码（1～9）。

6.3 注释

（*）除非前序性状的表达或区域环境条件所限使其无法测试，在测试的每个生长时期，对所有品种都要进行测试的、总要包含在品种描述中的性状。

（+）参见第 8 部分，性状表解释。

7 性状表

性状编号	英文	中文	标准品种	代码
1.(*)	**Plant: height (including flowers)**	**植株：高度（包含花）**		
	short	矮	Le Flamboyant	3
	medium	中	Schweizerland	5
	tall	高	Gr. 1	7
2.	**Plant: width (including flowers)**	**植株：株幅（包含花）**		
	narrow	窄	Frau Helene Harms	3
	medium	中	Schweizerland	5
	broad	宽	Goldkäfer	7
3.	**Plant: density**	**植株：紧密度**		
	loose	疏	Gr. 11	3
	medium	中		5
	densy	密	Zulu	7
4.	**Plant: number of basal shoots**	**植株：基部芽的数量**		
	few	少	Zulu	3
	medium	中		5
	many	多	Frau Helene Harms	7

续表

性状编号	英文	中文	标准品种	代码
5.	**Stem：length of internodes**	茎：节间长度		
	short	短	Mme Richard Galle	3
	medium	中	Schweizerland	5
	long	长	Gr. 1	7
6.	**Stem：thickness**	茎：粗度		
	thin	细	Mme Richard Galle	3
	medium	中	Gr. 11	5
	thick	粗	Gr. 1	7
7.	**Stem：color**	茎：颜色		
	green	绿色	Gr. 8 yellow	1
	brownish	泛棕色	Gr. 1 scarlet	2
	reddish brown	泛红棕色	Schweizerland	3
	red	红色	Gr. 8 scarlet	4
8.(*)	**Stem：attitude**	茎：姿态		
	no pendulous	不下垂	Sunburst	1
	pendulous	下垂	Lou-Anne	2
9.	**Stem：pubescence**	茎：茸毛		
	weak	弱	Gr. 11 red	3
	medium	中	Gr. 12	5
	strong	强	Gr. 1 yellow	7
10.(*)(+)	**Leaf blade：length of apical part**	叶片：顶部长度		
	short	短	Schweizerland	3
	medium	中	Gr. 11	5
	long	长	Gr. 1	7
11.(*)(+)	**Leaf blade：length of basal part**	叶片：基部长度		
	short	短		3
	medium	中		5
	long	长		7
12.(*)(+)	**Leaf blade：width of left part**	叶片：左边宽度		
	narrow	窄	Frau Helene Harms	3
	medium	中	Schweizerland	5
	broad	宽	Melissa	7
13.(*)(+)	**Leaf blade：width of left part**	叶片：右边宽度		
	narrow	窄		3
	medium	中		5
	broad	宽		7
14.(*)	**Leaf blade：variegation of upper side**	叶片：上表面色斑		
	absent	无	Gr. 1 scarlet	1
	present	有	Gr. 12 yellow	9

续表

性状编号	英文	中文	标准品种	代码
15.	Leaf blade：color of upper side	叶片：上表面颜色		
	light green	泛绿色	Gr. 11	1
	medium green	中等绿色		2
	dark green	深绿色	Gr. 8 scarlet	3
	reddish green	泛红绿色	Schweizerland	4
	reddish brown	泛红棕色		5
16.	Leaf blade：glossiness of upper side	叶片：上表面光泽		
	absent	无		1
	present	有		9
17.（*）	Leaf blade：variegation of lower side	叶片：下表面杂色		
	absent	无	Snowbird	1
	present	有	Gr. 8 yellow	9
18.	Leaf blade：color of lower side	叶片：下表面颜色		
	light green	泛绿色	Frau Helene Harms	1
	medium green	中等绿色		2
	dark green	深绿色	Gr. 1	3
	reddish green	泛红绿色		4
	reddish brown	泛红棕色	Schweizerland	5
19.	Leaf blade：pubescence of lower side	叶片：下表面茸毛		
	weak	弱		3
	medium	中		5
	strong	强		7
20.（*）	Leaf blade：overlapping of lobes（basal part）	叶片：裂叶重叠（基部）		
	absent	无		1
	present	有		9
21.（*）	Leaf blade：angle of apex	叶片：先端夹角		
	small	小	Gr. 11	3
	medium	中	Schweizerland	5
	large	大	Gr. 1	7
22.	Leaf blade：type of incisions of margin	叶片：边缘缺刻类型		
	serrate	锯齿状	Gr. 8 white	1
	biserrate	二重锯齿状	Gr. 12 yellow	2
	crenate	圆锯齿状	Le Flamboyant	3
23.	Leaf blade：depth of incisions of margin	叶片：边缘缺刻深度		
	shallow	浅	Gr. 11	3
	medium	中		5
	deep	深	Gr. 1	7
24.（*）	Leaf blade：anthocyanin coloration of margin	叶片：边缘花青苷显色		
	absent	无	Frau Helene Harms	1
	present	有	Schweizerland	9

327

续表

性状编号	英文	中文	标准品种	代码
25.	Petiole: length	叶柄：长度		
	short	短	Le Flamboyant	3
	medium	中	Gr. 8	5
	long	长	Gr. 1	7
26.(*)	Petiole: thickness	叶柄：粗度		
	thin	细	Frau Helene Harms	3
	medium	中	Gr. 8	5
	thick	粗	Sam Philips	7
27.	Petiole: color	叶柄：颜色		
	green	绿色	Gr. 8 yellow	1
	light brown	浅棕色	Gr. 3 scarlet	2
	brownish red	泛棕红色	Non Stop Lachs	3
	red	红色	Gr. 9 orange	4
28.	Petiole: pubescence	叶柄：茸毛		
	weak	弱	La Mandelon	3
	medium	中	Gr. 3 yellow	5
	strong	强	Gr. 1 white	7
29.	Bract: size	苞片：大小		
	Small	小	La Mandelon	3
	medium	中		5
	large	大	Gr. 1	7
30.	Bract: cross section	苞片：横切面		
	flat	平		3
	slightly concave	微凹	Gr. 3	5
	concave	凹		7
31.	Bract: shape of apex	苞片：先端形状		
	pointed	尖	Mme Richard Galle	1
	round	圆	Schweizerland	2
32.	Bract: color of apex	苞片：先端颜色		
	green	绿色	Gr. 1 white	1
	red	红色	Gr. 9 orange	2
33.(*)	Inflorescence: attitude	花序：姿态		
	not pendulous	不下垂	Zulu	1
	pendulous	下垂	Lou-Anne	2
34.	Inflorescence: position relative to foliage	花序：相对于叶片的位置		
	partly below	部分在下面		1
	wholly above	全部在上面	Non Stop	2
35.	Peduncle: color	花梗：颜色		
	green	绿色	Gr. 1 white	1
	light brownish	浅泛棕色		2
	brownish red	泛棕红色	Schweizerland	3
	red	红色		4

续表

性状编号	英文	中文	标准品种	代码
36.	**Peduncle: pubescence**	花梗：茸毛		
	weak	弱	Frau Helene Harms	3
	medium	中		5
	strong	强		7
37.(*)	**Flower: type**	花：类型		
	single	单瓣	Wasa	1
	double	重瓣	Zulu	2
38.(*)(+)	**Varieties with double flowers only: Flower: arrangement of tepals**	花：花被片排列（仅适用于重瓣品种）		
	type 1	类型 1		1
	type 2	类型 2		2
	type 3	类型 3		3
	type 4	类型 4		4
39.(*)	**Flower: diameter**	花：直径		
	very small	极小	Frau Helene Harms	1
	small	小		3
	medium	中	Schweizerland	5
	large	大		7
	very large	极大	Zulu	9
40.(*)	**Tepal: number of colors on upper side**	花被片：上表面颜色数量		
	one	1 种	Gr. 1	1
	two	2 种	Bali Hi	2
41.(*)	**Tepal: main color on upper side**	花被片：上表面主色		
	RHS Colour Chart (indicate reference number)	RHS 比色卡（注明参考色号）		
42.(*)	**Tepal: color distribution on upper side**	花被片：上表面颜色分布		
	picotee	花边	Bridesmaid	1
	edged	镶边	Gr. 6	2
	striated	条纹	Camellia	3
	speckled	斑点	Marmorata	4
43.	**Tepal: secondary color on upper side**	花被片：上表面次色		
	RHS Colour Chart (indicate reference number)	RHS 比色卡（注明参考色号）		
44.	**One colored varieties only: Tepal: color of lower side outer one (most intensively colored part)**	花被片：下表面外侧颜色（着色最强部位，仅适用于单色的品种）		
	RHS Colour Chart (indicate reference number)	RHS 比色卡（注明参考色号）		
45.(*)	**Tepal: shape of apex**	花被片：先端形状		
	acute	锐尖	Gr. 11	1
	rounded	圆形	Gr. 1	2

续表

性状编号	英文	中文	标准品种	代码
46.(*)	**Tepal: incisions**	花被片：缺刻		
	absent	无	Zulu	1
	present	有	Gr. 3	9
47.(*)	**Tepal: undulation**	花被片：波状		
	absent	无	Gr. 11	1
	present	有		9
48.	**Tepal: intensity of undulation**	花被片：波状程度		
	weak	弱	Gr. 1	3
	medium	中		5
	strong	强		7

8　性状表解释

性状 10 至性状 13 叶片长度与宽度

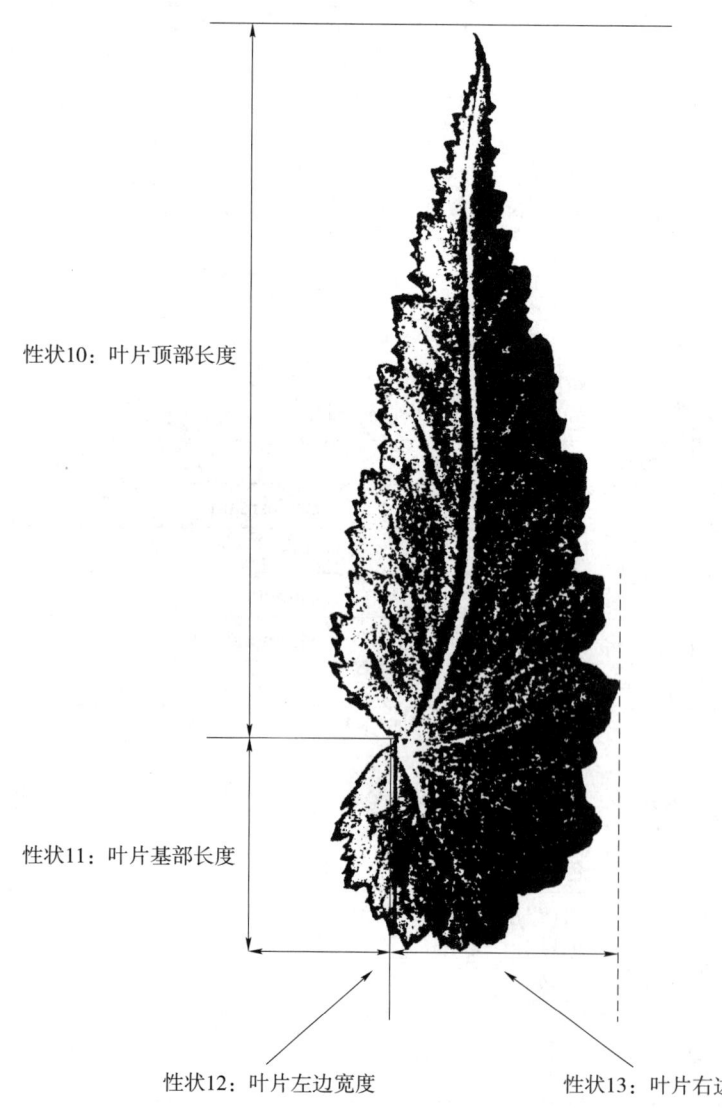

性状10：叶片顶部长度

性状11：叶片基部长度

性状12：叶片左边宽度　　性状13：叶片右边宽度

性状38：花被片排列（仅适用于重瓣的品种）

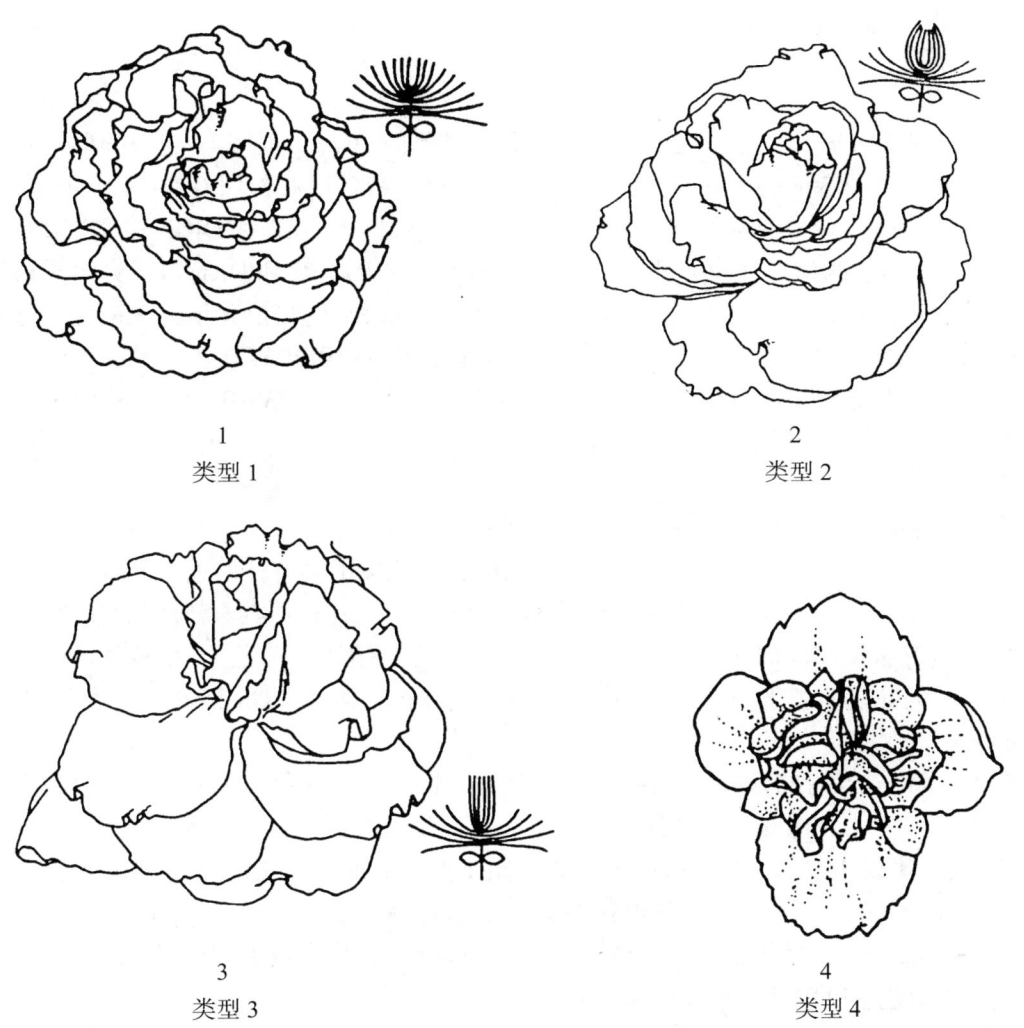

1	2
类型1	类型2
3	4
类型3	类型4

秋海棠分组的决定因素

性状33 花序：姿态	性状39 花：直径	性状37 花：类型	性状45 花被片：顶端形状	性状46 花被片：缺刻	性状40 花被片：上表面颜色数量	性状12 叶片：左边宽度	分组
非下垂	极大	重瓣		无	一种		1
					两种		2
				有	一种		3
		单瓣		无	一种		4
				有			5
					两种		6
	大	重瓣		无	一种		7
	中	重瓣					8
		重瓣或单瓣					9
	小	重瓣或单瓣					10
下垂		重瓣	锐尖		一种	窄	11
			圆形			宽	12
		单瓣	锐尖			窄	13

9 附件 球根秋海棠分组调查

引言

球根秋海棠杂交种可以根据其生态习性（直立、下垂）、花型（单瓣、重瓣）、花被的形状和大小进行分组。对于具有某些共同特征的系列杂交种，《国际栽培植物命名法规》（I.C.N.C.P.）第26条提供了"组"的符号。现在认为球根海棠杂交种"组"的概念应该是 WEBER 和 DRESS 提出来的。以这种方式，在栽培水平上首次为这些杂交品种提供了正确的命名。WEBER 和 DRESS 对九组球根秋海棠杂交种和一个栽培品种进行处理。现在的范围与 WEBER 和 DRESS 的提议并不完全符合。有些组已经消失；近来更多进化的组被区分开来并需要命名。本部分使用"组"的概念，将杂交种的范围简单而明确地划分为易于区分和正确命名的组。因此，本部分应被视为对 WEBER 和 DRESS 的延伸和补充。

9.1 大花重瓣组

特征：雄花重瓣；花的直径>10 cm；花被片全缘，单色。

这个名称是指那些重瓣、花大的杂交种（直径>10 cm），且花被不具有任何独有的特征。在组的定义中，"大花"的表达排除了一群具有小型或中型重瓣花的组。对"花被不具有任何独有的特征"的限制是旨在排除其他具有重瓣花同时花被又具有独有特征（褶边、镶边、杂色）。品种命名可记录为秋海棠属球根秋海棠（大花重瓣组）"Guardsman"、秋海棠属球根秋海棠"Guardsman"、大花重瓣球根秋海棠"Guardsman"。

本组多数品种并无特殊的品种名称，并且按花的颜色来出售。利用颜色标识来区分该组并不是很方便。比如，球根秋海棠（大花重瓣组）"黄色"或者大花球根秋海棠"黄色"都是不正确的。《国际栽培植物命名法规》建议31 A-g 应避免品种名称"指的是一些属性或属性在一组相关品种中是共同的或可能变成共同的……"重瓣黄色球根秋海棠杂交种出现在巨型组和多花组（"Frau Helene Harms""Germaine Eysser"）。不管什么时候，颜色标识应该包括：黄色大花重瓣球根秋海棠或者球根秋海棠（大花重瓣组）黄色。颜色标识不放在单引号内。

9.2 花边组

特征：雄花重瓣；大花（直径>10 cm）；花被全缘，双色，有很小的红色花边。

花大且重瓣的杂交种可以在大花重瓣组中进行分类。但有的花被具有小的红色花边，花朵基色为白色、粉红色、浅橙色和橙色。由于这个花边，因此花边组与前述其他组有明显的区别，并且当不同颜色出现时，可以构建一个"组"。

全名为球根秋海棠（花边组）。栽培品种的命名可以记录为：秋海棠属球根秋海棠（花边组）"Flamenco"或者球根秋海棠"Flamenco"。

9.3 皱边组

特征：雄花重瓣；大花（直径>10 cm）；花被褶边，单色。

本组的主要特征是具有皱褶的花被。据了解在这个组中没有什么奇特的名字；杂交种是根据花的颜色出售的。

全称为秋海棠属球根秋海棠（皱边组）或者球根秋海棠（皱边组）。

9.4 大花单瓣组

特征：雄花单瓣，花朵直径>10 cm；花被全缘，单色。

除重瓣特征外，对于大花重瓣组的标准同样适用于大花单瓣组。因此，这一组可以被定义为"单瓣花，花大（直径10 cm），花被没有任何独有的特征的球根秋海棠"。

该组的命名可以记录为秋海棠属球根秋海棠（大花单瓣组），该组包括没有命名的栽培种。

对于小型或中型单瓣花的杂交种或者花被具有独有特征（纹章、褶边、双色）将被分在不同的组。因此，大花单瓣组只包含越来越罕见的"普通"单杂交种，花色从白色到黄色到橙色到深红色不等。

9.5 波瓣组

特征：雄花单瓣；大花（直径＞10 cm）；花被条裂（褶边），单色。

全名为秋海棠属球根秋海棠（波瓣组）或者球根秋海棠（波瓣组）。

该组没有命名的品种。颜色标识可以跟在组名后面。

9.6 波皱金边组

特征：雄花单瓣；大花（直径＞10 cm）；花被褶边，具红色到粉红色边缘，双色。

全名为秋海棠属球根秋海棠（波皱金边组）或者球根秋海棠（波皱金边组）。

9.7 大花簇生组

特征：雄花重瓣；直径在 8～10 cm；花被全缘，单色。

全名为秋海棠属球根秋海棠（大花簇生组）"Fanal."。在花的大小上，该组位于大花重瓣组和巨型组之间。

9.8 巨型组

特征：雄花重瓣；中型花（直径在 6～8 cm）；紧凑，短于大花重瓣组；多花；单色；花被无独有特征。

全名为秋海棠属球根秋海棠（巨型组）"Schweizerland"。未命名的幼苗为秋海棠属球根秋海棠（巨型组）后跟着颜色标识。

9.9 Bertinii Compacta 组

特征：雄花重瓣或单瓣；中型花；单瓣花未完全开放时呈"杯状"；花被无独有特征。该组区分于巨型组的原因在于其花朵形状以及稍微更大、锐尖的叶片。

全名为秋海棠属球根秋海棠（Bertinii Compacta 组）"Leuchtfeuer"。未命名的幼苗为秋海棠属球根秋海棠（Bertinii Compacta 组）后接着颜色标识。

9.10 多花组

特征：有雄花单瓣的品种，但通常为重瓣；花朵直径为 3～6 厘米；植株矮小紧凑；多花；叶片窄且小。该组只包含已命名的栽培种。

全名为秋海棠属球根秋海棠（多花组）"Ami Jean Bard"。

具有下垂花的球根秋海棠杂交种（basked begonias）有两种不同的花型。最古老的品种有逐渐变细的花被片（像一个蟹爪兰的花）和窄的叶子。与最古老的杂交种相比，最新进化品种的花有圆形花被（与大花重瓣组相似），大叶子和长花梗。因为这些明显的差异，我们希望将垂枝组分为小花垂枝组和大花垂枝组两个组，而非两个亚组。

9.11 小花垂枝组

特征：花朵下垂，雄花重瓣，花被尖端细，叶片窄。

9.12 大花垂枝组

特征：花下垂；雄花重瓣；花被圆形，叶片相对于小花垂枝组较大。

全名为秋海棠属球根秋海棠（大花垂枝组）。

9.13 Bertinii 组

特征：花下垂；单瓣，花被尖端稍尖。

全名为秋海棠属球根秋海棠（Bertinii 组）。

扫码下载原文

如扫描二维码无法下载指南原文，可能是指南版本有更新，可扫描本书封底二维码查看与本文对应的指南版本

TG/108/4 Rev.
原文：英文
日期：2013-03-20，2015-03-25

国际植物新品种保护联盟
植物品种特异性、一致性和稳定性
测试指南

唐菖蒲属
UPOV 代码：GLADI
（*Gladiolus* L.）

互用名称 *

植物学名称	英文	法文	德文	西班牙文
Gladiolus L.	Gladiolus	Glaïeul	Gladiole	Gladiolo

---

* 这些名称在指南开始使用时是正确的，但随后可能会修改更新。读者可登录 UPOV 网站（www.upov.int），获取最新资料。

1 指南适用范围

本指南适用于唐菖蒲属（*Gladiolus* L.）的所有品种。

2 繁殖材料要求

2.1 待测品种繁殖材料的数量和质量要求以及提交的时间和地点由主管机构决定。申请人从测试所在国境外提交繁殖材料的，必须确保符合所有海关规定。
2.2 繁殖材料以种球的形式提交，并且在第一年就可以显示所有性状。
2.3 申请人提交繁殖材料的最小数量为 20 个种球。
2.4 提供的繁殖材料应外观健康有活力，未受到任何严重病虫害的影响。
2.5 提交的繁殖材料不得进行任何可能影响品种性状表达的处理，除非主管机构允许或要求进行这种处理。如果材料已经处理，必须提供相关处理的详细说明。

3 测试方法

3.1 生长周期
测试的最少周期通常为 1 个生长周期。

3.2 测试地点
测试通常在 1 个地点进行。在 1 个以上地点进行测试时，TGP/9《特异性测试》提供了有关指导。

3.3 测试条件
3.3.1 测试的条件应能满足品种正常生长的需要，以确保品种相关性状充分表达和测试的顺利开展。
3.3.2 由于日间光照不同，所以参照比色卡进行的颜色测定应在提供人工光源的合适的柜子中或在中午没有阳光直射的房间中进行。用于人造光源的光谱分布应符合 CIE "理想日光标准 D6500"，且在《英国标准 950：第 1 部分》规定的允许范围内。这些测定应在植株部位置于白色背景上进行。

3.4 试验设计
3.4.1 每个测试试验应当保证至少 20 个植株。
3.4.2 试验设计应保证：当因测量或计数等需要，从小区取走部分植株或植株部位后，不影响生长周期结束前的所有观测。

3.5 附加测试
为测试有关性状，可以进行附加测试。

4 特异性、一致性和稳定性评价

4.1 特异性

4.1.1 一般建议
对于本指南的使用者而言，在判定特异性前参照总则特异性判定的一般原则十分重要。但为进一步说明和强调特异性判定，本指南特列出特异性判定的要点。

4.1.2 一致的差异
当观测到的品种之间的差异非常明显时，则没有必要种植 1 个以上生长周期。此外，在某些情况下，环境的影响并不意味着需要 1 个以上的生长周期来保证品种间观察到的差异是足够一致的。为确保在种植试验中所观测到的性状差异是足够一致的，可以对性状进行至少 2 个独立生长周期的测试。

4.1.3 明显的差异

两个品种间的差异是否明显取决于很多因素，特别应考虑所测性状的表达类型，即该性状是质量性状、数量性状还是假质量性状。因此，在作出关于特异性的判定前，本测试指南的使用者应熟悉总则中的建议。

4.1.4 植株/植株部位的观测数量

除非另有说明，在判定特异性时，对于单株的观测，应观测10个植株或分别从10个植株取下的植株部位；对于其他观测，应观测试验中的所有植株。观测时应将异型株排除在外。

4.1.5 观测方法

性状表第二列以如下符号（见 TGP/9《特异性测试》第4部分"性状观测"）的形式列出了特异性判定时推荐的性状观测方法：

MG：对一批植株或植株部位进行单次测量；

MS：对一定数量的植株或植株部位进行逐一测量；

VG：对一批植株或植株部位进行单次目测；

VS：对一定数量的植株或植株部位进行逐一目测。

观测类型：目测（V）或测量（M）。

目测（V）是一种基于专家判断的观测方法。本文中的目测是指专家的感官观察，因此，也包括闻、尝和触摸。目测也包括专家使用参照物（例如图表、标准品种、并排比较）或非线性的图表（例如比色卡）的观测。测量（M）是一种基于校准的、线性尺度的客观观测，例如使用尺、秤、色度计、日期和计数等进行观测。

记录类型：群体记录（G）或个体记录（S）。

以特异性为目的的观测，可被记录为一批植株或植株部位的单个记录（G），或者记录为一定数量的单个植株或植株部位的个体记录（S）。多数情况下，群体记录为一个品种提供一个单个记录，因此不可能或者不必要通过逐个植株的统计分析来判定特异性。

如果性状表中提供了不止一种观测方法（如VG/MG），可以参考 TGP/9《特异性测试》的第4部分选择合适的观测方法。

4.2 一致性

4.2.1 对于本指南的使用者而言，在判定一致性前参照总则一致性判定的一般原则十分重要。但为进一步说明和强调一致性判定，本指南特列出一致性判定的要点。

4.2.2 评价无性繁殖品种的一致性时，应采用1%的群体标准和至少95%的接受概率。当样本量为20个时，允许有1个异型株。

4.3 稳定性

4.3.1 在实际操作中，通常不像测试特异性和一致性那样对稳定性进行测试以得到明确结果。经验表明，对许多类型的品种来说，当一个品种表现一致时，可认为其是稳定的。

4.3.2 适当情况下或者有疑问时，稳定性可以采用如下方法测试：测试一批新植物材料，看其性状表现是否与之前提交的植物材料表现相同。

5 品种分组和试验组织

5.1 使用分组性状可以帮助选择与申请品种一起进行田间种植试验的已知品种，以及对这些品种进行合适分组以便进行特异性评价。

5.2 分组性状表达状态的数据即使来自不同地点，也可以单独或者与其他此类性状联合使用。

（a）用于特异性测试中筛选排除那些不需要安排在种植试验中的已知品种。

（b）用于组织安排种植试验，使近似品种种植在一起。

5.3 以下性状已被确认为有用的分组性状。

（a）花：宽度（性状 15）。
（b）花：主色（性状 16），包括以下组别。
第一组：白色。
第二组：黄色。
第三组：橙色。
第四组：粉橙色。
第五组：粉色。
第六组：紫色。
第七组：红紫色。
第八组：蓝色。
第九组：绿色。

5.4 总则和 TGP/9《特异性测试》中提供了在特异性审查过程中使用分组性状的指导。

6 性状表介绍

6.1 性状类型

6.1.1 标准指南性状

标准指南性状是 UPOV 已同意用于 DUS 审查的性状，UPOV 成员可以从中选择与其特定环境相适应的性状。

6.1.2 星号性状

星号性状（用"*"标记）是测试指南中对于形成国际统一的品种描述十分重要的性状，所有 UPOV 成员都应将其用于 DUS 测试并包含在品种描述中，除非前序性状的表达或区域环境条件所限使其无法测试。

6.2 表达状态及相应代码

6.2.1 为定义性状和统一描述，将每个性状划分为一系列表达状态。每个表达状态赋予一个相应的数字代码，以便于数据记录，以及品种性状描述的建立和交流。

6.2.2 对于质量性状和假质量性状（6.3），性状表中列出了所有表达状态。但对于有 5 个或 5 个以上表达状态的数量性状，可以采用缩略尺度的方法，以缩短性状表格。例如，对于有 9 个表达状态的数量性状，在测试指南的性状表中可采用以下缩略形式。

表达状态	代码
小	3
中	5
大	7

但是应该指出的是，以下 9 个表达状态都是存在的，应采用适宜的表达状态用于品种的描述。

表达状态	代码
极小	1
极小到小	2
小	3
小到中	4
中	5

续表

表达状态	代码
中到大	6
大	7
大到极大	8
极大	9

6.2.3　TGP/7《测试指南的研制》中提供了表达状态和代码的更详尽的介绍。

6.3　表达类型

总则中对性状表达类型（质量性状、数量性状和假质量性状）进行了解释。

6.4　标准品种

适当时，测试指南中提供了标准品种用于校正性状的表达状态。

6.5　注释

（*）星号性状（6.1.2）。

QL：质量性状（6.3）。

QN：数量性状（6.3）。

PQ：假质量性状（6.3）。

MG、MS、VG、VS：观测方法（4.1.5）

（a）性状表解释（8.1）。

（+）性状表解释（8.2）。

7　性状表

性状编号	观测方法	英文		中文	标准品种	代码
1. （*） （+） QN	VG/MS	Plant: height		植株：高度		
		short		低	Albus, Nymph	3
		medium		中	Dainty, Shocking, White Friendship	5
		tall		高	Traderhorn, Venetië, White Prosperity	7
2. （+） QN	VG/MG	Foliage: height		叶丛：高度		
		short		低	Spic and Span	3
		medium		中	Caprice, Eurovision, Princess Margaret Rose	5
		tall		高	Fidelio, Traderhorn	7
3. （*） （+） QN	VG/MG	Leaf: width		叶：宽度		
		narrow		窄	Imperator, Flevo Primo	3
		medium		中	Bono's Memory, Caprice, Traderhorn, White Friendship	5
		broad		宽	Sancerre	7
4. （*） （+） QN	VG	Leaf: curvature of distal half		叶：远基端弯曲		
		absent or very weak		无或极弱	Jessica	1
		weak		弱		3
		medium		中	Advance	5
		strong		强		7

续表

性状编号	观测方法	英文	中文	标准品种	代码
5. (*) QL	VG	Inflorescence: lateral branches	花序：侧枝		
		absent	无	Pink Event Treasure, Spic and Span	1
		present	有	Charm, Elegance, Rose Supreme, White Prosperity	9
6. (*) (+) QN	VG/MS	Spike: length	花序：长度		
		short	短		3
		medium	中	Flevo Laguna, Millenium	5
		long	长		7
7. (*) (+) QN	VG/MS	Spike: number of flowers	花序：花数量		
		few	少	Hawaii, Nymph	3
		medium	中	Little Darling, Picture, White Friendship	5
		many	多	Traderhorn	7
8. (*) (+) QN	VG/MS	Spike: number of open flowers	花序：开花数量		
		few	少		3
		medium	中	Aurora, Pink Event	5
		many	多	Eva, Exselsa, Millenium	7
9. QN	VG/MS	Spike: length of internode	花序：节间长度		
		short	短	Jazmina	1
		medium	中	Cartago	2
		long	长	White Prosperity	3
10. (*) (+) PQ	VG	Spike: arrangement of flowers	花序：花排列方式		
		one row	单排	Early Bird, Groene Specht	1
		zig-zag	"之"字形	Charm, Flevo Laguna, Lady Godiva	2
		two rows	双排	Carqueiranne, Jessica	3
		irregular	不规则	Albus, Harrogate	4
11. (+) QN	VG	Bract: shape of apex	苞片：先端形状		
		acute	锐尖	Flevo Primo, Kalderon	1
		acute to obtuse	锐尖到钝尖		2
		obtuse	钝尖	Mexico, Sophie	3
12. (*) QN	VG	Bract: anthocyanin coloration	苞片：花青苷显色		
		absent or very weak	无或极弱	Charm, Lady Godiva, Nova Lux, White Friendship	1
		weak	弱	Carqueiranne, Jessica, Spic and Span	3
		medium	中	Eva, Helvetia, Treasure, Venetië	5
		strong	强	Firebird, Harrogate, Oscar, Flevo Junior	7
		very strong	极强	Caprice	9
13. (*) (+) PQ	VG	Flower: shape in front view	花：正视形状		
		triangular	三角形	Beijing, Charm, Early Bird, Flevo Laguna, Lady Godiva	1
		star-shaped	星形	Albus, Beauty of Holland	2
		round	圆形	Caprice, Orlando, Pegasus	3

续表

性状编号	观测方法	英文	中文	标准品种	代码
14. (*) (+) QN	VG	**Flower: attitude**	花：姿态		
		upright	直立	Princess Summer Yellow	1
		semi-upright	半直立	Flevo Laguna	2
		horizontal	水平		3
15. (*) (+) QN	VG/MS	**Flower: width**	花：宽度		
		narrow	窄	Dainty, Flevo Laguna, Flevo Primo, Jackpot	3
		medium	中	Groene Specht, Joyeuse Entrée, Shocking	5
		broad	宽	Traderhorn, White Friendship	7
16. (*) (+) PQ	VG	**Flower: main color**	花：主色		
		RHS Colour Chart (indicate reference number)	RHS 比色卡（注明参考色号）		
17. (+) PQ	VG	**Flower: shading of main color**	花：主色底纹		
		none	无	Novalux	1
		lighter towards the base	向基部渐亮	Idola, Priscilla	2
		evenly shaded	均匀		3
		lighter towards the apex	向先端渐亮	Charlotte	4
18. QN	VG/MG	**Perianth tube: length**	花被管：长度		
		short	短	Eva, Picture	1
		medium	中	Anitra, Flevo Laguna, Harrogate, Millenium	2
		long	长	Elegance, Zigeunerbaron	3
19. (*) QN	VG	**Perianth tube: number of spots on inner side**	花被管：内侧斑点数		
		none or very few	无或极少	Flevo Laguna, Lady Godiva, Leonore	1
		few	少	Elegance, Fire Bird, Zigeunerbaron	3
		medium	中	Bonaire, Eva, Nymph	5
		many	多	Costa Mary Hously, Little Darling	7
		very many	极多	Groene Specht, Jessica	9
20. (*) (+) PQ	VG	**Perianth tube: distribution of spots on inner side**	花被管：内侧斑点分布		
		irregular	不规则	Elegance, Libelle, Princess Margaret Rose, Treasure	1
		interrupted band	中断条带	Nymph, Picure, Sancerre	2
		continuous band	连续条带	Groene Specht, Helvetia, Morning Kiss, Zigeunerbaron,	3
21. (*) QN	VG	**Perianth throat: number of spots on outer side**	花被喉：外侧斑点数量		
		none	无		1
		few	少		2
		medium	中		3
		many	多	Millenium, Flevo Laguna	4

续表

性状编号	观测方法	英文	中文	标准品种	代码
22. (*) PQ	VG	Perianth throat: color of spots on outer side	花被喉：外侧斑点颜色		
		orange	橙色	Aurora	1
		pink	粉色	White Prosperity	2
		medium red	中等红色	Bonaire, Helvetia, Nymph	3
		dark red	深红色	Elegance, Groene Specht, Jessica	4
		violet	紫罗兰色	Peter Pears, Zigeunerbaron	5
23. (+) QN	VG (a)	Outer tepal: shape of blade	外花被片：形状		
		ovate	卵圆形	Elegance, Millenium	1
		elliptic	椭圆形	Helvetia, Speranta	2
		obovate	倒卵圆形	Candida Ali	3
24. QN	VG (a)	Outer tepal: undulation of margin	外花被片：边缘波状程度		
		absent or very weak	无或极弱	Albus, Ben Trovato, Caprice, Lady Godiva, Lustige Witwe	1
		weak	弱	Jessica, Maestro, Spic and Span, Traderhorn	3
		medium	中	Groene Specht, White Friendship, Zigeunerbaron	5
		strong	强	Alice, Flevo Primo, June	7
		very strong	极强		9
25. QN	VG (a)	Inner tepal: undulation of margin	内花被片：边缘波状程度		
		absent or very weak	无或极弱	Flevo Beach	1
		weak	弱		3
		medium	中	Casablanca	5
		strong	强		7
		very strong	极强	Jester, White Pepper	9
26. (*) QL	VG (a)	Inner tepal: stripe	内花被片：条纹		
		absent	无	Elegance	1
		present	有	Advance, Alice Caprice	9
27. QN	VG/ MS (a)	Inner tepal: length of stripe	内花被片：条纹长度		
		short	短		1
		medium	中	Fidelio, Pink Event, Venetië	2
		long	长	Eva, Flevo Party, Millenium	3
28. QN	VG/ MS (a)	Inner tepal: width of stripe	内花被片：条纹宽度		
		narrow	窄	Costa	1
		medium	中	Flevo Party, Flevo Primo, Spic and Span	2
		broad	宽	Flevo Salsa	3
29. (*) PQ	VG (a)	Inner tepal: color of stripe	内花被片：条纹颜色		
		white	白色	Bono's Memory, Millenium	1
		yellowish white	泛黄白色	Fire Bird, Perseus	2
		yellow	黄色	Bonaire, Charm	3
		orange	橙色		4
		pink	粉色		5
		red	红色	Treasure	6
		purple red	紫红色	Flevo Primo, Pegasus, Pink Event	7
		violet blue	紫罗兰蓝色	Costa	8
		dark purple	深紫色		9

续表

性状编号	观测方法	英文	中文	标准品种	代码
30. (*) QL	VG (a)	Inner tepal: macule	内花被片: 斑		
		absent	无	Charm, Flevo Laguna	1
		present	有	Elegance, Hypnose, Millenium	9
31. (*) (+) QN	VG (a)	Inner tepal: position of macule	内花被片: 斑的位置		
		at base	基部	Flevo Sunset, Home Coming	1
		between base and centre	基部与中部之间		2
		central	中部	Traderhorn	3
32. QN	VG/MS (a)	Inner tepal: size of macule in relation to size of inner tepal	内花被片: 斑相对于内花被片的大小		
		small	小	Elegance, Victor Borge	3
		medium	中		5
		large	大	Jazmine, Velvet Eyes	7
33. (*) (+) PQ	VG (a)	Inner tepal: shape of macule	内花被片: 斑的形状		
		type 1	类型 1		1
		type 2	类型 2	Costa	2
		type 3	类型 3	Helvetia, Millenium	3
		type 4	类型 4	Elegance, Pink Event, Zigeunerbaron	4
34. (*) (+) PQ	VG (a)	Inner tepal: main color of macule	内花被片: 斑的主色		
		RHS Colour Chart (indicate reference number)	RHS 比色卡 (注明参考色号)		
35. (+) PQ	VG (a)	Inner tepal: secondary color of macule	内花被片: 斑的次色		
		RHS Colour Chart (indicate reference number)	RHS 比色卡 (注明参考色号)		
36. (+) QN	VG (a)	Inner tepal: margin of macule	内花被片: 斑的边缘		
		regular or slightly irregular	规则或轻微不规则	Hypnose, Jazmine	1
		moderately irregular	中度不规则	Helvetia, Traderhorn	2
		very irregular	极不规则		3
37. (*) QL	VG (a)	Inner tepal: different color of marginal zone	内花被片: 边缘区不同颜色		
		absent	无		1
		present	有	Priscilla, Nymph	9
38. (+) QN	VG/MS (a)	Inner tepal: width of marginal zone	内花被片: 边缘区宽度		
		narrow	窄	Flevo Junior, Millenium, Pink Event	1
		medium	中		2
		broad	宽	Priscilla	3
39. (+) QN	VG (a)	Inner tepal: border of marginal zone	内花被片: 边缘区边界		
		slightly irregular	轻微不规则		1
		moderately irregular	中度不规则	Priscilla	2
		very irregular	极不规则		3
40. (*) PQ	VG (a)	Inner tepal: color of marginal zone	内花被片: 边缘区颜色		
		RHS Colour Chart (indicate reference number)	RHS 比色卡 (注明参考色号)		

续表

性状编号	观测方法	英文	中文	标准品种	代码
41. (+) QN	VG (a)	Median inner tepal: attitude	中内花被片：姿态		
		semi-erect	半直立	Charm, Jessica	1
		semi-erect to horizontal	半直立到水平		2
		horizontal	水平	Bonaire, Lady Godiva, Nymph	3
42. (+) QN	VG (a)	Median inner tepal: attitude of apex	中内花被片：先端姿态		
		moderately incurved	中度内弯	Candy, Lady Godiva	1
		straight	水平	Praha, White Prosperity	2
		moderately recurved	中度外弯	Charm, Nymph, Zoe	3
		strongly recurved	强烈外弯	Little Darling	4
43. (*) (+) PQ	VG	Filament: main color	花丝：主色		
		white	白色	Bonaire, Nymph, White Friendship	1
		light yellow	泛黄色	Corona	2
		light pink	浅粉色	Peter Pears, Spic and Span, Traderhorn	3
		medium pink	中等粉色	Bono's Memory	4
		light red	泛红色	Jessica, Zigeunerbaron	5
44. (*) QL	VG	Filament: small spots at base	花丝：基部小斑点		
		absent	无	Charm, Zigeunerbaron	1
		present	有	Jessica, Nymph, Traderhorn	9
45. QN	VG	Filament: color of apex compared to main color	花丝：先端颜色相对于主色		
		same color	相同	Treasure, White Friendship, White Prosperity	1
		slightly different color	轻微不同		2
		very different color	极度不同	Charm, Nymph, Traderhorn	3
46. (+) PQ	VG	Anther: color of connective	花药：结缔组织颜色		
		white	白色	White Friendship, White Prosperity, Zigeunerbaron	1
		yellow white	黄白色	Charm, Lady Godiva	2
		light yellow	泛黄色	Mykonos	3
		pink	粉色	Fire Bird, Helvetia, Peter Pears	4
47. PQ	VG	Anther: color of stomium	花药：裂口颜色		
		white	白色	Nymph, White Friendship	1
		yellow	黄色	Costa	2
		orange	橙色		3
		red	红色	Denisa	4
		pink purple	粉红色	Jessica, Princess Margaret Rose, White Friendship	5
		blue purple	蓝紫色	Bonaire, Charm, Elegance	6
		violet	紫罗兰色		7
48. (*) (+) PQ	VG	Style: main color	花柱：主色		
		white	白色	Eva, Nymph, Treasure	1
		yellow	黄色	Elegance, Flevo Laguna, Mykonos, Pegasus	2
		yellow pink	黄粉色	Jessica, Peter Pears	3
		red	红色	Zigeunerbaron	4
		violet	紫罗兰色		5

续表

性状编号	观测方法	英文	中文	标准品种	代码
49. (+) PQ	VG	**Style：color of base**	花柱：基部颜色		
		white	白色	Flevo Primo，Pegasus，Treasure，White Goddess	1
		yellow white	黄白色	Bonaire，Traderhorn，White Friendship，Zigeunerbaron	2
		yellow green	黄绿色	Nymph，White Prosperity	3
		pink	粉色	Excelsa	4
50. (+) PQ	VG	**Style：color of branches**	花柱：分叉颜色		
		white	白色	Bonaire，Flevo Laguna，Lady Godiva，White Friendship	1
		light yellow	泛黄色	Mykonos，Pegasus	2
		light pink	浅粉色	Groene Specht，Treasure	3
		medium pink	中等粉色	Charm，Elegance，Zigeunerbaron	4
		red	红色	Princess Margaret Rose，Venetië	5
		violet	紫罗兰色		6
51. (*) (+) PQ	VG	**Corm：color of flesh**	球茎：横切面颜色		
		RHS Colour Chart（indicate reference number）	RHS 比色卡（注明参考色号）		
52. (+) QN	VG/ MG	**Time of beginning of flowering**	始花期		
		very early	极早	Charm，Jackpot，Leonore	1
		early	早	Fidelio，Groene Specht，Pegasus，Pink Event	3
		medium	中	Jessica，Nymph，Peter Pears	5
		late	晚	Evening Sun，Princess Margaret Rose，White Prosperity	7
		very late	极晚	Carqueianne，Prelude	9

8 性状表解释

8.1 对多个性状的解释

观察需在第一朵花凋谢时进行。

性状表中第二列的以下关键性状应该根据以下指示进行调查。

（a）内外花被如下图所示。

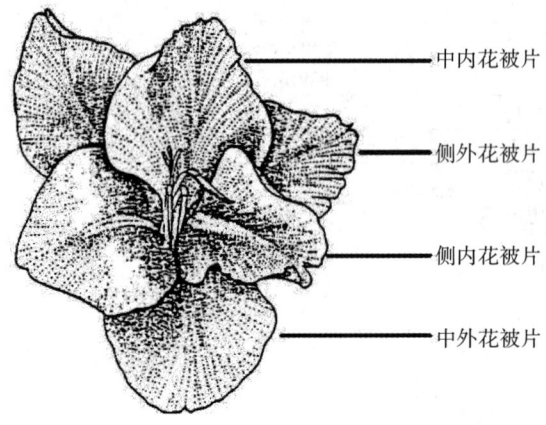

8.2 对单个性状的解释

性状1：植株高度

株高调查应包含花序。

性状2：叶丛高度

叶丛的高度观测（不包括苞叶）。

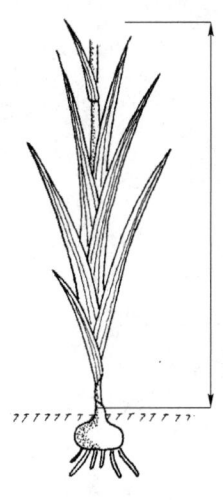

性状3：叶宽度

叶宽度的观察需对第二和第三片叶进行。

性状4：叶远基端弯曲

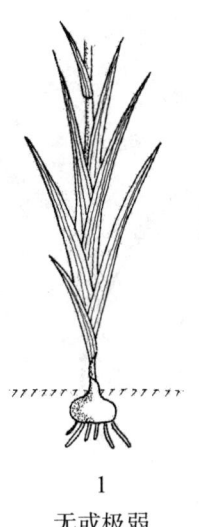

1	7
无或极弱	强

性状 6：花序长度

性状 7：花序花数量

所有花，包括未开放的花蕾。

性状 8：花序开花数量

观测所有同时完全开放的花，包括第一朵花。

性状 10：花排列方式

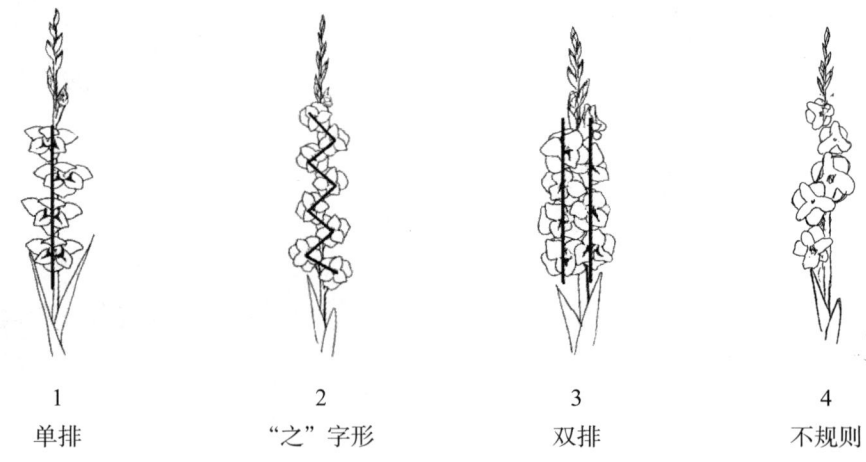

1	2	3	4
单排	"之"字形	双排	不规则

性状 11：苞片先端形状

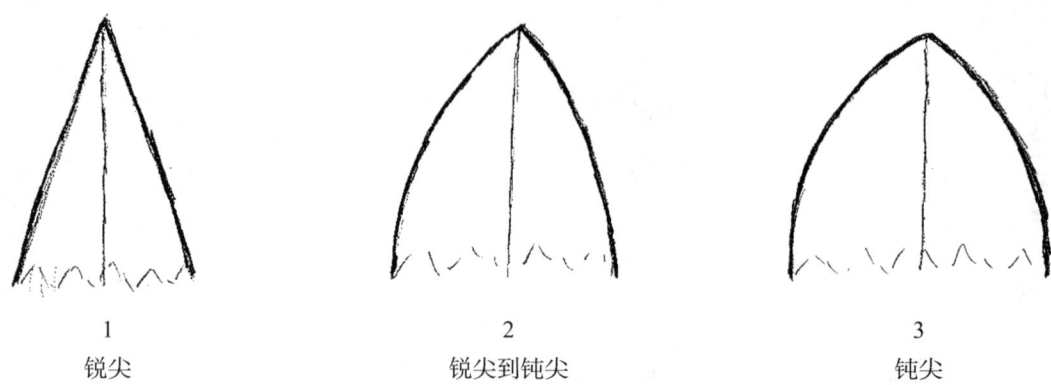

1	2	3
锐尖	锐尖到钝尖	钝尖

性状 13：花正视形状

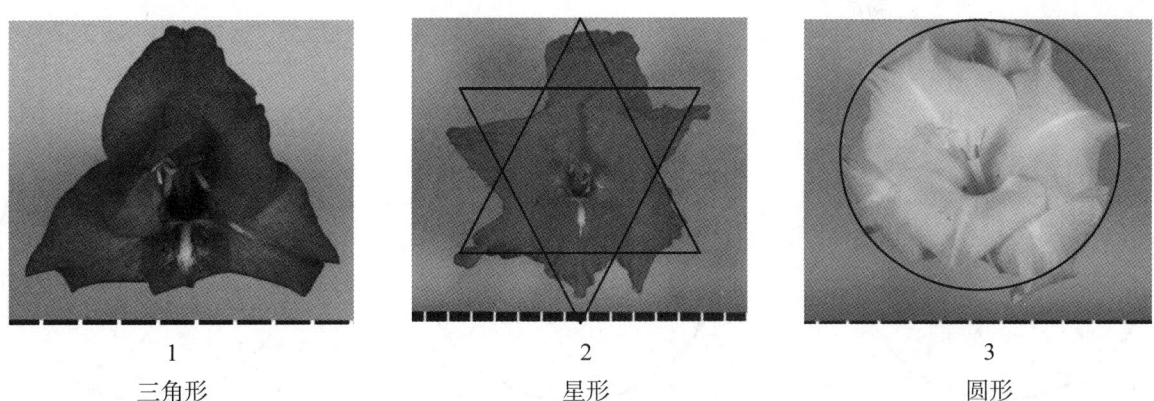

1	2	3
三角形	星形	圆形

性状 14：花姿态

1	2	3
直立	半直立	水平

性状 15：花宽度
观测花的最宽部位。

性状 16：花主色
主色为面积最大的颜色，如果主色和次色面积相当，则最亮的颜色作为主色。

性状 17：花主色底纹

仅限于超过 1 种颜色的品种。

性状 20：花被管内侧斑点分布

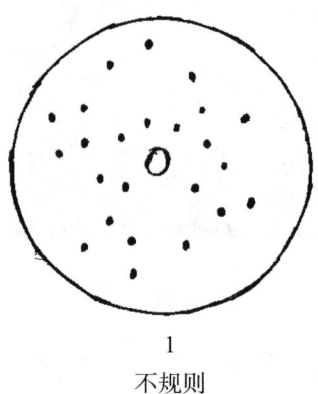
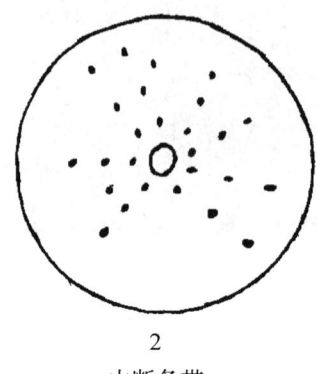
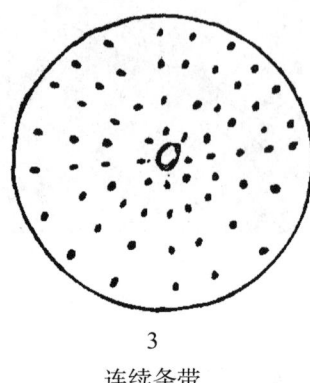

1	2	3
不规则	中断条带	连续条带

性状 23：外花被片形状

基部最宽		1 卵圆形
中部最宽		2 椭圆形
顶端最宽		3 倒卵圆形

性状 31：内花被片斑的位置

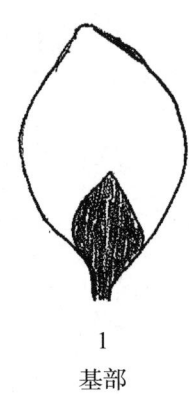

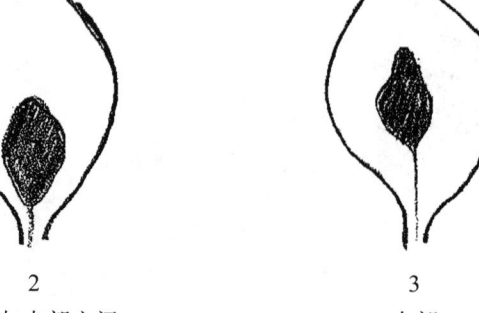

1	2	3
基部	基部与中部之间	中部

性状 33：内花被片斑的形状

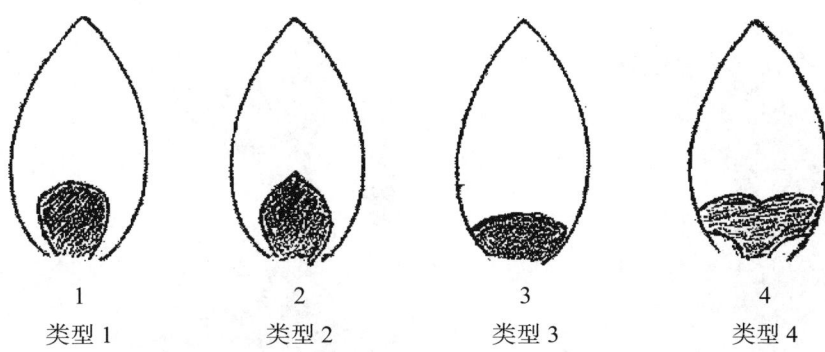

1	2	3	4
类型 1	类型 2	类型 3	类型 4

性状 34：内花被片斑的主色

性状 35：内花被片斑的次色

主色为面积最大的颜色，如果主色和次色面积相当时，则最亮的颜色作为主色。

性状 36：内花被片斑的边缘

1	2	3
规则或轻微不规则	中度不规则	极不规则

性状 38：内花被片边缘区宽度

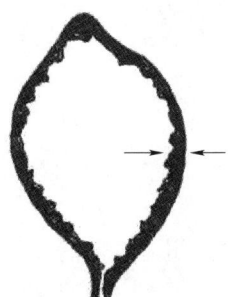

性状 39：内花被片边缘区边界

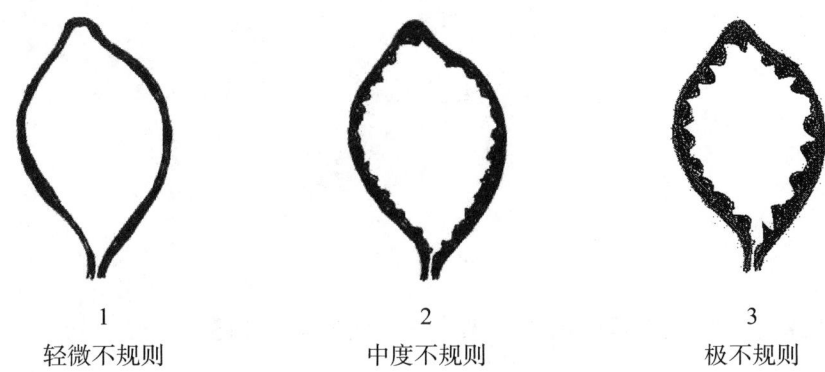

1	2	3
轻微不规则	中度不规则	极不规则

性状41：中内花被片姿态

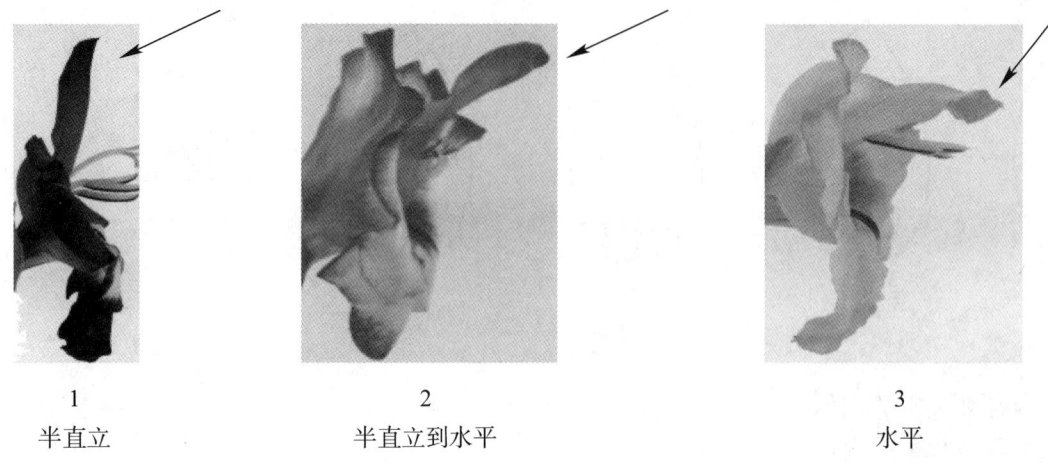

1	2	3
半直立	半直立到水平	水平

性状42：中内花被片先端姿态

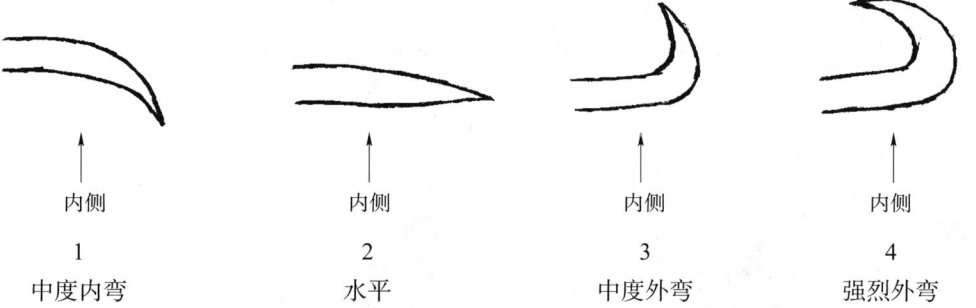

1	2	3	4
中度内弯	水平	中度外弯	强烈外弯

性状43：花丝主色

主色为面积最大的颜色，如果主色和次色面积相当时，则最亮的颜色作为主色。如果次色与第三色相当，则亮的颜色为次色。

性状46：花药结缔组织颜色
结缔组织是花药两部分之间的组织。

性状48：花柱主色
类型主色的观测不包括基部。
主色为面积最大的颜色，如果主色和次色面积相当，则最亮的颜色作为主色。

性状49：花柱基部颜色
性状50：花柱分叉颜色

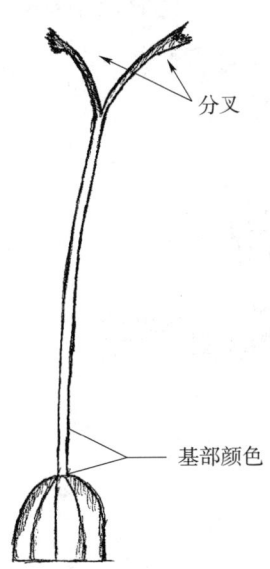

性状51：球茎横切面颜色
观测球茎颜色时，球茎应横切。
性状52：始花期
始花时间为有50%的植株第一朵花完全开放的时间。

TG/109/4
原文：英文
日期：2015-03-25

国际植物新品种保护联盟
植物品种特异性、一致性和稳定性
测试指南

帝王天竺葵

UPOV 代码：PELAR_GRD；PELAR_DOM；
PELAR_CRI；PELAR_CDO

[*Pelargonium grandiflorum* (Andrews) Willd.；
P. ×domesticum L. H. Bailey；
P. crispum (P.J. Bergius) L'Hér. 和
P. crispum × *P. ×domesticum*]

互用名称 *

植物学名称	英文	法文	德文	西班牙文
Pelargonium grandiflorum (Andrews) Willd.	Large-flower Pelargonium	Pélargonium des fleuristes	Edelpelargonie	
P. ×domesticum L.H. Bailey	Regal Pelargonium			Geranio
P. crispum (P.J. Bergius) L'Hér	Crisped-leaf Pelargonium		Zitronenduft-Pelargonie	
P. crispum × *P. ×domesticum*				

---

* 这些名称在指南开始使用时是正确的，但随后可能会修改更新。读者可登录 UPOV 网站（www.upov.int），获取最新资料。

1 指南适用范围

本指南适用于大花天竺葵 [*Pelargonium grandiflorum*（Andrews）Willd.]、(*P.* ×*domesticum* L. H. Bailey)、[(*P. crispum*（P.J. Bergius）L'Hér.] 和 (*P. crispum* × *P.* ×*domesticum*) 的所有品种。

2 繁殖材料要求

2.1 待测品种繁殖材料的数量和质量要求以及提交的时间和地点由主管机构决定。申请人从测试所在国境外提交繁殖材料的，还应符合海关规定并满足相关植物检疫的要求。
2.2 繁殖材料以扦插苗的形式提交。
2.3 申请人提交繁殖材料的最小数量为扦插苗 15 株。
2.4 提供的繁殖材料应外观健康有活力，未受到任何严重病虫害的影响。
2.5 提交的繁殖材料不得进行任何可能影响品种性状表达的处理，除非主管机构允许或要求进行这种处理。如果材料已经处理，必须提供相关处理的详细说明。

3 测试方法

3.1 生长周期
测试的最少周期数量通常为 1 个生长周期。

3.2 测试地点
测试通常在 1 个地点进行。在 1 个以上地点进行测试时，TGP/9《特异性测试》提供了有关指导。

3.3 测试条件
3.3.1 测试的条件应能满足品种正常生长的需要，以确保品种相关性状充分表达和测试的顺利开展。
3.3.2 由于日间光照不同，所以参照比色卡进行的颜色测定应在提供人工光源的合适的柜子中或在中午没有阳光直射的房间中进行。用于人工光源的光谱分布应符合 CIE "理想日光标准 D6500"，且在《英国标准 950：第 1 部分》规定的允许范围之内。这些测定应在植株部位置于白色背景上进行。

3.4 试验设计
3.4.1 每个试验应保证至少有 15 个植株。
3.4.2 试验设计应保证因测量或计数等需要，从小区取走部分植株或植株部位后，不影响生长周期结束前的所有观测。

3.5 附加测试
为测试有关性状，可以进行附加测试。

4 特异性、一致性和稳定性评价

4.1 特异性

4.1.1 一般建议
对于本指南的使用者而言，在判定特异性前参照总则特异性判定的一般原则十分重要。但为进一步说明和强调特异性判定，本指南特列出特异性判定的要点。

4.1.2 一致的差异
当观测到的品种之间的差异非常明显时，则没有必要种植 1 个以上生长周期。此外，在某些情况下，环境的影响并不意味着需要 1 个以上的生长周期来保证品种间观察到的差异是足够一致的。为确保在种植试验中所观测到的性状差异是足够一致的，可以对性状进行至少 2 个独立生长周期的测试。

4.1.3 明显的差异

两个品种间的差异是否明显取决于很多因素，特别应考虑所测性状的表达类型，即该性状是质量性状、数量性状还是假质量性状。因此，在作出关于特异性的判定前，本测试指南的使用者应熟悉总则中的建议。

4.1.4 植株/植株部位的观测数量

除非另有说明，在判定特异性时，对于单株的观测，应观测10个植株或分别从10个植株取下的植株部位；对于其他观测，应观测试验中的所有植株。观测时应将异型株排除在外。

4.1.5 观测方法

性状表第二列以如下符号（见TGP/9《特异性测试》第4部分"性状观测"）的形式列出了特异性判定时推荐的性状观测方法：

MG：对一批植株或植株部位进行单次测量；

MS：对一定数量的植株或植株部位进行逐一测量；

VG：对一批植株或植株部位进行单次目测；

VS：对一定数量的植株或植株部位进行逐一目测。

观测类型：目测（V）或测量（M）。

目测（V）是一种基于专家判断的观测方法。本文中的目测是指专家的感官观察，因此，也包括闻、尝和触摸。目测也包括专家使用参照物（例如图表，标准品种，并排比较）或非线性的图表（例如比色卡）的观测。测量（M）是一种基于校准的、线性尺度的客观观测，例如使用尺、秤、色度计、日期和计数等进行观测。

记录类型：群体记录（G）或个体记录（S）。

以特异性为目的的观测，可被记录为一批植株或植株部位的单个记录（G），或者记录为一定数量的单个植株或植株部位的个体记录（S）。多数情况下，群体记录为一个品种提供一个单个记录，因此不可能或者不必要通过逐个植株的统计分析来判定特异性。

如果性状表中提供了不止一种观测方法（如VG/MG），可以参考TGP/9《特异性测试》的第4部分选择合适的观测方法。

4.2 一致性

4.2.1 对于本指南的使用者而言，在判定一致性前参照总则一致性判定的一般原则十分重要。但为进一步说明和强调一致性判定，本指南特列出一致性判定的要点。

4.2.2 评价品种的一致性时，应采用1%的群体标准和至少95%的接受概率。当样本量为15个时，允许有1个异型株。

4.3 稳定性

4.3.1 在实际操作中，通常不像测试特异性和一致性那样对稳定性进行测试以得到明确结果。经验表明，对许多类型的品种来说，当一个品种表现一致时，可认为其是稳定的。

4.3.2 适当情况下或者有疑问时，稳定性可以采用如下方法测试：测试一批新植物扦插条，看其性状表现是否与之前提交的植物材料表现相同。

5 品种分组和试验组织

5.1 使用分组性状可以帮助选择与申请品种一起进行田间种植试验的已知品种，以及对这些品种进行合适分组以便进行特异性评价。

5.2 分组性状表达状态的数据即使来自不同地点，也可以单独或者与其他此类性状联合使用。

（a）用于特异性测试中筛选排除那些不需要安排在种植试验中的已知品种。

（b）用于组织安排种植试验，使近似品种种植在一起。

5.3 以下性状已被确认为有用的分组性状。

（a）植株：高度（性状1）。

（b）花：宽度（性状11）。

（c）上部花瓣：中部主色（性状18）。

（d）下部花瓣：中部主色（性状24）。

（c）和（d）按以下分组。

第一组：白色。

第二组：浅粉色。

第三组：中粉色。

第四组：深粉色。

第五组：浅红色。

第六组：中红色。

第七组：深红色。

第八组：紫色。

第九组：紫罗兰色。

5.4 总则和TGP/9《特异性测试》中提供了在特异性审查过程中使用分组性状的指导。

6 性状表介绍

6.1 性状类型

6.1.1 标准指南性状

标准指南性状是UPOV已同意用于DUS审查的性状，UPOV成员可以从中选择与其特定环境相适应的性状。

6.1.2 星号性状

星号性状（用"*"标记）是测试指南中对于形成国际统一的品种描述十分重要的性状，所有UPOV成员都应将其用于DUS测试并包含在品种描述中，除非前序性状的表达或区域环境条件所限使其无法测试。

6.2 表达状态及相应代码

6.2.1 为定义性状和统一描述，将每个性状划分为一系列表达状态。每个表达状态赋予一个相应的数字代码，以便于数据记录，以及品种性状描述的建立和交流。

6.2.2 对于质量性状和假质量性状（6.3），性状表中列出了所有表达状态。但对于有5个或5个以上表达状态的数量性状，可以采用缩略尺度的方法，以缩短性状表格。例如，对于有9个表达状态的数量性状，在测试指南的性状表中可采用以下缩略形式。

表达状态	代码
小	3
中	5
大	7

但是应该指出的是，以下9个表达状态都是存在的，应采用适宜的表达状态用于品种的描述。

表达状态	代码
极小	1
极小到小	2
小	3
小到中	4
中	5
中到大	6
大	7
大到极大	8
极大	9

6.2.3　TGP/7《测试指南的研制》中提供了表达状态和代码的更详尽的介绍。

6.3　表达类型

　　总则中对性状表达类型（质量性状、数量性状和假质量性状）进行了解释。

6.4　标准品种

　　适当时，测试指南中提供了标准品种用于校正性状的表达状态。

6.5　注释

（*）星号性状（6.1.2）。

QL：质量性状（6.3）。

QN：数量性状（6.3）。

PQ：假质量性状（6.3）。

MG、MS、VG、VS 观测方法（4.1.5）

（a）～（b）性状表解释（8.1）。

（+）性状表解释（8.2）。

7. 性状表

性状编号	观测方法	英文		中文	标准品种	代码
1. (*) (+) QN	VG/ MS	**Plant: height**		**植株：高度**		
			very short	极矮	Kuegrapipink	1
			short	矮	Cambi	3
			medium	中	Pacperfu	5
			tall	高	Tingsat	7
			very tall	很高	Darmsten	9
			extremely tall	极高	Tingmoz	11
2. QN	VG/ MS	**Plant: width**		**植物：株幅**		
			narrow	窄	FLOREG 01	3
			medium	中	Kuegramerl	5
			broad	宽	Cambi	7
3. (*) (+) QN	VG/ MS (a)	**Leaf blade: length**		**叶片：长度**		
			short	短	Randy	3
			medium	中	Kuegramerl	5
			long	长	OGLGER 3067	7

续表

性状编号	观测方法	英文	中文	标准品种	代码
4. (*) (+) QN	VG/ MS (a)	**Leaf blade：width**	**叶片：宽度**		
		narrow	窄	Randy	3
		medium	中	Cambi	5
		broad	宽	Camstra	7
5. (+) QN	VG (a)	**Leaf blade：base**	**叶片：基部**		
		very open	完全分开		1
		slightly open	轻度分开		3
		closed	邻接		5
		slightly overlapping	轻度重叠		7
		strongly overlapping	高度重叠		9
6. (*) (+) QN	VG (a)	**Leaf blade：depth of sinus**	**叶片：裂缺深度**		
		absent or very shallow	无或极浅		1
		shallow	浅		3
		medium	中		5
		deep	深		7
		very deep	极深		9
7. (+) QN	VG (a)	**Leaf blade：indentation of margin**	**叶片：边缘缺刻深度**		
		absent or very shallow	无或极浅		1
		shallow	浅		2
		medium	中		3
		deep	深		4
8. (*) (+) QL	VG (a)	**Leaf blade：variegation**	**叶片：杂色**		
		absent	无		1
		present	有		9
9. (+) QN	VG (a)	**Leaf blade：intensity of green color**	**叶片：绿色程度**		
		light	浅	Sarah Don	1
		medium	中	Randy	3
		dark	深		5
10. (+) QN	VG/ MS	**Flower：length**	**花：长度**		
		very short	极短	Randy	1
		short	短	Pacburg	3
		medium	中	Cambi	5
		long	长	Camstra	7
		very long	很长	Regscho	9
		extremely long	极长		11
11. (*) (+) QN	VG/ MS	**Flower：width**	**花：宽度**		
		very narrow	极窄	Randy	1
		narrow	窄	Pacburg	3
		medium	中	Cambi	5
		broad	宽	Camstra	7
		very broad	很宽	Regscho	9
		extremely broad	极宽	Amarena	11
12. (*) (+) QN	VG/ MS	**Sepal：length**	**花萼：长度**		
		very short	极短	Kuegrapiso	1
		short	短	Randy	2
		medium	中	Camdared	3
		long	长	Kuegramerl	4
		very long	极长	Camstra	5

续表

性状编号	观测方法	英文	中文	标准品种	代码
13. (+) QN	VG/MS	Sepal: width	花萼：宽度		
		very narrow	极窄	Randy	1
		narrow	窄	Kuegrapidue	2
		medium	中	Cambi	3
		broad	宽	Reglav	4
		very broad	极宽	FLOREG 01	5
14. (+) QN	VG	Pedicel: anthocyanin coloration	花梗：花青苷显色		
		absent or weak	无或弱	Regscho	1
		medium	中		2
		strong	强	Randy, Virginia	3
15. (*) (+) QN	VG	Upper petal: undulation of margin	上部花瓣：边缘波状程度		
		absent or very weak	无或极弱	Pasperfu	1
		weak	弱	Cambi	2
		medium	中	Kuegramerl	3
		strong	强	OGLGER 6037	4
		very strong	极强	OGLGER 3067	5
16. (*) (+) PQ	VG (b)	Upper petal: main color of margin	上部花瓣：边缘主色		
		RHS Colour Chart (indicate reference number)	RHS 比色卡（注明参考色号）		
17. (*) (+) PQ	VG (b)	Upper petal: main color between margin and middle	上部花瓣：边缘与中部间主色		
		RHS Colour Chart (indicate reference number)	RHS 比色卡（注明参考色号）		
18. (*) (+) PQ	VG (b)	Upper petal: main color of middle	上部花瓣：中部主色		
		RHS Colour Chart (indicate reference number)	RHS 比色卡（注明参考色号）		
19. (*) (+) QN	VG	Upper petal: size of central marking	上部花瓣：中部斑纹大小		
		absent or very small	无或极弱		1
		small	小		3
		medium	中		5
		large	大		7
		very large	极大		9
20. (*) (+) QN	VG	Upper petal: size of differently colored zone at base	上部花瓣：基部不同着色区域颜色面积大小		
		absent or very small	无或极小		1
		small	小		2
		medium	中		3
		large	大		4
		very large	极大		5
21. PQ	VG	Upper petal: color of zone at base	上部花瓣：基部区域颜色		
		RHS Colour Chart (indicate reference number)	RHS 比色卡（注明参考色号）		
22. (*) (+) PQ	VG (b)	Lower petal: main color of margin	下部花瓣：边缘主色		
		RHS Colour Chart (indicate reference number)	RHS 比色卡（注明参考色号）		

续表

性状编号	观测方法	英文	中文	标准品种	代码
23. (*) (+) PQ	VG (b)	Lower petal: main color between margin and middle	下部花瓣：边缘与中部间主色		
		RHS Colour Chart (indicate reference number)	RHS 比色卡（注明参考色号）		
24. (*) (+) PQ	VG (b)	Lower petal: main color of middle	下部花瓣：中部主色		
		RHS Colour Chart (indicate reference number)	RHS 比色卡（注明参考色号）		
25. (+) QN	VG	Lower petal: size of central marking	下部花瓣：中部斑纹大小		
		absent or very small	无或极小		1
		small	小		3
		medium	中		5
		large	大		7
		very large	极大		9
26. (*) (+) QN	VG	Lower petal: size of differently colored zone at base	下部花瓣：基部不同着色区域面积大小		
		absent or very small	无或极小		1
		small	小		2
		medium	中		3
		large	大		4
		very large	极大		5
27. PQ	VG	Lower petal: color of zone at base	下部花瓣：基部区域颜色		
		RHS Colour Chart (indicate reference number)	RHS 比色卡（注明参考色号）		

8 性状表解释

8.1 对多个性状的解释

应在盛花期进行观测。

性状表第二列包含以下标注的性状应按照下述要求观测。

（a）叶片的观测应在植物中部发育完全的叶的中部进行。

（b）面积最大的颜色为主色。如果主色和次色面积相当，则深颜色为主色。

8.2 对单个性状的解释

性状1：植株株高

株高是指最长茎从地面到最上面花的顶部的高度。

性状3：叶片长度

性状4：叶片宽度

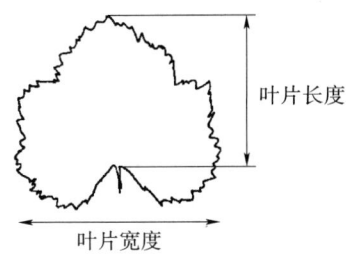
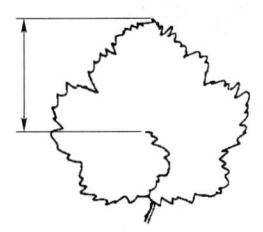

性状 5：叶片基部

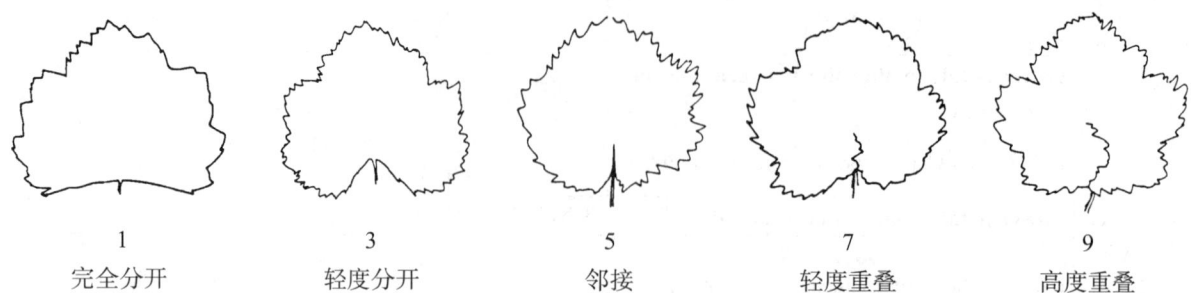

1	3	5	7	9
完全分开	轻度分开	邻接	轻度重叠	高度重叠

性状 6：叶片裂缺深度
观察最深裂缺。裂缺深度指缺刻相对于叶片的大小。

1	3	5	7	9
无或极浅	浅	中	深	极深

性状 7：叶片边缘缺刻深度

2	3	4
浅	中	深

性状 8：叶片杂色

1	9
无	有

性状 9：叶片绿色程度
对于有杂色的叶片，应观测叶片最大表面积区域的颜色。

性状10：花长度
性状11：花宽度

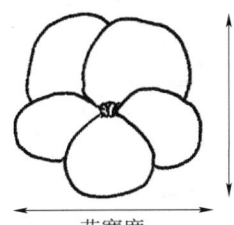

性状12：花萼长度
性状13：花萼宽度
应观测最大花萼。

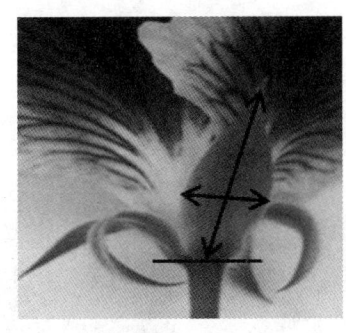

性状14：花梗花青苷显色
观测花梗上部1/3处的花青苷显色。

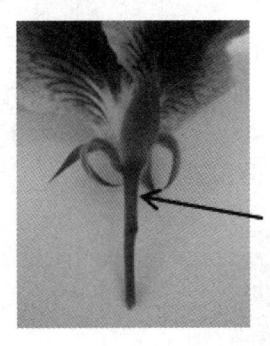

性状15：上部花瓣边缘波状程度

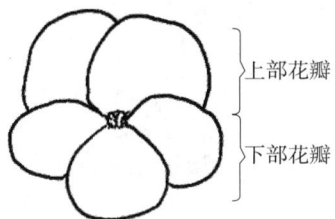

性状 16：上部花瓣边缘主色
性状 17：上部花瓣边缘与中部间主色
性状 18：上部花瓣中部主色

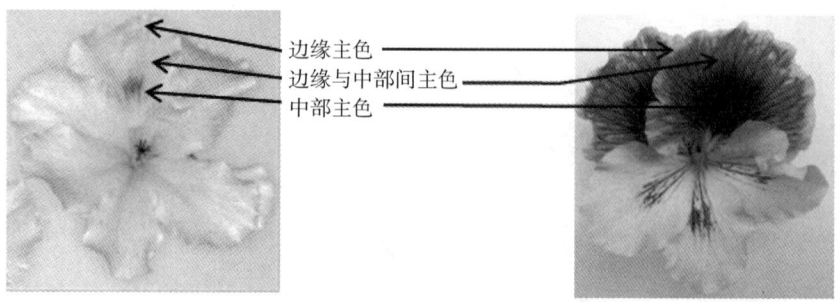

对于上部花瓣中部有斑纹的品种，当斑纹大小大于"极小到小"（性状 19 代码 2）时，中部斑纹的主色即为中部主色。

性状 19：上部花瓣中部斑纹大小

1	3	5	7	9
无或极小	小	中	大	极大

性状 20：上部花瓣基部不同着色区域颜色面积大小

1	3	4	5
无或极小	中	大	极大

区域的大小是相对于上部花瓣的大小而言。

性状 22：下部花瓣边缘主色
性状 23：下部花瓣边缘与中部间主色
性状 24：下部花瓣中部主色

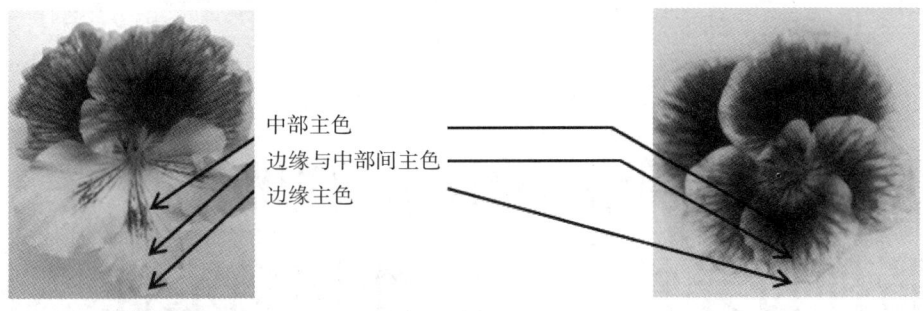

对于下部花瓣中部有斑纹的品种，当斑纹大小大于"极小到小"（性状 25 代码 2）时，中部斑纹的主色即为中部主色。

性状 25：下部花瓣中部斑纹大小

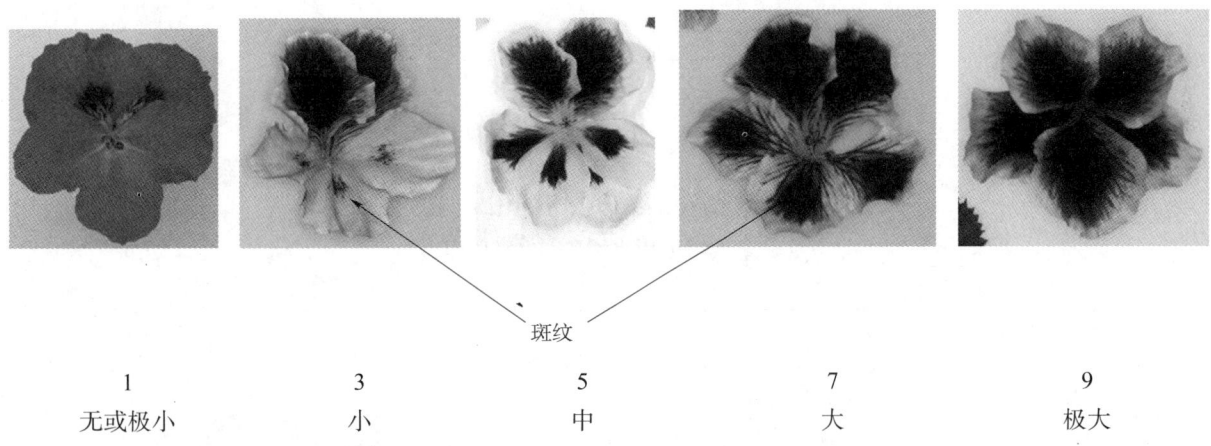

1	3	5	7	9
无或极小	小	中	大	极大

性状 26：下部花瓣基部不同着色区域面积大小

1	2	4	5
无或极小	小	大	极大

区域大小的观测是相对于下部花瓣而言。

TG/113/2
原文：英文
日期：1987-10-07

国际植物新品种保护联盟
植物品种特异性、一致性和稳定性
测试指南

假昙花属

(*Rhipsalidopsis* Britt. et Rose,
Epiphyllopsis Berger)

1 指南适用范围

本指南适用于仙人掌科（Cactaceae）假昙花属（*Rhipsalidopsis* Britt. et Rose，*Epiphyllopsis* Berger）的所有品种。

2 繁殖材料要求

2.1 待测品种繁殖材料的数量和质量要求以及提交的时间和地点由主管机构决定。申请人从非测试地区所在国提交的繁殖材料，应符合海关规定并满足相关植物检疫的要求。提供的植物材料的最小量应为 20 株插苗（无根）。

提供的繁殖材料应外观健康有活力，未受到任何严重病虫害的影响。

2.2 提交的繁殖材料不得进行任何可能影响品种性状表达的处理，除非主管机构允许或要求进行这类处理。如果繁殖材料已经经过处理，必须提供相关处理的详细说明。

3. 测试实施

3.1 测试的最少周期通常为 1 个生长周期。如果特异性或 / 和一致性检验不能在 1 个生长周期充分体现则应进行第二生长周期的试验。

3.2 测试通常在 1 个地点进行，如果某些重要性状在此地点不能表达时，可在另一地点进行测试。

3.3 测试应在温室中进行，条件应能满足品种正常生长的需要。

繁殖：17 周（北半球）时在繁殖橱，温度 21 ℃ /18 ℃。

盆栽：27 周，9 cm 盆，温度 21 ℃ /18 ℃。

温度控制：29 周时的温度应降低到 16 ℃，41 周时的温度应降低到 9 ℃，7～9.5 周温度应逐步提高到 21 ℃ /18 ℃。

摘心：第七周时未成熟第三茎节叶状枝之上的部分要摘除。

施肥：硝酸钾与比例为 13：4：19 的氮磷钾相补充。

植株密度：每平方米 30 个植株。

光照：在夏天，温室应遮阴。

试验的设计应保证因测量或计数等需要，从小区取走一部分植株或植株部位后，不影响生长周期结束前的所有观测。每个测试至少应有 10 个植株。单独观察和测量的地块应保证环境条件相同。

3.4 如有特殊需要，可进行附加测试。

4 观测方法

4.1 经验表明，在一致性和稳定性测试时，对于无性繁殖的假昙花属，足以依据观测性状的表达状态判定供试的繁殖材料是否一致并且是否存在变异或混杂。

4.2 除非另有说明，所有观测或计数应在开花期时的 10 个植株或 10 个植株的部分上进行。当第三朵花开放的时候定义为开花期。

4.3 除非另有说明，所有叶状枝的观测应在第一茎节叶状枝上进行。

4.4 所有花被片上的观测应在内部花被片的内侧。

4.5 为避免日光变化的影响，花的颜色应在有人工光源的空间内，或于中午没有阳光直射的房间内进行。人工光源光谱分布应符合 CIE "理想日光标准 D6500"，且在《英国标准 950：第 1 部分》规定的允许范围之内。观测应该将植株部位放在白色背景下进行。

4.6 性状描述应补充第一茎节叶状枝的阴影图。

5 品种分组

5.1 待测品种应分组种植以便进行特异性评价。适用于分组的性状是已知不会出现变异或者仅在品种内发生轻微变异的性状。这些性状的不同表达状态应十分均匀地分布于品种库中。

5.2 建议主管机构用以下性状进行品种分组。

（a）花被片：斑相对花被片大小（性状 15）。

（b）花被片：边缘区域颜色（性状 21），分为白色，黄色，粉色，橙色，红色，紫色。

6 性状和符号

6.1 为评价特异性、一致性和稳定性，应使用性状表中用 UPOV 的 3 种工作语言给出的性状及其表达状态。

6.2 为便于电子数据处理，每个性状的表达状态都赋予了相应的代码（1～9）。

6.3 注释

（*）除非前序性状的表达或区域环境条件所限使其无法测试，在测试的每一生长时期，对所有品种都要进行测试的、总要包含在品种描述中的性状。

（+）参见第 8 部分性状表解释。

7 性状表

性状编号	观测方法	英文	中文	标准品种	代码
1. (*) (+)		**Plant: growth habit**	植株：生长习性		
		upright	直立		1
		semi-upright	半直立	Chinapink	3
		horizontal	水平	Pernille	5
		pendulous	下垂		7
		strongly pendulous	强烈下垂		9
2. (*) (+)		**Plant: number of phylloclades of 2nd order**	植株：第二节叶状枝数量		
		few	少	Rhipsalidopsis gaertneri	3
		medium	中	Chinapink	5
		many	多	French Type	7
3. (*)		**Phylloclade: length**	叶状枝：长度		
		short	短	Rosea	3
		medium	中	Hollandia	5
		long	长	Rhipsalidopsis gaertneri	7
4. (*)		**Phylloclade: maximum width**	叶状枝：最宽宽度		
		narrow	窄	Rosea	3
		medium	中	Hollandia	5
		broad	宽	Rhipsalidopsis gaertneri	7
5.		**Phylloclade: color**	叶状枝：颜色		
		light green	泛绿色		3
		medium green	中等绿色	French Type	5
		dark green	深绿色	Rosea	7

续表

性状编号	观测方法	英文	中文	标准品种	代码
6.(*)		**Phylloclade: tendency to form red margins**	叶状枝：红色边缘形成程度		
		absent or very weak	无或极弱	French Type	1
		weak	弱		3
		medium	中		5
		strong	强	Annika	7
		very strong	极强		9
7.(*)(+)		**Phylloclade: tendency to form a wing**	叶状枝：翼形成程度		
		absent or very weak	无或极弱	Annika	1
		weak	弱	French Type	3
		medium	中		5
		strong	强	Chinapink	7
		very strong	极强		9
8.(*)(+)		**Phylloclade: size of wing**	叶状枝：翼大小		
		small	小		3
		medium	中		5
		large	大		7
9.(*)		**Phylloclade: pubescence**	叶状枝：毛		
		absent or very weak	无或极弱		1
		Weak	弱	Annika	3
		medium	中	Chinapink	5
		strong	强	French Type	7
		very strong	极强		9
10.		**Bud: color of tip of 1.0 cm long bud**	花蕾：1 cm 大小花蕾尖端颜色		
		green	绿色		1
		yellow	黄色		2
		pink	粉色		3
		Orange	橙色		4
		red	红色	Pernille	5
		purple	紫色	Annika	6
11.(*)		**Bud: intensity of color of tip of 1.0 cm lon bud**	花蕾：1 cm 大小花蕾尖端颜色深浅		
		light	浅		3
		medium	中		5
		dark	深		7
12.(*)		**Bud: shape of tip of 1.5 cm long bud**	花蕾：1.5 cm 花蕾尖端形状		
		acute	锐尖		1
		obtuse	钝尖		2
		round	圆形		3
13.(*)		**Flower: width**	花：宽度		
		narrow	窄	Chinapink	3
		medium	中	Viola	5
		broad	宽	Rhipsalidopsis	7

续表

性状编号	观测方法	英文	中文	标准品种	代码
14.(*)		**Tepal：width**	花被片：宽度		
		narrow	窄	French Type，Small Flower	3
		Medium	中	French Type，Large Flower	5
		Broad	宽	Rhipsalidopsis gaertneri	7
15.(*)(+)		**Tepal：size of macule in relation to size of tepal**	花被片：斑相对花被片大小		
		absent or very small	无或极小		1
		small	小		3
		medium	中		5
		large	大		7
		very large	极大		9
16.(*)(+)		**Tepal：color of macule**	花被片：斑颜色		
		RHS Colour Chart（indicate reference number）	RHS比色卡（注明参考色号）		
17.(*)(+)		**Tepal：middle-zone**	花被片：中间区域		
		absent	无	Rhipsalidopsis gaertneri	1
		Present	有		9
18.(*)(+)		**Tepal：color of middle-zone**	花被片：中间区域颜色		
		white	白色		1
		yellow	黄色		2
		pink	粉色		3
		red	红色		4
		purple	紫色		5
19.(+)		**Tepal：border between zones**	花被片：区域间边缘		
		diffuse	弥散		1
		sharp	清晰		2
20.(*)(+)		**Tepal：size of marginal zone**	花被片：边缘区域大小		
		small	小		3
		medium	中		5
		large	大		7
21.(*)(+)		**Tepal：color of margi-nal zone**	花被片：边缘区域颜色		
		RHS Colour Chart（indicate reference number）	RHS比色卡（注明参考色号）		
22.(*)		**Stamen：length**	雄蕊：长度		
		short	短	Chinapink	3
		medium	中	Annika	5
		long	长	Rhipsalidopsis gaertneri	7
23.		**Stamen：color of fila-ment**	雄蕊：花丝颜色		
		white	白色		1
		yellow	黄色		2
		pink	粉色		3
		red	红色		4
		purple	紫色		5

续表

性状编号	观测方法	英文	中文	标准品种	代码
24.		**Style：length**	**花柱：长度**		
		short	短		3
		medium	中		5
		long	长		7
25.		**Stigma：color**	**柱头：颜色**		
		white	白色		1
		yellow	黄色		2
		pink	粉色		3
		Red	红色		4
		Purple	紫色		5
26.		**Ovary：color**	**子房：颜色**		
		green	绿色		1
		reddish green	泛红绿色		2
		greenish red	泛绿红色		3
		Red	红色		4
		reddish purple	泛红紫色		5
27.(*)		**Time of beginning of flowering**	**始花期**		
		early	早		3
		medium	中		5
		late	晚		7
28.		**Duration of flowering**	**开花持续时间**		
		short	短		3
		medium	中		5
		long	长		7

8　性状表解释

性状1：植株生长习性

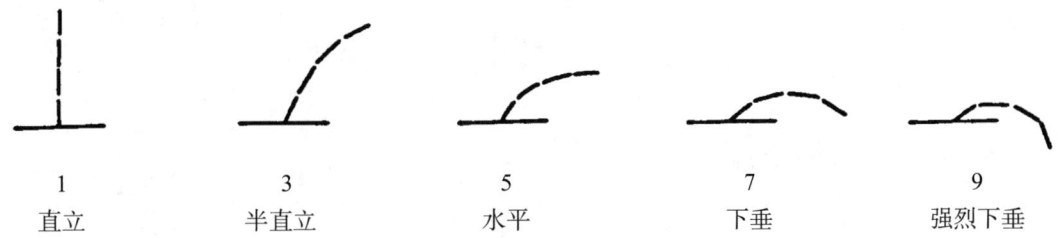

1	3	5	7	9
直立	半直立	水平	下垂	强烈下垂

性状2：植株第二节叶状枝数量

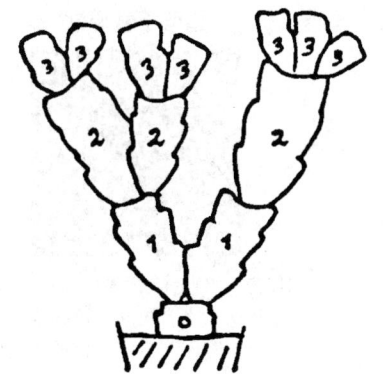

性状 7 和性状 8 叶状枝翼

无翼

有翼

性状 15 至性状 21 花被片斑点、中间区域、边缘区域

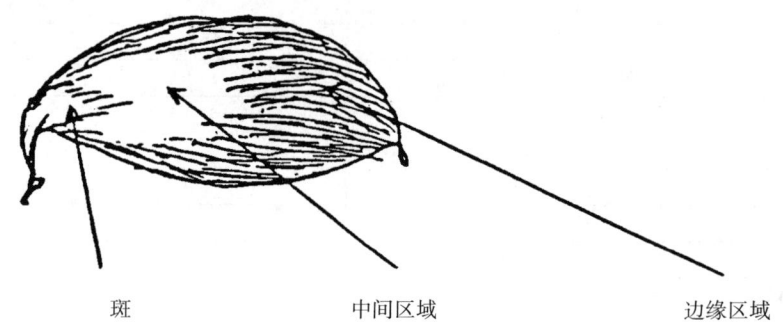

斑　　　　中间区域　　　　边缘区域

扫码下载原文

如扫描二维码无法下载指南原文，可能是指南版本有更新，可扫描本书封底二维码查看与本文对应的指南版本

TG/114/3
原文：英文
日期：1988-10-21

国际植物新品种保护联盟
植物品种特异性、一致性和稳定性
测试指南

藻百年属

(*Exacum* L.)

1 指南适用范围

本指南适用于龙胆科（Gentianaceae.）藻百年属（*Exacum* L.）中所有无性繁殖的品种。

2 繁殖材料要求

2.1 测试机构主管机构规定测试品种的繁殖材料质量和数量以及邮寄的时间和地点。申请人从非测试地区所在国提交的繁殖材料，应符合海关规定并满足相关植物检疫的要求。申请提交的植物材料的最少量为 4～5 cm 高的带有 4～5 片叶的 20 株幼苗。所提供的植物材料应足够健康，不缺乏生长活力、未受到任何严重病虫害的影响。

2.2 提交的植物材料不应进行任何处理，除非主管机构允许或要求进行这种处理。如果材料已经处理，必须提供处理的详细说明。

3 测试

3.1 一个测试通常在 1 个生长周期内进行。如果特异性和/或一致性在 1 个生长周期内不能充分确定，可以需要进行第二个生长周期的测试。

3.2 正常情况下测试地点应该在同一地点进行。如任何重要的品种性状不能在该地点观察到，该品种可以在另外一个地点进行测试。

3.3 为保证植株的正常生长，测试应在温室条件下进行。

盆栽：植株长到 14 或 15 周时，在 10 cm 的泥炭堆肥盆中移栽。

施肥：根据土壤条件添加营养液，pH 值 5.5～6.0。

株距：每平方米 20 个植株。

灌溉：相对较少的灌溉量，在两次灌溉之间，应保持工作台干燥。

温度：盆栽 1 周后温度应该保持在 22 ℃，之后降低到 18 ℃。22 ℃时保持通风。

光照：在开花之前，温室应尽可能遮阴以防止花失色。

地块的大小应满足在植株或植株部位因测量或计数被移走之后不影响该品种整个生育期的性状的观测。每个测试应至少包括 15 个植株。单独观察和测量的地块应保证环境条件相同。

3.4 特殊情况下可以进行附加测试。

4 观测方法

4.1 一致性和稳定性的测试经验表明，通过对观察到的性状的描述可以足够判定所提供的无性繁殖的藻百年属材料是否一致并无突变和与其他品种混合的情况。

4.2 除非另有说明，所有的观察应在 10 个植株或 10 个植株的部分上进行。

4.3 为避免日光变化的影响，颜色的测定应在有人工光源的空间内，或于中午在北向的房间内进行观测。人工光源光谱分布应符合 CIE "理想日光标准 D6500"，且在《英国标准 950：第 1 部分》规定的允许范围之内。测定应将植株部位放在白色背景下进行。

5 品种分组

5.1 待测品种应分组种植以便进行特异性评价。适用于分组的性状是已知不会出现变异或者仅在品种内发生轻微变异的性状。这些性状的不同表达状态应十分均匀地分布于品种库中。

5.2 建议主管机构用以下性状进行品种分组。

(a) 花：类型（性状 9）。

(b) 花瓣：颜色（性状 12），可分为白色、粉色和蓝色。

6 性状和符号

6.1 特异性、一致性和稳定性的评价应采用性状表给出的性状和表达状态。

6.2 为便于电子数据处理，每个性状的表达状态都赋予了相应的代码（1～9）。

6.3 注释

（*）除非前序性状的表达或区域环境条件所限使其无法测试，在测试的每一生长时期，对所有品种都要进行测试的、总要包含在品种描述中的性状。

（+）参见第 8 部分性状表解释。

7 性状表

性状编号	英文	中文	标准品种	代码
1.(*)	**Plant：growth habit**	**植株：生长习性**		
	upright	直立	Best Blue	1
	pendulous	下垂	Blue Ropen	2
2.(*)	**Plant：height**	**植株：高度**		
	short	矮	Blue Ropen	3
	Medium	中	Best Blue	5
	Tall	高	Blue Rococo	7
3.(*)	**Plant：width**	**植株：株辐**		
	narrow	窄		3
	medium	中	Best Blue	5
	broad	宽	Blue Rococo	7
4.(*)	**Stem：anthocyanin**	**茎：花青苷显色**		
	absent	无	Whitestar	1
	present	有	Best Blue	9
5.(*)	**Stem：extension of anthocyanin coloration of internodes starting from the nodes**	**茎：花青苷显色从节到节间延伸长度**		
	short	短	Blue Ropen	3
	medium	中	Best White	5
	long	长	Elfin	7
6.(*)	**Leaf：length**	**叶：长度**		
	short	短		3
	medium	中	Best Blue	5
	long	长		7
7.(*)	**Leaf：width**	**叶：宽度**		
	narrow	窄	Blue Ropen	3
	medium	中	Best Blue	5
	broad	宽		7

续表

性状编号	英文	中文	标准品种	代码
8. (*) (+)	**Leaf blade: predominant shape of base**	叶: 基部主要形状		
	acute	锐尖	Best Blue	3
	broad acute	阔锐尖		4
	obtuse	钝尖		5
	broad obtuse	阔钝尖		6
	straight	平直		7
9. (*) (+)	**Flower: type**	花: 类型		
	single	单瓣	Best Blue	1
	semi-double	半重瓣		2
	double	重瓣	Blue Rococo	3
10. (+)	**Flower: rosette**	花: 莲座丛		
	absent	有	Blue Rococo	1
	present	无	Blue Rosette	9
11. (*)	**Flower: diameter**	花: 直径		
	small	小	Whitestar	3
	medium	中	Best Blue	5
	large	大	Elfin	7
12. (*)	**Petal: color**	花瓣: 颜色		
	RHS Colour Chart (indicate reference number)	RHS 比色卡 (注明参考色号)		
13. (*)	**Flower: overlapping of petals**	花: 花瓣重叠		
	absent	无		1
	present	有	Best Blue	9

8　性状表解释

性状 8: 叶基部主要形状

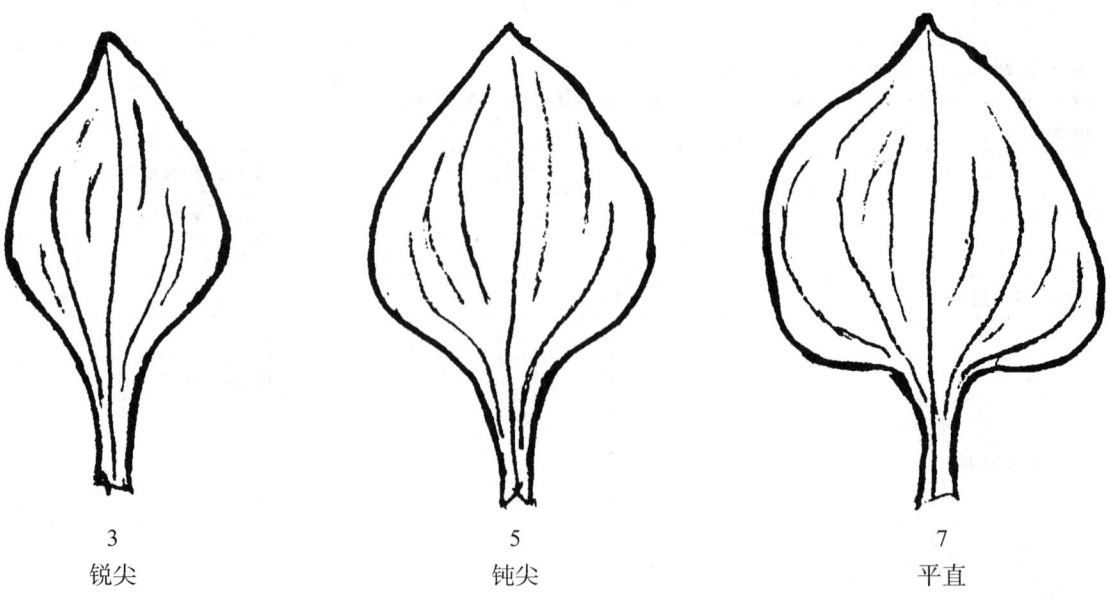

3	5	7
锐尖	钝尖	平直

性状9：花类型

1
单瓣

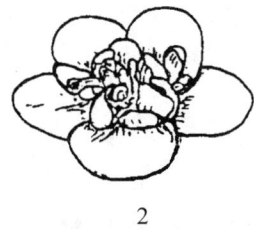
2
半重瓣

3
重瓣

性状10：花莲座丛

有莲座丛

扫码下载原文

如扫描二维码无法下载指南原文，可能是指南版本有更新，可扫描本书封底二维码查看与本文对应的指南版本

TG/115/4
原文：英文
日期：2006-04-05

国际植物新品种保护联盟
植物品种特异性、一致性和稳定性
测试指南

郁金香属

UPOV 代码：TULIP

(*Tulipa* L.)

互用名称 *

植物学名称	英文	法文	德文	西班牙文
Tulipa L.	Tulip	Tulipe	Tulpe	Tulipán

* 这些名称在指南开始使用时是正确的，但随后可能会修改更新。读者可登录 UPOV 网站（www.upov.int），获取最新资料。

1 指南适用范围

本指南适用于郁金香属（*Tulipa* L.）的所有品种。

2 繁殖材料要求

2.1 待测品种繁殖材料的数量和质量要求以及提交的时间和地点由主管机构决定。申请人从测试所在国境外提交繁殖材料的，还应符合海关规定并满足相关植物检疫的要求。

2.2 繁殖材料以符合商业规格的能正常开花的鳞茎形式提供。

2.3 申请人提交繁殖材料的最小数量为 30 个鳞茎。

2.4 提供的繁殖材料应外观健康有活力，未受到任何严重病虫害的影响。

2.5 提交的繁殖材料不得进行任何可能影响品种性状表达的处理，除非主管机构允许或要求进行这种处理。如果材料已经处理，必须提供相关处理的详细说明。

3 测试方法

3.1 生长周期

最短测试时间通常应为 1 个生长周期。

3.2 测试地点

测试通常在 1 个地点进行。在 1 个以上地点进行测试时，TGP/9《特异性测试》提供了有关指导。

3.3 测试条件

3.3.1 测试应在户外进行，测试的条件应能满足品种正常生长的需要，以确保品种相关性状充分表达和测试的顺利开展。除非另有说明，所有观测都应在第一次开花后不久，对生长充分、典型的植株部位进行观测。

3.3.2 由于日光变化的原因，在利用比色卡确定颜色时，应在一个合适的有人工光源照明的小室或中午无阳光直射的房间内进行。人工光源光谱分布应符合 CIE "理想日光标准 D6500"，且在《英国标准 950：第 1 部分》规定的允许范围之内。在鉴定颜色时，应将植株部位位于白色背景上。

3.4 试验设计

3.4.1 每个试验应保证至少有 25 个开花植株。

3.4.2 试验设计应保证因测量或计数等需要，从小区取走部分植株或植株部位后，不影响生长周期结束前的所有观测。

3.5 观测植株 / 植株部位数量

除非另有说明，所有观测应在 10 个植株或分别来自 10 个植株的部位进行。在观测植株部位时，从每个植株上的取样数量为 1 个。

3.6 附加测试

为测试有关性状，可以进行附加测试。

4 特异性、一致性和稳定性评价

4.1 特异性

4.1.1 一般建议

对于本指南的使用者而言，在判定特异性前参照总则特异性判定的一般原则十分重要。但为进一步说明和强调特异性判定，本指南特列出特异性判定的要点。

4.1.2 一致的差异

当观测到的品种之间的差异非常明显时，则没有必要种植 1 个以上生长周期。此外，在某些情况下，环境的影响并不意味着需要 1 个以上的生长周期来保证品种间观察到的差异是足够一致的。为确保在种植试验中所观测到的性状差异是足够一致的，可以对性状进行至少 2 个独立生长周期的测试。

4.1.3 明显的差异

两个品种间的差异是否明显取决于很多因素，特别应考虑所测性状的表达类型，即该性状是质量性状、数量性状还是假质量性状。因此，在作出关于特异性的判定前，本测试指南的使用者应熟悉总则中的建议，这一点很重要。

4.2 一致性

4.2.1 对于本指南的使用者而言，在判定一致性前参照总则一致性判定的一般原则十分重要。但为进一步说明和强调一致性判定，本指南特列出一致性判定的要点。

4.2.2 评价一致性时，应采用 1% 的群体标准和至少 95% 的接受概率。当样本量为 25 个时，允许有 1 个异型株。

4.3 稳定性

4.3.1 在实际操作中，通常不像测试特异性和一致性那样对稳定性进行测试以得到明确结果。经验表明，对许多类型的品种来说，当一个品种表现一致时，可认为其是稳定的。

4.3.2 适当情况下或者有疑问时，可以通过种植测试材料的下一代或对新提交的材料进行稳定性测试，以确保他们表现出和以前提供的测试材料相同的性状。

5 品种分组和试验组织

5.1 使用分组性状可以帮助选择与申请品种一起进行田间种植试验的已知品种，以及对这些品种进行合适分组以便进行特异性评价。

5.2 分组性状表达状态的数据即使来自不同地点，也可以单独或者与其他此类性状联合使用。

（a）用于特异性测试中筛选排除那些不需要安排在种植试验中的已知品种。

（b）用于组织安排种植试验，使近似品种种植在一起。

5.3 郁金香属分类如下。

第一组：原种（包括原种的亚种、原种的栽培种和类似于原种的杂交种）。原种可进一步分为以下种。

（a）*Tulipa kaufmanniana* Regel（考夫曼郁金香）。

（b）*Tulipa fosteriana* W. Irving（福斯特郁金香）。

（c）*Tulipa greigii* Regel（格里克郁金香）。

（d）Other species（其他种）。

第二组：现代杂交种。

5.4 以下性状已被确认为有用的分组性状。

（a）花：类型（性状 10）。

（b）花：主色（性状 13）。分组如下。

第一组：白色（Snowparrot）。

第二组：灰白色。

第三组：浅黄色（Yellow Purissima）。

第四组：中等黄色（Yellow Flight）。

第五组：深黄色（Lady Margot）。

第六组：橙色（Orange Monarch）。

第七组：橙红色（Temple of Beauty）。

第八组：中等红色（Lefeber's Memory）。
第九组：深红色（Prominence）。
第十组：紫红色（Blenda）。
第十一组：浅粉色（Bright Pink Lady）。
第十二组：中等粉色（Angélique）。
第十三组：深粉色（Pink Impression）。
第十四组：中等紫色（Attila）。
第十五组：深紫色（Queen of Night）。
第十六组：棕色（Cairo）。

5.5 对于现代杂交种（5.3），以下性状已被确认为有用的分组性状。

（a）花：须边（性状17）。

（b）花：外花被片外观（见性状20），分组如下。

第一组：凸或平（标准型）。

第二组：尖且反卷（百合花型）。

第三组：有须边，卷曲且扭曲（鹦鹉型）（8.2）。

（c）内花被片局部泛绿色（性状21和性状22），分组如下。

第一组：无。

第二组：有（Viridiflora）（8.2）。

（d）植株：始花期（自然条件下）（性状31）。

5.6 总则中提供了在特异性审查过程中使用分组性状的指导。

6 性状表介绍

6.1 性状类型

6.1.1 标准指南性状

标准指南性状是UPOV已同意用于DUS审查的性状，UPOV成员可以从中选择与其特定环境相适应的性状。

6.1.2 星号性状

星号性状（用"*"标记）是测试指南中对于形成国际统一的品种描述十分重要的性状，所有UPOV成员都应将其用于DUS测试并包含在品种描述中，除非前序性状的表达或区域环境条件所限使其无法测试。

6.2 表达状态及相应代码

为定义性状和统一描述，将每个性状划分为一系列表达状态。每个表达状态赋予一个相应的数字代码，以便于数据记录，以及品种性状描述的建立和交流。

6.3 表达类型

总则中对性状表达类型（质量性状、数量性状和假质量性状）进行了解释。

6.4 标准品种

适当时，测试指南中提供了标准品种用于校正性状的表达状态。

6.5 注释

（*）星号性状（6.1.2）。

QL：质量性状（6.3）。

QN：数量性状（6.3）。

PQ：假质量性状（6.3）。

（+）性状表解释（8.2）。

7 性状表

性状编号	英文	中文	标准品种	代码
1. (*) QN	**Plant：height**	植株：高度		
	very short	极矮	Lilliput，Red Hunter	1
	short	矮	Canasta，Peach Blossom	3
	medium	中	Upstar	5
	tall	高	Apeldoorn	7
	very tall	极高	Temple of Beauty	9
2. (*) QL	**Stem：number of flowers**	茎：花数量		
	one	1个	Apeldoorn	1
	more than one	多于1个	Georgette	2
3. (*) QL	**Stem：anthocyanin coloration**	茎：花青苷显色		
	absent	无	Upstar	1
	present	有	Dow Jones	9
4. (*) QL	**Stem：position of anthocyanin coloration**	茎：花青苷显色部位		
	distal part only	仅远基端	Dow Jones	1
	whole stem	整个茎	Halloween	2
5. (*) PQ	**Leaf：shape**	叶：形状		
	linear	线形	Lilliput	1
	narrow elliptic	窄椭圆形		2
	medium elliptic	中等椭圆形	Blushing Beauty	3
	broad elliptic	阔椭圆形	Apeldoorn	4
	narrow ovate	窄卵形		5
	medium ovate	中等卵形	Havran	6
	broad ovate	阔卵形	Grand Prestige	7
6. (*) QL	**Leaf：variegation**	叶：斑纹		
	absent	无	Apeldoorn	1
	present	有	Unicum	9
7. (*) PQ	**Leaf：distribution of variegation**	叶：斑纹分布		
	on margin	边缘	Happy Generation，Madame Lefeber	1
	marginal zone	边缘区域	Diplomate，Flash Point	2
	dots	点状	Grand Prestige	3
	dots and stripes	点状和条状	Ali Baba，Calypso	4
	stripes	条状	Toulon	5
8. (*) PQ	**Leaf：color of variegation**	叶：斑纹颜色		
	white	白色	Madame Lefeber，Unicum	1
	yellow green	黄绿色	Darwidesign	2
	yellow	黄色	Ton Augustinus	3
	pink	粉色		4
	red	红色		5
	purple	紫色	First Love，Copenhagen	6
9. (*) QL	**Leaf：undulation of margin**	叶：边缘波状		
	absent	无	Apeldoorn	1
	present	有	Christmas Marvel	9

续表

性状编号	英文	中文	标准品种	代码
10. (*) (+) QL	Flower：type	花：类型		
	single	单瓣	Apeldoorn	1
	double	重瓣	Monte Carlo	2
11. (*) QN	Flower：length	花：长度		
	very short	极短	Lilliput	1
	short	短	Monte Carlo	3
	medium	中	Pink Impression	5
	long	长	Gander	7
	very long	极长	Tender Beauty	9
12. (*) (+) PQ	Only single flower type varieties：Flower：shape	花：形状（仅适用于单瓣类型品种）		
	ellipsoid	椭圆形	Prinses Irene	1
	ovoid	卵圆形	Apeldoorn，Purple States	2
	lily flower	百合花形	Aladdin	3
13. (*) PQ	Flower：main color	花：主色		
	RHS Colour Chart（indicate reference number）	RHS比色卡（注明参考色号）		
14. (*) QL	Flower：number of colors on outer side	花：外表面颜色数量		
	one	1种	Apeldoorn	1
	two	2种	Early Surprise	2
	three or more	大于等于3种	Tricolette	3
15. (*) PQ	Only varieties with more than one color on outer side: Flower：distribution of secondary color on outer side	花：外表面次色分布（仅适用于外表面颜色数量为1种以上的品种）		
	on margin	边缘	Yellow Pompenette	1
	marginal zone	边缘区域	Lustige Witwe	2
	flamed	火焰状	Prinses Irene	3
	flushed	晕染状	Peach Blossom	4
	at base	基部	Gudoshnik	5
16. PQ	Only varieties with more than one color on outer side：Flower：secondary color on outer side	花：外表面次色（仅适用于外表面颜色数量为1种以上的品种）		
	RHS Colour Chart（indicate reference number）	RHS比色卡（注明参考色号）		
17. (*) QL	Flower：fringe	花：须边		
	absent	无	Apeldoorn	1
	present	有	Barbados，Fancy Frills	9
18. (*) QN	Flower：conspicuousness of fringe	花：须边程度		
	weak	弱	Arma	1
	intermediate	中	Crystal Beauty	2
	strong	强	Barbados，Valery Gergiev	3

续表

性状编号	英文	中文	标准品种	代码
19. (*) PQ	Flower: position of fringe on tepals	花：花被片须边位置		
	top only	仅顶部	Calibra	1
	all over margin	整个边缘	Capri，Hamilton	2
	irregular	不规则		3
20. (*) PQ	Flower: shape of tip of outer tepal	花：外花被片尖端形状		
	acuminate	渐尖	Aladdin	1
	acute	锐尖	Temple of Beauty	2
	rounded	圆形	Caravelle	3
	emarginate	微缺	Jan van Nes	4
21. (*) PQ	Flower: main color of central part of outer side of inner tepal	花：内花被片外侧中部主色		
	RHS Colour Chart（indicate reference number）	RHS 比色卡（注明参考色号）		
22. (*) PQ	Flower: main color of marginal part of outer side of inner tepal	花：内花被片外侧边缘主色		
	RHS Colour Chart（indicate reference number）	RHS 比色卡（注明参考色号）		
23. (*) PQ	Flower: main color of central part of inner side of inner tepal	花：内花被片内侧中部主色		
	RHS Colour Chart（indicate reference number）	RHS 比色卡（注明参考色号）		
24. (*) PQ	Flower: main color of marginal part of inner side of inner tepal	花：内花被片内侧边缘主色		
	RHS Colour Chart（indicate reference number）	RHS 比色卡（注明参考色号）		
25. (+) PQ	Flower: main color of macule on inner side	花：内侧色斑主色		
	RHS Colour Chart（indicate reference number）	RHS 比色卡（注明参考色号）		
26. (*) QL	Flower: different color of border of macule	花：色斑边缘颜色不同		
	absent	无	Blushing Apeldoorn	1
	present	有	Apeldoorn	9
27. (*) QL	Stamen: number of colors of filament	雄蕊：花丝颜色数量		
	one	1 种		1
	two	2 种		2
28. PQ	Stamen: color of basal half of filament	雄蕊：花丝下半部颜色		
	white	白色		1
	light yellow	泛黄色		2
	medium yellow	中等黄色		3
	dark yellow	深黄色		4
	purple	紫色		5
	blue	蓝色		6
	black	黑色		7

续表

性状编号	英文		中文	标准品种	代码
29. PQ	Stamen: color of distal half of filament		雄蕊：花丝上半部颜色		
	white		白色		1
	light yellow		泛黄色		2
	medium yellow		中等黄色		3
	dark yellow		深黄色		4
	purple		紫色		5
	blue		蓝色		6
	black		黑色		7
30. (*) PQ	Stamen: color of pollen		雄蕊：花粉颜色		
	greenish		泛绿色	Easter Moon	1
	yellow		黄色	Gander Special	2
	yellow and purple or black		黄色和紫色或黑色		3
	purple or black		紫色或黑色	Christmas Orange	4
31. (*) QN	Plant: beginning of flowering (natural conditions)		植株：始花期（自然条件下）		
	very early		极早	Love Song, Showwinner, Early Harvest	1
	early		早	Bestseller, Apricot Beauty, Flair	3
	medium		中	Apeldoorn, Prinses Irene	5
	late		晚	Temple of Beauty, Renown, Queen of Night	7
	very late		极晚	Dillenburg, Princess Margaret Rose	9

8　性状表解释

8.1　单个性状的解释

性状 10：花类型

重瓣品种指品种具有 12 个或 12 个以上花被片的品种。

性状 12：花形状（仅适用于单瓣类型品种）

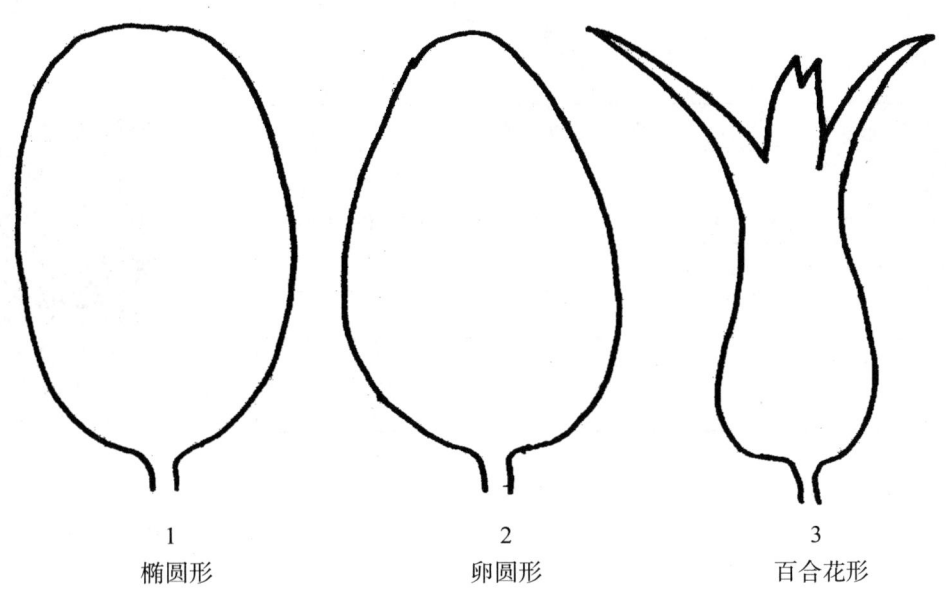

1	2	3
椭圆形	卵圆形	百合花形

性状 25：花内侧色斑主色

色斑应在花被未展开时作为一个整体进行观测。

8.2 分组性状解释

5.5（b）：外花被片外观

第一组
凸或平
（标准型）

第二组
尖且反卷
（百合花型）

第三组
须边、卷曲且扭曲
（鹦鹉型）

5.5（c）：内花被片局部泛绿色

无

有（Viridiflora）

8.3 标准品种种类

种	品种
巴塔林郁金香	Red Hunter
福斯特郁金香	Copenhagen、Easter Moon、Madame Lefeber、Toulon、Yellow Purissima
格里克郁金香	Ali Baba、Calypso、First Love、Grand Prestige
矮花郁金香	Lilliput
考夫曼郁金香	Early Harvest、Love Song、Showwinner
艳丽郁金香	Unicum

所有其他标准品种包括性状表里的现代杂交种。

扫码下载原文

如扫描二维码无法下载指南原文，可能是指南版本有更新，可扫描本书封底二维码查看与本文对应的指南版本

TG/126/4
原文：英文
日期：1990-10-12

国际植物新品种保护联盟
植物品种特异性、一致性和稳定性
测试指南

立金花属

(*Lachenalia* Jacq.f.ex Murray)

1　指南适用范围

本指南适用于风信子科 [Hyacinthaceae（Liliaceae）] 立金花属（*Lachenalia* Jacq.f.ex Murray）的所有无性繁殖品种。

2　繁殖材料要求

2.1　待测品种繁殖材料的数量和质量要求以及提交的时间和地点由主管机构决定。申请人从测试所在国境外提交繁殖材料的，还应符合海关规定并满足相关植物检疫的要求。建议提交的繁殖材料最小数量为20个鳞茎，达到商业销售花大小。提供的繁殖材料应外观健康有活力，未受到任何严重病虫害的影响。

2.2　提交的繁殖材料不得进行任何可能影响品种性状表达的处理，除非主管机构允许或要求进行这种处理。如果材料已经处理，必须提供相关处理的详细说明。

3　测试实施

3.1　测试通常为1个生长周期。如果在1个生长周期内特异性和/或稳定性不能充分确定，测试应增加至第二个生长周期。

3.2　测试通常在1个地点进行。如果供试品种有任何重要的性状不能在该地表达，该品种可在另一地点测试。

3.3　测试应在温室条件下进行以确保正常生长。

种植时间：3—4月（南半球），如果花的习惯被强制改变，种植时间可能会改变。

土壤：排水良好的肥沃土壤，富含有机质。

种植深度：2～4 cm。

种植密度：12 cm 直径的盆中，每盆种植3个鳞茎。

温度：白天20～30 ℃，晚上5～10 ℃。

鳞茎采收：当花枯萎时减少浇水，当叶开始变黄时停止浇水。叶片开始变成褐色时，挖取鳞茎。切掉叶片，用杀菌剂处理鳞茎并将其在20～25 ℃的通风良好的房间里晾干。

鳞茎存储：最高25 ℃。

试验地块的大小应保证因测量或计数等需要，从小区取走部分植株或植株部位后，不影响生长周期结束前的所有观测。每个试验应至少包括20个植株，只有在当环境条件相似时，才能使用分开种植的小区进行观测和测量。

4　测试和观测

4.1　在测试一致性和稳定性时，经验表明，对于无性繁殖的立金花属品种，足以依据观测性状的表达状态判定供试的繁殖材料是否一致并且是否存在变异或混杂。

4.2　所有观测应对10个植株或分别来自10个植株的部位进行。

4.3　所有对叶、花序和花的观测应在花序80%的花开放时进行。

4.4　对叶横截面形状的观测应在叶片长度的中间进行。

4.5　测量花梗长度应从地面测量。

4.6　对花的观测应在花序上近期完全开放的花褪色之前进行。花直径应测量花被最宽处，不包括尖端。

4.7　始花期为从花序上的第一朵花开放开始持续至花序上的第三朵花枯萎结束。

4.8 所有对鳞茎的观测应对新挖的休眠鳞茎进行。

4.9 由于日光变化的原因，在利用比色卡确定颜色时，应在一个合适的有人工光源照明的小室或中午无阳光直射的房间内进行。人工光源光谱分布应符合 CIE "理想日光标准 D6500"，且在《英国标准 950：第 1 部分》规定的允许范围之内。在鉴定颜色时，应将植株部位放于白色背景上。

5 品种分组

5.1 待测品种应分组种植以便进行特异性评价。适用于分组的性状是已知不会出现变异，或者仅在品种内发生轻微变异的性状。这些性状的不同表达状态应十分均匀地分布于品种库中。

5.2 建议主管机构使用下列性状来分组。

（a）叶：上表面斑点（性状 12）。

（b）花：主色（性状 33）。

（c）外花被片：先端相对于其他部位颜色（性状 37）。

（d）内花被片：先端边缘相对于其他部位颜色（性状 40）。

6 性状符号

6.1 为判定特异性、一致性和稳定性，应使用性状表中以 UPOV 的 3 种工作语言列出的性状。

6.2 为便于电子数据处理，每个性状的表达状态都赋予了相应的代码（1～9）。

6.3 说明

（*）除非前序性状的表达或区域环境条件所限使其无法测试，在测试的每个生长时期，对所有品种都要进行测试的、总要包含在品种描述中的性状。

（+）见第 8 部分性状表解释。

7 性状表

性状编号	英文	中文	标准品种	代码
1. (+)	**Leaf: attitude**	叶：姿态		
	semi-erect	半直立	Romaud	3
	spreading	平展	Roinge	5
	prostrate	匍匐	Bontrok	7
2. (*)	**Leaf: length**	叶：长度		
	short	短		3
	medium	中	Bontrok, Winsome	5
	long	长	Lizelle, Romaud, Romelia	7
3. (*)	**Leaf: width**	叶：宽度		
	narrow	窄	Rodelein	3
	medium	中	Rosabeth	5
	wide	宽	Romaud	7
4.	**Leaf: ratio length/width**	叶：长宽比		
	small	小		3
	medium	中	Romaud	5
	large	大	Rodelein	7

续表

性状编号	英文	中文	标准品种	代码
5. (*) (+)	**Leaf: shape**	叶：形状		
	ovate	卵圆形	Romaud	1
	lanceolate	披针形	Rdelein	2
	oblong	长椭圆形	Romargo	3
6.	**Leaf: color**	叶：颜色		
	Light green	泛绿色	Romelia	1
	dark green	深绿色	Roinge	2
	Blue green	蓝绿色	Bntrok	3
7. (+)	**Leaf: shape in cross section**	叶：横切面形状		
	angular	角形	Robyn，Romelia	1
	straight	直线形	Bontrok	2
	circular	圆形		3
8.	**Leaf: recurring of margin**	叶：边缘反卷		
	absent	无	Eliza，Rodelein	1
	present	有	Romaud	9
9.	**Leaf: undulation of margin**	叶：边缘波状		
	absent	无	Romelia	1
	present	有	Elegant，Leipoldt	9
10.	**Leaf: blistering of upper side**	叶：上表面泡状突起		
	absent	无	Rodelein，Rosabeth	1
	present	有		9
11.	**Leaf: pubescence of upper side**	叶：上表面茸毛		
	absent	无	Rodelein，Rosabeth	1
	present	有		9
12. (*)	**Leaf: spots on upper side**	叶：上表面斑点		
	absent	无	Rodelein	1
	present	有	Bontrok，Roinge，Rosabeth	9
13.	**Leaf: color of spots on upper side**	叶：上表面斑点颜色		
	greenish	泛绿色		1
	purplish	泛紫色		2
14.	**Leaf: size of spots on upper side**	叶：上表面斑点大小		
	small	小	Rosabeth	3
	medium	中	Robyn，Roinge	5
	large	大	Eliza，Roklara	7
15.	**Leaf: density of spots on upper side**	叶：上表面斑点密度		
	sparse	疏	Romelia	3
	medium	中	Roinge，Rosabeth	5
	dense	密	Bontrok	7
16.	**Leaf: intensity of color of spots on upper side**	叶：上表面斑点颜色深度		
	light	浅	Romaud	3
	medium	中	Rolina，Romelia	5
	dark	深	Bontrok，Roklara	7

续表

性状编号	英文	中文	标准品种	代码
17. (*)	Leaf：markings on outer side of leaf base	叶：叶基外侧斑块		
	absent	无	Rodelein	1
	present	有	Roinge，Rozanne	9
18. (*) (+)	Peduncle：length	花序梗：长度		
	short	短	Rolene，Romaud	3
	medium	中	Rosabeth	5
	long	长	Rodelein	7
19. (*)	Peduncle：spots or markings	花序梗：斑点或斑块		
	absent	无	Rodelein，Sonni	1
	present	有	Bontrok，Rosabeth	9
20. (+)	Peduncle：size of spots or markings	花序梗：斑点或斑块大小		
	small	小	Ronita	3
	medium	中	Robyn	5
	large	大	Roinge，Rolina	7
21.	Peduncle：density of spots or markings	花序梗：斑点或斑块密度		
	sparse	疏	Robekkie	3
	medium	中	Robyn	5
	dense	密	Robekkie	7
22. (*) (+)	Inflorescence：length	花序：长度		
	short	短	Bontrok	3
	medium	中	Robyn，Roklara	5
	long	长	Lizelle，Romaud，Sonni	7
23.	Inflorescence：rudimentary apex	花序：先端退化		
	inconspicuous	不显著	Rosabeth	1
	conspicuous	显著	Ronette	2
24.	Inflorescence：number of flowers	花序：花数量		
	few	少	Bontrok	3
	medium	中	Rolina，Romelia	5
	many	多	Romaud，Sonni	7
25.	Flower：attitude	花：姿态		
	erect	直立		3
	horizontal	水平	Robyn，Romargo	5
	pendulous	下垂	Ronelia	7
26. (*) (+)	Flower：pedicel	花：花梗		
	absent	无	Rodelein	1
	present	有	Romelia	9
27. (+)	Flower：length of pedicel	花：花梗长度		
	short	短	Romargo	3
	medium	中	Bontrok，Louis	5
	long	长	Rosabeth	7
28. (*) (+)	Flower：length	花：长度		
	short	短	Rodelein	3
	medium	中	Lizelle，Rolene，Sonni	5
	long	长	Rrobyn，Romelia	7

续表

性状编号	英文	中文	标准品种	代码
29. (*) (+)	**Flower：diameter excluding apex**	花：直径（不包括先端）		
	small	小	Robyn	3
	medium	中	Romargo，Romelia，Rosabeth	5
	large	大	Rodelein，Sonni	7
30. (*) (+)	**Flower：diameter at apex**	花：先端直径		
	small	小	Robyn	3
	medium	中	Ronita	5
	large	大	Romelia，Sonni	7
31. (*) (+)	**Flower：attitude of distal part of inner perianth segments**	花：内花被片远基端姿态		
	straight	直立	Robyn	1
	spreading	平展	Rozanne	2
	recurved	外弯	Lizelle，Romelia，Sonni	3
32.	**Flower：glossiness**	花：光泽度		
	absent	无		1
	present	有		9
33. (*)	**Flower：predominant color**	花：主色		
	green	绿色		1
	yellow-green	黄绿色		2
	white	白色		3
	yellow	黄色	Romaud，Ronette	4
	orange-yellow	橙黄色	Romelia	5
	orange	橙色	Bontrok，Roinge	6
	orange-pink	橙粉色	Leipoldt，Louis	7
	pink	粉色	Rozanne，Winsome	8
	red	红色	Robyn	9
	purple	紫色	Biedou，Gail，Rodelein	10
	violet	紫罗兰色	Roklara	11
	blue	蓝色	Ron i ta	12
34.	**Flower：intensity of predominant color**	花：主色显色程度		
	weak	弱	Biedou，Rolina，Romargo	3
	medium	中	Gail	5
	strong	强	Romelia，Winseme	7
35.	**Outer perianth segment：color of basal part just before opening of flower**	外花被片：开花前基部颜色		
	RHS Colour Char t (indicate reference number)	RHS 比色卡（注明参考色号）		
36. (*)	**Outer perianth segment：color of basal part of fully opened flower**	外花被片：完全开放花基部颜色		
	RHS Colour Char t (indicate reference number)	RHS 比色卡（注明参考色号）		
37. (*)	**Outer perianth segment：color of apex relative to other part**	外花被片：先端相对于其他部位颜色		
	similar	相似	Louis	1
	clearly different	明显不同	Ronette	2

续表

性状编号	英文	中文	标准品种	代码
38. (*)	**Outer perianth segment: color of apex if clearly different from other part**	外花被片：与其他部位明显不同时先端颜色		
	yellow-green	黄绿色		1
	yellow	黄色		2
	orange-pink	橙粉色	Louis	3
	greenish-pink	泛绿粉色	Biedou, Rozanne	4
	purplish	泛紫色	Gail, Robyn	5
	green blue	绿蓝色	Ronita	6
	brown	棕色		7
39. (*)	**Inner perianth segment: distinct spot in middle of apex**	内花被片：先端中部明显不同的斑点		
	absent	无	Bontrok	1
	present	有	Ronette	9
40. (*)	**Inner perianth segment: color of margin of apex relative to other part**	内花被片：先端边缘相对于其他部位颜色		
	similar	相似	Biedou, Rupert	1
	clearly different	明显不同	Louis, Roinge	2
41. (*)	**Inner perianth segment: color of differently colored margin of apex**	内花被片：先端边缘明显不同的颜色		
	brown	棕色	Roinge, Bontrok	1
	pale purple	浅紫色	Rozanne	2
	purple	紫色	Leipoldt, Louis	3
42. (*)	**Inner perianth segment: predominant color of exposed part (excluding differently colored margin of apex)**	内花被片：主色（不包括先端边缘不同的颜色）		
	RHS Colour Chart (indicate reference number)	RHS比色卡（注明参考色号）		
43. (+)	**Flower: length of inner perianth segment compared to outer segments**	花：内花被片相对于外花被片长度		
	same length	等长	Robyn	1
	longer	较长	Roinge, Rosabeth	2
	much longer	很长	Romelia	3
44. (*)	**Flower: extrusion of stamens**	花：雄蕊突起		
	absent	无	Roinge, Rosabeth	1
	present	有	Louis, Rolene	9
45.	**Flower: fragrance**	花：香味		
	absent	无	Romelia	1
	present	有	Romaud	9
46.	**Bulb: predominant shape**	鳞茎：主要形状		
	oblate	扁圆形	Romaud	1
	globose to obovoid	球形至倒卵球形	Roklara	2
47. (*)	**Time of flowering**	始花期		
	very early	极早	Romaud, Romelia, Ronette	1
	early	早	Celia, Lizelle, Sonni	3
	medium	中	Louis, Rozanne	5
	late	晚	Bontrok, Roinge, Roklara	7
	very late	极晚	Rolanda, Romargo, Winsome	9
48. (*)	**Duration of flowering**	开花持续时间		
	short	短		3
	medium	中	Rodelein, Roinge	5
	long	长	Romelia, Rosabeth	7

8 性状表解释

性状1：叶姿态

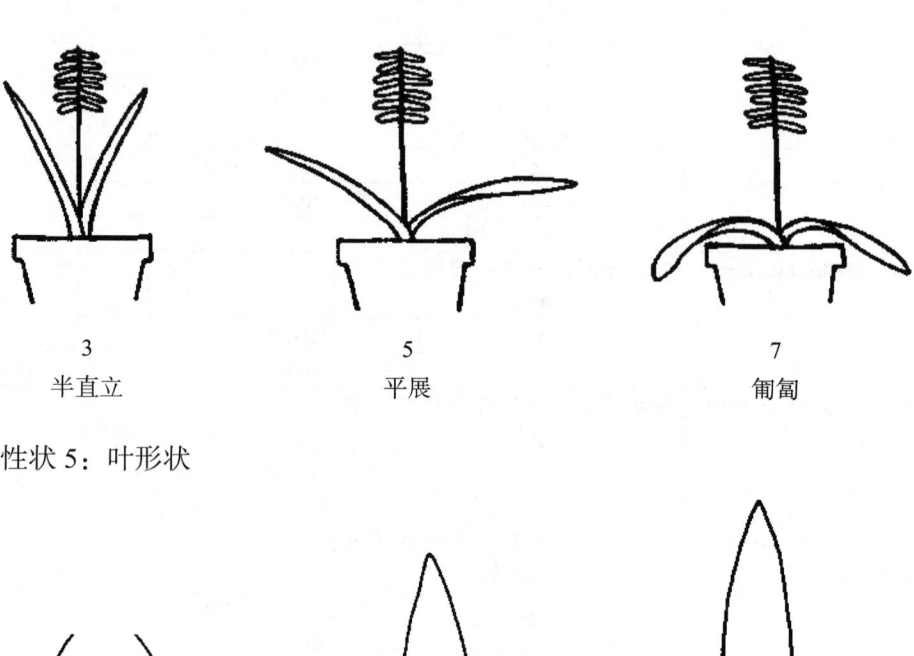

3	5	7
半直立	平展	匍匐

性状5：叶形状

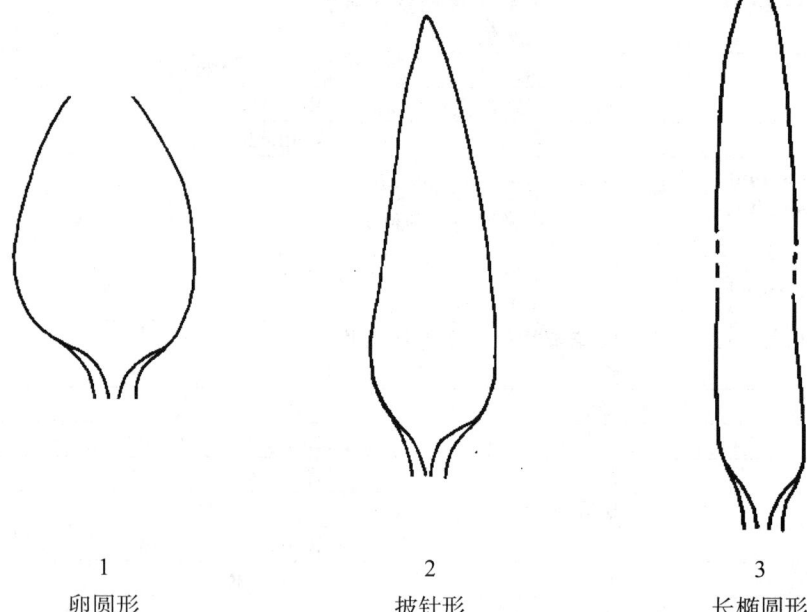

1	2	3
卵圆形	披针形	长椭圆形

性状7：叶横切面形状

1	2	3
角形	直线形	圆形

性状 18 和性状 22：花序梗长度和花序长度

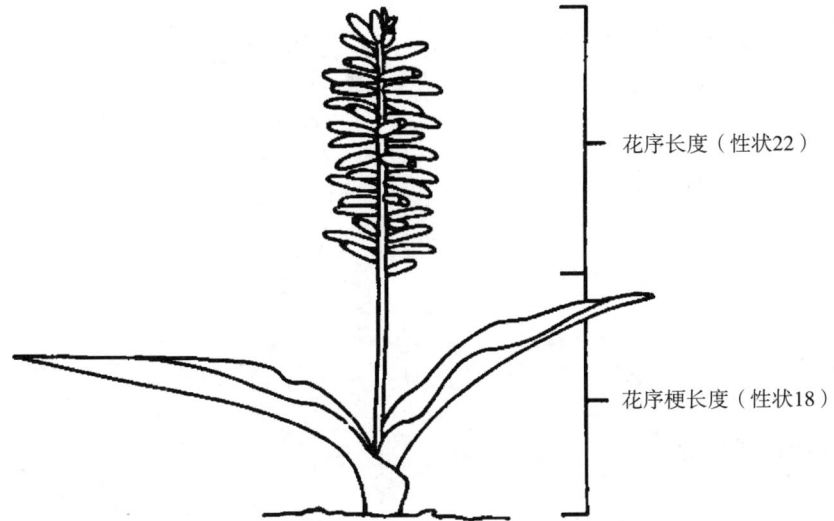

性状 20：花序梗斑点或斑块大小

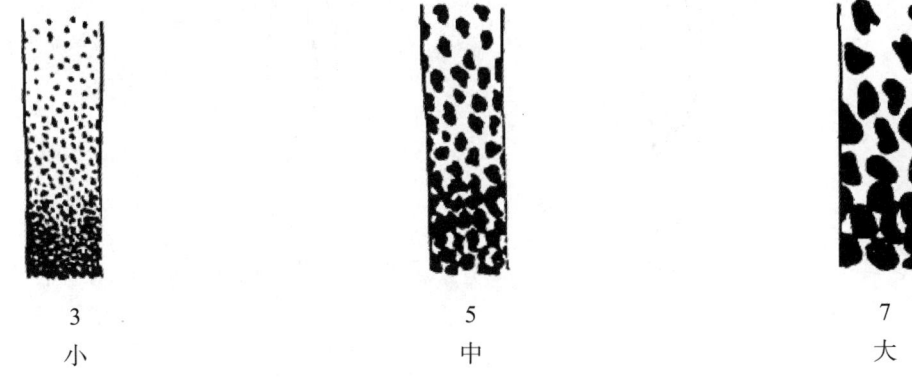

| 3 | 5 | 7 |
| 小 | 中 | 大 |

性状 26 至性状 30 花的结构

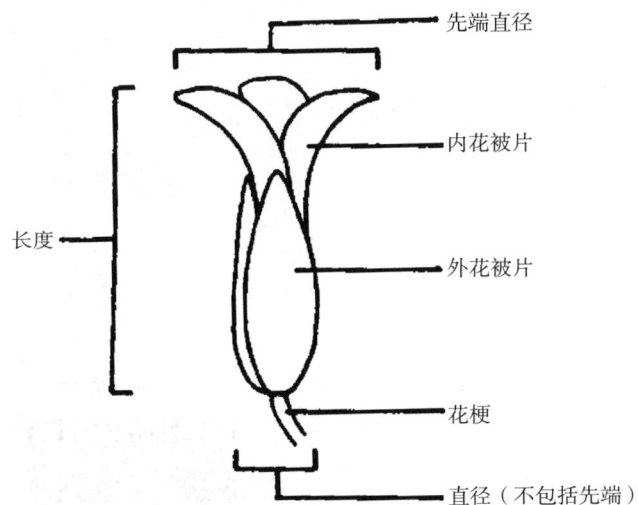

性状 31：内花被片远基端姿态

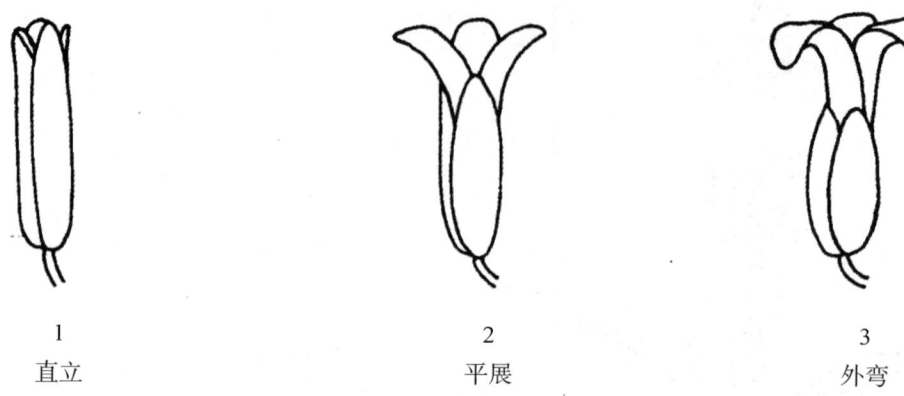

1	2	3
直立	平展	外弯

性状 43：内花被片相对于外花被片长度

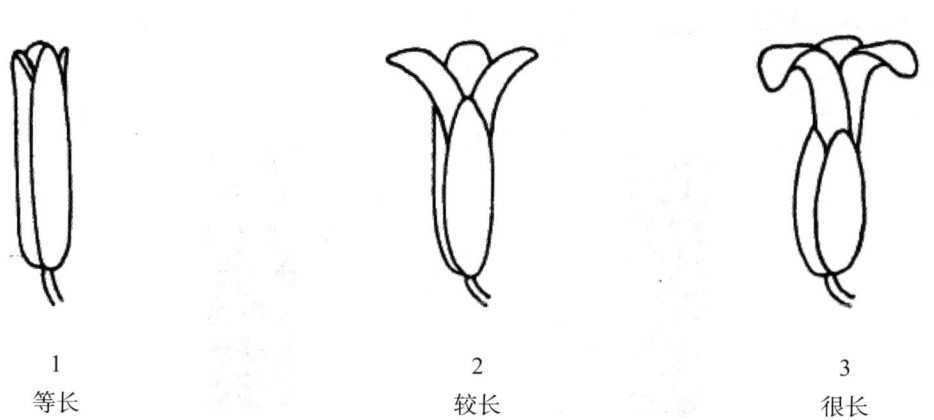

1	2	3
等长	较长	很长

扫码下载原文

如扫描二维码无法下载指南原文，可能是指南版本有更新，可扫描本书封底二维码查看与本文对应的指南版本

TG/127/3
原文：英文
日期：1990-10-12

国际植物新品种保护联盟
植物品种特异性、一致性和稳定性
测试指南

银叶树属

(*Leucadendron* R.Br.)

测试技术说明

1 指南适用范围

本指南适用于山龙眼科（Proteaceae）银叶树属（*Leucadendron* R.Br.）的所有无性繁殖品种。

2 繁殖材料要求

2.1 待测品种繁殖材料的数量和质量要求以及提交的时间和地点由主管机构决定。申请人从测试所在国境外提交繁殖材料的，还应符合海关规定并满足相关植物检疫的要求。申请人提交繁殖材料的最小数量为 12 个无根插条。提供的繁殖材料应外观健康有活力，未受到任何严重病虫害的影响。

2.2 提交的繁殖材料不得进行任何可能影响品种性状表达的处理，除非主管机构允许或要求进行这种处理。如果材料已经处理，必须提供相关处理的详细说明。

3 测试方法

3.1 测试应该在 1 个生长周期内进行。如果在 1 个生长周期不能充分测试其特异性和／或一致性，则测试应延长到第二个生长周期。

3.2 在一个地点，测试的条件应能满足品种正常生长的需要，以确保品种相关性状充分表达和测试的顺利开展。如果在该地点不能观测到品种的任何重要性状，则应选择其他地点进行测试。

3.3 测试应保证在申请品种正常生长的条件下进行。试验设计应保证因测量或计数等需要，从小区取走部分植株或植株部位后，不影响生长周期结束前的所有观测。每个测试应最少包括 4 个植株。独立的观测和测量必须在相同环境条件下进行。

3.4 为测试有关性状，可以进行附加测试。

4 田间试验和性状观测

4.1 有测试一致性和稳定性的经验表明，银叶树是无性繁殖，因此可以确定所提供的植物材料是否在观测性状上是一致的，且无突变或混合。

4.2 所有的观测应对 4 个植株的 20 个样本进行。

4.3 所有的观测应针对树龄相同的植株，最好是不低于 3 年的树龄。

4.4 主茎粗度应在地表以上 10 cm 处进行观测。

4.5 开花枝是末端有头状花序的无分枝的茎。

4.6 对叶和开花枝的观测应在测试品种盛花期的花枝的上部 1/3 处进行。

4.7 除非另有说明，对头状花序的观测应在测试品种 50% 的花都开放的盛花期进行。

4.8 内部总苞叶片是最靠近聚集小花基部的叶片。外部总苞叶片围绕内部总苞叶片并植入开花枝顶部 5～10 mm。

5 分组形状

5.1 将测试材料分成若干组，以便对特异性进行评估。适于分组的性状是凭经验可知，在申请品种中无变化或有略微变化，其不同的状态在品种库中均匀分布。

5.2 建议测试机构采用以下性状进行分组。
（a）植株：生长习性（性状 2）。
（b）植株：木块茎（性状 6）。
（c）植株：30 cm 花枝中开花枝数量（性状 23）。
（d）内部总苞叶片：主色（性状 49）。
（e）外部总苞叶片：花期后颜色变化（性状 65）。
（f）植株：性别（性状 1）。

6 性状和代码

6.1 为了进行特异性、一致性和稳定性评估，UPOV 的 3 种工作语言均在性状类型及表达状态中使用到。

6.2 电子数据处理的代码（1~9）是对不同的性状表达状态给出相应的代码。

6.3 注释
（*）性状都应将其用于 DUS 测试并包含在品种描述中，除非该性状的表达状态不可能发生。
（+）见第 8 部分性状表解释。

7 性状表

性状编号	英文	中文	标准品种	代码
1. (*)	**Plant：sex**	植株：性别		
	male	雄性	Duet	1
	female	雌性	Candles，Safari Sunset	2
2. (*)	**Plant：growth habit**	植株：生长习性		
	erect	直立		3
	spreading	平展		5
	prostrate	匍匐		7
3.	**Plant：height**	植株：高度		
	short	矮		3
	medium	中		5
	tall	高		7
4.	**Plant：diameter**	植株：直径		
	small	小		3
	medium	中		5
	large	大		7
5.	**Plant：density of foliage**	植株：叶密度		
	sparse	疏		3
	medium	中		5
	dense	密		7
6. (*)(+)	**Plant：lignotuber**	植株：木块茎		
	absent	无		1
	present	有		9

续表

性状编号	英文	中文	标准品种	代码
7.	**Non lignotuberous varieties only：Main stem：thickness**	主茎：粗度（仅适用于无木块茎品种）		
	thin	细		3
	medium	中		5
	thick	粗		7
8.	**Non lignotuberous varieties only：Main stem：color**	主茎：颜色（仅适用于无木块茎品种）		
	grey	灰色		1
	brown	棕色		2
	dark brown	深棕色		3
9. (+)	**Leaf：blade always upright**	叶：叶片直立性		
	absent	无	Candles，Safari Sunset	1
	present	有		9
10.	**Leaf：predominant attitude in relation to branch（leaves with always upright blade excluded）**	叶：相对于枝条的姿态（保持直立的叶片除外）		
	adpressed	紧贴		1
	oblique	倾斜	Candles，Safari Sunset	3
	perpendicular	垂直		5
	recurved	外弯		7
	strongly recurved	强烈外弯		9
11.	**Leaf：length**	叶：长度		
	very short	极短		1
	short	短	Winter Red	3
	medium	中	Candles	5
	long	长	Safari Sunset	7
	very long	极长		9
12.	**Leaf：width**	叶：宽度		
	very narrow	极窄		1
	narrow	窄		3
	medium	中		5
	broad	宽		7
	very broad	极宽		9
13.	**Leaf：ratio length/width**	叶：长宽比		
	very small	极小		1
	small	小		3
	medium	中		5
	large	大		7
	very large	极大		9
14. (*) (+)	**Leaf：position of broadest part**	叶：最宽处位置		
	below middle	中部以下		1
	in middle	中部		2
	above middle	中部以上	Safari Sunset Winter Red	3
	along most of its length	沿其大部分长度		4

398

续表

性状编号	英文		中文	标准品种	代码
15. (*) (+)	Leaf: shape of apex		叶：先端形状		
	acute		锐尖	Candles，Winter Red	1
	obtuse		钝尖		2
	rounded		圆形	Safari Sunset	3
	truncate		平截		4
	emarginate		微缺		5
16. (*) (+)	Leaf: shape of base		叶：基部形状		
	tapered		锥形		1
	acute		锐尖	Safari Sunset，Winter Red	2
	obtuse		钝尖		3
	rounded		圆形		4
	truncate		平截		5
17. (+)	Leaf: shape in cross section		叶：横截面形状		
	flat		平	Candles，Safari Sunset	1
	Inrolled（canaliculate）		内卷（槽状）		2
	round（terete）		圆形（圆柱状）		3
18. (*)	Leaf: predominant color		叶：主色		
	grey to silvery		灰色到银色		1
	grey green		灰绿色		2
	green		绿色		3
	dark green		深绿色		4
	yellow green		黄绿色		5
	yellow		黄色		6
	yellow and red		黄色和红色		7
	red		红色		8
	purplish		泛紫色		9
19.	Leaf: undulation of margin		叶：边缘波状		
	absent		无	Candles	1
	present		有		9
20.	Leaf: color of margin		叶：边缘颜色		
	greenish		泛绿色		1
	greyish		泛灰色		2
	yellowish		泛黄色	Safari Sunset	3
	reddish		泛红色		4
21.	Leaf: fringe on margin		叶：边缘毛缘		
	absent		无	Candles，Safari Sunset	1
	present		有		9
22.	Leaf: position of fringe on margin		叶：边缘毛缘位置		
	on basal part		仅基部		1
	on entire margin		整个边缘		2
23. (+)	Plant: number of flowering branches on 30cm length of flowering material		植株：30 cm 花枝中开花枝数量		
	one		1个	Safari Sunset	1
	2 to 5		2~5个	Candles	2
	more than 5		>5个		3

续表

性状编号	英文	中文	标准品种	代码
24. (+)	**Flowering branch：length**	开花枝：长度		
	short	短		3
	medium	中	Candles	5
	long	长	Safari Sunset	7
25.	**Flowering branch：thickness**	开花枝：粗度		
	thin	细	Candles	3
	medium	中		5
	thick	粗	Safari Sunset	7
26.	**Flowering branch：rigidity**	开花枝：硬度		
	weak	弱		3
	medium	中	Candles，Winter Red	5
	strong	强	Safari Sunset	7
27.	**Flowering branch：pubescence**	开花枝：茸毛		
	inconspicuous	不显著	Candles，Safari Sunset	1
	conspicuous	显著		2
28.	**Flowering branch：predominant color**	开花枝：主色		
	greyish	泛灰色		1
	greenish	泛绿色		2
	yellowish	泛黄色		3
	brownish	泛棕色		4
	redish	泛红色		5
	dark red	深红色	Safari Sunset	6
29.	**Flower head：number of floret masses**	头状花序：聚集小花数目		
	one	1个	Candles，Safari Sunset	1
	more than one	>1个		2
30.	**Flower head：fragrance**	头状花序：香味		
	absent	无		1
	present	有		9
31.	**Flower head：intensity of fragrance**	头状花序：香味强度		
	weak	弱		3
	medium	中		5
	strong	强		7
32.	**Flower head：number of involucral leaves**	头状花序：总苞叶片数目		
	few	少		3
	medium	中	Safari Sunset	5
	many	多	Candles	7
33.	**Outer involucral leaf：length**	外部总苞叶：长度		
	very short	极短		1
	short	短		3
	medium	中		5
	long	长		7
	very long	极长		9
34.	**Outer involucral leaf：width**	外部总苞叶：宽度		
	very narrow	极窄		1
	narrow	窄		3
	medium	中		5
	broad	宽		7
	very broad	极宽		9

续表

性状编号	英文	中文	标准品种	代码
35.	**Outer involucral leaf: ratio length/width**	外部总苞叶：长度/宽度		
	very small	极小		1
	small	小		3
	medium	中		5
	large	大		7
	very large	极大		9
36. (*) (+)	**Outer involucral leaf: position of broadest part**	外部总苞叶：最宽处位置		
	below middle	中部以下	Candles	1
	in middle	中部		2
	above middle	中部以下		3
	along most of its length	沿其大部分长度		4
37. (*)	**Outer involucral leaf: predominant color, if differing from that of inner involucral leaf**	外部总苞叶：主色（若与内部总苞叶不同）		
	grey to silvery	灰色到银色		1
	green	绿色		2
	white to cream	白色到奶油色		3
	yellow green	黄绿色		4
	yellow	黄色		5
	orange	橙色		6
	red	红色		7
	purplish	泛紫色		8
	brownish	泛棕色		9
38. (*)	**Inner involucral leaf: predominant attitude (in relation to axis of flower head)**	内部总苞叶：主要姿态（相对于头状花序轴）		
	incurving to erect	内弯到直立	Candles，Safari Sunset	3
	semi-spreading	半平展		5
	spreading	平展		7
39. (*)	**Inner involucral leaf: length**	内部总苞叶：长度		
	very short	极短		1
	short	短		3
	medium	中		5
	long	长		7
	very long	极长		9
40. (*)	**Inner involucral leaf: width**	内部总苞叶：宽度		
	very narrow	极窄		1
	narrow	窄		3
	medium	中		5
	broad	宽		7
	very broad	极宽		9
41.	**Inner involucral leaf: ratio length/width**	内部总苞叶：长宽比		
	very small	极小		1
	small	小		3
	medium	中		5
	large	大		7
	very large	极大		9

续表

性状编号	英文	中文	标准品种	代码
42. (+)	**Inner involucral leaf: position of broadest part**	内部总苞叶：最宽处位置		
	below middle	中部以下	Candles	1
	in middle	中部	Safari Sunset	2
	above middle	中部以上		3
	along most of its length	沿其大部分长度		4
43.	**Inner involucral leaf: shape of apex**	内部总苞叶：先端形状		
	long acute	长锐尖	Candles	1
	acute	锐尖	Safari Sunset	3
	obtuse	钝尖		5
	rounded	圆形		7
	truncate	平截		9
44.	**Inner involucral leaf: incurving of apex**	内部总苞叶：先端内弯		
	absent	无	Candles, Duet	1
	present	有	Safari Sunset	9
45.	**Inner involucral leaf: inrolling of margin at apex**	内部总苞叶：先端边缘内弯		
	absent	无	Safari Sunset	1
	present	有	Candles	9
46.	**Inner involucral leaf: pubescence**	内部总苞叶：茸毛		
	inconspicuous	不显著	Candles, Safari Sunset	1
	conspicuous	显著		2
47.	**Inner involucral leaf: fringe of margin**	内部总苞叶：边缘毛缘		
	absent	无	Candles, Safari Sunset	1
	present	有		9
48.	**Inner involucral leaf: length of fringe on margin**	内部总苞叶：边缘毛缘长度		
	short	短		3
	medium	中		5
	long	长		7
49. (*)	**Inner involucral leaf: predominant color**	内部总苞叶：主色		
	grey to silvery	灰色到银色		1
	green	绿色		2
	white to cream	白色到奶油色	Candles	3
	yellow green	黄绿色		4
	yellow	黄色		5
	orange	橙色		6
	red	红色		7
	purplish	泛紫色		8
	brownish	泛棕色		9
50. (*)	**Floret mass: degree of concealment by involucral leaves**	聚集小花：被总苞叶片包裹程度		
	fully exposed	完全外露		3
	somewhat concealed	部分包裹	Winter Red	5
	fully concealed	完全包裹	Candles	7

续表

性状编号	英文		中文	标准品种	代码
51. (*) (+)	**Floret mass：length**		聚集小花：长度		
	very short		极短		1
	short		短	Candles	3
	medium		中	Duet	5
	long		长	Safari Sunset	7
	very long		极长		9
52. (+)	**Floret mass：diameter**		聚集小花：直径		
	very small		极小		1
	small		小		3
	medium		中		5
	large		大		7
	very large		极大		9
53.	**Floret mass：ratio length/diameter**		聚集小花：长宽比		
	small		小		3
	medium		中		5
	large		大		7
54. (*)	**Female floret mass：predominant color**		聚集雌花：主色		
	grey to silvery		灰色到银色	Candles，Safari Sunset	1
	green		绿色		2
	white to cream		白色到奶油色		3
	yellow green		黄绿色		4
	yellow		黄色		5
	orange		橙色		6
	pink		粉色		7
	red		红色		8
	brown		棕色		9
55. (*)	**Male floret mass：color of distal part**		聚集雄花：远基端颜色		
	grey to silvery		灰色到银色		1
	green		绿色		2
	white to cream		白色到奶油色		3
	yellow green		黄绿色		4
	yellow		黄色	Duet	5
	orange		橙色		6
	pink		粉色		7
	red		红色		8
	brown		棕色		9
56. (*)	**Male floret mass：color of basal part**		聚集雄花：基部颜色		
	grey to silvery		灰色到银色		1
	green		绿色		2
	white to cream		白色到奶油色		3
	yellow green		黄绿色		4
	yellow		黄色		5
	orange		橙色		6
	pink		粉色		7
	red		红色		8
	brown		棕色	Duet	9

续表

性状编号	英文	中文	标准品种	代码
57.	**Floret mass: pubescence**	聚集小花：茸毛		
	inconspicuous	不显著	Duet	1
	conspicuous	显著	Candles，Safari Sunset	2
58.(*)(+)	**Floret mass: size of basal bract**	聚集小花：基部苞叶大小		
	small	小		3
	medium	中		5
	large	大		7
59.	**Floret mass: curvature of basal bract**	聚集小花：基部苞叶弯曲		
	inconspicuous	不显著	Candles，Winter Red	1
	conspicuous	显著	Safari Sunset	2
60.(*)	**Floret mass: predominant color of basal bract**	聚集小花：基部主色		
	green	绿色		1
	cream	奶油色		2
	yellow	黄色		3
	orange	橙色		4
	pink	粉色		5
	red	红色		6
	brown	棕色	Safari Sunset	7
61.(*)	**Time of flowering（Southern Hemisphere）**	开花期（南半球）		
	very early	极早		1
	early	早		3
	medium	中		5
	late	晚		7
	very late	极晚		9
62.(*)	**Leaf: color change out of flowering season**	叶：花期后颜色变化		
	absent	无		1
	present	有		9
63.(*)	**Leaf: predominant color out of flowering season（if color change present）**	叶：花期后主色（若颜色变化）		
	white to cream	白色到奶油色		1
	yellow	黄色		2
	orange	橙色		3
	red	红色		4
	dark red	深红色		5
	purplish	泛紫色		6
	brownish	泛棕色		7
64.(*)	**Leaf: season of maximum color change（if color change present）**	叶：颜色变化最大季节（若颜色变化）		
	spring	春季		1
	summer	夏季		2
	autumn	秋季		3
	winter	冬季		4

性状编号	英文	中文	标准品种	代码
65.(*)	Outer involucral leaf: color change out of flowering season	外部总苞叶：花期后颜色变化		
	absent	无		1
	present	有		9
66.(*)	Outer involucral leaf: predominant color out of flowering season（if color change present）	外部总苞叶：花期后主色（若颜色变化）		
	white to cream	白色到奶油色		1
	yellow green	黄绿色		2
	yellow	黄色		3
	orange	橙色		4
	red	红色		5
	dark red	深红色		6
	purplish	泛紫色		7
	brownish	泛棕色		8
67.(*)	Outer involucral leaf: season of maximum color change（if color change occurs）	外部总苞叶：颜色变化最大季节（若颜色变化）		
	spring	春季		1
	summer	夏季		2
	autumn	秋季		3
	winter	冬季		4
68.	Inner involucral leaf: color change out of flowering season	内部总苞叶：花期后颜色变化		
	absent	无		1
	present	有		9
69.(*)	Inner involucral leaf: predominant color out of flowering season（if color change present）	内部总苞叶：花期后主色（若颜色变化）		
	white to cream	白色到奶油色		1
	yellow green	黄绿色		2
	yellow	黄色		3
	orange	橙色		4
	red	红色		5
	dark red	深红色		6
	purplish	泛紫色		7
	brownish	泛棕色		8
70.(*)	Inner involucral leaf: season of maximum color change（if color change occurs）	内部总苞叶：颜色变化最大季节（若颜色变化）		
	spring	春季		1
	summer	夏季		2
	autumn	秋季		3
	winter	冬季		4

8 性状表解释

性状 6：植株木块茎

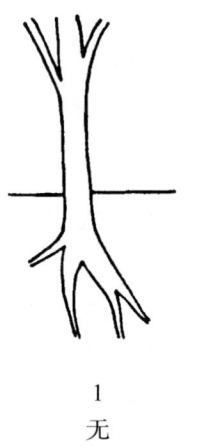
1
无

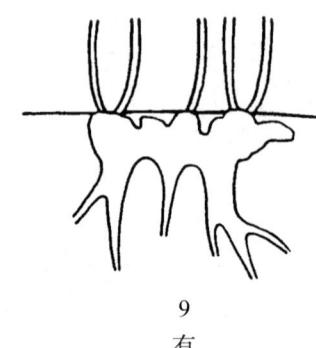
9
有

性状 9：叶片直立性

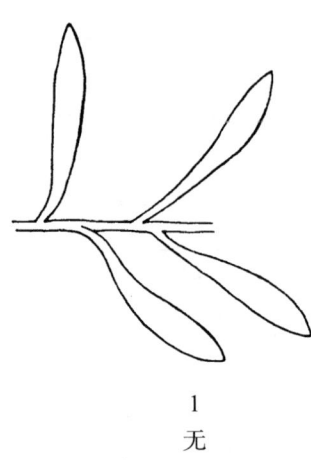
1
无

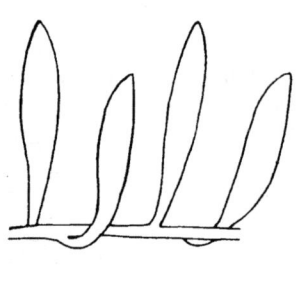
9
有

性状 14、性状 36 和性状 42：叶（性状 14）、外部总苞叶（性状 36）和内部总苞叶（性状 42）最宽处位置

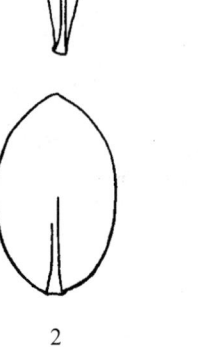

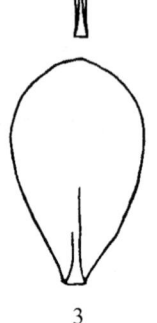

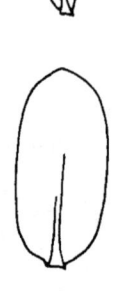

1	2	3	4
中部以下	中部	中部以上	沿其最大长度

性状 15：叶先端形状

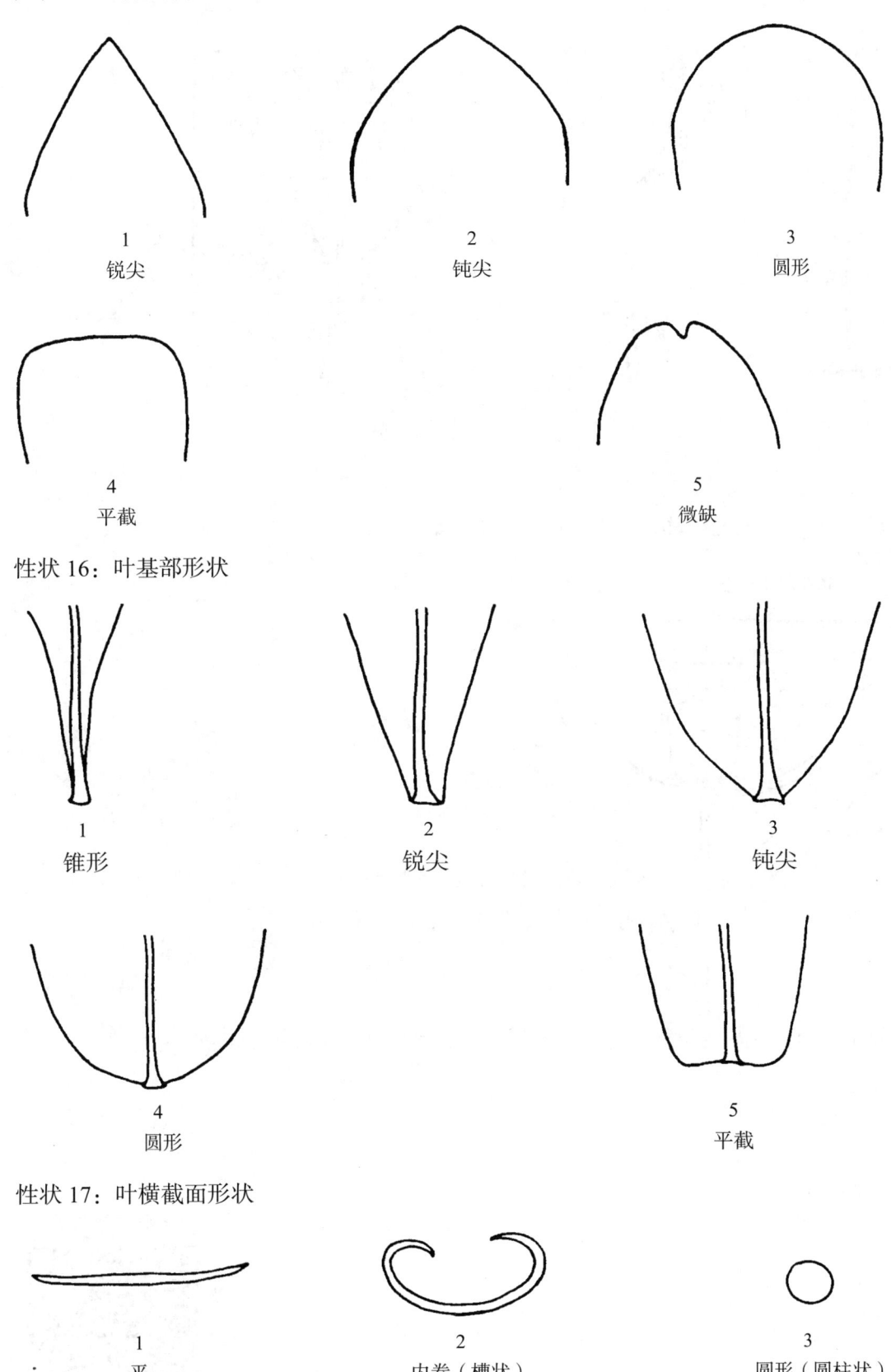

性状 16：叶基部形状

性状 17：叶横截面形状

性状 23 和性状 24：植株 30 cm 花枝中开花枝数量（性状 23）和长度（性状 24）

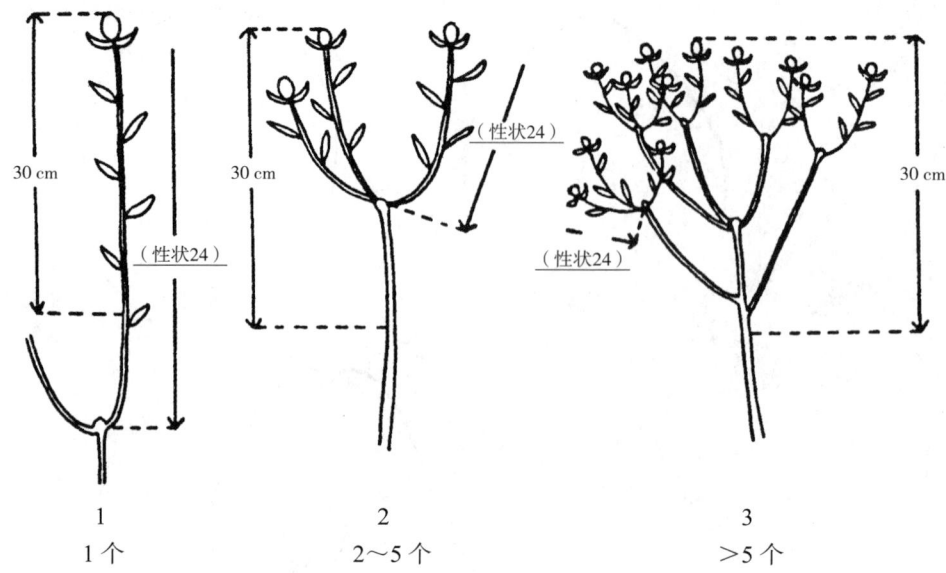

1	2	3
1 个	2～5 个	>5 个

性状 30 至性状 70：总苞叶片、聚集小花、基部苞叶

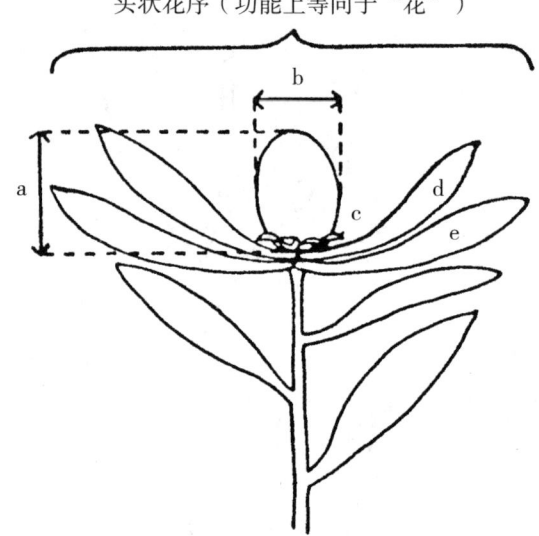

a—聚集小花长度（性状 51）；b—聚集小花直径（性状 52）；c—基部苞叶（性状 58）；d—外部总苞叶片；e—茎生叶。

扫码下载原文

如扫描二维码无法下载指南原文，可能是指南版本有更新，可扫描本书封底二维码查看与本文对应的指南版本

TG/128/3
原文：英文
日期：1990-10-12

国际植物新品种保护联盟
植物品种特异性、一致性和稳定性
测试指南

针垫花属

(*Leucospermum* R. Br.)

1 指南适用范围

本指南适用于所有山龙眼科（*Proteaceae*）针垫花属（*Leucospermum* R. Br.）的无性繁殖品种。

2 繁殖材料要求

2.1 待测品种测试所需繁殖材料的数量和质量以及繁殖材料提交的时间和地点由主管机构决定。申请人从测试所在国境外提交繁殖材料的，必须确保符合所有海关规定。提交的繁殖材料的数量应不少于12根无根插条。提供的繁殖材料应没有病毒且外观健康有活力，未受到任何严重病虫害的影响。

2.2 提交的植物材料不应进行任何处理，除非主管机构允许或要求进行这种处理。如果材料已经处理，必须提供处理的详细说明。

3 测试实施

3.1 测试通常应在1个生长周期内进行。如果特异性和/或一致性在1个生长周期内不能充分确定，测试应延长至第二生长周期。

3.2 测试的试验条件应能确保品种的正常生长，通常在同一地点进行。如果供试品种有任何重要的性状不能在该地表达，该品种可在另一地点测试。

3.3 试验应保证在正常条件下进行，每个试验至少应包括4个植株。只有在当环境条件相似时，才能使用分开种植的小区进行观测和测量。

3.4 为测试有关性状，可以进行附加测试。

4 测试和观测

4.1 在测试一致性和稳定性时，经验表明，对于无性繁殖的针垫花属品种，足以依据观测性状的表达状态判定供试的繁殖材料是否一致并且是否存在变异或混杂。

4.2 所有观测应来自4个植株的20个植株部位。

4.3 所有观测应来自相同树龄，最好不少于3年。

4.4 应测量离地面10 cm处的主茎粗度。

4.5 花枝被认为是末梢有头状花序或头状花序群的分枝茎。

4.6 所有对叶和花枝的观测都应在品种的盛花期进行，观测正在开放的花枝中间部分。

4.7 除非另有说明，所有对头状花序的观测应在品种的盛花期进行，头状花序大约80%小花开花时进行（在花期下弯类型，观测应在大约20%开花进行）。

4.8 测量头状花序长度应在花完全开放时进行，长度应测量从小花较低处至尖端（在花期下弯类型品种，测量应在开花20%进行，并且应排除这些类型）。

5 品种分组

5.1 待测品种应分组种植以便进行特异性评价。适用于分组的性状是已知不会出现变异，或者仅在品种内发生轻微变异的性状。这些性状的不同表达状态应十分均匀地分布于品种库中。

5.2 建议主管机构使用如下性状分组。

（a）植株：生长习性（性状1）。

（b）植株：木块茎（性状5）。

（c）花枝：成熟头状花序的聚集（性状34）。
（d）头状花序：长度（不包括基部变窄部分）（性状37）。
（e）头状花序：直径（性状38）。
（f）头状花序：主色（性状40）。

6 性状符号

6.1 为判定特异性、一致性和稳定性，应使用性状表中以UPOV的3种工作语言列出的性状。
6.2 为便于电子数据处理，每个性状的表达状态都赋予了相应的代码（1～9）。
6.3 说明

（*）除非前序性状的表达或区域环境条件所限使其无法测试，在测试的每一生长时期，对所有品种都要进行测试的、总要包含在品种描述中的性状。

（+）见第8部分性状表解释。

7 性状表

性状编号	英文	中文	标准品种	代码
1. (*)	**Plant：growth habit**	**植株：生长习性**		
	erect	直立	High Gold	3
	spreading	平展	Yellow Bird	5
	prostrate	匍匐		7
2.	**Plant：height**	**植株：高度**		
	short	矮		3
	medium	中		5
	tall	高		7
3.	**Plant：diameter**	**植株：直径**		
	small	小		3
	medium	中		5
	large	大		7
4.	**Plant：density of foliage**	**植株：叶密度**		
	sparse	疏		3
	medium	中		5
	dens	密		7
5. (*) (+)	**Plant：lignotuber**	**植株：木块茎**		
	absent	无		1
	present	有		9
6.	**Non lignotuberous varieties only：Main stem：thickness**	**主茎：粗度（仅适用于无木块茎品种）**		
	thin	细		3
	medium	中		5
	thick	粗		7
7.	**Non lignotuberous varieties only：Main stem：color**	**主茎：颜色（仅适用于无木块茎品种）**		
	grey	灰色		2
	brown	棕色		4
	dark brown	深棕色		5

续表

性状编号	英文	中文	标准品种	代码
8. (+)	**Leaf: blade always upright**	叶：叶片总是直立		
	absent	无	Sunrise，Vlam	1
	present	有		9
9.	**Leaf: predominant attitude in relation to branch (leaves with always upright blade excluded)**	叶：相对于分枝的主要姿态（叶片总是直立的叶除外）		
	adpressed	紧贴		1
	oblique	偏斜	Tango	3
	perpendicular	垂直		5
	recurved	外弯		7
	strongly recurved	强烈外弯		9
10. (+)	**Leaf: length**	叶：长度		
	very short	极短		1
	short	短	Luteum	3
	medium	中	Scarlet Ribbon	5
	long	长	Tango	7
	very long	极长		9
11.	**Leaf: width**	叶：宽度		
	very narrow	极窄		1
	narrow	窄	Luteum，Red Sunset	3
	medium	中	Yellow Bird	5
	broad	宽	Helderfontain	7
	Very broad	极宽		9
12.	**Leaf: ratio length/width**	叶：长宽比		
	very small	极小		1
	small	小	Helderfontain	3
	medium	中		5
	large	大	Red Sunset	7
	Very large	极大		9
13. (*) (+)	**Leaf: position of broadest part**	叶：最宽处部分		
	below middle	中下部	Flamespike	1
	in middle	中间		2
	above middle	中上部	Helderfontain	3
	along most of its length	沿整个叶长	Caroline，Red Sunset	4
14. (*) (+)	**Leaf: shape of apex**	叶：先端形状		
	long acute	长锐尖		1
	acute	锐尖	Sunrise，Tango	2
	obtuse	钝尖		3
	rounded	圆形	Luteum	4
	truncate	平截		5
15. (*) (+)	**Leaf: shape of base**	叶：基部形状		
	tapered	锥形	Tango	1
	acute	锐尖	Luteum，Scarlet Ribbon	2
	obtuse	钝尖		3
	rounded	圆形		4
	truncate	平截		5
	cordate	心形	Sunrise，Vlam	6

续表

性状编号	英文	中文	标准品种	代码
16. (+)	**Leaf：shape in cross Leaf：shape in cross**	叶：横截面形状		
	More or less straight	近直线	Flamespike，Sunrise	1
	Inrolled（canaliculate）	内卷（半环形）	Red Sunset	2
17.	**Leaf：color**	叶：颜色		
	grey	灰色	Luteum	1
	grey green	灰绿色		2
	yellow green	黄绿色		3
	green	绿色	Yellow Bird	4
	dark green	深绿色	Caroline	5
18.	**Leaf：pubescence of blade**	叶：叶片茸毛		
	inconspicuous	不明显	Sunrise，Tango	1
	conspicuous	明显	Luteum	2
19. (*)	**Leaf：incisions on distal part**	叶：远基端缺刻		
	absent	无	Sunrise	1
	present	有	Helderfontain，Tango	9
20. (*)	**Leaf：number of incisions on distal part**	叶：远基端缺刻数量		
	very few	极少		1
	few	少	Sunrise，Vlam	3
	medium	中	Scarlet Ribbon	5
	many	多	Helderfontain	7
	very many	极多		9
21. (*) (+)	**Leaf：depth of incisions on distal part**	叶：远基端缺刻深度		
	shallow	浅	Luteum	3
	medium	中		5
	deep	深	Tango	7
22.	**Leaf：color of callus on teeth**	叶：齿上愈伤组织颜色		
	yellowish	泛黄色	Yellow Bird	1
	brownish	泛棕色		2
	reddish	泛红色	Tango	3
23.	**Leaf：undulation of margin**	叶：叶缘波状		
	absent	无	Luteum，Scarlet	1
	present	有	Sunrise	9
24.	**Leaf：conspicuous color of margin**	叶：边缘明显颜色		
	greenish	泛绿色		1
	greyish	泛灰色		2
	yellowish	泛黄色		3
	reddish	泛红色	Mars	4
25.	**Leaf：fringe on margin**	叶：边缘毛缘		
	absent	无	Sunrise，Tango	1
	present	有		9
26.	**Leaf：position of fringe on margin**	叶：边缘毛缘位置		
	on basal part	基部		1
	on entire margin	整个边缘		2
27. (*)	**Leaf：petiole**	叶：叶柄		
	absent	无	Sunrise	1
	present	有		9

续表

续表

性状编号	英文	中文	标准品种	代码
28. (+)	Plant: number of flowering branches on 30cm length of flowering material	植株：开花30 cm长的花枝数		
	one	1个	Sunrise	1
	2 to 5	2～5个		2
	more than 5	>5个		3
29. (+)	Flowering branch: length	花枝：长度		
	short	短		3
	medium	中		5
	long	长		7
30.	Flowering branch: thickness	花枝：粗度		
	thin	细	Luteum	3
	medium	中		5
	thick	粗	Yellow Bird	7
31.	Flowering branch: rigidity	花枝：硬度		
	weak	弱	Luteum	3
	medium	中		5
	strong	强	Tango	7
32.	Flowering branch: pubescence	花枝：茸毛		
	inconspicuous	不明显	Tango	1
	conspicuous	明显	Luteum, Sunrise	2
33.	Flowering branch: predominant color	花枝：主色		
	greenish	泛绿色	Luteum	1
	greyish	泛灰色	Sunrise	2
	yellowish	泛红色		3
	brownish	泛棕色		4
	reddish	泛红色	Red Sunset, Tango	5
34. (*) (+)	Flowering branch: clustering of fully absented developed flower heads	花枝：成熟头状花序的聚集		
	always absent	始终没有		1
	sometimes present	偶尔有		2
	always present	一直都有		3
35.	Flowering branch: number of fully developed flower heads per cluster	花枝：每簇完全开放头状花序数量		
	2 to 3	2～3个	Flamespike, Luteum	1
	4 to 5	4～5个		2
	more than 5	>5个		3
36. (+)	Flower head: length of narrowed basal part	头状花序：基部变窄部分长度		
	short	短		3
	medium	中	Flamespike, Red Sunset	5
	long	长	Luteum	7
37. (*) (+)	Flower head: length (excluding narrowed basal part)	头状花序：长度（不包括基部变窄部分）		
	very short	极短		1
	short	短	Mars	3
	medium	中	Helderfontain	5
	long	长		7
	very long	极长		9

续表

性状编号	英文	中文	标准品种	代码
38. (*) (+)	Flower head：diameter	头状花序：直径		
	very small	极小		1
	small	小	Flamespike	3
	medium	中	Yellow Bird	5
	large	大		7
	very large	极大		9
39.	Flower head：ratio length/diameter	头状花序：长与直径比		
	small	小		3
	medium	中		5
	large	大		7
40. (*)	Flower head：predominant color	头状花序：主色		
	yellow	黄色	Luteum，Yellow Bird	1
	orange	橙色		2
	orange-red	橙红色		3
	pink	粉色		4
	red	红色		5
	multicolored	多色		6
41. (*)	Flower head：texture of involucral bract	头状花序：总苞苞片质地		
	papyraceous	纸质		1
	cartilaginous	革质	Sunrise，Tango	2
42.	Flower head：pubescence of involucral bract	头状花序：总苞苞片茸毛		
	inconspicuous	不明显		1
	conspicuous	明显	Helderfontain，Tango	2
43.	Flower head：length of floret bract	头状花序：小花苞片长度		
	short	短		3
	medium	中		5
	long	长		7
44.	Flower head：width of floret bract	头状花序：小花苞片宽度		
	narrow	窄		3
	medium	中		5
	broad	宽		7
45.	Flower head：color of apical part of floret bract	头状花序：小花顶端颜色		
	greenish	泛绿色	Yellow Bird	1
	yellowish	泛黄色	Luteum	2
	brownish	泛棕色	Sunrise	3
	reddish	泛红色	Scarlet Ribbon，Tango	4
46.	Flower head：fringe on apical margin of floret bract	头状花序：小花苞片顶端边缘毛边		
	absent	无	Sunrise，Yellow Bird	1
	present	有	Helderfontain，Tango	9
47. (*) (+)	Flower head：diameter of perianth mass	头状花序：花被直径		
	very small	极小		1
	small	小	Flamespike	3
	medium	中	Red Sunset	5
	large	大	Scarlet Ribbon	7
	very large	极大		9

续表

性状编号	英文	中文	标准品种	代码
48.	Floret：length of perianth（just before anthesis）	小花：花被长度（开花之前）		
	very short	极短		1
	short	短	Flamespike	3
	medium	中	Yellow Bird	5
	long	长	Helderfontain	7
	Very long	极长	Luteum	9
49.	Floret：pubescence on apex of bud（as for 48）	小花：花蕾先端茸毛（同性状48）		
	inconspicuous	不明显	Fire Dance，Mars	1
	conspicuous	明显	Helderfontain，Tango	2
50.（*）	Floret：color of apex of bud（as for 48）	小花：花蕾先端颜色（同性状48）		
	greenish	泛绿色	Luteum	1
	greyish	泛灰色	Helderfontain	2
	reddish	泛红色	Fire Dance	3
51.（*）	Floret：color of perianth below apex of bud（as for 48）	小花：花蕾先端下面颜色（同性状48）		
	greenish	泛绿色	Red Sunset	1
	yellow	黄色	Luteum	2
	orange	橙色	Fire Dance	3
	orange red	橙红色	Tango	4
	pink	粉色	Scarlet Ribbon	5
	red	红色		6
	greenish red	泛绿红色		7
	purplish red	泛紫红色		8
52.（*）	Floret：color of rolled up perianth segments（after anthesis）	小花：花被片卷起颜色（开花后）		
	yellow	黄色	Luteum	1
	orange	橙色	Fire Dance	2
	orange red	橙红色		3
	pink	粉色		4
	red	红色	Helderfontain，Tango	5
53.	Floret：intensity of color of rolled up perianth segments（as for 52）	小花：花被片卷起颜色程度（同性状52）		
	pale	浅		3
	medium	中		5
	dark	深		7
54.	Floret：length of style（as for 52）	小花：花柱长度（同性状52）		
	very short	极短		1
	short	短	Fire Dance	3
	medium	中	Helderfontain	5
	long	长	Luteum	7
	Very long	极长		9
55.	Floret：degree of curvature of style（as for 52）	小花：花柱弯曲程度（同性状52）		
	weak	弱	Scarlet Ribbon	3
	medium	中	Red Sunset	5
	strong	强	Mars	7

续表

性状编号	英文	中文	标准品种	代码
56	Floret: thickness of style (as for 52)	小花：花柱粗度（同性状52）		
	thin	细	Flamespike，Luteum	3
	medium	中	Yellow Bird	5
	thick	粗	Helderfontain，Tango	7
57.(*)	Floret: attitude of basal part of style in relation to receptacle (as for 52)	小花：花柱基部相对于花托姿态（同性状52）		
	oblique	倾斜	Helderfontain	3
	perpendicular	垂直	Yellow Bird	5
	reflexed	反折	Luteum	7
58.(*)	Floret: color of middle part of style	小花：花柱中部颜色		
	green	绿色		1
	yellow	黄色		2
	orange	橙色		3
	orange red	橙红色		4
	pink	粉色		5
	red	红色		6
59.	Floret: intensity of color of middle part of style	小花：花柱中部颜色程度		
	light	浅		3
	medium	中		5
	dark	深		7
60.	Floret: length of pollen presenter	小花：花粉囊长度		
	short	短		3
	medium	中		5
	long	长	Helderfontain，Luteum	7
61.(*)(+)	Floret: shape of pollen presenter in lateral view	小花：花粉囊侧视形状		
	oblong	长椭圆形	Luteum	1
	elliptical	椭圆形		2
	ovate	卵圆形		3
	triangular	三角形	Helderfontain	4
	ungulate	蹄形	Sunrise，Tango	5
62.	Floret: color of pollen presenter	小花：花粉囊颜色		
	yellow	黄色	Yellow Bird	1
	orange	橙色	Sunrise	2
	orange red	橙红色	Tango	3
	pink	粉色		4
	red	红色		5
63.	Floret: intensity of color of pollen presenter	小花：花粉囊颜色程度		
	light	浅		3
	medium	中		5
	dark	深		7
64.(*)	Time of flowering (Southern hemisphere)	始花期（南半球）		
	early	早		3
	medium	中		5
	late	晚		7

8　性状表解释

性状 5：植株木块茎

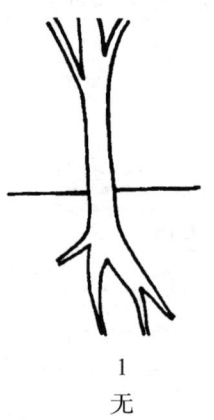

1	9
无	有

性状 8：叶片总是直立

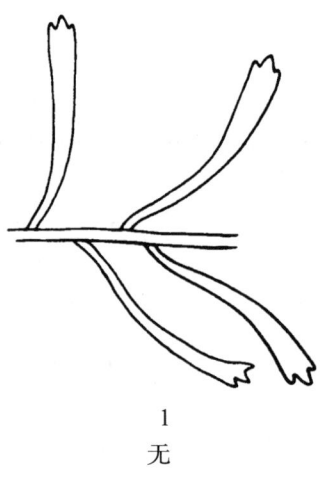 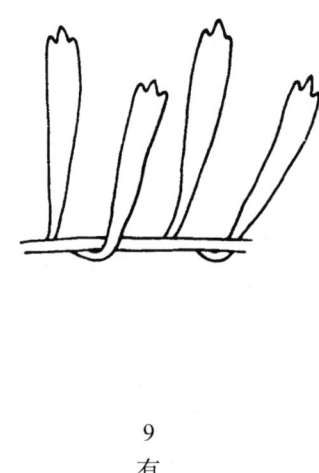

1	9
无	有

性状 10 和性状 13：叶长度（性状 10）和最宽部分位置（性状 13）

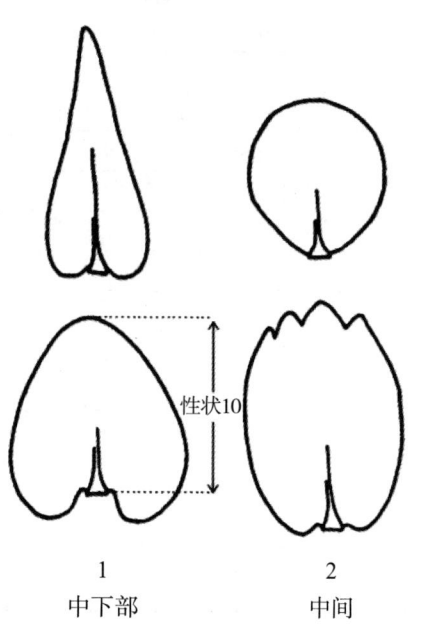  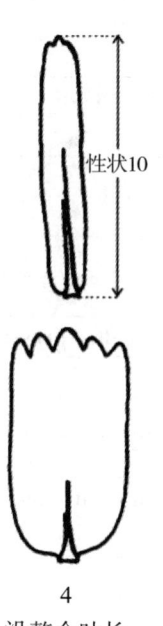

1	2	3	4
中下部	中间	中上部	沿整个叶长

性状 14：叶先端形状

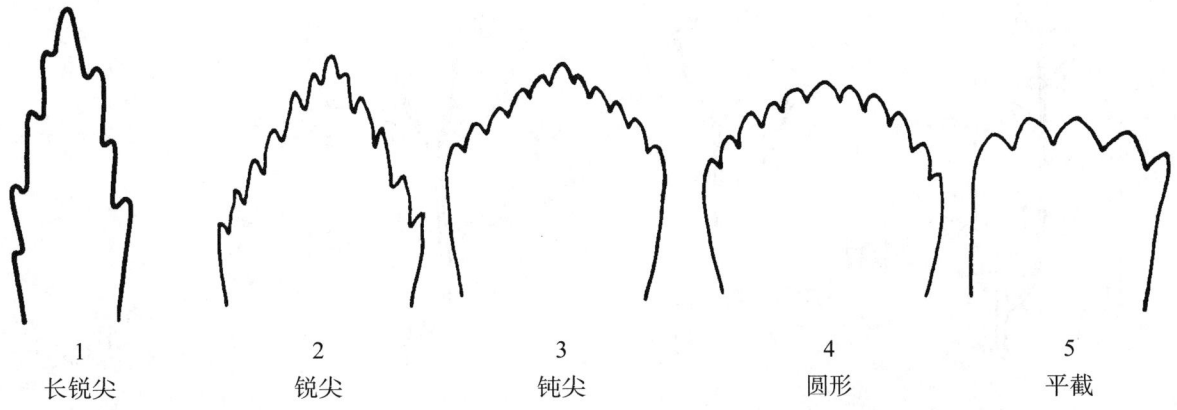

1	2	3	4	5
长锐尖	锐尖	钝尖	圆形	平截

性状 15：叶基部形状

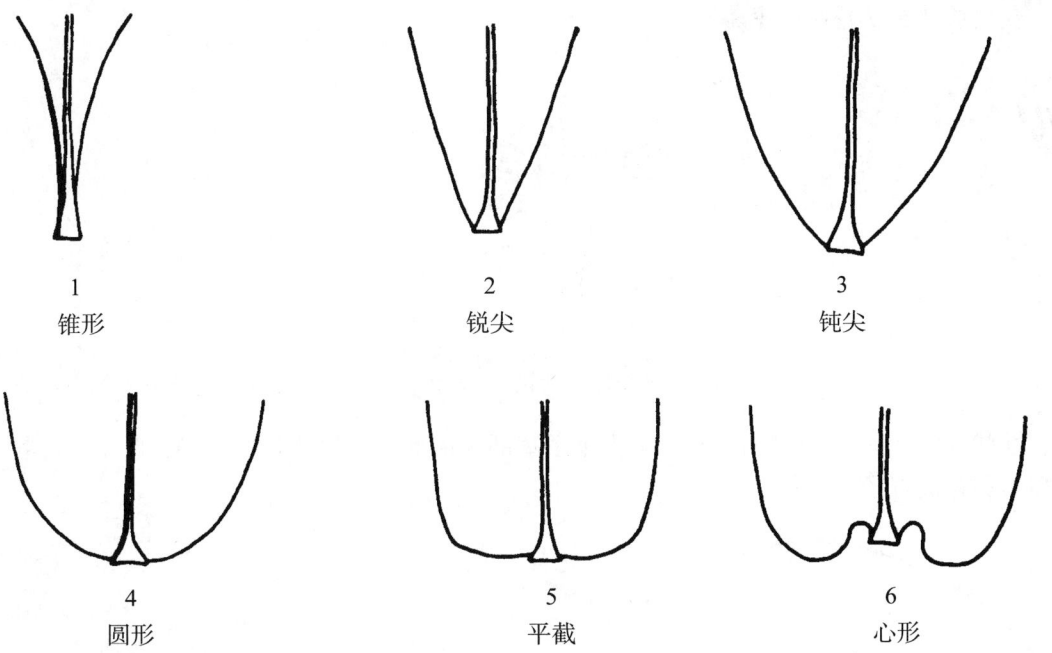

1	2	3
锥形	锐尖	钝尖

4	5	6
圆形	平截	心形

性状 16：叶横截面形状

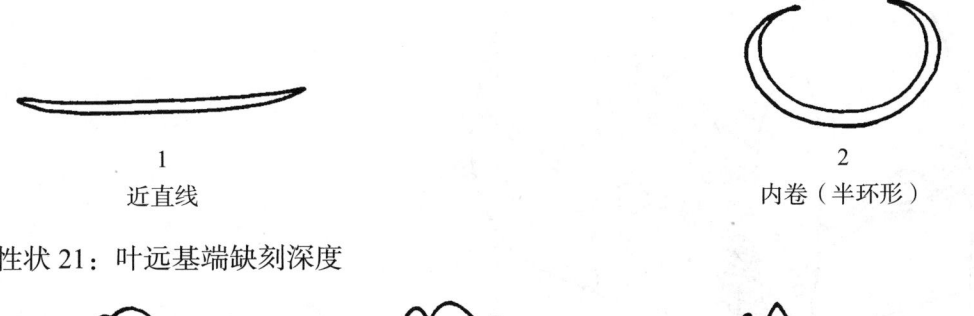

1	2
近直线	内卷（半环形）

性状 21：叶远基端缺刻深度

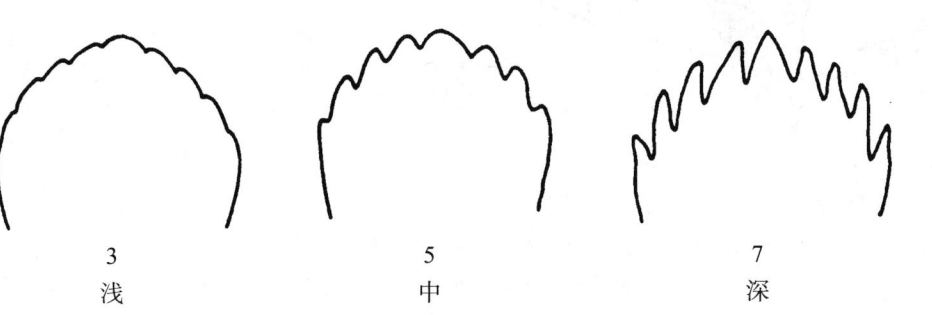

3	5	7
浅	中	深

性状 28 和性状 29：植株开花 30 cm 长的花枝数（性状 28）和花枝长度（性状 29）

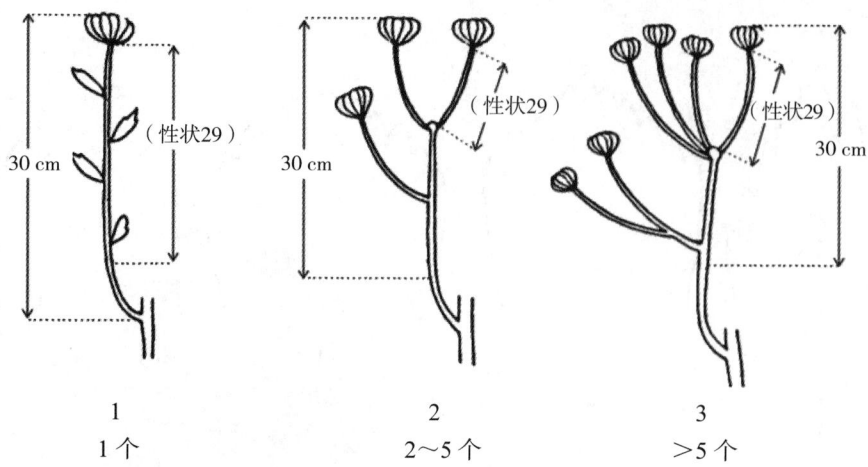

1	2	3
1个	2~5个	>5个

性状 34：花枝成熟头状花序的聚集

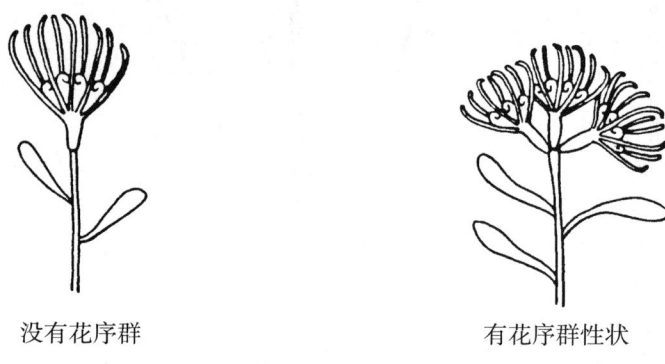

没有花序群　　　　　　　　有花序群性状

性状 36、性状 37、性状 38 和性状 47：头状花序基部变窄部分长度（性状 36）、长度（性状 37）、直径（性状 38）和花被直径（性状 47）

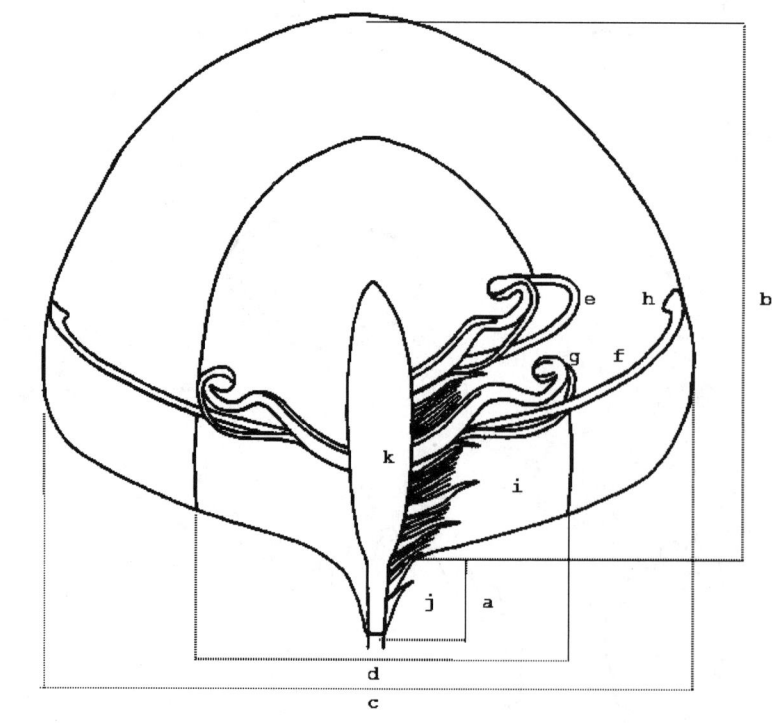

a—基部变窄部分长度（性状 36）；b—头状花序长度（性状 37）；c—头状花序直径（性状 38）；d—花被直径（性状 47）；e—开花前的花柱；f—开花后的花柱；g—花被片；h—花粉囊；i—小花苞片；j—总苞苞片；k—总苞花托。

性状37：头状花序长度（不包括基部变窄部分）

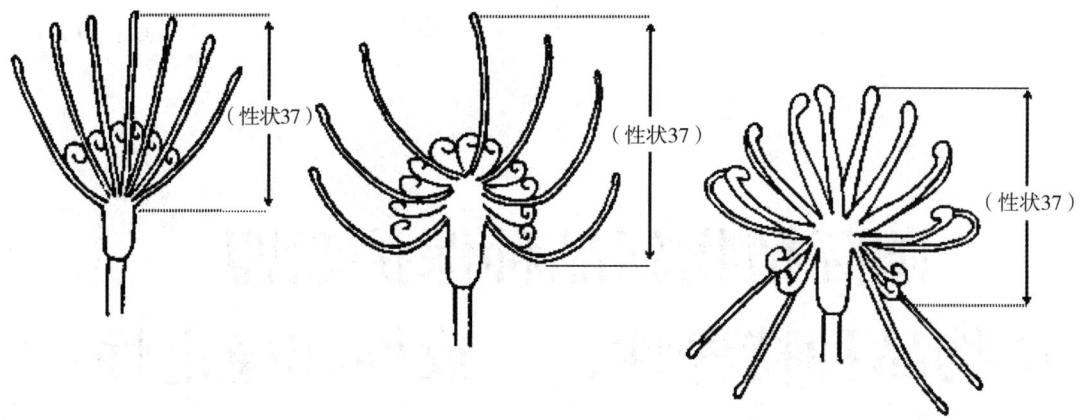

性状61：小花花粉囊侧视形状

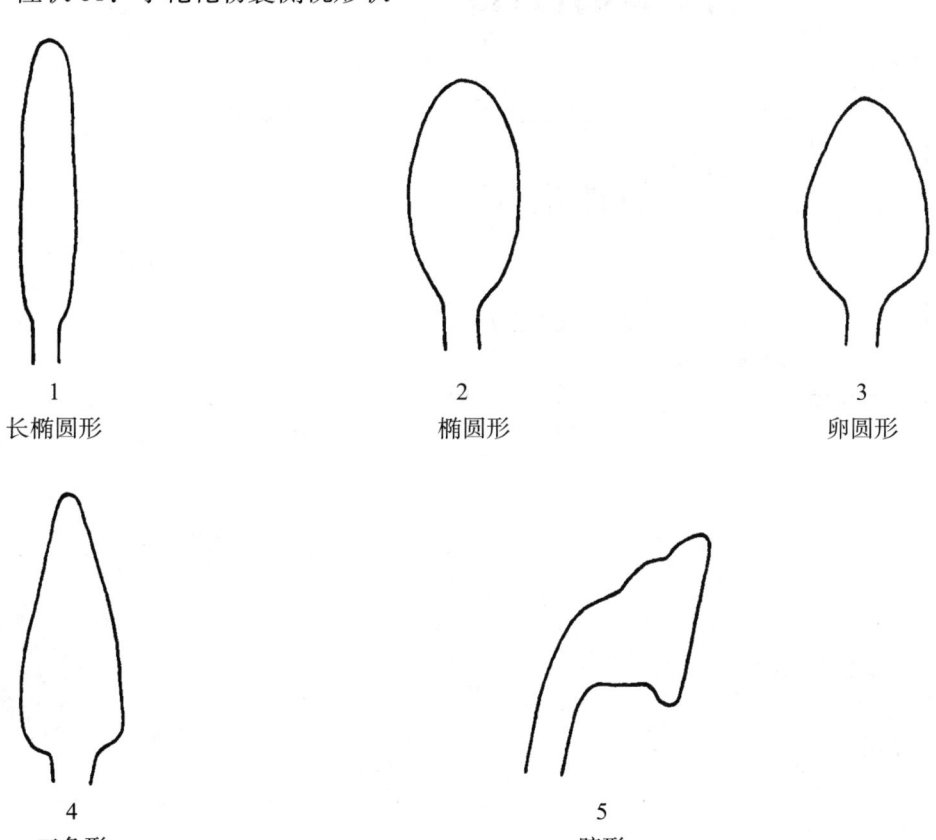

1	2	3
长椭圆形	椭圆形	卵圆形

4	5
三角形	蹄形

扫码下载原文

如扫描二维码无法下载指南原文，可能是指南版本有更新，可扫描本书封底二维码查看与本文对应的指南版本

TG/129/3
原文：英文
日期：1989-10-06

国际植物新品种保护联盟
植物品种特异性、一致性和稳定性测试指南

海神花属
（*Protea* L.）

1 指南适用范围

本指南适用于所有海神花属（*protea* L.）的所有品种。

2 繁殖材料要求

2.1 待测品种测试所需繁殖材料的数量和质量以及繁殖材料提交的时间和地点由主管机构决定。申请人从测试所在国境外提交繁殖材料的，必须确保符合所有海关规定。提交的繁殖材料的数量应不少于12根无根插条。提供的繁殖材料应没有病毒且外观健康有活力，未受到任何严重病虫害的影响。

2.2 提交的植物材料不应进行任何处理，除非主管机构允许或要求进行这种处理。如果材料已经处理，必须提供处理的详细说明。

3 测试实施

3.1 测试通常应在1个生长周期内进行。如果特异性和/或一致性在1个生长周期内不能充分确定，测试应延长至第二个生长周期。

3.2 测试的试验条件应能确保品种的正常生长，通常在同一地点进行。如果供试品种有任何重要的性状不能在该地表达，该品种可在另一地点测试。

3.3 试验应保证在正常条件下进行，每个试验至少应包括4个植株。只有在当环境条件相似时，才能使用分开种植的小区进行观测和测量。

3.4 为测试有关性状，可以进行附加测试。

4 测试和观测

4.1 在测试一致性和稳定性时，经验表明，对于无性繁殖的海神花属品种，足以依据观测性状的表达状态判定供试的繁殖材料是否一致并且是否存在变异或混杂。

4.2 所有观测应来自4个植株的20个植株部位。

4.3 所有观测应来自相同树龄，最好不少于3年。

4.4 应测量离地面10 cm处的主茎粗度。

4.5 花枝被认为是末梢为头状花序的无分枝茎。

4.6 所有对叶和花枝的观测都应在品种的盛花期进行，观测花枝上部1/3部分。

4.7 除非另有说明，所有对头状花序的观测应在品种的盛花期进行，头状花序仅有外侧第一轮少量小花开花。

4.8 所有对总苞外苞片的观测应在头状花序下部1/3处进行。

4.9 所有对总苞内苞片的观测应在最长、最突出，内部的苞片上进行。

5 品种分组

5.1 待测品种应分组种植以便进行特异性评价。适用于分组的性状是已知不会出现变异，或者仅在品种内发生轻微变异的性状。这些性状的不同表达状态应十分均匀地分布于品种库中。

5.2 建议主管机构使用如下性状分组。

（a）植株：生长习性（性状1）。

（b）植株：木块茎（性状6）。

（c）头状花序：长度（性状35）。
（d）头状花序：直径（性状36）。
（e）头状花序：总苞形状（性状39）。
（f）头状花序：主色（性状40）。
（g）总苞内苞片：边缘毛缘（性状61）。
（h）总苞内苞片：顶端毛簇（性状62）。

6 性状符号

6.1 为判定特异性、一致性和稳定性，应使用性状表中以 UPOV 的 3 种工作语言列出的性状。
6.2 为便于电子数据处理，每个性状的表达状态都赋予了相应的代码（1～9）。
6.3 说明

（*）除非前序性状的表达或区域环境条件所限使其无法测试，在测试的每一生长时期，对所有品种都要进行测试的、总要包含在品种描述中的性状。

（+）见第 8 部分性状表解释。

7 性状表

性状编号	英文	中文	标准品种	代码
1.(*)	**Plant: growth habit**	**植株：生长习性**		
	erect	直立	Sylvia	3
	spreading	平展	Sheila	5
	prostrate	匍匐		7
2.	**Plant: height**	**植株：高度**		
	short	矮		3
	medium	中	Red Baron	5
	tall	高	Sylvia	7
3.	**Plant: diameter**	**植株：直径**		
	small	小		3
	medium	中	Susara	5
	large	大	Sheila	7
4.	**Plant: density of foliage**	**植株：叶密度**		
	sparse	疏	Red Baron, Satin Pink	3
	medium	中	Cardinal	5
	dense	密	Sheila, Susara	7
5.(+)	**Plant: development of lateral shoots immediately below inflorescence**	**植株：紧邻花序下的侧枝发育**		
	absent	无	Susara	1
	present	有	Embers, Sneyd	9
6.(*)(+)	**Plant: lignotuber**	**植株：木块茎**		
	absent	无	Brenda	1
	present	有		9

续表

性状编号	英文	中文	标准品种	代码
7.	**Non lignotuberous varieties only: Main stem: thickness**	主茎：粗度（仅适用于无木块茎品种）		
	thin	细	Satin Pink	3
	medium	中	Sneyd	5
	thick	粗	Susara	7
8.	**Non lignotuberous varieties only: Main stem: color**	主茎：颜色（仅适用于无木块茎品种）		
	grey	灰色		1
	brown	棕色		2
	dark brown	深棕色		3
9.(+)	**Leaf: blade always upright**	叶：叶片总是直立		
	absent	无	Embers，Susara	1
	present	有		9
10.	**Leaf: predominant attitude in relation to branch（leaves with always upright blade excluded）**	叶：相对于分枝的主要姿态（叶片总是直立的叶除外）		
	adpressed	紧贴		3
	oblique	偏斜	Embers，Sylvia	5
	perpendicular	垂直		7
11.(+)	**Leaf: length**	叶：长度		
	short	短	Embers	3
	medium	中	Sylvia	5
	tall	长	Susara	7
12.	**Leaf: width**	叶：宽度		
	narrow	窄	Embers	3
	medium	中	Susara	5
	broad	宽	Cardinal	7
13.	**Leaf: ratio length/width**	叶：长宽比		
	very small	极小		1
	small	小	Cardinal	3
	medium	中	Susara	5
	large	大	Sneyd	7
	very large	极大	Embers	9
14.(*)(+)	**Leaf: position of broadest part**	叶：最宽部分位置		
	below middle	中下部		1
	in middle	中间		2
	above middle	中上部	Embers，Sneyd	3
	along most of its length	沿叶大部分长度		4
15.(*)(+)	**Leaf: shape of apex**	叶：先端形状		
	acute	锐尖	Brenda，Embers	1
	slightly obtuse	轻度钝尖		2
	obtuse	钝尖		3
	obtuse to rounded	钝尖至圆形		4
	rounded	圆形	Red Baron，Sylvia	7

续表

性状编号	英文	中文	标准品种	代码
16. (*) (+)	**Leaf：shape of base**	**叶：基部形状**		
	tapered	锥形	Embers，Sneyd	1
	acute	锐尖	Satin Pink，Susara	2
	obtuse	钝尖		3
	rounded	圆形	Andrea	4
	truncate	平截		5
	cordate	心形		6
17. (+)	**Leaf：shape in cross section**	**叶：横截面形状**		
	flat	平展		1
	Folded（conduplicate）	折叠（对折叶）		2
	Inrolled（canaliculate）	内卷（半环状）		3
	round（terete）	圆形（圆筒形）		4
18.	**Leaf：color**	**叶：颜色**		
	grey to silvery	灰色至银色		1
	grey green	灰绿色	Susara	2
	yellow green	黄绿色	Guerna	3
	green	绿色	Embers	4
	dark green	深绿色		5
19.	**Leaf：pubescence**	**叶：茸毛**		
	absent	无	Embers，Sneyd	1
	present	有		9
20.	**Leaf：density of pubescence**	**叶：茸毛密度**		
	sparse	疏		3
	medium	中		5
	dense	密		7
21.	**Leaf：conspicuousness of midrib on upper side**	**叶：上表面主脉明显性**		
	inconspicuous	不明显		1
	conspicuous	明显	Cardinal，Susara	2
22.	**Leaf：color of conspicuous of midrib on upper side**	**叶：上表面主脉明显的颜色**		
	greenish	泛绿色		1
	yellowish	泛黄色	Satin Pink	2
	reddish	泛红色	Sylvia 3	3
23.	**Leaf：undulation of margin**	**叶：边缘波状**		
	absent	无	Embers，Satin Pink	1
	present	有	Andrea，Cardinal	9
24.	**Leaf：color of margin**	**叶：边缘颜色**		
	greenish	泛绿色		1
	greyish	泛灰色		2
	yellowish	泛黄色		3
	reddish	泛红色	Red Baron	4
25. (*)	**Leaf：petiole**	**叶：叶柄**		
	absent	无	Cardinal	1
	present	有		9

续表

性状编号	英文		中文	标准品种	代码
26.	**Leaf: length of petiole**		叶：叶柄长度		
	short		短	Susara	3
	medium		中		5
	long		长		7
27. （+）	**Flowering branch: length**		花枝：长度		
	short		短	Sheila	3
	medium		中	Red Baron	5
	long		长	Cardinal，Sylvia	7
28.	**Flowering branch: thickness**		花枝：粗度		
	thin		细	Guerna	3
	medium		中	Satin Pink	5
	thick		粗	Andrea	7
29.	**Flowering branch: rigidity**		花枝：硬度		
	weak		弱	Guerna	3
	medium		中	Cardinal，Sylvia	5
	strong		强	Sheila	7
30.	**Flowering branch: pubescence**		花枝：茸毛		
	absent		无	Embers，Sneyd	1
	present		有	Cardinal，Sylvia	9
31.	**Flowering branch: sity of pubescence**		花枝：茸毛密度		
	sparse		疏		3
	medium		中		5
	dense		密		7
32.	**Flowering branch: predominant color**		花枝：主色		
	greyish		泛灰色		1
	greenish		泛绿色		2
	yellowish		泛黄色		3
	brownish		泛棕色	Embers，Sneyd	4
	reddish		泛红色	Cardinal，Sylvia	5
33. （+）	**Flower head: narrowed basal part**		头状花序：基部变窄		
	absent		无	Sheila	1
	present		有	Embers，Sneyd	9
34. （+）	**Flower head: length of narrowed basal part**		头状花序：基部变窄部分长度		
	short		短	Embers	3
	medium		中		5
	long		长		7
35. （*） （+）	**Flower head: length**		头状花序：长度		
	short		短	Susara	3
	medium		中	Cardinal	5
	long		长	Sheila	7
36. （*）	**Flower head: diameter**		头状花序：直径		
	small		小	Embers	3
	medium		中	Sylvia	5
	large		大	Sheila	7

续表

性状编号	英文	中文	标准品种	代码
37.	Flower head: ratio length/diameter	头状花序：长与直径比		
	small	小	Sylvia	3
	medium	中	Cardinal	5
	large	大	Embers	7
38.(+)	Flower head: diameter of floret mass just before anthesis	头状花序：小花群开花之前直径		
	small	小	Embers	3
	medium	中	Sylvia	5
	large	大		7
39.(*)(+)	Flower head: shape of involucre	头状花序：总苞形状		
	cylindrical	圆柱形	Embers	1
	semi-globose	半球形		2
	obovate	倒卵形	Sylvia	3
	obconical	倒圆锥形		4
	saucer-shaped	蝶形		5
40.(*)	Flower head: predominant color	头状花序：主色		
	green	绿色		1
	yellow	黄色		2
	orange	橙色		3
	orange pink	橙粉色		4
	pale pink	浅粉色	Satin Pink，Susara	5
	pink	粉色	Cardinal，Sylvia	6
	orange red	橙红色		7
	red	红色	Embers，Sneyd	8
41.(+)	Outer involucral bract: length of exposed part (from margin of lower bract to tip of bract)	总苞外苞片：外露部分长度（从下部苞片底缘至苞片尖端）		
	short	短	Cardinal	3
	medium	中	Sneyd	5
	long	长	Embers	7
42.	Outer involucral bract: length	总苞外苞片：长度		
	short	短	Susara	3
	medium	中	Sylvia	5
	long	长	Cardinal	7
43.	Outer involucral bract: width	总苞外苞片：宽度		
	narrow	窄		3
	medium	中	Embers	5
	broad	宽	Sylvia	7
44.(+)	Outer involucral bract: shape of apex	总苞外苞片：先端形状		
	caudate	尾状		1
	acute	锐尖	Embers，Satin Pink	2
	obtuse	钝尖	Susara	3
	rounded	圆形	Cardinal	4
45.	Outer involucral bract: dry margin	总苞外苞片：边缘变干		
	absent	无	Sneyd	1
	present	有	Cardinal，Embers	9

续表

性状编号	英文	中文	标准品种	代码
46.	Outer involucral bract: width of dry margin	总苞外苞片：边缘变干宽度		
	narrow	窄	Sheila	3
	medium	中		5
	broad	宽		7
47.	Outer involucral bract: color of marginal area below dried margin	总苞外苞片：边缘变干区域下方边缘颜色		
	green	绿色		1
	grey to silvery	灰色至银色		2
	white to cream	白色至奶油色		3
	yellowish	泛黄色		4
	orange	橙色		5
	pink	粉色		6
	red	红色	Cardinal，Sylvia	7
	purplish	泛紫色	Sneyd	8
	brownish	泛棕色		9
48.	Outer involucral bract: color of central exposed area	总苞外苞片：外露中间区域颜色		
	green	绿色	Sneyd	1
	grey to silvery	灰色至银色		2
	white to cream	白色至奶油色		3
	yellowish	泛黄色		4
	orange	橙色		5
	pink	粉色		6
	red	红色		7
	purplish	泛紫色		8
	brownish	泛棕色		9
49.	Inner involucral bracts: number	总苞内苞片：数量		
	few	少	Embers	3
	medium	中		5
	many	多	Cardinal	7
50.(+)	Inner involucral bracts: length of exposed part (from margin of lower bract to tip of bract)	总苞内苞片：外露部分长度（从下部苞片底缘至苞片尖端）		
	short	短		3
	medium	中	Susara	5
	long	长	Sneyd，Sylvia	7
51.	Inner involucral bracts: length	总苞内苞片：长度		
	short	短	Susara	3
	medium	中	Cardinal	5
	long	长	Embers	7
52.	Inner involucral bracts: width	总苞内苞片：宽度		
	narrow	窄		3
	medium	中	Susara	5
	broad	宽		7

续表

性状编号	英文	中文	标准品种	代码
53. (+)	**Inner involucral bracts: shape**	总苞内苞片：形状		
	oblong	长椭圆形	Embers, Sneyd	1
	spatulate	匙形	Cardinal, Sylvia	2
54. (+)	**Inner involucral bracts: shape of apex**	总苞内苞片：先端形状		
	acute	锐尖	Embers, Sneyd	1
	Slightly obtuse	轻度钝尖		2
	obtuse	钝尖		3
	Obtuse to rounded	钝尖至圆形		4
	rounded	圆形	Sylvia	5
55.	**Inner involucral bracts: incurving of apex**	总苞内苞片：先端内弯		
	weak	弱	Embers, Sneyd	3
	medium	中	Cardinal, Susara	5
	strong	强		7
56.	**Inner involucral bracts: color of apical part on outer side**	总苞内苞片：顶端部分外侧颜色		
	green	绿色		1
	grey to silvery	灰色至银色		2
	white to cream	白色至奶油色		3
	yellow	泛黄色		4
	orange	橙色		5
	pale pink	浅粉色	Susara	6
	pink	粉色	Cardinal, Sylvia	7
	red	红色	Embers, Sneyd	8
	purplish	泛紫色		9
	brownish	泛棕色		10
57.	**Inner involucral bracts: color below apical part on outer side**	总苞内苞片：顶端部分下方外侧颜色		
	green	绿色		1
	grey to silvery	灰色至银色		2
	white to cream	白色至奶油色		3
	yellow	泛黄色		4
	orange	橙色		5
	pale pink	浅粉色	Sylvia	6
	pink	粉色	Cardinal	7
	red	红色		8
	purplish	泛紫色		9
	brownish	泛棕色		10
58.	**Inner involucral bracts: pubescence on outer side**	总苞内苞片：外侧茸毛		
	absent	无	Embers, Sneyd	1
	present	有	Andrea, Cardinal	9
59.	**Inner involucral bracts: density of pubescence on outer side**	总苞内苞片：外侧茸毛密度		
	sparse	疏		3
	medium	中		5
	dense	密		7
60.	**Inner involucral bracts: waxy covering on outer side**	总苞内苞片：外侧覆盖蜡质		
	absent	无		1
	present	有	Embers, Sneyd	9

续表

性状编号	英文	中文	标准品种	代码
61. (*) (+)	**Inner involucral bracts: fringe of margin**	总苞内苞片：边缘毛缘		
	absent	无	Embers, Sneyd	1
	present	有	Andrea, Sylvia	9
62. (*) (+)	**Inner involucral bracts: apical tuft**	总苞内苞片：顶端毛簇		
	absent	无	Brenda, Embers	1
	present	有	Sheila	9
63.	**Inner involucral bract: color of apical tuft**	总苞内苞片：顶端毛簇颜色		
	white	白色		1
	purplish	泛紫色		2
	brown	棕色		3
	black	黑色	Sheila	4
64.	**Inner involucral bract: length of apical tuft**	总苞内苞片：顶端毛簇长度		
	short	短		3
	medium	中	Sheila	5
	long	长		7
65.	**Involucre: resin on bracts**	总苞：苞片树脂		
	absent	无	Cardinal, Sylvia	1
	present	有	Embers, Sneyd	9
66. (+)	**Involucre: density index**	总苞：密度指数		
	small	小	Embers	3
	medium	中		5
	large	大	Sylvia	7
67.	**Floret mass: height in relation to involucral bracts**	小花群：相对于总苞苞片的高度		
	lower	低于	Embers, Sneyd	3
	equal	等高	Susara, Sylvia	5
	higher	高于		7
68. (+)	**Floret mass: shape of apex**	小花群：先端形状		
	flattened	平	Embers	1
	rounded	圆	Cardinal, Susara	2
	pointed	尖	Red Baron	3
	forming an elongated point in the middle	乳突状		4
69.	**Floret mass: color (as seen from above)**	小花群：颜色（从上面看）		
	white	白色		1
	yellowish	泛黄色		2
	green	绿色		3
	pink	粉色		4
	red	红色		5
	purplish	泛紫色		6
	brown	棕色		7
	black	黑色		8
	white with brown center	白色，中心棕色		9
	white with black center	白色，中心黑色		10
70. (+)	**Floret: length of perianth (before anthesis)**	小花：花被片长度（开花前）		
	very short	极短		1
	short	短		3
	medium	中	Cardinal	5
	long	长	Embers	7
	very long	极长		9

续表

性状编号	英文	中文	标准品种	代码
71. (+)	Floret: length of style (after anthesis)	小花:花柱长度(开花后)		
	short	短	Susara	3
	medium	中	Sneyd	5
	long	长	Embers	7
72. (+)	Floret: junction of pollen presenter to style	小花:花粉囊与花柱接合点		
	inconspicuous	不显著	Embers	1
	conspicuous	显著	Cardinal, Sylvia	2
73.	Floret: length of pollen presenter (after anthesis)	小花:花粉囊长度(开花后)		
	very short	极短		1
	short	短	Susara	3
	medium	中		5
	long	长		7
	very long	极长	Embers	9
74.	Time of peak of flowering (Southern Hemisphere)	盛花期(南半球)		
	very early	极早		1
	early	早	Cardinal	3
	medium	中	Guerna	5
	late	晚	Sneyd	7
	very late	极晚	Embers	9

8 性状表解释

性状 5：植株紧邻着花序下的侧枝发育

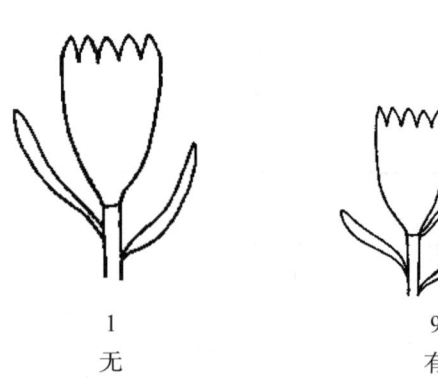

1　　　　　　　9
无　　　　　　有

性状 6：植株木块茎

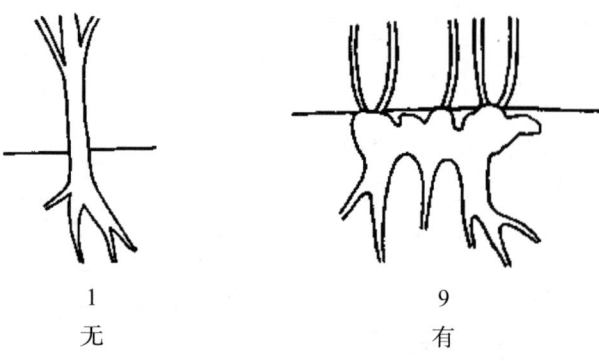

1　　　　　　　9
无　　　　　　有

性状 9：叶片总是直立

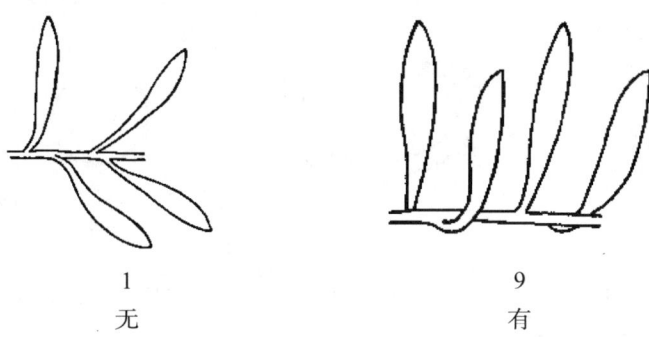

1	9
无	有

性状 11 和性状 14：叶长度（性状 11）和最宽部分位置（性状 14）

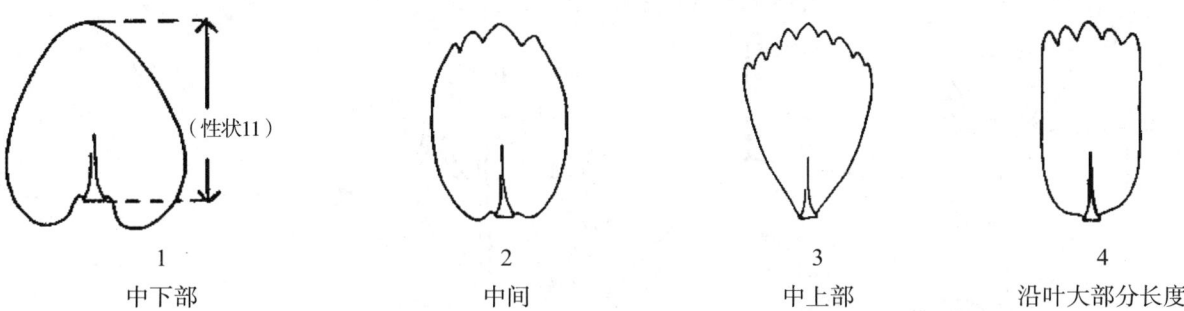

1	2	3	4
中下部	中间	中上部	沿叶大部分长度

性状 15 和性状 54：叶先端形状（性状 15）和总苞内苞片顶端形状（性状 54）

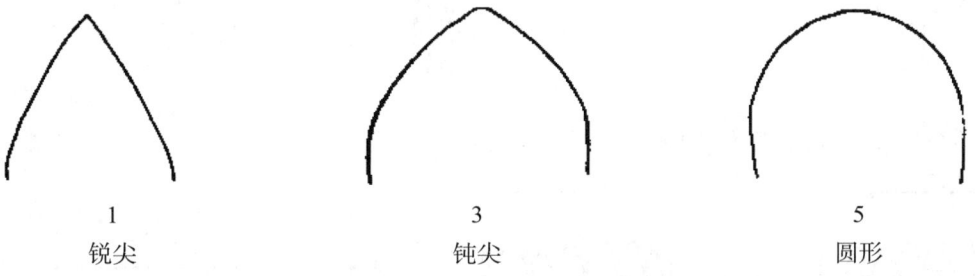

1	3	5
锐尖	钝尖	圆形

性状 16：叶基部形状

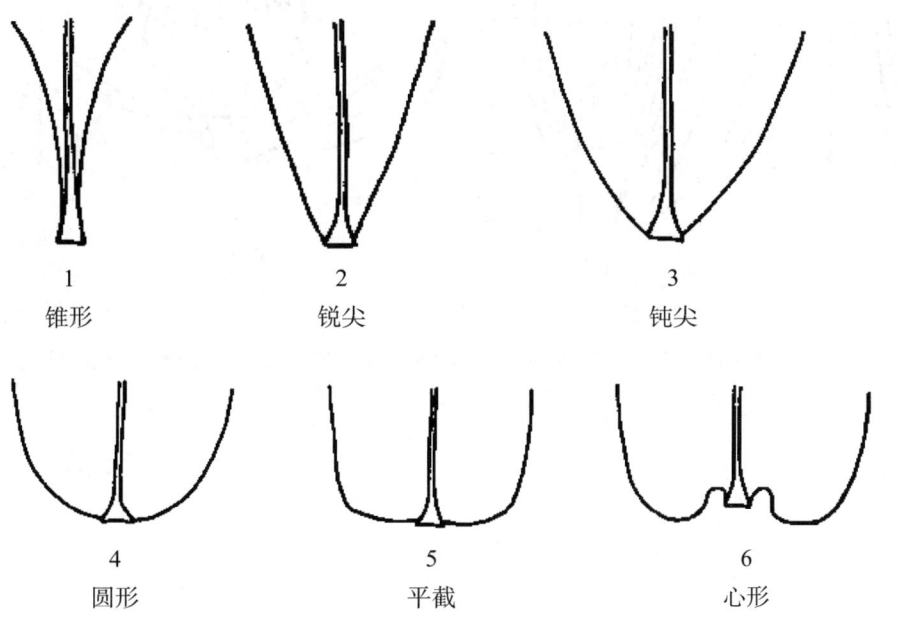

1	2	3
锥形	锐尖	钝尖

4	5	6
圆形	平截	心形

性状 17：叶横截面形状

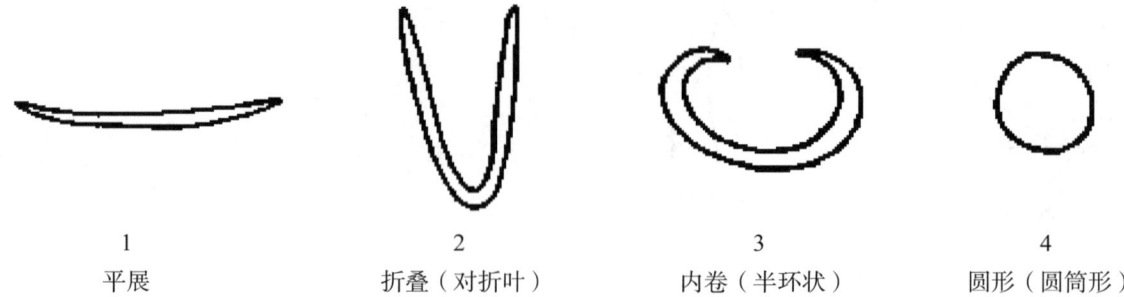

1	2	3	4
平展	折叠（对折叶）	内卷（半环状）	圆形（圆筒形）

性状 27：花枝长度

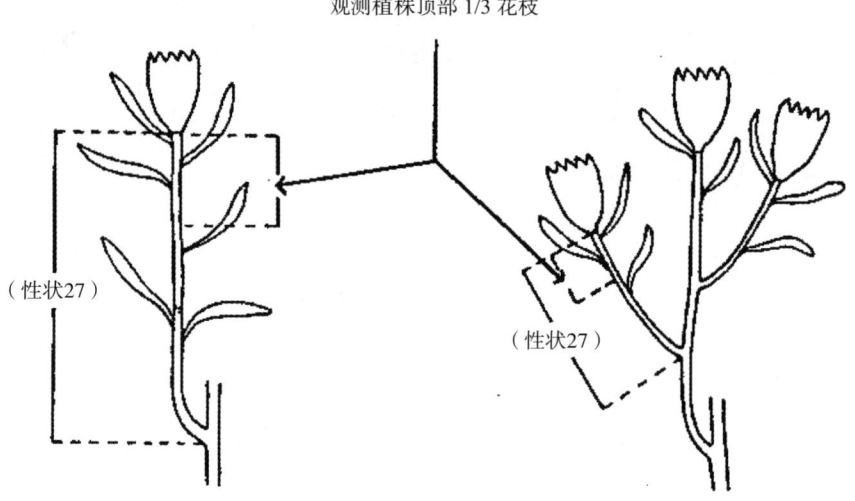

性状 33 至性状 35、性状 38 花序部位图解

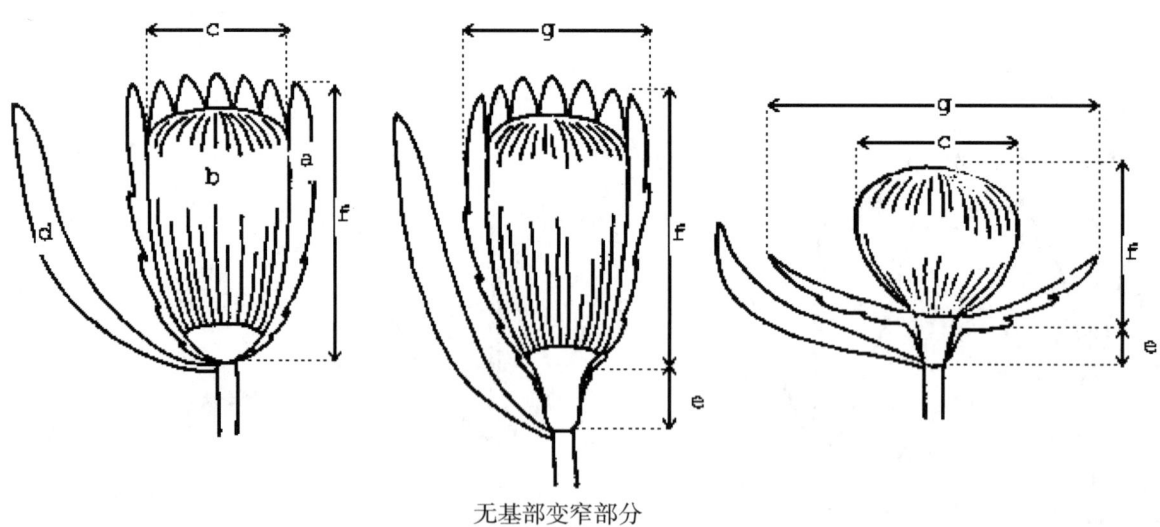

无基部变窄部分

a—总苞；b—小花群；c—小花群直径（性状 38）；d—叶（叶簇）；e—头状花序基部变窄部分长度（性状 34）；f—头状花序长度（性状 35）；g—头状花序直径（性状 36）。

性状 39：头状花序总苞形状

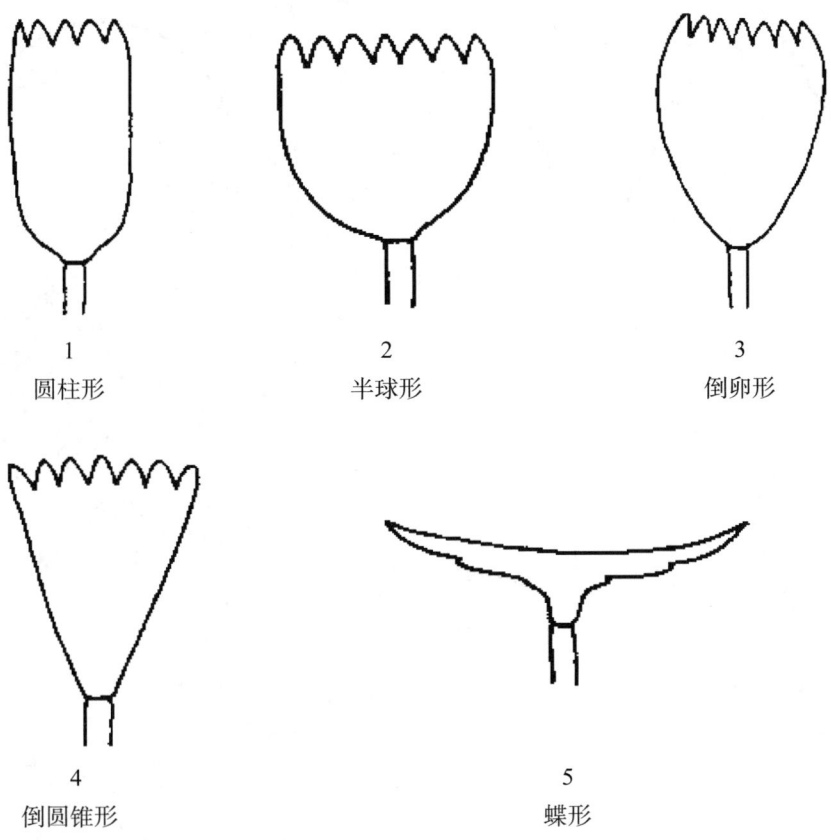

性状 41 和性状 50 总苞内苞片和外苞片

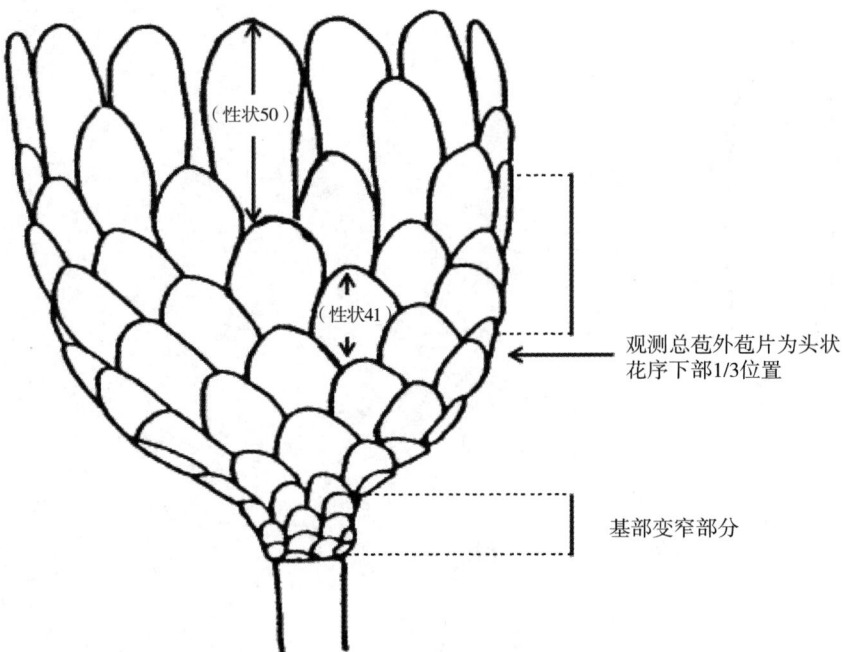

总苞外苞片外露部分长度（性状 41）；总苞内苞片外露部分长度（性状 50）。

性状44：总苞外苞片先端形状

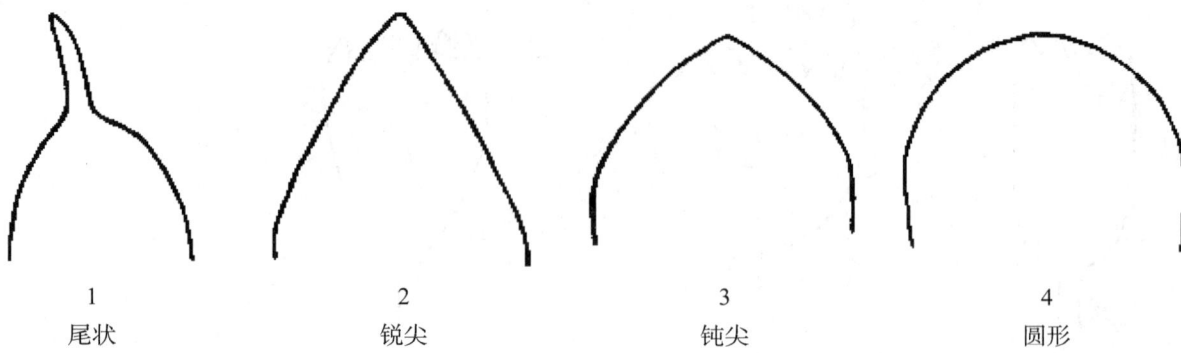

1	2	3	4
尾状	锐尖	钝尖	圆形

性状53：总苞内苞片形状

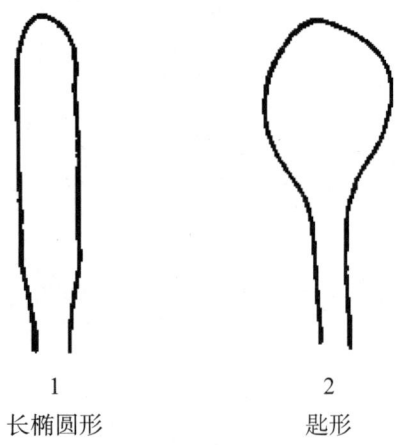

1	2
长椭圆形	匙形

性状61：总苞内苞片边缘毛缘

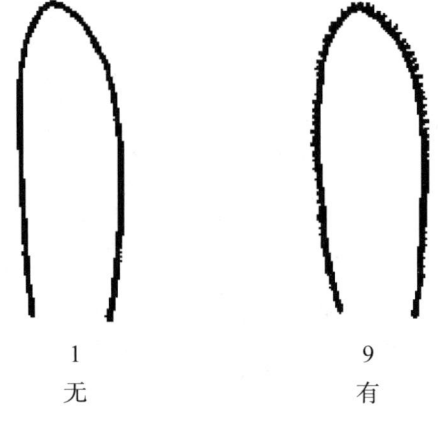

1	9
无	有

性状62：总苞内苞片顶端毛簇

1	9
无	有

性状 66：总苞内苞片密度指数
总苞内苞片密度指数由以下公式计算。
总苞内苞片数量（性状 49）× 总苞内苞片平均宽度 ÷ 头状花序直径（性状 36）

性状 68：小花群先端形状

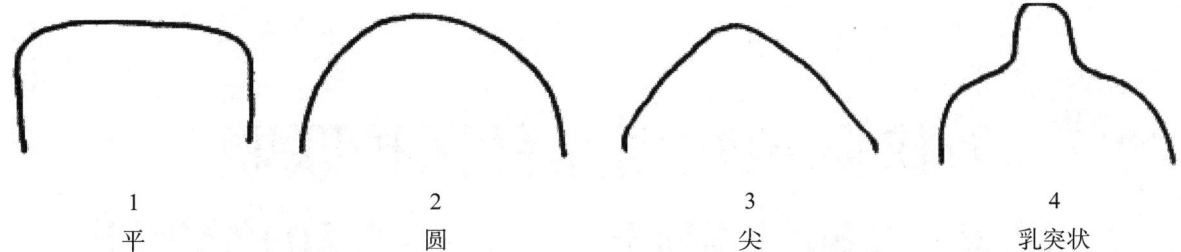

| 1 | 2 | 3 | 4 |
| 平 | 圆 | 尖 | 乳突状 |

性状 70 和性状 71 小花性状

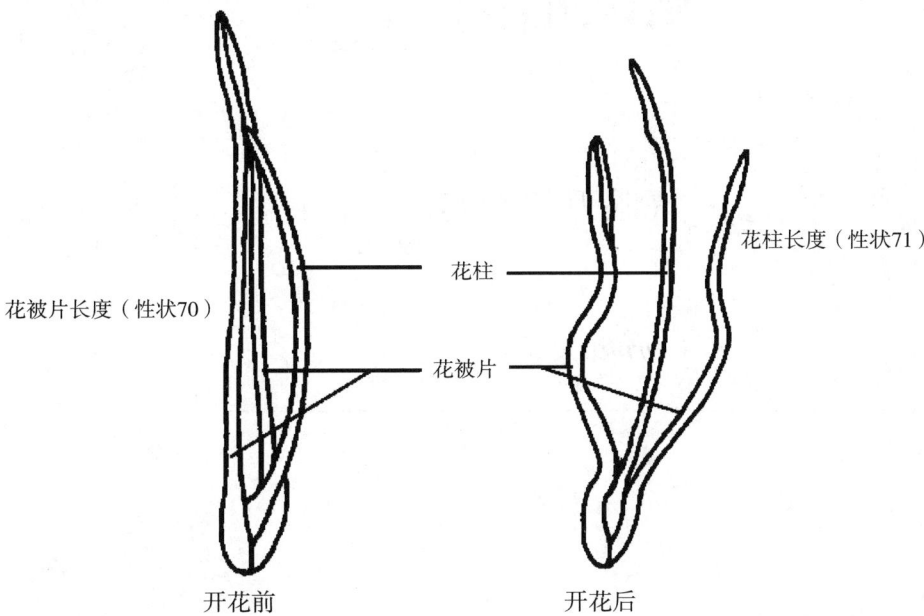

性状 72：小花花粉囊与花柱接合点

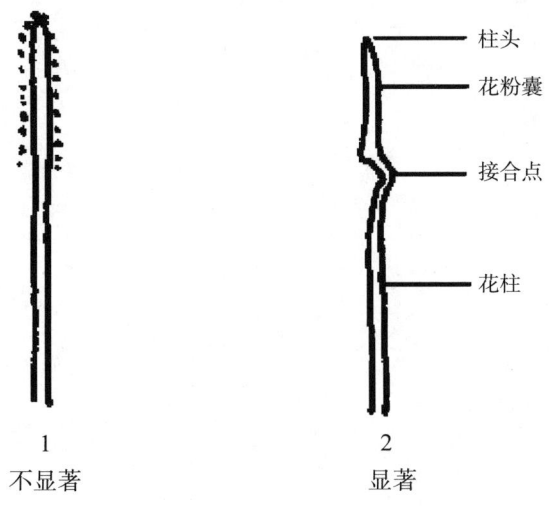

1 不显著　　2 显著

扫码下载原文

如扫描二维码无法下载指南原文，可能是指南版本有更新，可扫描本书封底二维码查看与本文对应的指南版本

TG/131/3
原文：英文
日期：1990-10-12

国际植物新品种保护联盟
植物品种特异性、一致性和稳定性
测试指南

虎眼万年青属

(*Ornithogalum* L.)

1 指南适用范围

本指南适用于百合科 [*Hyanthaceae*（Liliaceae）] 虎眼万年青属（*Ornithogalum* L.）的所有品种。

2 繁殖材料要求

2.1 待测品种繁殖材料的数量和质量要求以及提交的时间和地点由主管机构决定。申请人从测试所在国境外提交繁殖材料的，还应符合海关规定并满足相关植物检疫的要求。建议提交繁殖材料数量至少应为 20 个鳞茎，且要达到商业销售花大小。提供的繁殖材料应没有病毒且外观健康有活力，未受到任何严重病虫害的影响。

2.2 提交的植物材料不应进行任何处理，除非主管机构允许或要求进行这种处理。如果材料已经处理，必须提供处理的详细说明。

3 测试实施

3.1 测试通常为 1 个生长周期。如果在 1 个生长周期内特异性和/或稳定性不能充分确定，测试应增加至第二个生长周期。

3.2 测试通常在一个地点进行。如果供试品种有任何重要的性状不能在该地表达，该品种可在另一地点测试。

3.3 测试应在确保正常生长的条件下进行，除非当地气候条件要求在温室里进行测试，否则应在室外进行，并且覆盖遮阳率为 40% 的遮阳网。

种植时间：3—4 月（南半球），如果人为控制开花时间，种植时间可能会改变。

土壤：排水良好的肥沃土壤，富含有机质。

种植深度：2～4 cm。

种植密度：行距间隔 10 cm。

温度：白天：20～30 ℃

晚上：0～10 ℃。

鳞茎采收：当花枯萎时减少浇水，当叶开始变黄时停止浇水。叶片变褐时挖取鳞茎，切掉叶片，用杀菌剂处理并在 20～25 ℃ 的通风良好的房间里晾 2 个星期。

鳞茎储藏：最高 25 ℃。

试验地块的大小应保证因测量或计数等需要，从小区取走部分植株或植株部位后，不影响生长周期结束前的所有观测。每个试验应至少包括 20 个植株，分为 2 个或 2 个以上重复。只有在当环境条件相似时，才能使用分开种植的小区进行观测和测量。

3.4 为测试有关性状，可以进行附加测试。

4 测试和观测

4.1 在测试一致性和稳定性时，经验表明，对于无性繁殖的球根品种，足以依据观测性状的表达状态判定供试的繁殖材料是否一致并且是否存在变异或混杂。

4.2 所有观测应对 10 个植株或分别来自 10 个植株的部位进行。

4.3 所有对叶、花序和花的观测应在花序 80% 的花开放时观测。

4.4 始花期为从花序上的第一朵花开放开始持续至花序上的第三朵花枯萎结束。

4.5 测量花梗长度应从地面开始。

4.6 所有对花的观测应来自花序上近期完全开放的花，在花药裂开以前。

4.7 所有对鳞茎的观测应对自新挖的休眠鳞茎进行。

5 品种分组

5.1 待测品种应分组种植以便进行特异性评价。适用于分组的性状是已知不会出现变异，或者仅在品种内发生轻微变异的性状。这些性状的不同表达状态应十分均匀地分布于品种库中。

5.2 建议主管机构使用如下性状分组。

　　（a）花：类型（性状 15）。

　　（b）花：形状（性状 16）。

　　（c）花：主色（性状 17）。

　　（d）花：花被片斑（性状 22）。

6 性状符号

6.1 为判定特异性、一致性和稳定性，应使用性状表中以 UPOV 的 3 种工作语言列出的性状。

6.2 为便于电子数据处理，每个性状的表达状态都赋予了相应的代码（1～9）。

6.3 说明

　　（*）除非前序性状的表达或区域环境条件所限使其无法测试，在测试的每一个生长时期，对所有品种都要进行测试的、总要包含在品种描述中的性状。

　　（+）见第 8 部分性状表解释。

7 性状表

性状编号	英文	中文	标准品种	代码
1. （+）	**Leaf：attitude**	叶：姿态		
	erect	直立	Rozelda	3
	spreading	平展	Rojel，Roodie	5
	prostrate	匍匐		7
2.	**Leaf：length**	叶：长度		
	short	短		3
	medium	中		5
	long	长	Roes，Rollow	7
3.	**Leaf：width**	叶：宽度		
	narrow	窄		3
	medium	中	Rozelda	5
	broad	宽	Roes，Rollow	7
4.	**Leaf：color**	叶：颜色		
	grey	灰色		1
	grey green	灰绿色	Roes	2
	green	绿色	Rollow，Rothea	3

续表

性状编号	英文	中文	标准品种	代码
5.(+)	**Leaf: shape in cross section (at mid point of blade)**	叶：横切面形状（叶片中部）		
	angular	角形	Rozelda	1
	flattened	平展	Roes	2
	circular	圆形	Rothea	3
6.(+)	**Leaf: recurving of margin**	叶：边缘外弯		
	absent	无		1
	present	有		9
7.(*)	**Peduncle: length**	花序梗：长度		
	short	短	Roodie	3
	medium	中	Tulbagh	5
	long	长	Romein	7
8.	**Inflorescence: length**	花序：长度		
	short	短		3
	medium	中		5
	long	长		7
9.	**Inflorescence: number of flowers**	花序：花数量		
	few	少		3
	medium	中	Romein	5
	many	多	Rozelda	7
10.	**Inflorescence: type of bract**	花序：苞片类型		
	membranous	膜状	Roes	1
	Foliaceous or petaloid	叶状或瓣状	Roodie	2
11.	**Inflorescence: length of bract**	花序：苞片长度		
	short	短	Rozelda	3
	medium	中		5
	long	长	Roodie, Rothea	7
12.	**Inflorescence: form of bract**	花序：苞片形状		
	filiform	丝状		1
	narrow ovate	窄卵圆形	Rollow, Rozelda	2
13.	**Inflorescence: color of bract**	花序：苞片颜色		
	white	白色	Roes, Rozelda	1
	green	绿色	Romein, Roodie	2
14.	**Flower: length of pedicel**	花：花梗长度		
	short	短	Rozelda	3
	medium	中	Rojel, Roodie	5
	long	长	Roes, Rothea	7
15.(*)	**Flower: type**	花：类型		
	single	单瓣	Mont Everest, Rojel, Romein	1
	double	重瓣	Mont Blanc	2
16.(*)(+)	**Flower: shape**	花：形状		
	saucer-shaped	碟状	Rojel	1
	cup-shaped	杯状	Evangel	2

续表

性状编号	英文	中文	标准品种	代码
17. (*)	**Flower：predominant color**	花：主色		
	white	白色	Mont Blanc，Rozelda	1
	cream	奶油色	Roes	2
	yellow	黄色	Rollow，Roodie	3
	orange	橙色	Evangel	4
18.	**Flower：glossiness of inner side**	花：内侧光泽度		
	absent	无		1
	present	有	Roes，Rollow	9
19. (*)	**Flower：length of tepal**	花：花被片长度		
	short	短	Rozelda	3
	medium	中	Romein	5
	long	长	Roes	7
20. (*)	**Flower：width of tepal**	花：花被片宽度		
	narrow	窄	Rozelda	3
	medium	中	Romein，Roodie	5
	wide	宽	Roes	7
21. (*)	**Flower：ratio length/width of tepal**	花：花被片长宽比		
	small	小	Roodie	3
	medium	中		5
	large	大	Rozelda	7
22. (*)	**Flower：markings on tepal**	花：花被片斑		
	absent	无	Mont Everest，Roodie，Rozelda	1
	present	有	Roes	9
23. (*)	**Flower：position of marking on tepal**	花：花被片斑位置		
	at tip	尖端		1
	at base	基部	Roes	2
	along midrib	沿中脉		3
24.	**Flower：length of inner whorl of stamens in relation to outer whorl**	花：内轮雄蕊相对于外轮雄蕊长度		
	equal	等长	Rojel	1
	longer	长于		2
25.	**Flower：basal appendages on stamen**	花：雄蕊基部附属物		
	absent	无		1
	present	有	Rothea	9
26.	**Flower：color of filament**	花：花丝颜色		
	white	白色	Mont Everest，Roes	1
	yellow	黄色	Rothea	2
	orange	橙色		3
27. (*)	**Flower：color of ovary**	花：子房颜色		
	whitish	泛白色		1
	yellowish	泛黄色		2
	greenish	泛绿色	Roodie，Rothea	3
	black	黑色	Roes	4

续表

性状编号	英文	中文	标准品种	代码
28.	**Flower：fragrance**	花：香味		
	absent	无	Romein，Roodie	1
	present	有		9
29.	**Flower：intensity of fragrance**	花：香味程度		
	weak	弱		3
	medium	中		5
	strong	强		7
30.	**Bulb：shape**	鳞茎：形状		
	oblate	扁圆形	Roes	1
	globose	球形		2
	ovoid	卵圆形	Rozelda	3
31.	**Bulb：color of outer scales**	鳞茎：外鳞片颜色		
	white	白色	Roes	1
	yellow	黄色		2
	brown	棕色		3
32.	**Bulb：compactness of outer scales**	鳞茎：外鳞片紧密度		
	loose	松散	Rozelda	1
	compact	紧实	Roes	2
33.(*)	**Time of flowering**	始花期		
	very early	极早	Evangel	1
	early	早		3
	medium	中	Romein	5
	late	晚		7
	very late	极晚		9

8 性状表解释

性状1：叶姿态

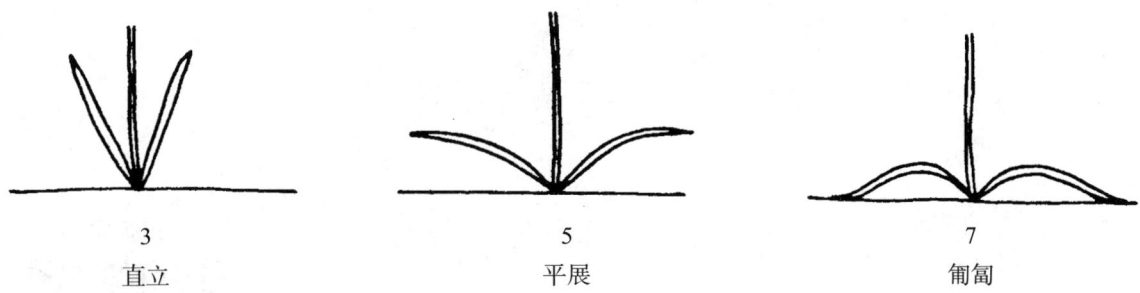

3	5	7
直立	平展	匍匐

性状5：叶横切面形状（叶片中部）

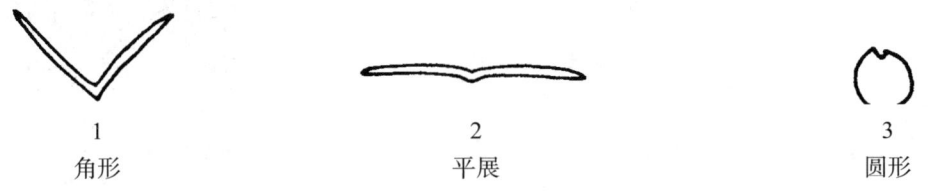

1	2	3
角形	平展	圆形

性状 6：叶边缘外弯

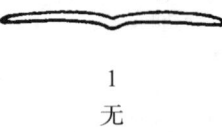
1
无

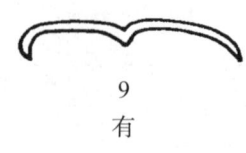
9
有

性状 16：花形状

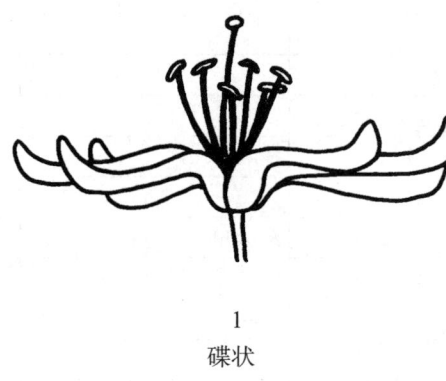
1
碟状

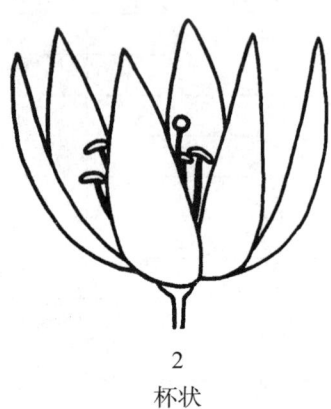
2
杯状

TG/132/4
原文：英文
日期：1992-10-23

国际植物新品种保护联盟
植物品种特异性、一致性和稳定性测试指南

花叶万年青属

(*Dieffenbachia* Schott)

1 指南适用范围

本指南适用于花叶万年青属 [*Dieffenbachia* Schott（Araceae）] 的所有无性繁殖品种，目前大多数花叶万年青品种属于或为 D. *seguine* "Amoena" 与 D. *seguine* "Maculata" 的杂交种的突变种，有时为 D. *seguine* "Amoena" 和 D. *seguine* "Jenmannii" 杂交种的突变种。然而，在本测试指南中，如下几个种应纳入范围内：D. *chelsonii* Bull、D. *delecta* Nicholson、D. *leopoldii* Bull、D. *oerstedii* Schott 和 D. *pittieri* Engl. & Krause。

2 繁殖材料要求

2.1 待测品种繁殖材料的数量和质量要求以及提交的时间和地点由主管机构决定。申请人从测试所在国境外提交繁殖材料的，还应符合海关规定并满足相关植物检疫的要求。建议提交的最小繁殖材料数量应为20个12~15周符合商业标准的植株，不能是直接通过离体繁殖获得的植株。对于丛生品种，最小植株高度应为25 cm（如10~11 cm盆）。直立品种，可根据所有性状表现最佳的时候选择植株提交时间。提供的繁殖材料应外观健康有活力，未受到任何严重病虫害的影响，尤其是能引起茎软腐的欧文氏菌（或果胶杆菌）。

2.2 提交的繁殖材料不得进行任何可能影响品种性状表达的处理，除非主管机构允许或要求进行这种处理。如果材料已经处理，必须提供相关处理的详细说明。

3 测试实施

3.1 测试通常为2个生长周期。

3.2 测试通常在1个地点进行。如果供试品种有任何重要的性状不能在该地表达，该品种可在另一地点测试。

3.3 测试应在温室条件下进行确保正常生长。

繁殖：可按照以下步骤进行。

（a）应用大约20 cm长的顶端插条。

（b）3月中旬生根（北半球）：在沙地、喷雾系统、高湿度条件下，40 d后置于10 cm的装有泥炭土基质的盆中进行盆栽，或直接种于有泥炭基质的10 cm的花盆中。

（c）2个月后移栽于大盆中。

灌溉：滴灌。

夏季：1周1次（可根据植株所需进行改变）。

冬季：保持湿润但不潮湿。

温度：18~25 ℃。

空气湿度：70%~80%。

遮阴：夏季遮阴。

通风设备：避免过量抽风防止枯萎。

试验地块的大小应保证因测量或计数等需要，从小区取走部分植株或植株部位后，不影响生长周期结束前的所有观测。每个试验应包括至少20个植株。只有在当环境条件相似时，才能使用分开种植的小区进行观测和测量。

3.4 为测试有关性状，可以进行附加测试。

4 测试和观测

4.1 在测试一致性和稳定性时，经验表明，除了颜色，对于无性繁殖的花叶万年青属的无性繁殖品种，足以依据观测性状的表达状态判定供试的繁殖材料是否一致并且是否存在变异或混杂。

4.2 对于颜色的稳定性测试，取 10 根来自植株的顶端插条栽培，与剩下的 10 个植株比较。植株应在正常生长条件下生长，直至达到商业标准。

4.3 所有测量或计数的观测应对 10 个植株或 10 个植株的部位进行。

4.4 所有对叶的观测应对从顶部数第三、第四或第五位置的典型叶进行。

4.5 品种性状应辅以叶的阴影图来描述并且说明表达范围。

4.6 由于日光变化的原因，在利用比色卡确定颜色时，应在一个合适的有人工光源照明的小室或中午无阳光直射的房间内进行。人工光源光谱分布应符合 CIE "理想日光标准 D6500"，且在《英国标准 950：第 1 部分》规定的允许范围之内。在鉴定颜色时，应将植株部位置于白色背景上。

5 品种分组

5.1 待测品种应分组种植以便进行特异性评价。适用于分组的性状是已知不会出现变异，或者仅在品种内发生轻微变异的性状。这些性状的不同表达状态应十分均匀地分布于品种库中。

5.2 建议主管机构使用如下性状分组。

（a）植株：生长习性（性状 1）。

（b）植株：基部茎芽数量（性状 51）。

6 性状符号

6.1 为判定特异性、一致性和稳定性，应使用性状表中以 UPOV 的 3 种工作语言列出的性状。

6.2 为便于电子数据处理，每个性状的表达状态都赋予了相应的代码（1~9）。

6.3 说明

（*）除非前序性状的表达或区域环境条件所限使其无法测试，在测试的每一个生长时期，对所有品种都要进行测试的，需要包含在品种描述中的性状。

（+）见第 8 部分性状表解释。

7 性状表

性状编号	英文	中文	标准品种	代码
1. (*)	**Plant: growth habit**	**植株：生长习性**		
	elongated	直立	Amoena	1
	semi-bushy	半丛生		2
	bushy	丛生	Compacta	3
2. (*)	**Plant: height**	**植株：高度**		
	short	矮	Anne, Catharina	3
	medium	中	Compacta	5
	tall	高	Amoena	7
3. (*)	**Main stem: diameter**	**主茎：直径**		
	small	小	Carina, Catharina	3
	medium	中	Veerle	5
	large	大	Amoena	7

续表

性状编号	英文	中文	标准品种	代码
4.	**Main stem：number of colors**	主茎：颜色数量		
	one	1种	Amoena	1
	more than one	>1种	Carina	2
5. (*)	**Main stem：main color**	主茎：主色		
	greenish white	泛绿白色		1
	light green	泛绿色	Catharina	2
	medium green	中等绿色	Veerle	3
	dark green	深绿色	Amoena	4
	pink	粉色		5
	orange	橙色		6
	red	红色		7
	brown	棕色		8
6.	**Main stem：secondary color（if clearly different）**	主茎：次色（如有明显不同）		
	greenish white	泛绿白色	Catharina	1
	green	绿色		2
7. (*)	**Leaf：curvature**	叶：弯曲		
	weak	弱	Janet	3
	medium	中	Morlem	5
	strong	强		7
8. (*)	**Leaf blade：length**	叶片：长度		
	short	短	Compacta	3
	medium	中	Alix	5
	long	长	Amoena	7
9. (*)	**Leaf blade：width**	叶片：宽度		
	narrow	窄	Camilla	3
	medium	中	Veerle	5
	broad	宽	Tropic White	7
10. (*) (+)	**Leaf blade：shape**	叶片：形状		
	narrow elliptic	窄椭圆形	**D. pittieri**	1
	elliptic	椭圆形	**D. leopoldii**	2
	ovate	卵圆形	Amoena，Camilla	3
11. (+)	**Leaf blade：length of apex**	叶片：先端长度		
	short	短		3
	medium	中	Tropic White，Amoena	5
	long	长	Anna，Camilla，Candida	7
12. (*)	**Leaf blade：glossiness**	叶片：光泽度		
	absent	无	Compacta，Gitte	1
	present	有	Amoena	9
13. (*)	**Leaf blade：flexibility**	叶片：柔软度		
	weak	弱		3
	medium	中		5
	strong	强		7
14.	**Leaf blade：number of colors on upper side of main vein**	叶片：上表面主脉颜色数量		
	one	1种	Amoena	1
	two	2种	Camilla，Compacta，Veerle	2

续表

性状编号	英文	中文	标准品种	代码
15.	Leaf blade：main color on upper side of main vein	叶片：上表面主脉主色		
	white	白色	D. oerstedii variegata	1
	greenish white	泛绿白色	Carina，Janet，Veerle	2
	green	绿色	Alix，Amoena	3
16. (*) (+)	Leaf blade：type of variegation	叶片：色斑类型		
	type 1	类型 1		1
	type 2	类型 2	Camilla	2
	type 3	类型 3	Compacta，**D. leoniae**	3
	type 4	类型 4	Anne	4
	type 5	类型 5	Amoena，Jenmannii	5
	type 6	类型 6	D. chelsonii，D. delecta	6
	type 7	类型 7	Yellow Tropic	7
17. (*)	Varieties of types 1 and 2 only：Leaf blade：main color	叶片：主色（仅适用于类型 1 和类型 2 的品种）		
	RHS Colour Chart（indicate reference number）	RHS 比色卡（注明参考色号）		
18.	Varieties of types 2 and 4 only：Leaf blade：width of edging	叶片：镶边宽度（仅适用于类型 2 和类型 4 的品种）		
	narrow	窄	Anne，Catharina	3
	medium	中	Veerle	5
	broad	宽	Carla	7
19. (*)	Varieties of types 2 and 4 only：Leaf blade：color of edging	叶片：镶边颜色（仅适用于类型 2 和类型 4 的品种）		
	RHS Colour Chart（indicate reference number）	RHS 比色卡（注明参考色号）		
20. (*)	Varieties of types 2 and 4 only：Leaf blade：border of edging	叶片：镶边界限（仅适用于类型 2 和类型 4 的品种）		
	not clearly defined	不能清楚界定	Camilla	1
	Clearly defined	能清楚界定	Anne	2
21. (*)	Varieties of types 3 and 4 only：Leaf blade：density of maculation	叶片：斑点密度（仅适用于类型 3 和类型 4 的品种）		
	sparse	疏	Catharina	3
	medium	中	Carina	5
	dense	密	Compacta	7
22.	Varieties of types 3 and 4 only：Leaf blade：size of most frequent macule	叶片：主要斑点大小（仅适用于类型 3 和类型 4 的品种）		
	small	小	Anna	3
	medium	中	Compacta，Gitte	5
	large	大		7
23.	Varieties of types 3 and 4 only：Leaf blade：number of green shades represented by macules	叶片：斑状绿色阴影数量（仅适用于类型 3 和类型 4 的品种）		
	one	1 种	Compacta，	1
	two	2 种		2
	more than two	＞2 种		3

续表

性状编号	英文	中文	标准品种	代码
24.	**Varieties of types 3 and 4 only: Leaf blade: dominant green shade represented by macules**	叶片：斑状绿色阴影主色（仅适用于类型 3 和类型 4 的品种）		
	whitish	泛白色		1
	greyish	泛灰色		2
	yellowish	泛黄色		3
	light	浅	Gitte	4
	medium	中	Compacta，	5
	dark	深		6
25.	**Varieties of types 3 and 4 only: Leaf blade: presence of additional whitish green shade represented by macules**	叶片：斑状泛白绿色阴影（仅适用于类型 3 和类型 4 的品种）		
	absent	无		1
	present	有		9
26.	**Varieties of types 3 and 4 only: Leaf blade: presence of additional greyish green shade represented by macules**	叶片：斑状泛灰绿色阴影（仅适用于类型 3 和类型 4 的品种）		
	absent	无		1
	present	有		9
27.	**Varieties of types 3 and 4 only: Leaf blade: presence of additional yellowish green shade represented by macules**	叶片：斑状的泛黄绿色阴影（仅适用于类型 3 和类型 4 的品种）		
	absent	无		1
	present	有		9
28.	**Varieties of types 3 and 4 only: Leaf blade: presence of additional light green shade represented by macules**	叶片：斑状泛绿色阴影（仅适用于类型 3 和类型 4 的品种）		
	absent	无		1
	present	有		9
29.	**Varieties of types 3 and 4 only: Leaf blade: presence of additional medium green shade represented by macules**	叶片：斑状中等绿色阴影（仅适用于类型 3 和类型 4 的品种）		
	absent	无		1
	present	有		9
30.	**Varieties of types 3 and 4 only: Leaf blade: presence of additional dark green shade represented by macules**	叶片：斑状深绿色阴影（仅适用于类型 3 和类型 4 的品种）		
	absent	无		1
	present	有		9
31.	**Varieties of types 5, 6 and 7 only: Leaf blade: number of green shades represented by bands**	叶片：带状绿色阴影数量（仅适用于类型 5、类型 6 和类型 7 的品种）		
	one	1 种		1
	two	2 种	Morlem，Yellow Tropic	2
	more than two	>2 种		3

续表

性状编号	英文	中文	标准品种	代码
32.	**Varieties of type 5, 6 and 7 only: Leaf blade: dominant green shade represented by band（s）**	叶片：带状绿色阴影主色（仅适用于类型5、类型6和类型7的品种）		
	whitish	泛白色	Alix，Amoena	1
	greyish	泛灰色		2
	yellowish	泛黄色		3
	light	浅	Tropic Snow	4
	medium	中	Yellow Tropic	5
	dark	深		6
33.	**Varieties of type 5, 6 and 7 only: Leaf blade: presence of additional whitish green shade represented by band（s）**	叶片：带体状泛白绿色阴影（仅适用于类型5、类型6和类型7的品种）		
	absent	无		1
	present	有		9
34.	**Varieties of type 5, 6 and 7 only: Leaf blade: presence of additional greyish green shade represented by band（s）**	叶片：带状泛灰绿色阴影（仅适用于类型5、类型6和类型7的品种）		
	absent	无		1
	present	有		9
35.	**Varieties of type 5, 6 and 7 only: Leaf blade: presence of additional yellowish green shade represented by band（s）**	叶片：带状泛黄绿色阴影（仅适用于类型5、类型6和类型7的品种）		
	absent	无		1
	present	有		9
36.	**Varieties of type 5, 6 and 7 only: Leaf blade: presence of additional light green shade represented by band（s）**	叶片：带状泛绿色阴影（仅适用于类型5、类型6和类型7的品种）		
	absent	无		1
	present	有		9
37.	**Varieties of type 5, 6 and 7 only: Leaf blade: presence of additional medium green shade represented by band（s）**	叶片：带状中等绿色阴影（仅适用于类型5、类型6和类型7的品种）		
	absent	无		1
	present	有		9
38.	**Varieties of type 5, 6 and 7 only: Leaf blade: presence of additional dark green shade represented by band（s）**	叶片：带状深绿色阴影（仅适用于类型5、类型6和类型7的品种）		
	absent	无		1
	present	有		9
39.	**Varieties of type 5, 6 and 7 only: Leaf blade: border of band（s）**	叶片：带边缘（仅适用于类型5、类型6和类型7的品种）		
	not clearly defined	不能清楚界定	Maroba	1
	clearly defined	能清楚界定	Alix，Yellow Tropic	2

续表

性状编号	英文	中文	标准品种	代码
40.	**Varieties of type 5, 6 and 7 only: Leaf blade: small spots within band（s）**	叶片：带里面小斑点（仅适用于类型5、类型6和类型7的品种）		
	absent	无	Tropic Snow	1
	present	有		9
41.	**Varieties of type 5, 6 and 7 only: Leaf blade: density of small spots within band（s）**	叶片：带里面小斑点密度（仅适用于类型5、类型6和类型7的品种）		
	sparse	疏		3
	medium	中		5
	dense	密		7
42.	**Varieties of type 5, 6 and 7 only: Leaf blade: width of banded area compared with that of blade**	叶片：带状区域相对于叶片宽度（仅适用于类型5、类型6和类型7的品种）		
	narrow	窄于	Amoena	3
	medium	相等	Tropic White	5
	broad	宽于	Yellow Tropic	7
43.	**Varieties of type 5 only: Leaf blade: width of individual bands compared with that of blade**	叶片：单个带状宽度相对于叶片宽度（仅适用于类型5的品种）		
	narrow	窄于		3
	medium	相等		5
	broad	宽于		7
44.（*）	**Petiole: length**	叶柄：长度		
	short	短	**D. pittieri**	3
	medium	中	Amoena，Camilla	5
	long	长	Tropic Snow	7
45.	**Petiole: length compared to length of blade**	叶柄：相对于叶片长度		
	short	短于	Maroba，Morlem	3
	medium	相等	Amoena，Tropic White	5
	long	长于	Tropic Snow	7
46.	**Petiole: number of colors**	叶柄：颜色数量		
	one	1种	Alix，Amoena	1
	more than one	>1种	Catharina，Veerle	2
47.（*）	**Petiole: main color**	叶柄：主色		
	whitish green	泛白绿色	Camilla	1
	light green	泛绿色	Catharina	2
	medium green	中等绿色	Alix	3
	dark green	深绿色	Amoena，Gitte	4
	pink	粉色		5
	orange	橙色		6
	red	红色		7
48.	**Petiole: secondary green shade**	叶柄：绿色阴影次色		
	whitish	泛白色	Anna，Compacta	1
	greyish	泛灰色		2
	yellowish	泛黄色	Gitte，Veerle	3
	light	浅		4
	medium	中	Catharina	5
	dark	深		6

续表

性状编号	英文	中文	标准品种	代码
49.	Petiole: pattern of secondary color	叶柄：次色图案		
	marbled	大理纹	Catharina	1
	striated	线纹		2
	speckled	斑点	**D. Thompson，D. williford**	3
50.	Petiole: distribution of secondary color	叶柄：次色分布		
	at base	基部	Veerle	1
	along whole length	沿整个叶柄长	**D. williford**	2
51.(*)	Plant: number of basal shoots	植株：基部茎芽数量		
	absent or very few	无或极少	Amoena	1
	few	少	Veerle	3
	medium	中	Carina	5
	many	多	Alix，Gitte	7
	very many	极多	Carla	9
52.	Plant: change of color distribution during ageing of leaf	植株：叶老化过程中颜色分布变化		
	weak	弱	Alix，Amoena，Tropic White	3
	medium	中	Carina，Gitte，Veerle	5
	strong	强	Camilla，Carla	7

8 性状表解释

性状10：叶片形状

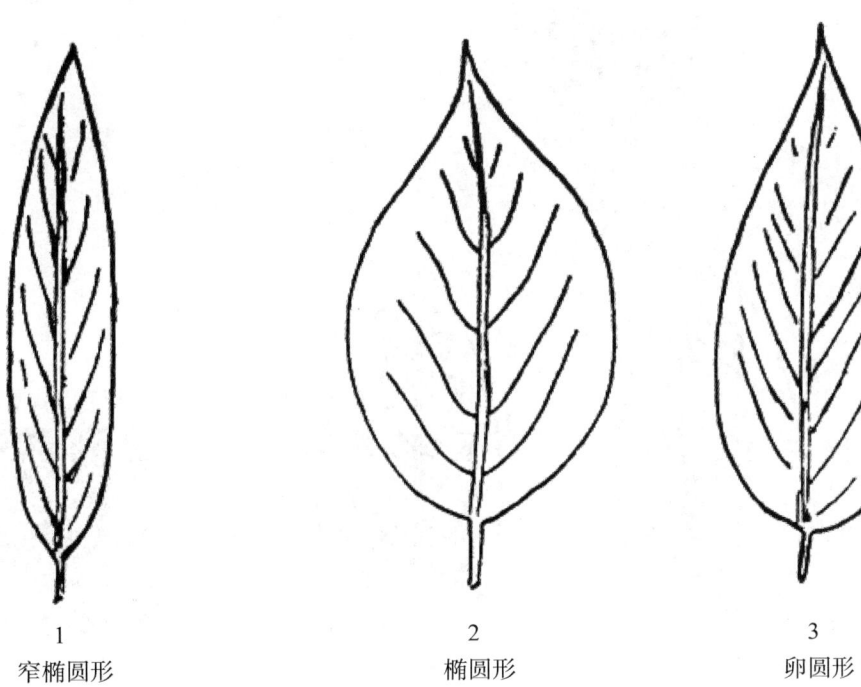

| 1 | 2 | 3 |
| 窄椭圆形 | 椭圆形 | 卵圆形 |

性状 11：叶片先端长度

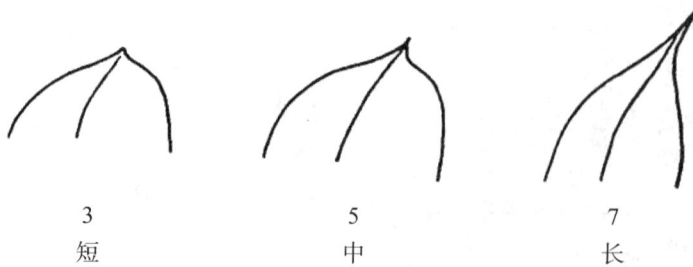

3	5	7
短	中	长

性状 16：叶片色斑类型

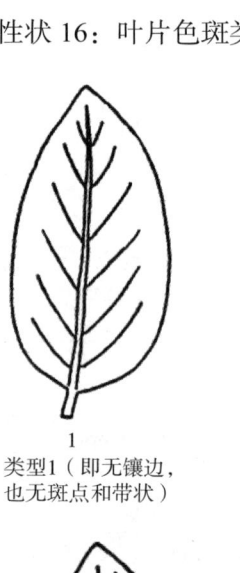

1
类型1（即无镶边，也无斑点和带状）

2
类型2（仅镶边）

3
类型3（仅斑点）

4
类型4（镶边和斑点）

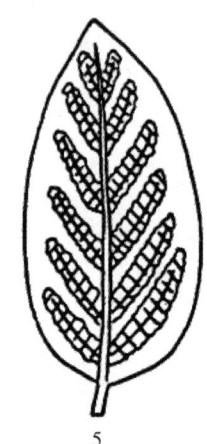

5
类型5（带状仅沿侧叶脉）

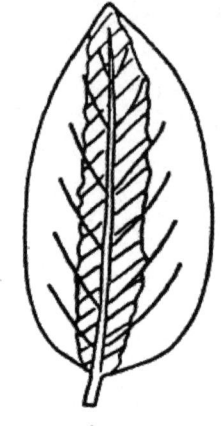

6
类型6（带状仅沿主叶脉）

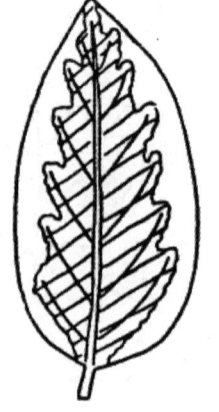

7
类型7（带状沿侧叶脉和主叶脉）

扫码下载原文

如扫描二维码无法下载指南原文，可能是指南版本有更新，可扫描本书封底二维码查看与本文对应的指南版本

TG/133/5
原文：英文
日期：2020-12-17

国际植物新品种保护联盟
植物品种特异性、一致性和稳定性
测试指南

绣球属

UPOV 代码：HYDRN

(*Hydrangea* L.)

互用名称 *

植物学名称	英文	法文	德文	西班牙文
Hydrangea L.	Hydrangea	Hortensia	Hortensie	Hortensia, Hidrangea

---

* 这些名称在指南开始使用时是正确的，但随后可能会修改更新。读者可登录 UPOV 网站（www.upov.int），获取最新资料。

1 指南适用范围

本指南适用于绣球属（*Hydrangea* L.）的所有品种。

2 繁殖材料要求

2.1 待测品种繁殖材料的数量和质量要求以及提交的时间和地点由主管机构决定。申请人从测试所在国境外提交繁殖材料的，还应符合海关规定并满足相关植物检疫的要求。
2.2 繁殖材料以幼苗的形式提交，且能生长出在第一个生长周期能将所有的性状表达的植株。
2.3 申请人提交繁殖材料的最少数量应为 8 株幼苗。
2.4 提供的繁殖材料应外观健康有活力，未受到任何重要病虫害的影响。
2.5 提交的繁殖材料不得进行任何可能影响品种性状表达的处理，除非主管机构允许或要求进行这种处理。如果材料已经处理，必须提供相关处理的详细说明。

3 测试方法

3.1 生长周期

3.1.1 测试的最短周期通常为 1 个生长周期。
3.1.2 当主管机构能够确定测试结果时，可提前结束品种测试。

3.2 测试地点

测试通常在 1 个地点进行。在 1 个以上地点进行测试时，TGP/9《特异性测试》提供了有关指导。

3.3 测试条件

3.3.1 测试的条件应能满足品种正常生长的需要，以确保品种相关性状充分表达和测试的顺利开展。
3.3.2 由于日光变化的原因，在利用比色卡确定颜色时，应在一个合适的有人工光源照明的小室或中午无阳光直射的房间内进行。人工光源光谱分布应符合 CIE "理想日光标准 D6500"，且在《英国标准 950：第 1 部分》规定的允许范围之内。在鉴定颜色时，应将观测的植株部位置于白色背景上。比色卡及版本应在性状描述中说明。

3.4 试验设计

3.4.1 每个试验设计应保证至少有 8 个植株。
3.4.2 试验设计应保证因测量或计数等需要，从小区取走部分植株或植株部位后，不影响生长周期结束前的所有观测。

3.5 附加测试

为测试有关性状，可以进行附加测试。

4 特异性、一致性和稳定性评价

4.1 特异性

4.1.1 一般建议

对于本指南的使用者而言，在判定特异性前参照总则特异性判定的一般原则十分重要。但为进一步说明和强调特异性判定，本指南特列出特异性判定的要点。

4.1.2 一致的差异

当观测到的品种之间的差异非常明显时，则没有必要种植 1 个以上生长周期。此外，在某些情况下，环境的影响并不意味着需要 1 个以上的生长周期来保证品种间观察到的差异是足够一致的。为确保在种植试验中所观测到的性状差异是足够一致的，可以对性状进行至少 2 个独立生长周期的测试。

4.1.3 明显的差异

两个品种间的差异是否明显取决于很多因素，特别应考虑所测性状的表达类型，即该性状是质量性状、数量性状还是假质量性状。因此，在作出关于特异性的判定前，本测试指南的使用者应熟悉总则中的建议。

4.1.4 测试植株或植株部位的数量

除非另有说明，对于特异性测试，所有的个体观测性状，植株取样数量应不少于 7 个植株，在观测植株部位的时候，每个植株取样数量应为 1 个。群体观测性状应观测除异型株外的所有植株。

4.1.5 观测方法

特异性测试性状的推荐方法在下面的性状表中说明（见文件 TGP/9《特异性测试》第 4 部分"性状观测"）。

MG：群体测量。

MS：个体观测。

VG：群体目测。

VS：个体目测。

观测类型：目测（V）和测量（M）。

目测（V）是基于专家经验的一种测试类型。在本文件中，"目测"是指专家的感官观察，因此也包括嗅觉、味觉和触觉。目测包括专家使用参照物（如图片、标准品种、肩并肩比较等）或非线性图表（如比色卡等）的观察。测量（M）是对校准线性标尺的客观观察，例如使用尺子、天平、色度计、日期、计数等。

记录类型：群体（G）或个体（S）。

特异性测试中，测试结果可记录成群体（G）或个体（S）。在大部分情况下，群体（G）只记录 1 个数据，因此不能也没必要应用统计分析的方法对于单个植株进行特异性判定。

如果特性表中规定了一种以上观察特性的方法（如 VG/MG），则按照文件 TGP/9《特异性测试》4.2 部分选择适当方法。

4.2 一致性

4.2.1 对于本指南的使用者而言，在判定一致性前参照总则一致性判定的一般原则十分重要。但为进一步说明和强调一致性判定，本指南特列出一致性判定的要点。

4.2.2 本测试指南是按照无性繁殖材料品种来制定的。对于其他繁殖方式的品种，应遵循总则或文件 TGP/13《新类型或新种属的指南》4.5 部分"一致性测试"的原则。

4.2.3 评价无性繁殖品种一致性时，应采用 1% 的群体标准和至少 95% 的接受概率，当样本量为 8 个植株时，允许有 1 个异型株。

4.3 稳定性

4.3.1 在实际操作中，通常不像测试特异性和一致性那样对稳定性进行测试以得到明确结果。经验表明，对许多类型的品种来说，当一个品种表现一致时，可认为其是稳定的。

4.3.2 适当情况下或者有疑问时，稳定性可以采用如下方法测试：种植该品种的下一代或者测试一批新种子，看其性状表现是否与之前提交的种子表现相同。

5 品种分组和试验组织

5.1 使用分组性状可以帮助选择与申请品种一起进行田间种植试验的已知品种，以及对这些品种进行合适分组以便进行特异性评价。

5.2 分组性状表达状态的数据即使来自不同地点，也可以单独或者与其他此类性状联合使用。

（a）用于特异性测试中筛选排除那些不需要安排在种植试验中的已知品种。

（b）用于组织安排种植试验，使近似品种种植在一起。

5.3 以下性状已被确认为有用的分组性状。

（a）植株：类型（性状1）。

（b）茎：扁化（性状5）。

（c）茎：颜色（性状6）。

（d）叶：花青苷显色强度（性状17）。

（e）叶：彩斑（性状19）。

（f）叶片：主色（性状20）。

（g）花序：形状（性状26）。

（h）花序：可育花明显程度（性状29）。

（i）不育花：花萼直径（性状32）。

（j）不育花：萼片数量（性状33）。

（k）不育花：萼片内侧主色（性状42），如下分组。

第一组：白色。

第二组：绿色。

第三组：浅粉。

第四组：中等粉。

第五组：紫粉。

第六组：红色。

5.4 总则和TGP/9《特异性测试》中提供了在特异性审查过程中使用分组性状的指导。

6 性状表介绍

6.1 性状类型

6.1.1 标准指南性状

标准指南性状是UPOV已同意用于DUS审查的性状，UPOV成员可以从中选择与其特定环境相适应的性状。

6.1.2 星号性状

星号性状（用"*"标记）是测试指南中对于形成国际统一的品种描述十分重要的性状，所有UPOV成员都应将其用于DUS测试并包含在品种描述中，除非前序性状的表达或区域环境条件所限使其无法测试。

6.2 表达状态及相应代码

6.2.1 为定义性状和统一描述，将每个性状划分为一系列表达状态。每个表达状态赋予一个相应的数字代码，以便于数据记录，以及品种性状描述的建立和交流。

6.2.2 质量性状和假质量性状（6.3），所有的表达状态在性状表中全部列出。但是对于5个或5个以上表达状态的数量性状，可省略部分表达状态。比如一个有9个表达状态的数量性状，表达状态可省略如下。

表达状态	代码
小	3
中	5
大	7

但是，应注意的是，以下 9 种表达状态均存在，可用于描述品种，并应恰当使用。

表达状态	代码
极小	1
极小到小	2
小	3
小到中	4
中	5
中到大	6
大	7
大到极大	8
极大	9

6.2.3　表达状态和注释的进一步解释见文件 TGP/7《测试指南的研制》。

6.3　**表达类型**

性状表达类型（质量性状、数量性状和假质量性状）的解释见总则。

6.4　**标准品种**

测试指南中的标准品种是在适当情况下用于校正性状的表达状态。

性状表中的标准品种属于以下属种。

（a）*Hydrangea macrophylla*（Thunb.）Ser. 和 *Hydrangea serrata*（Thunb.）Ser. var. *serrata*。

（b）*Hydrangea paniculata* Siebold。

（c）*Hydrangea arborescens* L.。

（d）*Hydrangea quercifolia* W. Bartram。

（e）*Hydrangea petiolaris* Siebold & Zucc。

6.5　**注释**

性状符号	星状性状	英文		中文		标准品种	代码
1	2	3	4	5	6		
		Name of characteristics in English		性状名称			
		states of expression		表达状态			

表中 1 为性状编号。

表中 2 为（*）星号性状（6.1.2）。

表中 3 为表达类型。

QL：质量性状（6.3）。

QN：数量性状（6.3）。

PQ：假质量性状（6.3）。

表中 4 为观测方法（或图表类型）：MG、MS、VG、VS（4.1.5）。

表中 5 为（+）（性状表解释 8.2）。

表中 6 为（a）～（d）（性状表解释 8.1）。

7 性状表

性状编号	星状性状	英文		中文	标准品种	代码
1	(*)	QL	VG			
		Plant: type		植株：类型		
		climbing		攀缘型	Silver Lining（e）	1
		non-climbing		非攀缘型	Merveille（a）	2
2	(*)	QN	VG	(+)		
		Only varieties with Plant: type: non-climbing: Plant: growth habit		植株：生长习性（仅适用于非攀缘型品种）		
		upright		直立		1
		semi-upright		半直立		2
		spreading		平展		3
3	(*)	QN	MG/MS/VG	(+)		
		Only varieties with Plant: type: non-climbing: Plant: height		植株：高度（仅适用于非攀缘型品种）		
		very short		极矮	BREG14（b），NCHA8（c），Saxtabrose（a）	1
		very short to short		极矮到矮		2
		short		矮	Dolprim（b），HBA 014903（a），NCHA7（c）	3
		short to medium		矮到中		4
		medium		中	Bokraflame（b），Hortmasnodo（a），NCHA3（c）	5
		medium to tall		中到高		6
		tall		高	Bulk（b），HBA 215908（a），NCHA4（c）	7
		tall to very tall		高到极高		8
		very tall		极高	Annabelle（c），Kazan（a），Mid Late Summer（b）	9
4		QN	VG			
		Only varieties with Plant: type: non-climbing: Plant: height in relation to width		植株：高度相对于宽度（仅适用于非攀缘型品种）		
		taller than broad		高比宽大		1
		as tall as broad		相同		2
		broader than tall		宽比高大		3
5	(*)	QL	VG	(+)	(a)	
		Stem: fasciation		茎：扁化		
		absent		无	Merveille（a）	1
		present		有	Domotoi（a）	9
6	(*)	PQ	VG		(a)	
		Stem: color		茎：颜色		
		green		绿色	Merveille（a）	1
		pink		粉色	Mid Late Summer（b）	2
		red		红色	Wims Red（b）	3
		brown		棕色	Bokraflame（b）	4
		black		黑色	Nigra（a）	5
		green and black		黑绿相间	Napo（a）	6

续表

性状编号	星状性状	英文		中文		标准品种	代码
7		QN	VG	(+)	(a)		
		Stem：number of lenticels		茎：皮孔数量			
		absent or few		无或少		Blue Bird（a），Imola（a）	1
		few to medium		少到中			2
		medium		中		Merveille Sanguinea（a）	3
		medium to many		中到多			4
		many		多		Hobella（a）	5
8		QN	VG	(+)	(a)		
		Stem：size of lenticels		茎：皮孔大小			
		small		小		Mrs Kumiko（a）	1
		medium		中		Bergfink（a）	2
		large		大		Hokomac（a）	3
9		PQ	VG		(a)		
		Stem：color of lenticels		茎：皮孔颜色			
		whitish		泛白色		Pink Diamond（a）	1
		reddish		泛红色		Leuchtfeuer（a）	2
		blackish		泛黑色		Merveille（a）	3
10	(*)	QN	MS/VG		(b)		
		Leaf blade：length		叶片：长度			
		very short		极短			1
		very short to short		极短到短			2
		short		短		Hörnli（a）	3
		short to medium		短到中			4
		medium		中		Rosita（a）	5
		medium to long		中到长			6
		long		长		Merveille（a）	7
		long to very long		长到极长			8
		very long		极长			9
11		QN	MS/VG		(b)		
		Leaf blade：width		叶片：宽度			
		very narrow		极窄			1
		very narrow to narrow		极窄到窄			2
		narrow		窄		Shichidanka（a）	3
		narrow to medium		窄到中			4
		medium		中		Mrs Kumiko（a）	5
		medium to broad		中到宽			6
		broad		宽		Snowflake（d）	7
		broad to very broad		宽到极宽			8
		very broad		极宽			9
12	(*)	QL	VG	(+)	(b)		
		Leaf blade：lobing		叶片：裂片			
		absent		无		Merveille（a）	1
		present		有		Harmony（d）	9

续表

性状编号	星状性状	英文		中文		标准品种	代码
13	(*)	PQ	VG	(+)	(b)		
		Only varieties with Leaf blade: lobing: absent: Leaf blade: shape		叶片：形状（仅适用于叶无裂片品种）			
		ovate		卵圆形		Merveille（a）	1
		circular		圆形		Rosita（a）	2
		elliptic		椭圆形		Blue Wave（a）	3
		obovate		倒卵形		H213（a），H213902（a）	4
14		QN	VG	(+)	(b)		
		Leaf blade: length of tip		叶片：尖端长度			
		absent or short		无或短		Chaperon Rouge（a）	1
		medium		中		Mme E. Mouillère（a）	2
		long		长		Hallasan（a）	3
15	(*)	PQ	VG	(+)	(b)		
		Leaf blade: shape of base		叶片：基部形状			
		acute		锐尖		Europa（a）	1
		obtuse		钝尖		Bosco（a），Hamburg（a）	2
		rounded		圆形		Rosabelle（a）	3
		cordate		心形		Annabelle（c）	4
16		QN	VG	(+)	(b)		
		Leaf blade: depth of incisions on margin		叶片：边缘缺刻深浅			
		absent or very shallow		无或极浅		Bokraflame（b）	1
		shallow		浅		Perfrie（a）	2
		medium		中		Hobergine（a）	3
		deep		深		Fasan（a）	4
		very deep		极深		Paris（a）	5
17	(*)	QN	VG		(b)		
		Leaf blade: intensity of anthocyanin coloration		叶片：花青苷显色强度			
		absent or very weak		无或极弱		Victoria（a）	1
		weak		弱		SICAMU2934（a）	2
		medium		中		Red Angel（a）	3
		strong		强		Dark Angel（a）	4
		very strong		极强		Baroque Angel（a）	5
18		PQ	VG	(+)	(b)		
		Leaf blade: distribution of anthocyanin coloration		叶片：花青苷显色分布			
		none		无			1
		on margin		位于边缘			2
		throughout		整片叶			3
19	(*)	QL	VG		(b)		
		Leaf blade: variegation		叶片：彩斑			
		absent		无		Merveille（a）	1
		present		有		Tricolor（a）	9

续表

性状编号	星状性状	英文		中文		标准品种	代码
20	(*)	PQ	VG	(b)(c)			
		Leaf blade: main color		叶片：主色			
		yellow		黄色		Ogonba（a）	1
		light green		浅绿色		Mousseline（a）	2
		medium green		中等绿色		Hobergine（a）	3
		dark green		深绿色		Rosalba（a）	4
21	(*)	PQ	VG	(b)(c)			
		Leaf blade: secondary color		叶片：次色			
		none		无		Hobella（a）	1
		white		白色		Variegata（a）	2
		yellow		黄色		Lemon Wave（a）	3
		yellow green		黄绿色		Golden Annabelle（c）	4
22		QN	VG	(b)			
		Leaf blade: glossiness		叶片：光泽度			
		absent or weak		无或弱		Maman（a）	1
		medium		中		Merveille（a）	2
		strong		强		Ayesha（a）	3
23		QN	VG	(b)			
		Leaf blade: rugosity		叶片：粗糙程度			
		absent or very weak		无或极弱		Blue Bird（a），Bokraflame（b）	1
		weak		弱		Red Red（a）	2
		medium		中		La Marne（a）	3
		strong		强		Paris（a）	4
		very strong		极强		Merveille Sanguinea（a）	5
24		QN	VG	(+)	(b)		
		Leaf blade: shape in cross-section		叶片：横切面形状			
		concave		凹			1
		flat		平			2
		convex		凸			3
25	(*)	PQ	VG	(+)	(b)		
		Petiole: color		叶柄：颜色			
		green		绿色		Paris（a）	1
		red		红色		Preziosa（a）	2
		greenish brown		绿棕色		Renba（b）	3
		black		黑色		Horzu（a）	4
26	(*)	PQ	VG	(+)	(d)		
		Inflorescence: shape		花序：形状			
		flattened		扁平形		Mousmée（a），Sea Foam（a）	1
		flattened to globular		扁平到球形		Wedding Gown（a）	2
		globular		球形		Merveille（a）	3
		globular to conical		球形到圆锥形		Kolmamon（b）	4
		conical		圆锥形		Snowflake（d）	5

续表

性状编号	星状性状	英文		中文		标准品种	代码
27		QN	MG/MS/VG	(+)	(d)		
		Inflorescence: height		花序：高度			
		very short		极矮			1
		very short to short		极矮到矮			2
		short		矮		Shichidanka（a）	3
		short to medium		矮到中			4
		medium		中		Mrs Kumiko（a）	5
		medium to tall		中到高			6
		tall		高		Snowflake（d）	7
		tall to very tall		高到极高			8
		very tall		极高			9
28		QN	MG/MS/VG	(+)	(d)		
		Inflorescence: width		花序：宽度			
		very narrow		极窄			1
		very narrow to narrow		极窄到窄			2
		narrow		窄		Hörnli（a）	3
		narrow to medium		窄到中			4
		medium		中		Merveille（a）	5
		medium to broad		中到宽			6
		broad		宽		Maman（a）	7
		broad to very broad		宽到极宽			8
		very broad		极宽			9
29	(*)	QN	VG	(+)	(d)		
		Inflorescence: conspicuousness of fertile flowers		花序：可育花明显程度			
		absent or weak		无或弱		Merveille（a）	1
		medium		中		HOPE2069（a）	2
		strong		强		Mousmée（a），Sea Foam（a）	3
30	(*)	PQ	VG	(+)	(d)		
		Only varieties with Inflorescence: conspicuousness of fertile flowers: medium and strong: Inflorescence: arrangement of sterile flowers		花序：不育花排列（仅适用于可育花明显程度中和高的品种）			
		in one whorl		1圈		Tricolor（a）	1
		in two or more whorls		2圈或2圈以上		Jogasaki（a）	2
		irregular		不规则		Veitchii（a）	3
31		QN	VG	(+)	(d)		
		Only varieties with Inflorescence: conspicuousness of fertile flowers: absent or weak: Inflorescence: density of sterile flowers		花序：不育花密度（仅适用于可育花明显程度无或弱的品种）			
		sparse		疏			1
		sparse to medium		疏到中			2
		medium		中			3
		medium to dense		中到密			4
		dense		密			5

续表

性状编号	星状性状	英文		中文		标准品种	代码
32	(*)	QN	MG/MS	(+)	(d)		
		Sterile flower: diameter of calyx		不育花：花萼直径			
		very small		极小			1
		very small to small		极小到小			2
		small		小		Ayesha（a）	3
		small to medium		小到中			4
		medium		中		Hörnli（a），Mariesii（a）	5
		medium to large		中到大			6
		large		大		Alpenglühen（a）	7
		large to very large		大到极大			8
		very large		极大			9
33	(*)	PQ	MG		(d)		
		Sterile flower: number of sepals		不育花：萼片数量			
		3 and 4		3片和4片		Preziosa（a）	1
		only 4		4片		AB Green Shadow（a）	2
		4 and 5		4片和5片		HBADU（a）	3
		5 and 6		5片和6片		Horcos（a）	4
		7 or more		7片或7片以上		YOUMEFIVE（a）	5
34		QN	VG	(+)	(d)		
		Sterile flower: attitude of sepals		不育花：萼片姿态			
		erect		直立		Hokomarevo（a）	1
		semi-erect		半直立		Horgew（a）	2
		horizontal		水平		Fasan（a）	3
35	(*)	PQ	VG	(+)	(d)		
		Sterile flower: shape of apex of sepals		不育花：萼片先端形状			
		pointed		尖		Horgew（a）	1
		rounded		圆		Zebra（a）	2
		emarginate		微缺		H213905（a）	3
36		QN	VG		(d)		
		Sterile flower: rugosity of sepals		不育花：萼片粗糙程度			
		absent or weak		无或弱		Schneeball（a）	1
		medium		中		Hokomarevo（a）	2
		strong		强		Hortmarhaso（a）	3
37		PQ	VG	(+)	(d)		
		Sterile flower: shape of sepals in crosssection		不育花：萼片横切面形状			
		flat		平		Fasan（a）	1
		weakly concave		微凹		Alpenglühen（a）	2
		strongly concave		深凹		SICAMU4533（a）	3
38	(*)	QN	VG	(+)	(d)		
		Only varieties with Sterile flower: number of sepals: 3 and 4 to 4 and 5: overlapping of sepals		萼片重叠程度（仅适用于萼片数为3片、4片或5片的品种）			
		absent or very weak		无或极弱		Hörnli（a）	1
		weak		弱		Mme Plumecoq（a）	2
		medium		中		Bichon（a）	3
		strong		强		Heinrich Seidel（a），Mme Gilles Goujon（a）	4
		very strong		极强		Etoile Violette（a），Merveille Sanguinea（a）	5

续表

性状编号	星状性状	英文		中文		标准品种	代码
39		QN	VG	(+)	(d)		
		Sterile flower: undulation of sepals		不育花：萼片扭曲程度			
		absent or weak		无或弱		Dolfarf（a）	1
		medium		中		Hortmacodre（a）	2
		strong		强		HBAROYALC（a）	3
40	(*)	QN	VG	(+)	(d)		
		Sterile flower: incisions of margin of sepals		不育花：萼片边缘缺刻			
		absent on all sepals		所有萼片均没有		Maman（a），Merveille（a）	1
		present on some sepals		部分萼片有		Gloria（a）	2
		present on all sepals		所有萼片均有		Europa（a）	3
41		QN	VG	(+)	(d)		
		Sterile flower: depth of incisions of margin of sepals		不育花：萼片边缘缺刻深浅			
		shallow		浅		Constellation（a）	1
		medium		中		Dolfarf（a）	2
		deep		深		HBAROYALC（a）	3
42	(*)	PQ	VG		(c)(d)		
		Sterile flower: main color of inner side of sepals		不育花：萼片内侧主色			
		RHS Colour Chart（indicate reference number）		RHS比色卡（注明参考色号）			
43	(*)	PQ	VG		(c)(d)		
		Sterile flower: secondary color of inner side of sepals		不育花：萼片内侧次色			
		none		无		Schneeball（a）	1
		white		白色		Raberah（a）	2
		green		绿色		MAK 20（a）	3
		pink		粉色		Sandra（a）	4
		red		红色		Ripple（a）	5
		violet		紫罗兰色			6
		brown		棕色		Ruby Tuesday（a）	7
44		PQ	VG	(+)	(d)		
		Sterile flower: distribution of secondary color of inner side of sepals		不育花：萼片内侧次色分布			
		marginal zone		位于边缘		Sandra（a）	1
		distal margin		远基端边缘		Ripple（a）	2
		in upper half		上半部		AB Green Shadow（a）	3
		in lower half		下半部		Rosalba（a）	4
		throughout		整个萼片			5
45		PQ	VG	(+)	(d)		
		Sterile flower: pattern of secondary color of inner side of sepals		不育花：萼片内侧次色图案			
		solid		块状		Hokomac（a）	1
		flush		晕状		AB Green Shadow（a）	2
		irregular		不规则		Sweet fantasy（a）	3

续表

性状编号	星状性状	英文		中文	标准品种	代码
46	(*)	PQ	VG	(d)		
		Only varieties with Fertile flower: conspiciousness: medium and strong: Fertile flower: color of petals		可育花：花萼颜色（仅适用于可育花明显程度中或强的品种）		
		white		白色	Rosalba（a）	1
		green		绿色		2
		pink		粉色	Tricolor（a）	3
		red		红色		4
		purple		紫色	Lemon Wave（a）	5
		blue		蓝色		6
47	(*)	PQ	VG	(+)		
		Only varieties with Inflorescence: shape: conical: Inflorescence: pink or red color at aging		花序：老化后变粉色或红色（仅适用于圆锥形花序品种）		
		absent		无	Dolprim（b）	1
		on a part of inflorescence		花序的部分	Renba（b），Renhy（b）	2
		on the entire inflorescence		整个花序	Rendia（b）	3

8 性状表解释

8.1 对多个性状的解释

除非另有说明，应在花完全开放的时候进行观测。

应按照如下说明进行测试。

（a）应该在开花前，茎中部 1/3 处进行观测。

（b）应在开花前，花序下面第三节叶片的上表面进行观测。

（c）主色是指表面积最大的颜色。如果主色和次色面积过于相近，无法区分，则把颜色更深的定为主色。

（d）应在完全发育的主花序上进行观测。

8.2 对单个性状的解释

性状 2：植株生长习性（仅适用于非攀缘型品种）

1	2	3
直立	半直立	平展

467

性状3：植株高度（仅适用于非攀缘型品种）

性状5：茎扁化

性状7：茎皮孔数量

1	3	5
无或少	中	多

性状8：茎皮孔大小

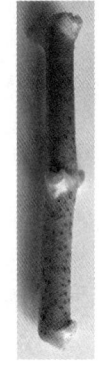 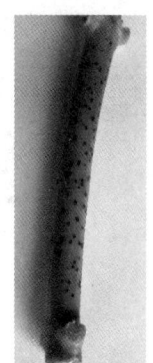 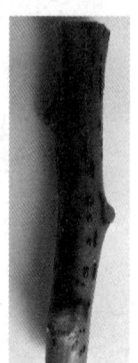

1	2	3
小	中	大

性状 12：叶片裂片

1	9
无	有

性状 13：叶片形状（仅适用于叶片无裂片品种）

	最宽处		
相对于宽度	中部以下	位于中部	中部以上
窄		3 椭圆形	
	1 卵圆形		4 倒卵形
宽		2 圆形	

性状 14：叶片尖端长度

性状15：叶片基部形状

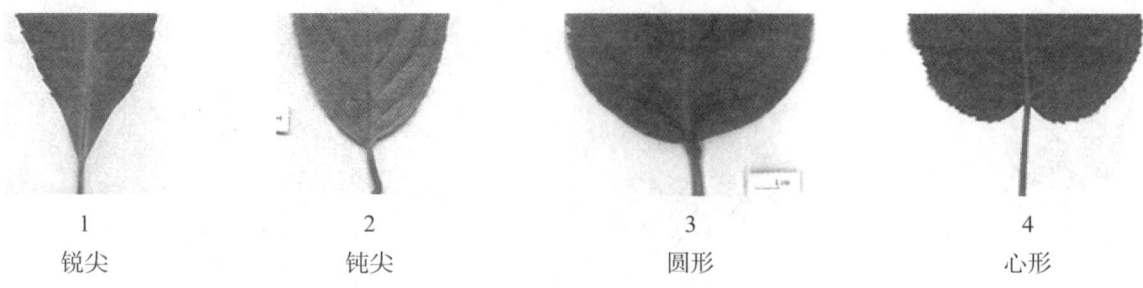

1	2	3	4
锐尖	钝尖	圆形	心形

性状16：叶片边缘缺刻深浅

1	2	3	4	5
无或极浅	浅	中	深	极深

性状18：叶片花青苷显色分布

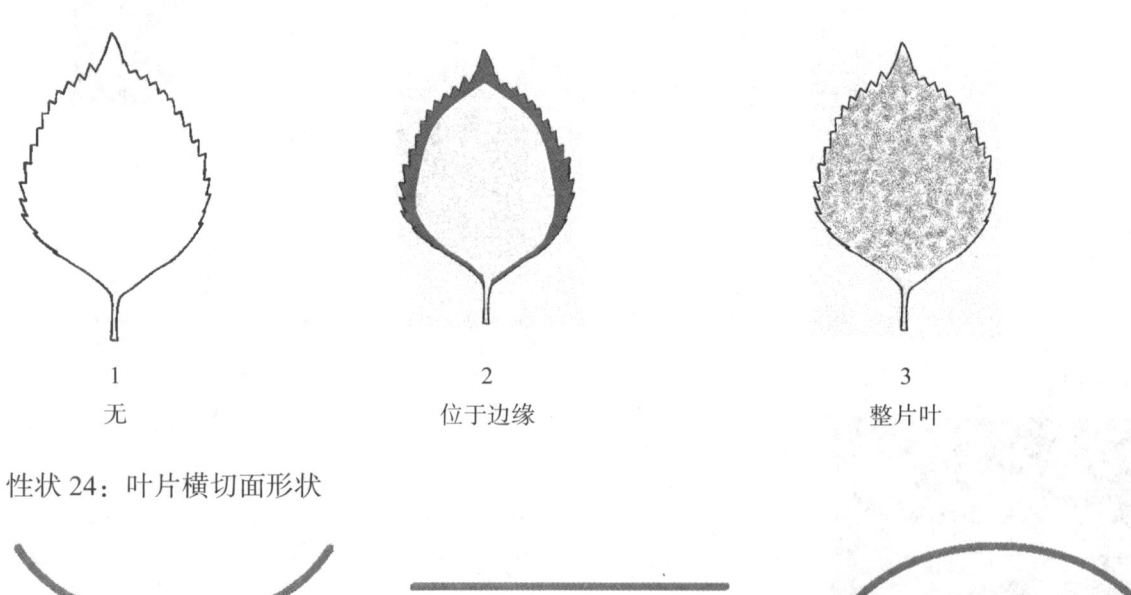

1	2	3
无	位于边缘	整片叶

性状24：叶片横切面形状

1	2	3
凹	平	凸

性状25：叶柄颜色
应在叶柄中部1/3的下表面进行观测。

性状 26：花序形状

1	2	3
扁平形	扁平形到球形	球形

4	5
球形到圆锥形	圆锥形

性状 27：花序高度

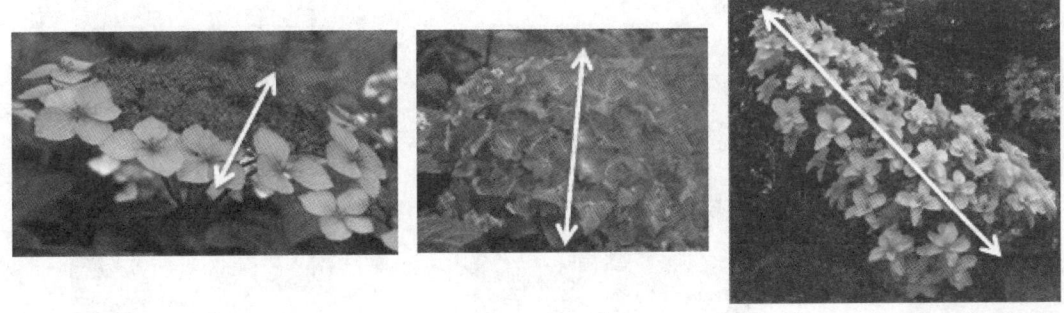

性状 28：花序宽度

性状 29：花序可育花明显程度

1	2	3
无或弱	中	强

a—可育花。

性状 30：花序不育花排列（仅适用于可育花明显程度中和高的品种）

1	2	3
1 圈	2 圈或 2 圈以上	不规则

性状 31：花序不育花密度（仅适用于可育花明显程度无或弱的品种）

1	3	5
疏	中	密

性状 32：不育花花萼直径
应在平的花萼上进行观测。直径应观测花萼最宽处。

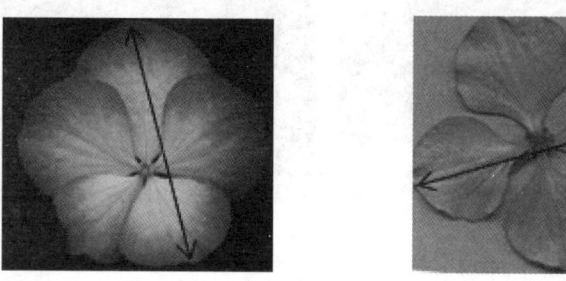

性状 34：不育花萼片姿态

1	2	3
直立	半直立	水平

性状 35：不育花萼片先端形状

1	2	3
尖	圆	微缺

性状 37：不育花萼片横切面形状

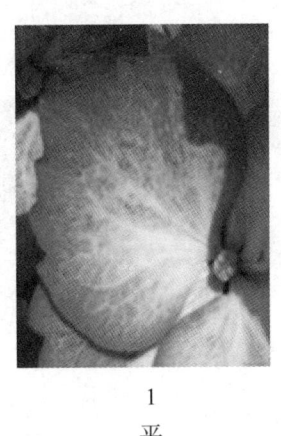  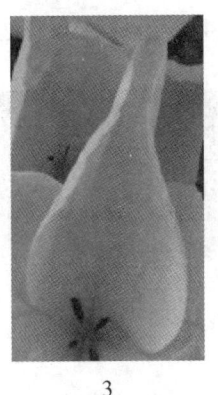

1	2	3
平	微凹	深凹

性状 38：萼片重叠程度（仅适用于萼片数为 3 片、4 片或 5 片的品种）
对于双层不育花品种，应在最外围萼片上进行观测。

1	2	3	4	5
无或极弱	弱	中	强	极强

性状 39：不育花萼片扭曲程度

1	2	3
无或弱	中	强

性状 40：不育花萼片边缘缺刻

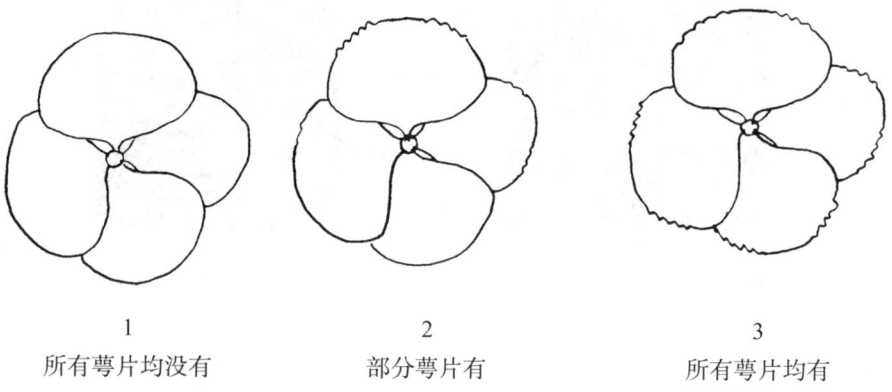

1	2	3
所有萼片均没有	部分萼片有	所有萼片均有

性状 41：不育花萼片边缘缺刻深浅

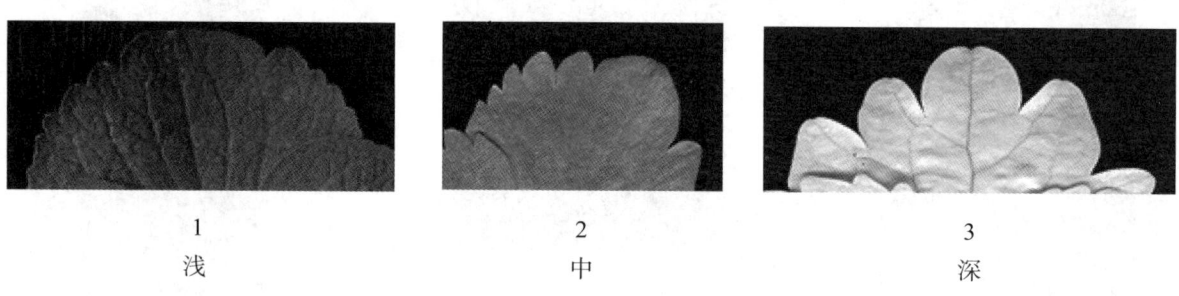

1	2	3
浅	中	深

性状 44：不育花萼片内侧次色分布

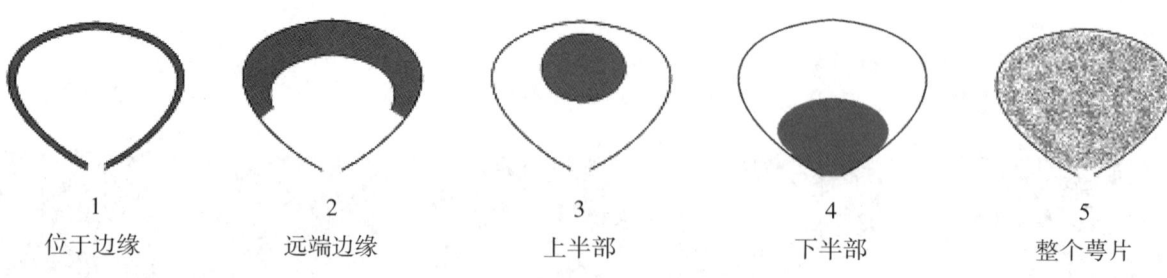

1	2	3	4	5
位于边缘	远端边缘	上半部	下半部	整个萼片

性状45：不育花萼片内侧次色图案

1	2	3
块状	晕状	不规则

性状47：花序老化后变粉色或红色（仅适用于圆锥形花序品种）

1	2	3
无	花序的部分	整个花序

扫码下载原文

如扫描二维码无法下载指南原文，可能是指南版本有更新，可扫描本书封底二维码查看与本文对应的指南版本

TG/135/3
原文：英文
日期：1990-10-12

国际植物新品种保护联盟
植物品种特异性、一致性和稳定性
测试指南

白鹤芋属

(*Spathiphyllum* Schott)

1 指南适用范围

本测试指南适用于天南星科（Araceae）白鹤芋属（*Spathiphyllum* Schott）的所有无性繁殖品种。

2 材料要求

2.1 待测品种测试所需繁殖材料的数量和质量以及繁殖材料提交的时间和地点由主管机构决定。申请人从测试所在国境外提交繁殖材料的，必须确保符合所有海关规定。提交的繁殖材料的数量应不少于20个株高为5~6 cm的植株。提供的繁殖材料应没有病毒且外观健康有活力，未受到任何严重病虫害的影响。

2.2 提交的植物材料不应进行任何处理，除非主管机构允许或要求进行这种处理。如果材料已经处理，必须提供处理的详细说明。

3 测试实施

3.1 测试周期通常为1个生长周期。如果在1个生长周期内不能充分判定特异性和/或一致性，应增加第二个生长周期。

3.2 测试一般在1个地点进行。如果供试品种有任何重要的性状不能在该地表达，该品种可在另一地点测试。

3.3 测试的条件应能满足品种正常生长的需要。

盆栽：20~21周的腐叶土堆肥（北半球）。

温度：不低于22 ℃。

光照：夏天需要遮阴。

小区规模应该保证因测量或计数等需要，从小区取走部分植株或植株部位后，不影响生长周期结束前的所有观测。每个实验应保证至少有15个植株。只有在当环境条件相似时，才能使用分开种植的小区进行观测。

3.4 如有特殊需要，可进行附加测试。

4 观测方法

4.1 在测试一致性和稳定性方面的经验表明，在无性繁殖品种且既不发生突变也不发生混合的情况下，所观察到的特征状态是足以确定所提供的植物材料是一致性的。

4.2 除非另有说明，所有观测应在15个植株或分别来自15个植株的部位进行；开花期被定义成第一个佛焰苞开花。

4.3 所有对叶片和叶柄的观测应在第一个花序的叶上进行。

5 品种分组

5.1 待测品种应分组种植以便进行特异性评价。适用于分组的性状是已知不会出现变异或者仅在品种内发生轻微变异的性状。这些性状的不同表达状态应十分均匀地分布于品种库中。

5.2 建议主管机构对植株芽数量（性状1）进行品种分组。

6 性状和符号

6.1 为评价特异性、一致性和稳定性，应使用性状表中给出的性状及其表达状态。

6.2 为便于电子数据处理，每个性状的表达状态都赋予了相应的代码（1～9）。

6.3 注释

（*）除非前序性状的表达或区域环境条件所限使其无法测试，在测试的每个生长时期，对所有品种都要进行测试的，需要包含在品种描述中的性状。

（+）参见第 8 部分，性状表解释。

7 性状表

星状性状	性状编号	英文	中文	标准品种	代码
(*)	1.	Plant：number of shoots	植株：芽数量		
		few	少	White Favorite	3
		medium	中	Fiorinda	5
		many	多	White Lady	7
	2.	Leaf blade：length	叶片：长度		
		short	短	Sandra	3
		medium	中		5
		long	长	White Lady	7
(*)	3.	Leaf blade：width	叶片：宽度		
		narrow	窄	Compact	3
		medium	中	White Lady	5
		broad	宽	Saturn	7
	4.	Leaf blade：green color	叶片：绿色程度		
		light	浅	White Lady	3
		medium	中	White Princess	5
		dark	深		7
	5.	Leaf blade：bulging between veins	叶片：叶脉间突起		
		weak	弱	White Success	3
		medium	中	White Lady	5
		strong	强	Neptune	7
(*)(+)	6.	Petiole：length of sheath	叶柄：叶鞘长度		
		short	短	White Favorite	3
		medium	中	White Beauty	5
		long	长	Fiorinda	7
(*)(+)	7.	Petiole：length from sheath to leaf blade	叶柄：叶鞘到叶片基部长度		
		short	短	White Success	3
		medium	中	White Favorite	5
		long	长	White Freedom	7
	8.	Petiole：color of upper part in relation to leaf blade	叶柄：上部颜色与叶片颜色比较		
		similar	相似		1
		lighter	更浅	White Favorite	2

续表

星状性状	性状编号	英文	中文	标准品种	代码
(*)	9.	Peduncle: length to base of spathe	花序梗：佛焰苞以下花序梗长度		
		short	短	White Favorite	3
		medium	中	White Lady	5
		long	长	Mauna Loa	7
	10.(+)	Spathe: length of fused part	佛焰苞：与花梗融合部分长度		
		short	短	Neptune	3
		medium	中	White Success	5
		long	长	White Lady	7
(*)	11.(+)	Spathe: length	佛焰苞：长度		
		short	短	White Favorite	3
		medium	中	Neptune	5
		long	长	White Beauty	7
(*)	12.(+)	Spathe: width	佛焰苞：宽度		
		narrow	窄	White Favorite	3
		medium	中	Neptune	5
		broad	宽	White Princess	7
	13.(+)	Spathe: depth	佛焰苞：深度		
		shallow	浅	Pallas	3
		medium	中	White Favorite	5
		deep	深	Saturn	7
(*)	14.(+)	Spathe: predominant shape of base	佛焰苞：基部形状		
		truncate	平截	Luna	1
		attenuate	渐尖	White Favorite	2
		unequal-sided	非对称	White Success	3
	15.	Spathe: area of green color extending from tip on inner side	佛焰苞：内侧绿尖大小		
		absent or very small	无或极小		1
		small	小	White Elegance	3
		medium	中		5
		large	大		7
		very large	极大		9
	16.	Spathe: area of green color extending from tip on outer side	佛焰苞：外侧绿尖大小		
		absent or very small	无或极小	White Princess	1
		small	小	White Lady	3
		medium	中	White Beauty	5
		large	大		7
		very large	极大		9
	17.(+)	Spadix: length of stalk	肉穗花序：花柄长度		
		short	短	White Princess	3
		medium	中	White Success	5
		long	长	White Favorite	7
(*)	18.(+)	Spadix: length	肉穗花序：长度		
		short	短	White Elegance	3
		medium	中	White Favorite	5
		long	长	White Lady	7

续表

星状性状	性状编号	英文	中文	标准品种	代码
	19. (+)	**Spadix: diameter**	肉穗花序：直径		
		small	小		3
		medium	中	White Favorite	5
		large	大	Fiorinda	7
	20. (+)	**Spadix: attitude of stalk of spadix compared to that of fused part of spathe**	肉穗花序：肉穗花序柄与花序梗（花序梗与佛焰苞融合部分）的相对姿态		
		not in line	弯曲	Castor	1
		in line	直线	Saturn	2
(*)	21. (+)	**Ovary: shape of tip**	子房：尖端形状		
		pointed	尖	White Success	1
		rounded	圆	Neptune	2
(*)	22.	**Time of flowering**	开花时间		
		early	早	White Favorite	3
		medium	中	White Beauty	5
		late	晚	White Lady	7

8 性状解释

性状6和性状7：叶柄叶鞘长度（性状6）和叶柄叶鞘到叶片基部长度（性状7）

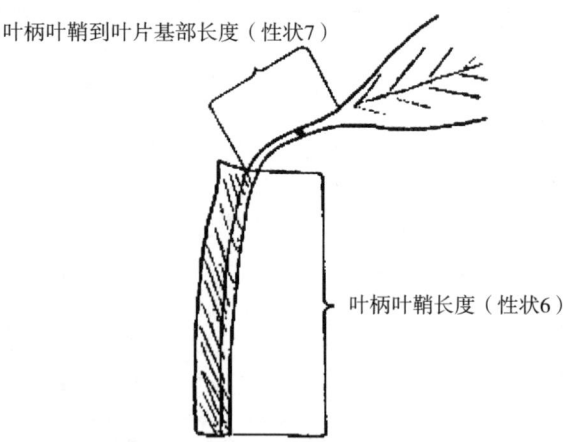

性状14：佛焰苞基部形状

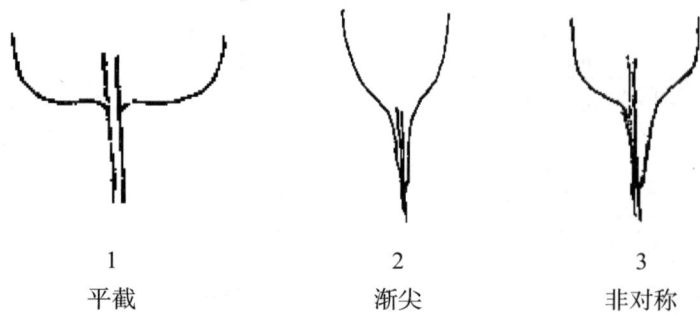

1	2	3
平截	渐尖	非对称

性状 10 至性状 13、性状 17 至性状 21 佛焰苞和肉穗花序有关性状的定义

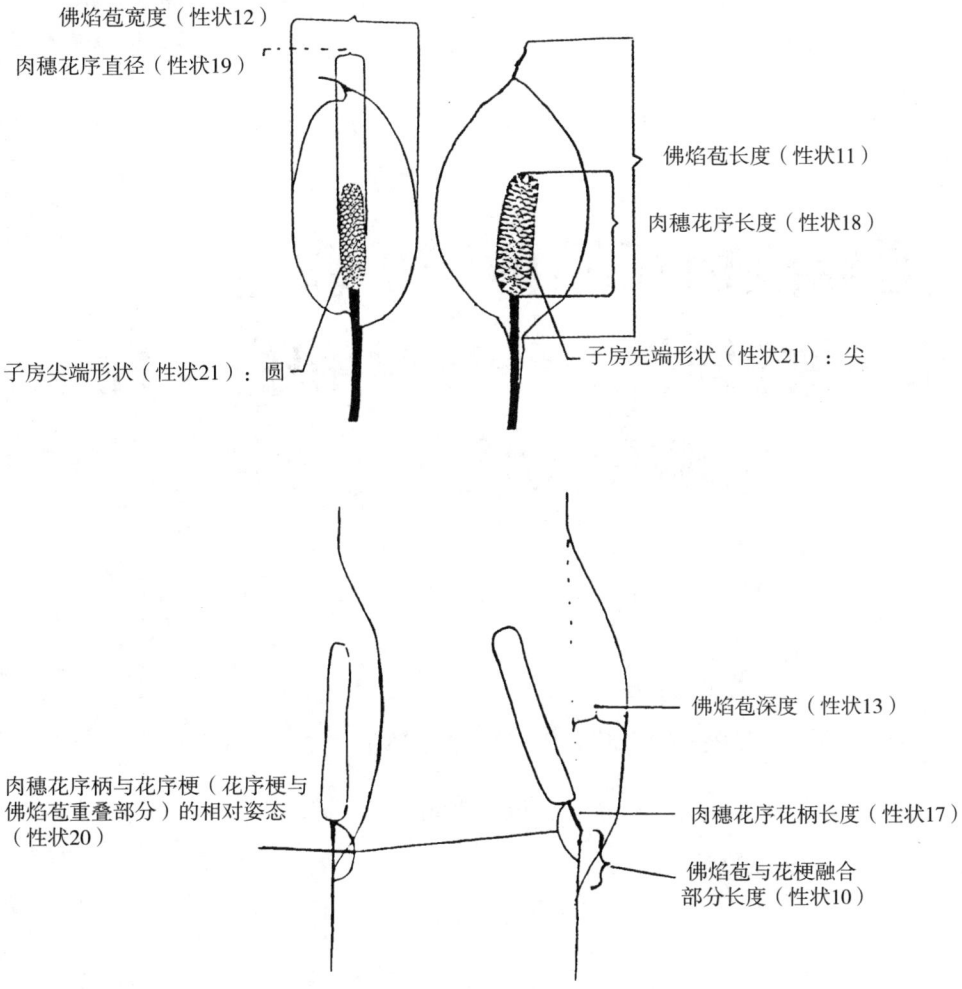

TG/140/4 Corr.
原文：英文
日期：2007-03-28

国际植物新品种保护联盟
植物品种特异性、一致性和稳定性
测试指南

杜鹃

UPOV 代码：RHODD_SIM

(*Rhododendron simsii* Planch.)

互用名称 *

植物学名称	英文	法文	德文	西班牙文
Rhododendron simsii Planch.	Pot Azalea	Azalée en pot	Topfazalee	Azalea de maceta

---

* 这些名称在指南开始使用时是正确的，但随后可能会修改更新。读者可登录 UPOV 网站（www.upov.int），获取最新资料。

1 指南适用范围

本指南适用于通常作为盆栽种植的杜鹃（*Rhododendron simsii* Planch.）的所有品种，以及该种与杜鹃花属（*Rhododendron* L.）其他种间的杂交品种。

2 繁殖材料要求

2.1 测试机构主管机构规定测试品种的繁殖材料质量和数量以及邮寄的时间和地点。申请人从非测试地区所在国提交的繁殖材料，应符合海关规定并满足相关植物检疫的要求。

2.2 繁殖材料应提供盆栽种植的经过二次打尖的杜鹃。

2.3 申请者提交的植物材料最小数量应为 10 个植株材料。

2.4 提供的植物材料应该外观健康有活力，未受到任何严重病虫害的影响。

2.5 未经主管机构允许或要求，提交的繁殖材料不得进行任何可能影响品种性状表达的处理。如果繁殖材料已经经过处理，必须提供相关处理的详细说明。

3 测试方法

3.1 测试周期

测试的最少周期通常为 1 个独立生长周期。

3.2 测试地点

测试通常在 1 个地点进行。在 1 个以上地点进行测试时，TGP/9《特异性测试》提供了有关指导。

3.3 测试条件

3.3.1 测试的条件应能满足品种正常生长的需要，以确保品种相关性状充分表达和测试的顺利开展。

3.3.2 由于日光变化的原因，在利用比色卡确定颜色时，应在一个合适的有人工光源的或中午无阳光直射的房间内进行。人工光源光谱分布应该符合 CIE "理想日光标准 D6500"，同时满足《英国标准 950：第 1 部分》规定的允许范围。这些测试应该使用白色背景。

3.4 试验设计

3.4.1 每个测试试验应当保证至少 10 个植株。

3.4.2 试验设计应保证因测量或计数等需要，从小区取走部分植株或植株部位后，不影响生长周期结束前的所有观测。

3.5 测试植株或植株部位数量

除非另有说明，观察个体性状应该基于 10 个植株或来自 10 个植株的植株部位进行。其他所有观测结果应基于所有植株。

3.6 附加测试

为测试有关性状，可以进行附加测试。

4 特异性、一致性和稳定性评价

4.1 特异性

4.1.1 一般建议

本指南的使用者在判定特异性前参照总则特异性判定的一般原则十分重要。本指南将列出着重强调的要点。

4.1.2 一致的差异

当观测到的品种之间的差异非常明显时,没有必要种植 1 个以上生长周期。此外,在某些情况下,环境的影响并不意味着需要 1 个以上的生长周期来保证品种间观察到的差异是足够一致的。为确保在种植试验中所观测到的性状差异是足够一致的,可以对性状进行至少 2 个独立生长周期的测试。

4.1.3 明显的差异

两个品种间的差异是否明显取决于很多因素,特别应考虑所测性状的表达类型,即该性状是质量性状、数量性状还是假质量性状。因此,本测试指南的使用者在判定特异性前应熟悉总则中的建议。

4.2 一致性

4.2.1 本指南的使用者在判定一致性前参照总则一致性判定的一般原则十分重要。本指南将列出着重强调的要点。

4.2.2 一致性评价时,采用 2% 的群体标准和至少 95% 的接受概率。10 个测试样本,最多允许 1 个异型株。

4.3 稳定性

4.3.1 在实际操作中,通常不像测试特异性和一致性那样对稳定性进行测试以得到明确结果。经验表明,对许多类型的品种来说,当一个品种表现一致时,可认为其是稳定的。

4.3.2 适当情况下或者有疑问时,种植该品种的下一代或者测试一批能够保证与之前提交的种子性状一致的新种子,评价稳定性。

5 品种分组和试验组织

5.1 使用分组性状可以帮助选择与申请品种一起进行田间种植试验的已知品种,以及对这些品种进行合适分组以便进行特异性评价。

5.2 分组性状表达状态的数据即使来自不同地点,也可以单独或者与其他此类性状联合使用。

(a)用于特异性测试中筛选排除那些不需要安排在种植试验中的已知品种。

(b)用于组织安排种植试验,使近似品种种植在一起。

5.3 以下性状已被确认为有用的分组性状。

(a)花:类型(性状 13)。

(b)花冠裂片:内侧颜色数量(不包括斑)(性状 16)。

(c)花冠裂片:内侧中部颜色(性状 18)。

第一组:白色。

第二组:浅粉色。

第三组:中等粉色。

第四组:深粉色。

第五组:橙红色。

第六组:浅红色。

第七组:中等红色。

第八组:紫色。

第九组:紫罗兰色。

5.4 总则提供在特异性审查过程中使用分组性状的指导。

6 性状表介绍

6.1 性状类型
6.1.1 标准指南性状
标准指南性状是 UPOV 已同意用于 DUS 审查的性状，UPOV 成员可以从中选择与其特定环境相适应的性状。
6.1.2 星号性状
星号性状（用"*"标记）是测试指南中对于形成国际统一的品种描述十分重要的性状，所有 UPOV 成员都应将其用于 DUS 测试并包含在品种描述中，除非前序性状的表达或区域环境条件所限使其无法测试。

6.2 表达状态及相应代码
为定义性状和统一描述，将每个性状划分为一系列表达状态。每个表达状态赋予一个相应的数字代码，以便于数据记录，以及品种性状描述的建立和交流。

6.3 表达类型
总则中对性状表达类型（质量性状、数量性状和假质量性状）进行了解释。

6.4 标准品种
适当时，测试指南中提供了标准品种用于校正性状的表达状态。

6.5 注释
（*）星号性状（6.1.2）。
QL：质量性状（6.3）。
QN：数量性状（6.3）。
PQ：假质量性状（6.3）。
（a）～（c）性状表解释（8.1）
（+）性状表解释（8.2）。

7 性状表

性状编号	观测方法	英文	中文	标准品种	代码
1. PQ		**Plant: growth habit**	**植株：生长习性**		
		upright	直立	Kirin, Rokoko	1
		broad bushy	阔帚状	Party Favour, Sayonara	2
		flat bushy	扁平帚状	Coco, Taggi	3
2. (+) PQ		**Young leaf: color of upper side**	**幼叶：上表面颜色**		
		yellow green	黄绿色		1
		light green	泛绿色	Bertina	2
		medium green	中等绿色	Friedhelm Scherrer	3
		dark green	深绿色	Ostali, Rena	4
		red green	红绿色		5
		blue green	蓝绿色		6
3. (*) QN	(a)	**Mature leaf: length (including petiole)**	**成熟叶：长度（包括叶柄）**		
		short	短	Ostali, Rosa Perle	3
		medium	中	Super Sachsenstern	5
		long	长	Aline, Poetry	7

续表

性状编号	观测方法	英文	中文	标准品种	代码
4.(*)QN	(a)	Mature leaf: width	成熟叶：宽度		
		narrow	窄	Barbara, Rosa Perle	3
		medium	中	Desta 302	5
		broad	宽	Coco, Luci	7
5.(*)(+)PQ	(a)	Mature leaf: shape	成熟叶：形状		
		elliptic	椭圆形	Poetry	1
		elliptic to obovate	椭圆形到倒卵形	Classic Rouge	2
		obovate	倒卵形	Friedhelm Scherrer	3
6.(*)PQ	(a)	Mature leaf: color of upper side	成熟叶：上表面颜色		
		light green	泛绿色	Kirin, St. Valentin	1
		medium green	中等绿	Bertina, Rosa Perle	2
		dark green	深绿色	Désirée, Neapolis	3
		reddish green	泛红绿色		4
		blue green	蓝绿色	Birka, Ostalett	5
7.(*)PQ	(a)	Mature leaf: color of lower side	成熟叶：下表面颜色		
		light green	泛绿色	Timo	1
		medium green	中等绿色	Coco, Luci	2
		dark green	深绿色	Ostaro	3
		blue green	蓝绿色		4
8.QN	(a)	Mature leaf: hairiness of upper side	成熟叶：上表面茸毛		
		absent or very weak	无或极弱		1
		medium	中		3
		strong	强		5
9.(*)QN		Inflorescence: number of flowers	花序：花数量		
		few	少	Ballerina, Tapestry	3
		medium	中	Friedhelm Scherrer	5
		many	多	Anastasia	7
10.QN		Pedicel: length	花梗：长度		
		short	短	Promise	3
		medium	中	Désirée, Friedhelm Scherrer	5
		long	长	Luci	7
11.(*)QL		Calyx: presence	花萼：有无		
		absent	无	Timeless, Violajana	1
		present	有	Anne, Friedhelm Scherrer	9
12.(*)QN	(b)	Flower: diameter	花：直径		
		small	小	Neapolis, Rosa Perle	3
		medium	中	Friedhelm Scherrer, Sansibar	5
		large	大	Knut Erwen, Spreeperle	7
13.(*)(+)QN	(b)	Flower: type	花：类型		
		single	单瓣	Ostali, Polarstern	1
		semi-double	半重瓣	Judith, Luci	2
		double	重瓣	Ballerina, Ospo	3

性状编号	观测方法	英文	中文	标准品种	代码
14. (*) (+) PQ	(b)	**Flower: shape**	花：形状		
		wide funnel-shaped	宽漏斗形	Luci, Meggy	1
		open funnel-shaped	开张漏斗形	Aline, Friedhelm Scherrer	2
		medium funnel-shaped	中度漏斗形	Maryke, Moard	3
		narrow funnel-campanulate	窄钟形	Kirin	4
		wide funnel-campanulate	宽钟形	Prize	5
		medium campanulate	中等钟形	Direkteur van Slyken	6
15. QN	(b)	**Flower: fragrance**	花：香味		
		absent or weak	无或弱	Miss Lulu	1
		medium	中	Cherish, Prinses Mathilde	2
		strong	强	Lara, Mistral	3
16. (*) QL	(c)	**Corolla lobe: number of colors of inner side (markings excluded)**	花冠裂片：内侧颜色数量（不包括斑）		
		one	1种		1
		two	2种		2
17. (*) PQ	(c)	**Corolla lobe: color of margin of inner side**	花冠裂片：内侧边缘颜色		
		RHS Colour Chart (indicate reference number)	RHS比色卡（注明参考色号）		
18. (*) PQ	(c)	**Corolla lobe: color of middle of inner side**	花冠裂片：内侧中部颜色		
		RHS Colour Chart (indicate reference number)	RHS比色卡（注明参考色号）		
19. PQ	(c)	**Corolla lobe: color of margin of outer side**	花冠裂片：外侧边缘颜色		
		RHS Colour Chart (indicate reference number)	RHS比色卡（注明参考色号）		
20. PQ	(c)	**Corolla lobe: color of middle of outer side**	花冠裂片：外侧中部颜色		
		RHS Colour Chart (indicate reference number)	RHS比色卡（注明参考色号）		
21. (*) QN	(c)	**Corolla lobe: undulation of margin**	花冠裂片：边缘波状		
		absent or very weak	无或极弱	Désirée, Jory	1
		weak	弱	Dinos, Luci	3
		medium	中	Schneekönigin, Sylt	5
		strong	强	Eleonore, Sister Jo	7
		very strong	极强	Meggy	9
22. (*) QN		**Flower throat: conspicuousness of markings**	花喉：斑明显程度		
		absent or very weak	无或极弱	Charly, Georgentor, Janique	1
		weak	弱	Otto, Paul Schultz	3
		medium	中	Friedhelm Scherrer, Jura	5
		strong	强	Kassandra, Ostali	7
		very strong	极强	Gloria, Kolibri	9

续表

性状编号	观测方法	英文	中文	标准品种	代码
23. (*) (+) PQ		Flower throat: type of markings	花喉：斑点类型		
		spots not touching each other	斑点互不接触	Anna Luka，Otto，Sayonara	1
		spots touching each other	斑点相互邻接	Friedhelm Scherrer，Ostali，Prinses Mathilde	2
		blotches surrounded by spots	斑点环绕斑块	Rena	3
24. PQ		Flower throat: color of markings	花喉：斑颜色		
		yellow green	黄绿色	Irish Lace	1
		red	红色	Miss Lulu	2
		brown red	棕红色	Anne，Royalty	3
		violet	紫罗兰色	Lavender Lace	4
25. (*) QN		Flower throat: color compared to color of middle of inner side of corolla lobe（excluding markings）	花喉：相对于花冠裂片内侧中部颜色（不包括斑）		
		lighter	较浅	Pharao，Ronja	1
		same color	相同	Paradiso，Robijn	2
		darker	较深	Rika，Schumann	3
26. PQ		Anther: color	花药：颜色		
		yellow	黄色	Mont Blanc，Reinhild	1
		light brown	浅棕色		2
		dark brown	深棕色	Miss Lulu	3
		purple	紫色		4
		violet	紫罗兰色	Mont Ventoux，Ronja	5
27. (*) (+) QN		Time of beginning of flowering	始花期		
		very early	极早	Helmut Vogel，Rena	1
		early	早	Ambrosiana，Otto	3
		medium	中	Friedhelm Scherrer，Spreeperle	5
		late	晚	Sachsenstern，Tamira	7
		very late	极晚	van Straelen	9

8 性状表解释

8.1 对多个性状的解释

性状评价较为适宜的生育期一般为植株开花时期。

性状表第二列包含以下标注的性状应按照下述要求观测。

（a）应该在花蕾绽开时期，花蕾下部第二成熟叶观察成熟叶性状。

（b）应该在一半植株开花时期观测花性状。第一个完全开花的植株不进行观测。

（c）半重叠或重叠的花萼裂片品种的性状观测应该基于外轮的花萼裂片。

8.2 对单个性状解释

性状2：幼叶上表面颜色

应该对摘心期之后茎秆上完全发育叶进行观测。

性状5：成熟叶形状

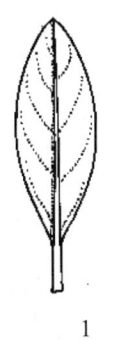
1
椭圆形

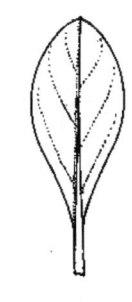
2
椭圆形到倒卵形

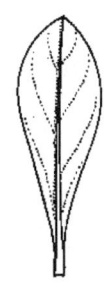
3
倒卵形

性状13：花类型
单瓣仅有5个花萼裂片。
半重瓣花有6~10个花萼裂片。
重瓣花有10个以上花萼裂片。

性状14：花形状

1
宽漏斗形

2
开张漏斗形

3
中度漏斗形

4
窄钟形

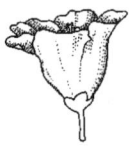
5
宽钟形

6
中等钟形

性状23：花喉斑点类型

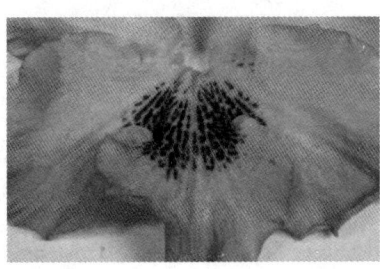
1
斑点互相不接触

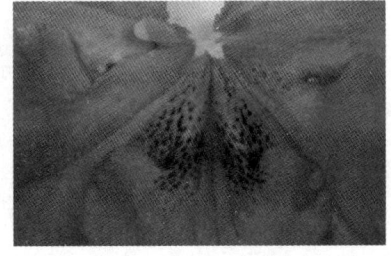
2
斑点相互邻接

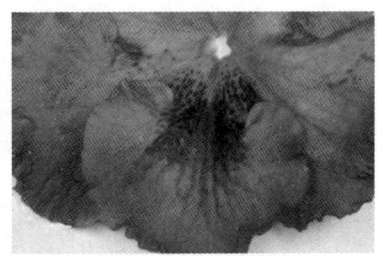
3
斑点环绕斑块

性状27：始花期
至少50%的植物至少开出一朵花为始花期。